LE GOÛT DU VIN
Le grand livre de la dégustation

品飲評論經典鉅著

葡萄酒的風味

暢銷紀念平裝版

艾米爾 · 培諾 Émile PEYNAUD 著
賈克 · 布魯昂 Jacques BLOUIN

王　鵬 Paul Peng WANG 譯
陳千浩博士 審訂

「我所有的才華都在鼻竅裡。」

——赫拉克利特（Heraclitus）

「以為複雜就能深入，這是很常見的錯。」

——愛倫·坡（Edgar Allan Poe）

U0012668

目錄

國際中文版序

本書《葡萄酒的風味》其實大可以叫做《葡萄酒的樂趣》。「風味」一詞雖然是指品味活動，然而品味何嘗不是一種透過感官接受美好事物的態度與熱情呢？因此可以說，風味即樂趣。

這本書是一部解釋葡萄酒風味感知機制的著作，也是一本引導讀者品賞多樣化葡萄酒的指南。恰如書中屢次提及「見識得多，就更懂得欣賞」，此即本書寫作宗旨。《葡萄酒的風味》第一版於 1981 年面世以來，即受到葡萄酒專家們的好評，專家讀者群雖然只占少數，但卻非常重要；此外，全球廣大的愛酒人與飲酒人也對本書讚譽有加。廣大的愛酒、飲酒族群是本書接連再版的原動力──我們總是惦念著全球每年消費的三千億杯葡萄酒（相當於每人一周至少一杯），這部著作當然也要面對廣大的飲酒族群。今天《葡萄酒的風味》首度以東方語言被譯介給葡萄酒飲家與愛好者們，希望華文讀者也能體會我們撰寫本書的初衷：「解釋得清楚，就更能幫助品賞。」或者說得更清楚些：「愈是深入瞭解已知事物，就愈能得到不同的樂趣。」

在華文地區約有二十餘種原生葡萄品種，譬如名為 Vitis Amurensis 的葡萄品種即為一例，然而大多數的釀酒葡萄卻鮮少用來釀酒。因此用來釀製葡萄酒的葡萄品種，仍以「歐洲釀酒葡萄」居多，亦即大家所熟知、而且種植區域遍及全球的 Vitis vinefera 品種。它原生於高加索山脈南麓，嚴格說起來，這算是一種亞洲原生的釀酒葡萄哩！歐洲釀酒葡萄囊括了數千種不同的品種，廣泛種植於各種天候與土壤環境條件之下，孕育出個性鮮明、各有千秋的酒款。如今，要在世界各地品嘗到這些丰姿多樣的葡萄酒已非難事，何況酒展活動舉辦得相當頻繁。譬如以往在波爾多舉行的葡萄酒暨烈酒大展（VINEXPO），今天已經擴大成為國際酒展，本屆亞太地區的酒展不久前才在香港落幕。

《葡萄酒的風味》能夠作為讀者的品味嚮導，幫助各位讀者在品味葡萄酒時，發掘自己所欣賞的風味特徵，並且能將之描述出來。如此，品賞葡萄酒也能像其他嗜好一樣，成為提升生活情趣、豐富生命體驗的活動。閱讀這本書，飲者將能盡情享受品評之樂，珍惜每個與酒相遇的美麗當下。讀者也將充分掌握與人分享、談論葡萄酒所不可或缺的知識、詞彙，當然，這一切都還必須本著一股澎湃的情感。

　　面對一杯葡萄酒，我們當然可以很簡單地說出「喜歡」或「不喜歡」。但是，如果要與同好們更進一步交流意見，就必須具備一些關於感官機制、品評規則的基本知識，而這些葡萄酒品評的相關知識體系，通常都是在原產地孕育出來，並且逐漸茁壯。西歐的葡萄酒歷史已經有兩千年，環地中海諸國，包括法國、西班牙、義大利、希臘等國家，都擁有深厚的葡萄酒文化根基。然而，葡萄酒品評的知識技巧，最主要還是從人類共有的感官生理機制出發，畢竟人人都能夠用眼睛觀看、用鼻子嗅聞、用嘴巴品嘗。品酒者用來表達視覺、嗅覺、味覺的語彙，有時候與日常語言略有出入，但是我們並不難發現，在品評活動中所關注的重點內容，其實只需透過為數不多的常用詞彙就已經足夠。這些詞彙可以非常容易在五、六種歐洲語言裡找到對應詞，我猜想，這些風味語彙應該也能被翻譯成中文。如果是這樣的話，《葡萄酒的風味》中文版應該能夠增進華文世界葡萄酒同好們對品評的認識，有心精進品評技藝的人，可以從中汲取知識並自我鍛鍊琢磨，達到提升感受敏銳度與語言表達力的目標。

　　最後，不論一位飲酒人是否嫻熟品評之藝，至少都應該以孔老夫子曾經說過的這段話自我惕勵：「惟酒無量，不及亂。」（《論語 · 鄉黨第十》）

賈克 · 布魯昂
2006 年

原文第四版序

　　所有生命的終結都值得我們致敬，艾米爾 · 培諾（Émile Peynaud）教授的辭世，更是如此。他超卓不凡的成就，特別讓我們追思不已。在還未及完成這本《葡萄酒的風味》的改版工作時，他便離我們而去。

　　艾米爾 · 培諾出生於葡萄酒鄉馬第宏（Madiran）。1928 年，培諾才十六歲，僅以初中畢業文憑前往著名的波爾多葡萄酒商卡維（Calvet）謀職，就此展開他的葡萄酒職業生涯。他在那裡認識了尚 · 黎貝侯 - 蓋雍（Jean Ribéreau-Gayon），並且協助他撰寫研究論文，這個特殊的合作關係後來維持了超過半個世紀。在這段日子裡，培諾不僅有機會熟悉實驗室的工作、研究葡萄酒安定程序的具體問題——並且在 1932 年發表第一篇關於葡萄酒「鐵濁現象」[1]的研究成果，還有機會品嘗酒商企業經手的無數酒款，為他日後投身葡萄園工作奠定基礎。培諾在二次大戰期間，由於被俘，而耽擱了手邊的研究，直到 1946 年才得以繼續撰寫《關於果實熟度與葡萄酒成分的生化研究》（*Contribution à l'étude biochimique de la maturation du raisin et de la composition des vins*）這篇論文，並於同年取得博士學位。這篇博士論文從今天的角度來看，仍然具有一定參考價值。培諾教授一生走訪波爾多、法國，乃至世界各地的酒廠，致力於教學與分享釀酒學的精微：除了數百場正式的學術研討會，於酒廠進行的諮詢活動更是不計其數。此外，他畢生從事研究，著作多達三百種。如果沒有培諾教授，或許現今葡萄酒界也不會有化驗分析、生化學、微生物學、釀造、培養與品評等相關研究，他所帶進的新觀念不僅在當時合乎時宜，甚至在今日依然歷久彌新，正是這些創新元素使這些領域的研究得以蓬勃發展。在此只需一例即能說明培諾教授在釀酒學領域無可撼動的地位：他清楚地指出，乳酸發酵[2]在釀造過程中扮演了舉足輕重的角色，並且說明葡萄酒「甜一酸一澀」三者間均衡關係的重要性。五十年以來他以過人的才智、苦心耕耘與旺盛的意志力，進入全球最重要的葡萄酒研究機構，成為主事者之一。而這一切成果，僅僅從一張初中畢業文憑開始，這是多麼奇妙的生命歷程！

　　艾米爾 · 培諾的名字與釀酒學密不可分，他為葡萄酒界留下珍貴的資產，其崇高地位至今仍然不變。全世界沒有一位葡萄酒專業人士不知道培諾教授的名字。那些曾經參加培諾教授主持的研討會，或只是簡短與他交談十分鐘的人，都會驕傲地自稱是培諾教授的學生。

　　或許可以說，培諾教授是從葡萄園裡開創出釀酒學，隨後成功地將這門學科系統化。他騎單車、

開車或搭飛機往返於各地酒窖之間，孜孜不倦將釀造的知識傳遞給有需要的釀酒者，並藉此實踐自己的研究成果。他特別強調「先制型態的釀酒學」，主張人為因素應盡早介入葡萄酒的釀造過程，甚至在決定採收日期的當下，就應該開始發揮影響力。在他的年代，釀酒師幾乎不願向「化學家」請益，因此在缺乏釀造知識的情況下，葡萄酒的風味或多或少都有些不穩定。倘若培諾教授在過去七十年當中沒有披荊斬棘成為開路先鋒，勾勒真正的好酒、偉大的葡萄酒該有的面貌，並讓平庸的葡萄酒在其指導下自我提升，那麼今天的波爾多、法國，乃至全球的葡萄酒都將大為不同。世上許多傑出的知名酒廠及釀酒合作社、新興的葡萄酒產區，都因他而受惠良多。

培諾教授致力推動所謂的「總體釀酒學」或者「整合釀酒學」，這是對酒廠資源、營運目標與生產條件進行通盤考量的一種策略。培諾教授奠定了「波爾多釀酒學」的基礎，如今，世界各地都可見到以此為範本，進行調整而發展出的釀酒方式。由此看來，培諾教授的總體釀酒學足以展現豐富的個性化，傳達了酒農與酒商的多樣性格，而不是釀酒師的單一個性，或者一個特定時代的品味風尚。

如有必要，培諾教授會藉由發酵、實驗分析，尤其是透過品評，準確闡述釀酒的相關細節，包括果實的熟度和酒液的安定程度。他所建構與傳授的品評技術，是一種追求精確、富有效率且廣泛適用於各種場合的品評方法，它同時兼具操作簡便、易於理解，以及審慎持重等優點。1980 年，《葡萄酒的風味》第一版問世，讓大眾與業界得以一窺嚴謹的品酒法則與葡萄酒之所以誘人的魅力所在。

培諾教授也擅於主持研究活動，數十位年輕的博士生與資深的研究員都曾經接受他的幫助與指導。他對於研究採取開放的態度，鼓勵研究者提出不同的想法，不囿於成規。包括我在內的許多人，都對培諾教授懷有無限感激之情。

艾米爾·培諾真的是徹頭徹尾的「教授」，正如同字典對於法語「教授」一詞的定義，既是「專家」，也是「大師」，懂得如何用清楚的方式陳述最複雜的事物，不論是攻讀釀酒學的大學生、「周一葡萄酒課」[3]的聽眾，還是某酒莊的酒窖總管，與培諾教授一席話，往往讓他們茅塞頓開，有勝讀十年書之感。他的授課內容，都可以在加里戈（J. R. Garrigo）裡找到詳盡的解說，這本 1947 年出版的學術專書，是培諾教授與尚·黎貝侯-蓋雍先生一起撰寫的，後來他還聯合研究團隊一起撰寫《葡萄酒學專論》第二卷[4]。這套兩卷的《葡萄酒學專論》被譯成許多語言版本，全球各地酒廠都珍藏著。

培諾教授學問淵博，論述時往往能旁徵博引，並且條理分明，讓人享受求知的樂趣，這或許是一種天賦，但是，這更可說是努力耕耘與聰明才智的結合，尤其是樸實、慷慨、兼容並蓄的表徵。培諾教授生前既是人文素養深厚的專家，也是充滿人性光輝的學者。閱讀他廣受推崇的《葡萄酒歲月》（*Les Vins et les Jours*, 1988），不難體會釀酒學的歷史沿革，與葡萄酒哲學觀，其實是緊密地交織在一起的。

眼前這本 2006 年重新改版的《葡萄酒的風味》第四版，延續培諾教授一貫的精神，在前三個版本的基礎上，根據當今實際情況修訂內容。二十五年來，葡萄酒品評的操作細節已大幅改變。生理學方面的研究成果、晚近研發的新技術與新器材，都讓品評呈現嶄新的面貌。1980 年，專業品酒室還相當罕見，如今卻已是各酒廠與品酒場合的基本設備。書報攤的陳列架上已出現各種與葡萄酒相關的報章雜誌，書店的展售台上也不乏各式品酒與葡萄酒書籍。這些明顯的改變，都表明了葡萄酒世界與二十

年前已不可同日而語，葡萄酒的知識已相當普及。如果全球葡萄酒生產國最多不超過三、四十個，那麼，消費葡萄酒的國家卻相對多得多，而且不論是在英國倫敦還是在中國北京，都可以品嘗到四、五千種不同產地名稱的葡萄酒、數萬種品牌與酒莊的產品，從一瓶一歐元的葡萄酒到要價數千歐元的酒款都有。

　　這次改版的動機之一，是為了要維繫、培養葡萄酒的多元品味。我們試圖精確、詳盡地陳述關於葡萄酒的學問，將曇花一現的品味風潮暫擱一旁，也姑且先不理會全球的經濟壓力……我們的理念可濃縮成一句話：「見識得多，就更能夠領會；見識得多，就更懂得欣賞。」我們設想的讀者是所有人，希望本書能對大家有所助益，而且有趣好讀。書中避免使用語意含混的表達法或者讓讀者傷腦筋的行話，容我在此引用波爾多大學釀酒學系前系主任杜巴基耶修士（l'Abbé Dubaquié）曾經說過的一句話，雖然乍聽之下有點挑釁的意味，但卻很公允：「葡萄酒不是用來分析的，是用來喝的，讓人在喝的時候獲得愉悅。」

賈克・布魯昂

2006 年

譯註：

1　當葡萄酒中含有過量的鐵、銅、酒石酸、鉀、鈣，酒液可能呈現微濁（Troubles）並逐漸產生沉澱，此現象被稱作「鐵濁」、「銅濁」（Casse Cuivreuse）、「酒石酸濁」（Casse Tartrique）。這些偶發現象雖然造成酒液外觀霧濁，但並不影響葡萄酒的風味。由於現今釀酒界對於造成酒液渾濁現象的原因已經有一定程度的瞭解，因此透過「安定程序」的操作，已能有效降低這個意外的發生機率。葡萄酒在經過「澄清程序」（Clarification）處理後，雖然已經澄清，但是未經安定程序處理的葡萄酒，仍然可能由於酵素再次作用而顯得渾濁。安定程序的目的在於破壞或封鎖葡萄酒中殘存的多餘酵素，因此葡萄酒的安定程序雖以「酶的安定」得名，然而其目的卻在「固色」。在上述各項造成酒液渾濁的因素中，酒石酸的結晶沉澱物仍相當常見。（Jacques Blouin, Le dictionnaire de la vigne et du vin. Paris : Dunod, 2007. P.69, 276.）

2　一九五〇到六〇年代的釀酒者仍視乳酸發酵（Fermentation Malolactique）為釀造過程的缺陷。培諾教授試圖讓酒廠瞭解乳酸發酵的意義，鼓勵促進葡萄酒的乳酸發酵，並加以控制。

3　為一九五〇年代正式開設釀酒學課程之前的常設培訓班。

4　《葡萄酒學專論》在 2004 年已經改到第五版。第一卷的副標題是「葡萄酒的微生物學與釀造」（Microbiologie du vin, Vinification）；第二卷的副標題則是「葡萄酒的化學、安定與培養」（Chimie du vin, Stabilisation et traitement）。

原文第一版序

致葡萄酒愛好者

您是葡萄酒產業中最重要的一環。付錢買酒的是您，喝酒的人都是酒農與酒商的貴人，因為您，葡萄酒產業始得以生存。您在享受的過程中，也推動著葡萄酒產業的新陳代謝。您或許經常喝葡萄酒，屬於無酒不歡的那種人——統計顯示，法國每人每年消耗葡萄酒量高達一百公升，在這個數字裡，您一定也貢獻良多。或許，您只是偶爾小酌一番？而我特別喜歡的同好，是那種見多識廣的愛酒人。不論您屬於哪種類型，都能在本書裡，哪怕是字裡行間，讀到一些受用的想法或得到一些啟發。

如果您出生在一個擁有葡萄酒傳統的國家，那麼您就是葡萄酒文明的直接繼承人，您有某些應盡的責任與義務。倘若您的國家晚近才開始種植葡萄，您也不能置身事外。您既是自己國家葡萄酒品質的「代表」，也肩負葡萄酒品質的「責任」。因為就某個角度而言，是您「造就」自己國家葡萄酒的品質。如果有差勁的葡萄酒，是因為有差勁的飲酒者。「品味就如理智一樣，是鍛鍊出來的。」您喝的酒，是自己應得的酒。如果您願意選擇比較好的酒，願意花多一點錢來支持品質較高的酒，那麼不用多久，葡萄酒的品質就會提升。消費者應該有所作為，以行動來遏阻那些釀造差勁葡萄酒的業者。

如果您是法國人，您的血管裡流著自拉柏雷[1]以降的偉大飲酒傳統，您可能在飲酒「量」方面堪稱冠軍，但統計數字並沒有說您在飲酒的「質」方面也傲視群雄，簡言之，您喝得多，但卻不見得是懂酒的人。您想想就明白：法國最頂尖的葡萄酒，每十瓶就有六瓶出口到國外。

法國葡萄酒享有「國際級」的水準，而您身為法國人，卻往往只是「地方性」的喝酒人。所有葡萄酒業界的人都知道，與其說造成這個現象的原因是缺乏資源，不如說是缺乏教育。

如果您不是法國人，卻懂得品嘗法國葡萄酒，頌揚它的超卓不凡，那麼，我必須輕聲向您致敬！多虧有您的祖先，法國葡萄酒才得以享有今天的聲望。請記得不時為您的酒窖補些好貨，傳給您的孩子。相信我，法國偉大的葡萄酒都是為您釀造的。

希望本書能引導葡萄酒愛好者更認識葡萄酒，也更懂得欣賞葡萄酒。要先掌握品嘗的技巧，才能喝出學問。學習品評在於探究如何駕馭與妥善利用感官。好的葡萄酒讓人自然而然地放慢品嘗速度，有節制地品嘗；輕佻隨便地喝酒，必然導致酗酒。您應該要喝得少，喝得巧；謹慎選擇要喝什麼葡萄酒，

再挑剔都不為過。每當您買一瓶不值得一喝的劣質酒時,您就成為差勁葡萄酒的幫兇。

　　也希望本書能教導葡萄酒愛好者如何談論、描述葡萄酒。所謂「獨樂樂不如眾樂樂」;如果一款葡萄酒好喝,那不妨試著用自己的方式把這個感覺說出來。這個世界上很難找到能跟飲酒相比的娛樂消遣,葡萄酒既帶來飲饌之樂,又讓人滔滔不絕。您將不難發現,在葡萄酒的浸淫下,一個人很容易變得博學多聞、辯才無礙。

致葡萄酒生產者

　　您在葡萄酒產業中占有最美的 一席之地。注意,我沒有說是最廣袤的一片天地。您為葡萄酒付出勞力,不論您是果農、酒農、釀酒者、培養者或銷售員,葡萄酒屬於您,葡萄酒也反映您的形象。您創造了葡萄酒,它是土地的產物,是以勞力換取的成果。然而,您應該為葡萄酒的價值扛起完全的責任,因為葡萄酒形象的價值是您所賦予的。您有能力讓它成為刻劃細膩、風味討喜的醇美佳釀;也可能讓它成為粗野庸俗、毫不迷人的澆醨劣酒。

　　葡萄園與葡萄酒都非常仰賴人的耕耘與經營。您在葡萄酒這一行扮演著多重角色,必須盡量延伸觸角,充實各種專業知識與技能。釀酒業在本質上屬於農業,也就是說,必須看天吃飯,接受天候的各種意外狀況;採收完畢前,難以預估葡萄收成的品質與數量,至於會有多少收益,就更難估計了。釀造是一種為農產品進行加工的程序,釀酒也具有工業的特徵。我使用「工業」這個字眼,並沒有貶低之意。一般人覺得「藏酒」比較有「工藝」的感覺,但是光憑經驗或直覺,不足以斷言釀酒不具工藝特質。您或許已經亦步亦趨跟隨釀酒學的腳步前進,您的釀酒態度可能一年比一年更為嚴謹。不過,在這一行裡,商業頭腦也一樣重要。當然,您也要具備行政能力、企業管理與財務規畫的能力。生產葡萄酒是一種全方位的職業。

　　對您而言,品評是一種工具,它幫助您在釀酒過程中,監控葡萄酒的品質。不論您釀的是什麼類型的葡萄酒,都應該學習如何正確有效地品酒。另外,品酒技巧再怎麼好的人,都應該試著更上層樓,這是絕對有需要的。雖然您是釀酒人,但是不能只喝自己釀的酒,要不然很難有所進步。如果有機會走出自己的酒窖,到其他酒廠、其他產區、其他國家,去切磋見識一下,千萬不要錯過這個機會。釀酒人之間的交鋒,往往讓彼此學會謙遜。

　　本書將教導您如何進行品評;本書不僅能給您一些建議,也可能讓您愛上自己釀的酒。懂得品酒的釀酒人,絕對會釀出更好的葡萄酒。一個人釀的葡萄酒是好是壞,與他的品評技術、品味息息相關。德塞赫[2]說過,「觀其酒美,知其人善。」但是好的葡萄酒會替自己說話,不需他人錦上添花。如果釀造那些劣質葡萄酒的人學會品評的話,不難想像,從市面上消失的劣酒數量將會多麼可觀!

致葡萄酒商

　　或許您是已有一、兩百年歷史的傳統酒商,準確地說,您可能是酒商家族企業的第三或第四代傳人[3]。多虧有你們這些酒商,波爾多葡萄酒才得以載譽全球。是您讓世人認識葡萄酒產區的芳名,並且心嚮往之;這些葡萄酒產區欠你們那麼多的人情債,有時卻跟你們作對。

如今，時代已經改變。人們似乎已經忘記一個事實：葡萄酒不會自己在市面上流通，這一切都要歸功於酒商；如果沒有酒商殫思極慮開創市場，葡萄園的面積也不會擴張。然而，新時代的來臨卻也意味新難題的產生：老字號的酒商家族企業，有時難以跟上時代的變遷，因為在其中要卸下沉重的傳統包袱談何容易？

身為酒商，您培養了一代又一代的「葡萄酒僕人」。就拿我個人的經驗來說，也是因為有你們，我才開始學習品評。你們從事葡萄酒的買賣，甚至比生產者更早溯及葡萄酒的源頭，奠定各種正統型態葡萄酒的基礎。由此看來，本書可以為你們帶來的東西很少，然而，它或許可以幫助你們更清楚地認識，現代釀造技術如何憑藉古老而豐富的遺產基礎，為葡萄酒注入新的元素。

雖然您可能不甚熟悉現代的釀造技術，但您經營葡萄酒貿易的方式，卻可能相當現代化。

您希望縮短葡萄酒的培養時間，加快庫存的循環速度，費心地研究行銷，並積極改進物流網絡。或許您是葡萄酒經紀人，周旋於酒農、酒商與釀酒顧問之間；或是餐飲專員、業務代表、零售商、雜貨店老闆、大賣場裡的部門主管、餐廳老闆或侍酒師。這些工作崗位都必須面對消費者，他們的荷包跟您的工作密切相關。因此，不論您的職務位於這條葡萄酒生態鏈的哪個環節，都必須謹記在心：您賣的酒，是付錢的人喝掉的。所以應該要先懂得品評，才能稱得上是謹慎、實在的葡萄酒業者。本書將幫助您掌握品評這門技藝，讓您在工作中更有自信，也更能得心應手運用豐富的葡萄酒語彙。到時您的選酒建議將成為顧客眼中的「品質保證」，而當您只販售篩選過、自己喜歡喝的葡萄酒時，您的商業風險將因此降低，賣酒的樂趣與成就感也將提高。

致葡萄酒釀酒師

我以前輩的身分建議您，因為我也是葡萄酒學者。我曾從事葡萄酒相關研究，研究葡萄酒的風味，目的在於釀造出更好的葡萄酒。我總是相信，葡萄酒不應是單純用來解渴的飲料，喝葡萄酒不僅止於把酒吞進喉嚨而已，而應細心品嘗它的風味。身為葡萄酒專家、釀酒師的諸位，有些人對釀酒學頗有心得，但對品評卻往往不得其門而入，但錯不全然在您身上。波爾多大學在 1955 年創設葡萄酒釀造文憑課程，可是關於品評的課程卻付之闕如，想必規畫課程的委員都已戒酒了。他們難道不知道在釀酒的過程中，從發酵、貯藏、澄清、安定，乃至分析化驗，每個步驟都必須品評。您在學生時代曾學過關於發酵作用的生物化學，這些理論在畢業後可能全都還給老師了，卻從來沒有真正學會品酒。這批學生因為獲有專業文憑，所以大多選擇進入葡萄酒界，可是卻遭遇一個問題：對於葡萄酒的專業品評操作一無所知。這種隔靴搔癢、全憑經驗的品評，終讓人感到無所適從。不過幸運的是，這些學生都還算資質聰穎，在工作上也都能勝任愉快。不過，現今大學裡的品評教育已頗具規模。波爾多葡萄酒學院（L'Institut d'œnologie de Bordeaux）甚至在 1975 年創設葡萄酒品評學士學位課程，葡萄酒釀造學與品評終於能結合為一。我曾在大學擔任釀酒與品評兩門課程的任課教授，不確定自己的貢獻是比較偏重「讓品評成為釀酒的入門知識」，還是「讓釀酒成為品評的入門知識」。葡萄酒學者與釀酒師總是關心釀酒與品酒的課題：他們掌握葡萄酒的釀造知識，而品評是他們專業領域與專業技能的一環。

釀酒師應該帶動葡萄酒工會、葡萄酒同業公會、行政機關、商業辦事處的品酒員，發揮其影響力。

本書的寫作，揉合不同的筆調和語氣。書裡雖然相當頻繁地出現專業術語，像是在對科班學生授課，但是本書其實是以一種好讀、易懂，甚至簡單的日常語言所寫成。這本關於品評的書，承載了整個釀酒學的重量，也受惠於諸多葡萄酒界專業人士豐富的實務經驗累積。

相信我：從今起，品評將是釀酒師必備的技能。「國際釀酒師協會」（l'Association internationale des œnologues）榮譽主席賈克・普伊塞（Jacques Puisais）在他的《品酒者手冊》（*Livret du dégustateur*）裡，也贊同此一看法。下個世代的偉大品酒專家，將在眾多釀酒師當中嶄露頭角。

艾米爾・培諾
1980 年

譯註：

1　拉柏雷（François Rabelais），文藝復興時期法國人文主義作家，著有《巨人傳》（*Pantagruel et Gargantua*）。

2　德塞赫（Olivier de Serres, 1539~1619），自學出身，以科學研究方法鑽研農業技術，試圖找出改進農業的方法，被後人視為「農學之父」。

3　培諾教授在此的假想讀者是波爾多當地的酒商企業經營者。波爾多酒商企業，其實並不只一、兩百年的歷史，而可以追溯到十八世紀。十八世紀是波爾多葡萄酒的黃金時代，當時波爾多地區的葡萄酒經紀人與葡萄酒商皆相當活躍。他們甚至發展出一套描述葡萄酒風味的語彙，其豐富程度相當驚人，足以與現代葡萄酒品評語彙相提並論。這是值得研究的有趣課題。（Larousse *Vins et Vignobles de France*. Paris : Larousse, 2001. P.286~288.）

暢銷紀念版
譯注者序

　　1997 那年夏天，我 19 歲，由於學法語而開始接觸法國葡萄酒與比利時啤酒。那時的中文酒類圖書資源有限，在五、六年間，我選讀了很多英語、法語的酒類著作，其中這部《葡萄酒的風味》，是我特別愛不釋手的品飲經典。2007 年 6 月，我與積木文化聯絡，希望能夠譯介這本法文葡萄酒書。讓我驚訝的是，出版社對我 2004 年寫成，但是尚未出版的《比利時啤酒：品飲與風味指南》書稿產生興趣。舊稿經過整理補充，在 2008 年 6 月底，以氣勢磅礴的姿態問世了，而《葡萄酒的風味》則推遲到 2010 年 9 月底出版。在兩年的翻譯工作期間，其中有一年在服兵役，但我依然覺得 30 歲前後這兩年，彷彿只活在這本書裡。

　　品飲評論是將無形感受訴諸有形文字，《葡萄酒的風味》最精彩的部分之一，是以法語建構縝密的詞彙系統，如果沒有經過一番透徹研究，釐清詞彙之間的相對關係，便會錯失精髓。1988 年英文版譯者麥可·休斯特（Michael Schuster），在序言裡虛心坦承，自己在風味語彙方面遭遇的主要困難是「許多法語詞彙沒有準確、唯一的英語對應，尤其是當這些詞彙單獨出現的時候。」這間接說明了風味語彙是一套系統，必須釐清詞彙關係，呈現語義內涵，若只是逐一翻譯，等於什麼也沒傳遞。

　　我在 2003 年進入葡萄酒業界擔任講師，其實還是個學生，半工半讀，同時在政治大學斯拉夫語文學系與中央大學法國語文學系碩士班上課，平常熱衷外國語言、文藝批評、教學研究與論文寫作，我運用學到的思辨論述與文字邏輯，研讀葡萄酒文獻，研究審美理論，分析品評語言。2006 年底至 2007 年初，我針對紅葡萄酒風味結構模型進行語義分析，導出一套翻譯方法，並在政治大學外語學院翻譯中心主辦的國際學術研討會上，發表了論文〈法語葡萄酒結構語彙的漢譯〉。這項研究成果，不只是我翻譯《葡萄酒的風味》的暖身操，更突破了休斯特在 1988 年所謂的翻譯瓶頸。時隔 20 年，我，一個台灣人找到了對策。

　　當時的我，經常不由得想到自己是因為懂得法語，能夠直接從源頭汲取知識，再加上受過語言邏輯、表達能力訓練，才能在幾乎年輕得可笑的 24 歲，就當起葡萄酒講師。我深深感到自己是「知識壟斷集團」裡的既得優勢者，由於志在文化教育工作，我內心相信，刻意壟斷知識是職業道德瑕疵。個人生命只有數十年光景，壟斷知識只能暫時成個個人，將知識傳遞出去卻可以造福整個世代，改變華語界的未來。在發表論文後，我覺得自己有能力把整本書翻譯出來，而且也應該要這樣做，於是這項自我期許便油然而生。

當時的台灣，只有少數人既懂法語，又懂葡萄酒，也能翻譯，但是自發意願、外在條件與能力俱備，當年也許就只有我了。翻譯工作絕非易事，當年的我，全副身心投入翻譯，再加上自我鞭策要求，淪落到過了一段稱得上窮困的生活。如今回首，我可以這樣說：「如果要用三千萬，換我這段經歷，我不願意；如果用三千萬，要我再經歷一次，我更不願意。」歷史不能重來，但我確實難以想像，如果不是當年的王鵬，還會有誰能以如此規格，完成這項時代任務。我其實很幸運，對翻譯環境的殘酷苛刻一無所知，所以奮不顧身，全心投入，滿腔熱血，不以為苦，也才有機會走上這條坎坷卻意義非凡的道路，讓這部經典得以跟華語讀者見面，我也因此獲得這份成就與榮耀。

葡萄酒的品味，複雜而有趣，人們總想快速習得運用。然而正如同許多事物，過於簡單的直覺式理解，往往是錯的。我進入酒界不久，便發現不少人被斷章取義的論述貽誤，困於迷思而不自知。當年的我，名氣資歷不如今日，憑藉己力，斷難喚起覺醒。於是，我把希望託付在翻譯《葡萄酒的風味》這部經典。經典一出，自然正本清源。而且我也私心地期許自己的名字，能夠與之並列。

在我開始翻譯工作不久後，縈繞我心的意念、督促向前的動力，漸漸成了一股強烈的使命感。在一筆一劃寫下手稿的過程中，使命感逐漸凌駕了對聲譽的渴望。在進行翻譯工作的兩年當中，我將之看得如此重要，以致於在譯稿尚未完成時，以及手稿尚未繕打完畢前，我經常對死亡感到恐懼。在此生有記憶以來，這是我第一次感到不能就這樣意外死去。《葡萄酒的風味》不僅讓我嘗到了職涯的榮耀與成就，也讓我意識生命的珍貴與價值。

我雖然只是《葡萄酒的風味》的譯者，不是作者，但我非常珍視這部譯注作品，我也以身為專家譯者為傲。我曾經致信布魯昂教授，徵得同意，替原書做了內容勘誤與修訂改寫。當年譯文初稿完成後，我愛不釋手，一讀再讀。這份原始譯稿有豐富的注解與原文標示。我當時相信，這樣能夠便利讀者吸收專業資訊，彷彿有位專家在身邊一樣，時時提供原文參照、闡釋文章隱義、補充相關資訊。然而，從專業編輯角度看來，我所做的 800 多個註解，已經超過出版規格，最終刪去了約 6 萬字的註解文字，只保留了原本的 1/3。

當時的我，一個 30 歲的青年，花費兩年艱辛的歲月，全副身心投入譯注，一心期許憑著這份成果，得到最大迴響，並啟發更多能夠跟我一起照亮整座山谷的螢火蟲們。我百般不願意自己的譯作遭受如此巨幅的刪改。這部著作問世後的兩年內，每當憶及此事，內心依然隱隱作痛。經過這些年的沉澱，累積了更多的出版經驗，視野與地位不同以往，再加上心神距離拉開了，我有了新的體悟。就算當年的我多麼不甘，但是如今看來，當年編輯們刪稿的決定是正確的。我也感謝積木文化，能夠在這本書出版八年後的今天，再次發行暢銷紀念版，而我也有這個機會，對編輯們公開說聲遲來的感謝。

我相信各位在翻閱這本書時，也會跟我當初一樣，有如獲至寶的感覺，開卷便覺受益無窮。在學習品味葡萄酒的道路上，經常查閱《葡萄酒的風味》，溫故知新，讓它的光芒照亮你的葡萄酒之路，就如同它總是照亮我的一樣。

酒類專家　王　鵬

2018 年 7 月

代導論：
品評的應用與研究

　　「嗯，咕嚕⋯⋯啊！」是大多數人喝酒、喝飲料、吃東西的感官三部曲。「好喝還是不好喝？」茹爾丹先生[1]雖然只是像這樣在乎好不好喝，卻在無意之間把品酒變成了純粹享樂（Hédonique）[2]的活動。不論是感到風味宜人還是厭惡，對食物或飲料品頭論足一番是再自然不過的事。在這平凡無奇如同自然反射的行為背後，其實藏著許多秘密，只有透過化驗分析與感官分析才得以略窺一二。相對於這些分析而言，直接品嘗，應該是發掘風味秘密比較簡單的方式。如果能夠懂得用心品嘗而不是只想把食物塞進肚子的話，就會更懂得欣賞飲食的美好，也能得到更多的樂趣。但是，究竟何謂「品嘗」呢？

　　「品嘗」（Dégustation）這個單詞源於拉丁文動詞 Degustare（品嘗）的名詞型態，也就是「Degustatio」這個字。法文裡的「品嘗」最早只能追溯到 1519 年，而且一直到十八世紀末這個字都還很罕用。這個字的定義是「專注地嘗出食物或飲料的味道，分辨、欣賞、確認食物的風味特徵，並且感到愉悅和快樂。」從英文與西班牙文等外語中，可以看出「品嘗」（Déguster）有一些同義字：法文借用英文的「Taste」（品嘗），變成動詞「Taster」；而西班牙文的「品嘗」跟「嘗試」（Probar）是同一個字，所以法文單字「Essayer」（嘗試），也衍生出「品嘗」的意思。另外，法文的「Savourer」（品味）、「Se régaler」（享用），甚至就連「Vérifier」（確認）還有「Analyser」（分析）這兩個字，也都可以延伸理解為「分析味道」、「確認風味」，於是也都成為「品嘗」的同義字。

　　「品嘗」這個字是相當晚近才出現的，但「品嘗」這個行為在人類史上卻相對古老得多。距今五千多年前，吉爾迦美什（Gilgamesh）統治下的蘇美人就已經能夠清楚分辨美索不達米亞地區的大眾啤酒，以及今日伊朗西隅札格羅斯山（Monts Zagros）出產的葡萄酒，而這些葡萄酒只有精英階級才能享用。人類史上關於品嘗的紀錄，在歐洲出現得比較晚，與五千多年前在小亞細亞的蘇美人相比，「只有」兩千四百年的歷史而已。當時柏拉圖區別了「主要風味」還有「氣味種類」，亞里斯多德接著以「四元素」（空氣、水、火、土）為基礎，提出關於感官機制的看法，這套觀點後來由呂克里修斯（Lucrèce）加以闡述發揚，但是時至今日，這古老的觀點顯然過時了。然而相關領域在晚近又有新的發現，2004 年的諾貝爾醫學獎得主理查・阿克塞爾（Richard Axel）與琳達・巴克（Linda B. Buck）關於味覺與嗅覺的具體研究成果，已經正式獲得肯定，成功地擴展了人類對於味覺與嗅覺的知識領域。

在葡萄酒的世界裡，非常講究術語定義的精確性與完整性，這些術語涵蓋品評的四個面向：感官觀察[3]、風味描述與應有風味表現的落差比對，以及動機解釋與評論闡述。

品嘗，是專注地嘗味道，並且試圖透過風味來辨別食物品質的優劣；這項活動非常仰賴感官，味覺與嗅覺的角色尤其重要。品嘗，是要辨認食物的風味，找出風味中的各種缺陷與優點並且將之表達出來。品嘗，就是研究、分析、描述、評判、分類。

——尚·黎貝侯-蓋雍

習慣上，大家把「嘗味道」（Goûter）這個動詞看成是「品嘗」（Déguster）的同義字，這兩個動詞的名詞型態「Gustation」與「Dégustation」也被劃上等號，當然，從同一個字根衍生出的「Goûteur」（飲饌者）與「Dégustateur」（品嘗者）也就成了不折不扣、可以互相代換的同義詞了。「Dégustation」這個字，最能夠直接、明確地表達「品嘗」、「品評」。有些人覺得「品嘗」、「品酒」或「品評」太多人用，缺乏創意，所以就絞盡腦汁想出其他許多拐彎抹角的說法：「感官分析」、「感官評估」、「感官審檢」、「感官度量」、「感官刺激檢驗」、「生理職能檢驗」、「感官刺激屬性測量」、「感官刺激屬性分析」等。這些表達法往往顯得賣弄學問，更糟的是，有些用詞還言不及義、錯得離譜。我們認為簡單明確是最重要的：在這本書裡，「品評」就叫做「品評」，「品酒者」就直接叫做「品酒者」。使用太技術性的語彙，往往只會造成知識傳遞的阻礙。

「感官分析」本質上是一種「分析」，所謂分析，就是「分解、剖析」，其目的在於辨認物質的組成成分，最好還可以將各個成分加以量化。相對說來，「品評」是綜合歸納、通盤考慮整體，顯得比較完整周到。不過，「葡萄酒品評」可以看作是「感官分析」這個概念的擴大，根據「國家消費管理局」

[4] 德普萊特（Félix Depledt）先生的定義，「感官分析是許多方法與技術的總合，透過感官接收外在刺激，得以感知、分辨、享受飲食風味。」總而言之，品評必須透過感官分析才能進行，品酒者卻往往沒有意識到這一點。

由此觀之，品評既是一門科學，也是一門頗有難度的技藝；圈內人的用語艱澀，「不足與外人道」。這些飲酒者的頭上彷彿都有專家的光環。葡萄酒愛好者或初學者，雖然也想一親芳澤，充實這方面的知識，但是一堆艱深的術語卻拒人於千里之外。其實，品評不是由一堆艱澀的術語架構起來的，相反地，品評的訴求僅在於「懂得喝」而已。從這個角度切入，可以給品評另一個定義：「品評乃指涉一個行為的時間長度：從拿起酒杯開始算起，接著把酒吞下去，到最後嘴巴裡的酒味消散為止。」喝酒的速度因人而異，喝快喝慢，其實無可厚非，但是，在飲酒者不知情的情況下，觀察他喝一口酒所花的時間，還有每一口酒的份量，可以看出他對於葡萄酒的興趣有多高，判斷他對葡萄酒品味的細膩程度，甚至，喝酒的速度可以反映一個人的文化涵養。讓我看看你怎麼喝酒，我就能判斷你是怎麼樣的人。這句話一針見血，還真傷某些人的心。

喝的動作，是一種本能；一旦我們按部就班遵循特定的操作步驟，有條不紊地將風味印象組織起來，那麼，這個動作就稱為品評，變成了有意識的、審慎的行為，不再只是單純的喝。如果不嫌太咬文嚼字的話，從「喝」往「品評」發展的過程可以分為三個階段：首先是「喝酒人」，然後是「愛酒人」，最後變成「論酒人」。品評是一種規範化、系統化的品嘗活動。品味葡萄酒非常需要集中精神，這很重要，甚至靜心冥想也不為過。懂得分析風味感受，能大大提升葡萄酒帶來的樂趣。不學無術、漫不經心、粗心大意的人，往往嘗不出風味的細膩之處。

另外還有一些關於品評定義的不同說法。這些觀點大多數是從文學作品歸納而來的。我們在蒐集到的資料裡，隨機挑選出以下這段文字，可以看出作家對於品味的功能有一番新的見解：

品嘗，實現了最難得的一種偶然性。這是人與某個週遭環境、人與天地萬物之間的巧合，是他自己與這些在他生命當中出現的一切之間的巧合。品嘗，建構了人與生態之間獨有的、特殊的關係。

還有一段是這樣說的：

品評，是人與葡萄酒之間的親密關係。

品評是一項講究衡量測度的技藝，是一門需要靈敏感官的藝術。像是要喝又不喝，慢吞吞地要吞不吞──品評是一種虛擬的喝，它有很多的預備動作，每個動作都需要感官全副投入；教人明察外在、內觀自省，教人懂得冷靜自持、節制審慎。布根地的皮耶・布彭[5]賦予品評更廣的定義，把它視為人生在世的指導原則。品評是一門生活的藝術，凡是感官所及，都能品嘗玩味：從具體的一件作品、一個時空，到抽象的一種觀點、一門哲學，從上下四方、古往今來，到特定時空與存在，還有愛與生活，都可以品味。由此觀之，品味是一種領會的方式，幫助我們認識外在世界；它只有一個簡單的要求，就是經常用感官去探索這個世界。

喝酒與品酒有很大的差別。好酒、偉大的酒[6]與那些只消暢飲、甭論味道的飲料不同；它們需要細心品嘗。為了解渴而喝東西，是為了讓喉嚨得到滋潤，但是我們品嘗好酒、偉大的酒，卻不是單純為了解渴。此外，品嘗葡萄酒令人著迷的原因也不僅止於飄飄然的微醺感，或者酒精輕輕咬嚙的渾身酥麻。

一個依賴直覺喝酒的人，他的飲酒行為，乃至飲酒對他的意義，都與我們在這裡談論的品評截然不同。喝酒是有技巧的，品評技術是需要學習的。品評的樂趣也會隨著品評技術的高低而有所增減。葡萄酒與風味單調的市售解渴飲料，兩者之間真有天壤之別，只要有心，就能品嘗出葡萄酒渾然天成、源源不絕的香氣與風味。葡萄酒的風味豐富而多變，從來不以同一面貌示人，不同的時機、不同的餐點、不同的心境，在在都影響其風味感受。

好酒、偉大的葡萄酒是許多勞力、技術與耐心的產物，它們需要有心品嘗的飲酒者，否則，灌注在葡萄酒中的一切努力都白費了，釀酒人又何苦以與他人分享品評之樂為志呢？品評，就是要悉心聆聽葡萄酒中的喃喃細語，解讀葡萄酒風味所透露的訊息。喝酒，只求肉體爽快足矣；品評，還需要具備智識與能力。也就是說，品評不必喝得多，也能得到很多樂趣。

「見識得多，就更能夠領會；見識得多，就更懂得欣賞。」葡萄酒愛好者應該以此為座右銘，不僅愛戀葡萄酒，對其懷抱信仰，更要具備品味和辨別的能力。至少，法語字典是如此定義「愛好者」這個詞。不過，西班牙語「Afición」這個字的內涵，也能表達對葡萄酒愛好者的期許。這個字很難找到妥切的翻譯，它的意思是「對某件事物狂熱、入迷、虔誠，卻又充滿相關知識的人」。

品評的角色與功用

沒有葡萄酒，人類還是一樣可以過活，世界上不喝葡萄酒的人就有數十億之譜；但是，葡萄酒並非無用之物，因為它有正面的意義。從某個角度來說，葡萄酒是多餘之物，只是生命的裝飾品，而非維繫生命的必需品。其主要功能在於增進樂趣，不管是短暫的還是難忘的，隱微的還是強烈的；不論是強度或形式，總之，葡萄酒普遍有這項「取悅」的功能。葡萄酒首先應該被視為一種生活的調劑、美味的飲品，其次才是一種解渴且營養豐富的飲料。就算葡萄酒再怎麼解渴（葡萄酒能夠

解渴的觀點，實際上只說對了一部分），就算葡萄酒在日常飲食中提供可觀的營養與熱量，但這些都只是其次要功用。葡萄酒的核心價值在於它所帶來的樂趣，而唯有透過品評，才能發現、理解、突顯品酩的樂趣。

無庸置疑地，品評是葡萄酒這一行的基礎技能，從位於上游產業的酒農，乃至下游產業的侍酒工作，甚至飲酒本身，都不能忽略品評。不論從哪個層面來看，品評都能幫助我們以敏銳而有效率的方式，辨認特徵、控管品質、享受風味，因此是不可或缺的工具。

不論是從生產還是從貿易的角度，或是從葡萄園的藤蔓上，一直到消費者的酒杯裡，品質的評估都必須仰賴品評。品質是特性的總合，是一種姿態展現的方式，更是讓一款葡萄酒出類拔萃、與眾不同的根本條件。此間種種，造就了品評的多樣性，而品評的多樣性，又滿足了不同場合的需要。這也是為什麼當我們在網路上以法文、英文或西班牙文的「品酒」作為關鍵詞進行搜尋時，會出現數百萬筆的相關資料。為了獲得法定產區管制認證，為了追蹤生產履歷，或者為了其他原因，葡萄酒必須受到品質控管，幾乎各種類型的品評模式都派得上用場。雖然「好喝」不是判定品質的唯一指標，但是，影響葡萄酒品質評判最重要的因素之一，就是風味的表現能否讓人滿意，我們稍後再針對這點進行討論。從另一個角度來說，葡萄酒蘊含一系列的品質特徵，各項特徵對於品質的重要性與意義都有所不同，我們很難在其他經過加工的農產品中，找到跟葡萄酒一樣複雜的產品。葡萄酒的多樣性與複雜性，使得品評成為判斷葡萄酒品質最直接、簡便，也最有用的工具。然而，正由於葡萄酒的多樣與複雜，因此葡萄酒的品評顯得頗有難度，其細膩精緻的程度超乎想像。

我們剛剛已經強調，從事葡萄酒這一行，必須具備品評的能力，這是最基本的技能要求。從

上游的酒農，乃至下游的侍酒，甚至飲酒本身，都脫離不了品評這門學問。品評，就是葡萄酒產業各個環節從業人員必修的「共同科目」。

不論從哪個層面來看，品評都是幫助辨認特徵、控管品質不可或缺的工具，這是一套敏銳而有效率的「檢測系統」。

對於葡萄果農、酒窖主管與釀酒師來說，追蹤葡萄果實的成熟度、掌握釀造狀況、進行調配工作、評判葡萄酒品質、監控貯藏情況，這些工作都需要操作簡便、迅速有效的輔助工具，而沒有什麼方法能夠比直接品評更為理想。化學分析固然有用，但是並不比香氣與口感即時傳達的訊息更有效率。化驗的過程比較費時，分析的結果比較片面而且顯得破碎；品評則迅速直接，當下就能得到酒款特徵的整體印象。品評的操作是完整的、全面的，結合了生理機制與大腦思維，在任何場合都能進行。

葡萄酒經紀人扮演商業仲介的角色，為生產者與酒商牽線。他們的品評兼具多種特質：既扮演專家、顧問的角色，也肩負展示、推銷、評判、鑑定酒款的責任。經紀人藉由所謂的「商約品評」，確認購入的酒款品質無虞，並且予以擔保。這些經紀人比誰都瞭解某個葡萄酒產區的酒款，這個圈子裡可謂臥虎藏龍，他們是葡萄酒業界最有品評實力的一群人。

葡萄酒商在簽購[7]之前會進行品評，隨後，在勾兌批酒、培養的各個階段，乃至裝瓶、準備出貨銷售之前，整個過程都有例行的品評工作。酒商在為葡萄酒貼標籤之前，還會進行最後一次品評，確認品質無虞，才讓葡萄酒以自己的商號為名出售[8]。

人們一直有錯誤的想法，以為釀酒師以及葡萄酒技師應該沒有那麼大的本事，不但可以負責照料葡萄酒、呈現其應有的風貌、為其進行安定

手續，同時還是品酒專家。不過，比起其他葡萄酒專業人員，釀酒師與葡萄酒技師跟葡萄酒的關係，本來就更密切，因為他們是看著葡萄汁逐漸變成葡萄酒，目睹葡萄酒從酒槽、酒桶裡被裝進玻璃瓶的人。他們透過品評所作出的風味分析，比我們還要深入。他們尤其擅於辨認酒款的缺陷或優點，並且解釋這些現象的成因；他們掌握了葡萄酒的過去，也預見了它的未來。

餐飲業者與侍酒師不僅要懂得如何侍酒，還要懂得如何選購酒款與提供選酒建議。倘若他們沒有充分練習品酒，在採購和面對顧客的時候便會不知所措。

最後，來到了葡萄酒產業的末端。一個真正的葡萄酒愛好者，應該懂得品嘗，也懂得談論葡萄酒。如果能夠辨認一支葡萄酒的風味特徵，並且懂得好酒之所以為好酒的原因，那麼品評之樂也將倍增。葡萄酒消費者不必深入鑽研，只需要一些正確的品評觀念，就足以分辨兩瓶葡萄酒之間的個性差異，以及葡萄酒品質水準的高低。教育消費者的味蕾，是促進葡萄酒品質進步的有效方式。本書將盡量用深入淺出的方式，完整而簡明地交代品評的相關知識，以達到教育消費者的目的。我們會盡可能多談些「喝得到的酒」，而不是「只能遠觀的酒款」，不然講得口沫橫飛卻一滴難求，還真吊人胃口。品評是認識葡萄酒的途徑，瞭解得愈多，就愈懂得釀造、貯存、控管，也愈懂得享受。

專業人士的品評與消費者的品評，最明顯的不同在於，消費者是為自己品酒，專業人士則是為別人品酒。專業人士肩負維繫品質的責任，必須取得專業證照，技術上的要求也更嚴格。尤其是釀酒師這個職務，對於品評技術的要求非常高。

釀酒學是品評的指導原則

我們在前面已經用了一些篇幅來說明，品評是認識葡萄酒的途徑，是從釀酒學劃分出來的科目。釀酒學可以說是研究品評的入門學科。其實，釀酒學的任務之一即在於解釋葡萄酒的風味，並且找到讓風味趨於完美的方法。

釀酒學的第一堂課大可以從品酒開始，而釀酒師身邊最重要的工具，或者說第一件應該取得的配備，就是酒杯。品評與酒杯的重要性不言可喻：釀酒學的最終目的在於改進酒質，控管酒質需要品酒，而品酒需要酒杯。對葡萄酒沒有一定程度的認識，也就難以認真嚴肅地品酒。一個不諳此道的人，又怎會懂得欣賞、評論？認識葡萄酒，是釀酒學的學科領域，也可以說是葡萄酒學的研究範疇。

品評的重要性看起來順理成章，但是這個觀點其實相當新穎。很多相關書籍都草草帶過品評的部分，或者乾脆隻字不提，就連晚近出版的一些釀酒學書籍也不例外。某些觀點認為，品評是葡萄酒分析的一個環節，但是這個說法並不準確。分析固然啟發了品評，但是品評可以「自足存在」，分析卻不能以自身為目的。史上第一位將品評納入釀酒學的人是尚・黎貝侯・蓋雍，他在《葡萄酒學專論》（*Traité d'œnologie*, 1947）第一冊裡用了一整章的篇幅談論品評。很長一段時間品評的知識都相當有限。釀酒學的進步，帶動了品評的發展，如今人們得以深入瞭解感官的運作機制，而品評技術層面的法則也得以確立。

在葡萄酒地理學的書籍裡，品評往往也占有一席之地。然而，這個學門的主要目標在於彙整產地）與葡萄園區名稱，最技術性的部分就屬葡萄品種的分布以及各區的土壤結構，其實並不包括品評。相對說來，某些帶有商業與行政目的的品評活動，由於援引釀酒學的概念，這類型的品評反而顯得比較嚴謹、穩當可靠。葡萄酒的風味與葡萄

酒本身的化學結構關係密切,甚至與葡萄果實的成分也有關聯,釀造技術以及貯藏方式等不同層面的諸多因素,都會影響葡萄酒的風味。由此看來,釀酒學並不能涵蓋品評的全部內容。如果說品評應該是釀酒學教程的切入點,那麼,品評的基本課程也應該涵蓋關於葡萄酒的成分,以及釀造葡萄酒的知識。

消費者、愛好者的品評,通常跟專業人士構成鮮明的對比。前者在品評中經常以品酩的樂趣為目的,並營造良好的品酒環境,以便讓葡萄酒的優點表露無遺,譬如將葡萄酒控制在最好喝、讓人喝了還想再喝的溫度,或者搭配美饌佳餚一起享用。至於專業人士,他們在品評時卻抱持批判的態度;他們會在酒杯裡尋找葡萄酒可能出現的缺點,無論如何,這是他的任務。他們在釀造葡萄酒的過程中嚴格把關,歸根究底也是為了讓下游消費者擁有更好的享受,因為其手中的葡萄酒,已經通過一關又一關的風味鑑定。

專業人士在葡萄酒產業裡須具備嚴謹的態度,消費者再怎麼樣也不可能與其相提並論。業界人士偶爾也會透過跟大眾一樣的飲用葡萄酒方式,試著理解、解釋葡萄酒。但是與一般大眾不同的是,專業人士的品評經驗可以幫助更深入地解讀酒款的表現。

即便是專業人士的品評,也能根據不同的品評目的,進一步區分為數種不同的品評模式。以評判酒質為目的的商業品評,是相當常見的品評模式。這種類型的品評關注的問題包括:葡萄酒是否表現出原產地的風味特質與應有的個性?這款酒的獨特價值何在?與同類型的酒款相較,其表現又如何?這種品評可以稱為「評判性品評」。

釀酒師的品酒方式則比較傾向於「技術性品評」與「解釋性品評」,他們試圖透過葡萄酒的結構成分,來解釋葡萄酒的風味。葡萄酒的風味雖然是一個整體,但是他們將風味解構成更小的單位,如此一來,每種風味都有自己的名字。這種技術性、解釋性的品評,特別強調葡萄酒的風味表現與結構成分之間的關聯;藉由這種方式,可以回溯葡萄酒釀造與貯藏的情況,也可以預見隱藏在葡萄酒裡的未來性,一窺窖藏陳年之後的風貌。與「欣賞性品評」相較,這種「技術性」、「解釋性」的品評模式,可以作出較為深入的分析。然而,在實際進行品酒時,不是專家也可以從「欣賞」的角度出發,一般人也可以採取「技術性」、「解釋性」的品評模式。不過,不論品酒者採取的角度、模式為何,每個人在品酒時都有自己的「葡萄酒包袱」,他都是以自己具備的能力、學識修養,以及對好酒的認知與標準來品酒。要丟下這個包袱是不可能的,我們只會欣賞自己認識的事物。

品評與品酒者

在評判葡萄酒品質的各種方法當中,最合用的就是品評。葡萄酒是被釀造來喝、來品嘗的,因此就邏輯的角度來說,品評也是評判葡萄酒品質最有效的方式。其實,要真正認識葡萄酒,唯有品嘗,別無他途。不論是什麼出身,跟葡萄酒的關係為何,每個人都有與生俱來的品嘗能力,都有成為品酒師的潛能,而每位品酒師都可以有自己的品味與理念。從消費性的日常飲酒,到專業的品評,其實只有一步之遙:只需要集中精神,研究風味印象便成。這當中最難做到的,眾所皆知,就是描述感受,並且作出中肯的評論。

在擁有悠久葡萄酒歷史傳統的國家,專業品評都交給專業人士操刀,這些品評員經過千錘百鍊的訓練,都是經驗老到的專家。我們認為,這些在地專業人士的意見,比葡萄酒愛好者團體舉辦品酒會所發表的意見,更具參考價值。某些國家有抽檢農產食品的慣例,他們甚至對參加評鑑的人員素質進行審查,在這種條件下進行的葡萄酒

品評，其意見的參考價值仍然不及上述的專家意見。品評員必須把自己的風味偏好暫時擱在一旁，並且為自己的評斷提出論證。

人們常說，品評既是一門技藝，也是一門學問；如此說來，品評是可以學習、自我鍛鍊的。品評也是一種職業，或者說，是葡萄酒行業中的一環。學習品評的步驟，首先必須透過學科講授、術科操作，對基礎概念有一認識。接著，在合格品酒員的引導下，經常、規律地品評。專業人員能夠辨認、描述葡萄酒的風味特徵，初學者跟著他們學習品評，將助益良多。日積月累下，對於風味印象的經驗便將漸形豐富，這是訓練味覺與嗅覺的不二法門。進入品評的世界，必須要有一名領路者指引方向，但是葡萄酒的世界裡，師父能夠傳授給學徒的功夫非常有限；師父將徒弟領進門，品評實力的養成卻必須仰賴個人的修行才能竟功。學習品評講求專心致志、不屈不撓。不論是學徒還是專家級的品酒者，在一杯葡萄酒面前，他只能孤軍奮戰，獨自面對風味與感覺。並不是所有的風味感受都能言傳，品酒的人必須靠自己去發掘及體會那些隱晦不顯、姿態巧妙的風味表現。

要成為好的品酒者，敏銳的味覺與嗅覺自然是不可或缺的條件，良好的品評技巧也很重要。然而，對於還在學習階段的品酒者而言，最重要的或許是對葡萄酒滿懷熱情、興趣旺盛。要先懂得愛酒，才能好好品酒；學習品酒，就是學習怎麼與葡萄酒談戀愛。只要經過數年不間斷地勤奮練習，幾乎人人都能成為優秀的品酒者。大多數人天生的嗅覺與味覺敏銳度，對於品酒來說已經足夠；他們最缺乏的反而是品酒的機會，難得品嘗為數眾多的各式酒款。品味與鑑賞是人類最普遍擁有的天賦能力。

有些人天生就有特別敏銳的感官，他們尤其具有品評的天賦，雖然這些人往往不見得對所有的味道或氣味都很敏感。先天的生理優勢還需要

經過一番磨練與學習，才能成為實用的品評技術，準確地辨認風味與感受。患有嚴重嗅覺喪失症或者味覺喪失症的人其實並不多；如果有人聞不出某種氣味，或者吃不出某種味道，有時是因為他不會辨認、區分，而不是真的感覺不到。不過，每個人對某種味道或氣味的敏感度，可能存在很大的差異。就以「感知門檻」來說，大家對於不同風味的感知門檻指數，落差值經常從一到五不等。對某種風味特別不敏感，並不會造成品評能力完全喪失；只是他們對於風味均衡的認知，會建構在另一種比例關係上，而有不同的理解層次。舉例來說，如果以一般抽樣方法選出的人當中，有百分之三十的人對苦味不敏感，那麼可以估計在全部的人當中，有三分之一的人都對苦味不敏感。這些人對葡萄酒風味的意見固然有一定的重要性，但是他們在苦味感知上的缺陷，卻使他們無從理解大多數人的觀點。專業品酒者最好能夠比大多數人更敏感。

一個人的味覺敏銳度，到底有多少是來自於先天的基因特質，有多少是來自於後天的學習，這很難斷定。品酒專家的資質天賦或許只是因為對於味覺與嗅覺一直懷有濃厚的興趣與好奇，不斷探索，並自我訓練、精進而成。

品評的弔詭之處在於，它試圖成為一套客觀的方法，但採取的手段卻是完全主觀的。葡萄酒是品評活動中的客體，品酒者則是主體；我們卻不得不先讓品評活動的這個主體成為我們探討的客體。人類感官在品評活動中是測度的工具，我們可以制定一套規則，讓這個機制的運作合乎要求，提高感官判斷的準確度，同時避免可能的錯誤。然而品酒者並不僅僅執行、操作這套規範，他也是闡釋、評判的人。他大可以描繪、設想葡萄酒的風味形象，而這不是其他分析工具所能做到的。品酒者的偏頗與侷限，恰恰反映他的性格特徵。品評活動本來就帶有濃厚的個人色彩，這是品評與

化驗分析之間的最大差異，化驗分析的結果完全沒有人為的主觀因素；品評活動之所以格外重要，便是因為有「人」的介入。

品酒者在進行味覺分析時，態度要沉著冷靜，辨識風味要力求精確，以作出嚴謹的判斷，但是在發表評論時卻應該熱情澎湃。他應該採取某種批評的態度，但是又不妨礙他欣賞、享受葡萄酒的美味與其中的樂趣。品酒者抱持批判的精神，卻又不能讓這樣的工作要求，澆熄其對葡萄酒的狂放熱情，也不能因此刻意迴避對於好酒的感動。品評需要有讚嘆、欽佩的能力，而非麻木不仁、無動於衷。

以品酒為職業的專業人士以及專門撰寫品評方面文章的工作者，出身背景各不相同，隸屬於不同的「派別」，不過這裡所指的並非特定的「學派」，因為他們大多沒有受過正規的葡萄酒教育。這些專業人士往往因為某個偶然的機會，才開始接觸葡萄酒。況且專授品評的學校以及推廣品評的機構，都是相當晚近才出現。這類專業人士大多出身於葡萄酒產區裡的酒商企業或葡萄酒廠；他們的品評比較著重整體印象，有時不免流於含糊不清、模稜兩可。他們眼中的葡萄酒，往往高深莫測、難窺全貌，在杯中瞬息萬變、捉摸不定。不過，有些優秀的自學品酒家，卻懂得創新變通，精明地設想出細膩的品酒方式。因此這些自學品酒家由於掌握了葡萄酒專業領域的重要環節，不僅養成了專業實力，也贏得聲望或權威。這些人普遍來說都非常謙遜。

另一種極端類型是嚴守清規的品酒者。他們認為感覺器官應該像儀器一樣，準確無誤地把接收到的訊息記錄下來。對他們而言，品評幾乎可視為數學的分支。他們針對葡萄酒提出的問題簡單明確，但是都離不開幾個有限的固定範疇；他們追求清楚明確、斬釘截鐵的答案；他們的工作目標是在格子裡劃記；他們用數字為葡萄酒的品質作總評，冰冷僵硬，不帶感情。最後，所有的品評文件都被集中處理，以便統計結果進行闡釋。倘若在品評過程中，他們發現酒款之間具有某些風味差異，即便兩款酒的不同之處已昭然若揭，但是仍必須經過統計，才能決定這些風味差別是否真的值得注意，是否真的「具有意義」。

在上述的「經驗派」與「統計派」之間，還可以容納另一種更完整的品評模式：既能分析也能描述，可以兼顧邏輯與解釋，不囿於度量的窠臼或流於偏頗的評判。這種折衷式的品評，能夠透過一套精確的語彙來描述葡萄酒的感官刺激特徵，如果有必要，詞藻可以相當豐富，但是這類描述文字往往言簡意賅；品酒者也懂得利用簡單扼要的評語或以分數來評價酒款；這類型的品評並不排斥合理、適度地使用統計方法。這種折衷式的品評，比上述的「經驗派」來得更理智、更嚴謹；比起著迷於數字的「統計派」來說，顯得較為具體、實際，而容許「人」的介入，自然也較合乎情理。這是一種較符合葡萄酒學宗旨的品評模式，也較具有「法蘭西精神」。我們在這本書裡將談論的就是這種品評，我們替它下的定義是最美的：人與酒的邂逅。

上述的當代品評方法脫胎於相互滲透的兩股風味潮流：其一為「薄酒來暨布根地品味派系」，長於氣味的分析與描述；其二為「波爾多品味派系」，傳統上特別關注風味均衡的問題與口感分量的概念。前者的分析對象是香氣風格較為單純[9]的「單一品種酒」，品評時著重於嗅覺操作，以「香氣持久度」為評判重點；後者則以分析單寧特質顯著的「混釀品種酒」為目標，較重視「酒體結構」。以上是作者的個人闡釋，不過這些觀點多少也反映了波爾多學派的演變與發展。就連布根地的專業人士，也不再滿足於傳統只描述葡萄酒氣味的作法，他們樂於談論葡萄酒的口感。

好書推薦

以上我們談了不少「品嘗的學問」。知識必須靠書面文字傳遞。品酒不惰、問學不倦尚不足以精進品評實力。談論釀酒的古老專書對於品評幾乎隻字未提，彷彿品評是一門與生俱來、不假外求的技藝。早在上個世紀初，克羅格（Cloquet）與凡森（Vincens）就分別出版了兩本篇幅精簡的品評手冊：《葡萄酒品評的藝術》（*L'art de la dégustation des vins*, 1906）以及《品酒的藝術》（*L'art de déguster les vins*, 1906）。然而一直到了一九五○年代，品評的概念才真正被建立並開始傳播。

首先，賈克 · 勒瑪儂（Jacques Le Magnen）在《氣味與香氣》（*Odeurs et Parfums*, 1949）與《味道與風味》（*Le goût et les saveurs*, 1951）兩本書中，從解剖學與生理學的角度提出感官刺激的概念，此為味覺機制的基礎；他的著作為品評開拓了更有系統條理的發展方向。同時期的亞梅林（Maynard Andrew Amerine）與他的研究團隊，也作出重要貢獻，成果包括測試程序的系統化、提升測試的準確性，以及運用統計方法來衡量葡萄酒的品質。儒勒 · 休維（Jules Chauvet）憑著旺盛的企圖心，在 1950、1951、1956 年出版了一系列的著作，集中研究嗅覺機制的課題，成功地將葡萄酒氣味研究提升到另一境界。另外，戈特（Norbert Got）在 1955、1958 年的著作中，以及尚 · 黎貝侯-蓋雍在 1961 年的《葡萄酒學專論》第二卷裡，都處理了關於葡萄酒氣味的課題，極富參考價值。

此後，基礎書目陸續出版，在這些葡萄酒相關著作中，品評普遍被視為一門學問，或必要的專業技能。雖然感受的主觀性以及語彙的貧瘠，使得關於品評的研究遭遇困境，進展得相當緩慢，然而這些書籍的問世，卻見證了品評研究在逆境中的發展，總結既有的研究成果。

國立營養暨食品研究整合中心在 1964 年十一月舉辦科學周活動之後，出版了一份匯報，題名為《食品風味特徵的主觀與客觀衡量方法》。匯報裡關於賈克 · 勒瑪儂「感受特徵的理性基礎」，以及德普萊特「論味道測試的方法」的專章，可視為品評研究與技藝的奠基之作。這份文件裡關於食品風味感受特徵的技術性詞彙相當豐富，其中可以整理出一百四十個關於葡萄酒風味的用語。葡萄酒風味研究是以向前邁進了一大步，也邁出了第一步。

亞梅林、龐博恩（R. M. Pangborn）與荷斯雷（Edward Biffer Roessler）的《食品風味評價的原則》（*Principles of sensory evaluation of food*, 1965），是本資料豐富的專著，內容探討感官機制，以及影響測試結果的因素；此外，本書應用了嚴謹的統計方法處理測試結果。

普伊塞、夏霸儂（R. L. Chabanon）、吉耶（A. Guiller）、拉寇斯（J. Lacoste）合著的《品評入門綱要》（*Précis d'initiation à la dégustation*, 1969），是針對專業人士撰寫的手冊，書中簡要呈現品評理論基礎的研究成果，並說明感官生理學的基本概念；分析各種感官刺激，指出感官屬性與分析特質之間的關係，也談論品評技巧、品酒會的籌備，以及葡萄酒的評分方式。

維德爾（André Vedel）、夏赫勒（G. Charle）、夏赫內（P. Charnay）、杜赫莫（J. Tourmeau）的《葡萄酒品評論文》（*Essai sur la dégustation des vins*, 1972）是當時所有關於品評知識的集大成之作，內容包羅萬象、涵蓋風味、產品、感官分析、品酒者，乃至評論與描述語彙等層面。作者群的專業背景不盡相同，他們共同執筆，成功地提出一套能夠滿足多方需求的共通品評法則，具有劃時代的意義。這項成就，是品評發展史的重要里程碑。

暫且撇開學術類型的著作，布彭先生的隨筆非常值得一提，他以詩人的筆調、哲人的氣韻，將品評科學的精髓表露無遺。從《品酒者沉思錄》到《品評的樂趣》，乃至《新編品酒者沉思錄》，都彷彿讓人親眼目睹一位酒界名家、品評大師，攬著心鏡，自我審視。布彭先生開創了獨特的葡萄酒倫理學，樹立品酒的圭臬，引領品評的風尚。

1975 年，英國的布羅班特（Michael Broadbent）出版了《葡萄酒品評：理論與操作實用手冊》（*Wine Tasting, A Practical Handbook on Tasting and Tastings*）。英國人歷來都是以偉大葡萄酒的發掘者與消費者自居，獨特的產業背景與傳統，使得英國酒商亟需掌握一套能幫助評判酒質的品評準則。布羅班特的這本書於是應運而生，揭開了品評相關圖書的出版盛況，事隔一年，萊格里斯（Max Léglise）出版了《偉大酒款品評入門》（*Une initiation à la dégustation des grands vins*），這是本很有分量的小書，作者力透紙背的專業素養，與字裡行間散發的酒客文人氣度，都讓本書熠熠生輝。同年，闊別十載的亞梅林與荷斯雷復出，帶來大作《葡萄酒的感官評估》（*Wines, Their Sensory Evaluation*），這是特別為專業人士與業餘愛好者所寫的指南，文字客觀，雅俗共賞，內容強調品評活動應該善用所有感官，作為評判葡萄酒的工具。

《葡萄酒的風味》第一版於 1980 年問世，大約從那時起，關於品評的著作就如雨後春筍般出現。根據內容走向，大致可以分為以下幾種類型。

其中一類書籍綜論感官分析，並將之視為評判所有餐飲品質的手段。這些出版品通常由業界編著或專業機構編纂發行，內容尤其傾向於探討各種品評方式的規範與系統。譬如法國標準化協會於 1991 年彙編了一部關於規範標準的總集。此外，法國的麥里歐（P. Mac Leod）、弗希翁（Annick Faurion）、蘇瓦喬（F. Sauvageot）、歐雷（André Holley）合作編寫的出版品，以及 2004 年諾貝爾醫學獎得主——美國的理查·阿克塞爾與琳達·巴克關於嗅覺的研究，都有相關研究，增進我們對於感官生理機制的認識。由於這些豐富的研究成果，使得傳統葡萄酒學的內容進一步得到解釋與證實。

第二種類型書籍以廣大的從業人員與愛好者為讀者群，是「可以一邊讀，一邊配葡萄酒」的入門書，由於他們面對的讀者不乏葡萄酒初學者，所以必須涵蓋基礎知識。賈克·布魯昂的《品評初學指南》（*Guide d'initiation à la dégustation*, 1994），將波爾多葡萄酒專家與愛酒人三十年的經驗與成果集於一身，概括與總結鑑賞好酒的基本要領。此外，布凡（Jean-Claude Buffin）撰寫的兩本教學手冊也值得一提，書中對於風味感受、葡萄酒語彙、相關技術、產地來源，都有詳盡解說：其中一本是《品評實務》（*Pratique de la dégustation*, 1987），另一本是《您的品評天賦》（*Votre talent de la dégustation*, 1988）。

此外，還有一類書籍顯得特別新穎，專門探討葡萄酒語彙與表達感受的方法。這類書籍有時以術語辭典的形式編寫，或以法／英對照的方式排版，都非常有用。瑪荷汀·夏德蘭（Martine Chatelain）出版的《葡萄酒與醺醉的語彙》（*Les Mots du vin et de l'ivresse*, 1984），光聽書名就夠陶醉了。這本字典形式的酒書，收錄專業術語及社交用語，時而嚴謹，時而幽默，既散發著文人氣息，又激盪著對好酒的愛慕之情。如果想知道別人怎麼評論、描述葡萄酒，可以參考賈克·呂格謝（Jacques Luxey）的《評審團品評記錄》（*Les Dégustations du grand jury*）1975 ～ 1985年卷、莒布狄厄（Franck Dubourdieu）的《波爾多偉

古代	中世紀	十八世紀	十九世紀	二十世紀
柏拉圖 （Platon） 427~348 B.C.	阿維森納 [10] （Avicenne） 980~1037	彭瑟列 [11] （Poncelet） 1755	儒勒・居由 [13] （Guyot） 1861	黑寧 [16] （Hennig） 1916
亞里斯多德 （Aristote） 384~322 B.C.		卡爾・林奈 [12] （Linné） 1751	費克 [14] （Fick） 1864	柯恩（Cohn）
呂克里修斯 （LUcréce） 98~55 B.C.			基索 [15] （Kiesow） 1894	池田菊苗 （Ikeda） 1911
			葛里芬 （Griffin） 1872	蒙馬耶 （Montmayeur） 2005
			德威特 （Dwitt） 1865 雪弗荷（Chevreuil）	弗希翁 [17]（Faurion） 1980

大酒款巡禮：1945 年迄今》（*Les Grands Vins de Bordeaux de 1945 à nos Jours*, 1996）等書。

賈克・尼鈕（Jacques Ninio）的《感官的印記：知覺、記憶與措詞》（*L'Empreinte des sens*）、神經生物學家尚 - 第迪耶・凡松（Jean-Didier Vincent）的《情慾生物學》（*Biologie des passions*）、歐雷（Holly）的《嗅覺禮讚》（*Éloge de l'odorat*）、徐四金（Süskind）的《香水》（*Le Parfum*）以及米歇爾・塞赫（Michel Serres）的《五感》（*Les Cinq sens*），雖然都不是關於品評的書，但是閱讀這些書籍有助印證品評的不同面向，得到不同的啟發。

在列出那麼長串書目後，如果漏掉《儒勒・休維——酒界才子》（*Jules Chauvet ou le Talent du vin*, 1997）及皮耶・托黑斯（Pierre Torrés）的《樂為葡萄農》（*Vigneron, sois fier de l'être*, 2004），那就太離譜了，倘若沒有機會讀這兩本書，是很可惜的事。另外，有三本西班牙文的原著也相當值得一讀：歐丘阿（Javier Ochoa）的《葡萄酒與品評》（*El Vino y su Cata*, 1996）、瑞伊斯・賀南德斯（Manuel Ruiz Hernandez）的《品評與葡萄酒知識》（*La Cata y el Conocimiento de los Vinos*, 2003）、卡薩・德・列・巴列婁（Casal del Rey Barreiro）的《感官分析與西班牙葡萄酒品評》（*Analisis Sensorial y Cata de los Vinos de España*, 2003）。最後，不能不特別提到大仲馬的《我的廚藝事典》（*Mon dictionnaire de cuisine*, 1870），葡萄酒在本書占有絕妙的一席之地，不正像是在三劍客的餐桌上，葡萄酒也絕妙地占據餐桌一角嗎？

學習品評就是這樣，從一款酒到另一款酒，從一本書到另一本書，拓展視野、向下紮根、精益求精、更上層樓。「見識得多，就更能夠領會；見識得多，就更懂得欣賞」：這是貫穿本書的寫作理念，也是接下來內容的發展主軸。

譯註：

1 茹爾丹先生（Monsieur Jourdain）是法國劇作家莫里哀（Molière, Jean-Baptiste Poquelin, 1622~1673）喜劇作品《貴人迷》（Le Bourgeois gentilhomme, 1670）中的人物。

2 原書註：希臘文「Hédoné」意為歡愉。

3 感官觀察是指以肉眼觀看、以鼻子嗅聞、以口腔品嘗，是相對於儀器分析化驗而言。

4 國家消費管理局（Institut National de la Consommation）此官方機構成立於 1966 年，簡稱為 INC，負責與消費有關的工商業務，提供相關資源與法律諮詢服務。機構成立宗旨是保護消費者權益，提升消費產品品質。

5 皮耶・布彭（Pierre Poupon）是布根地地區的酒農兼酒商，曾經出版過《一個布根地人的手札》（Carnets d'un bourguignon）系列，一套四冊：《葡萄園與歲月》（Vignes et jours）、《風味與歲月》（la Saveur des jours）、《秋天的果實》（Les Fruits de l'automne）、《採收季的芬芳》（Les Bouquets des vendanges）。

6 好酒（Bons Vins）、偉大的酒（Grands Vins）是葡萄酒界的常見用語，用來稱呼品質達到一定水準以上的酒款。好酒與「劣酒」（Mauvais Vins）相對，「大酒」比「好酒」的品質層次更高。（Le Petit Larousse des vins. Paris : Larousse, 2002. P.11.）

7 酒商簽購一批尚未釀造完成的葡萄酒後，不必立即取貨，認購只是確立酒商與釀酒者之間的商業合作關係。酒商根據市場狀況設定產品應有的屬性，包括品質與成本，釀酒者則根據這些要求，釀出符合預期的酒款。最終交貨前的每個階段，雙方都會針對葡萄酒的品質與風味交換意見。

8 這裡描述的葡萄酒商是「完全、標準的酒商」，只負責挑選酒款或者請人代釀，然後以自己的品牌名稱裝瓶出售，有時甚至連貼標籤都是外包的。然而，酒商也可以選擇介入得更深：他可以自己進行釀造、培養、裝瓶等後續工作，這類酒商稱作「釀酒者兼酒商」；或者，購入酒精發酵完畢的「半成酒」，自己進行接下來的培養工作，這類酒商稱作「培養者兼酒商」；如果酒商購入已經發酵、培養完畢的一批成酒，自己進行接下來的調配與裝瓶工作，則可以在這類酒款的標籤上看到「mise en bouteille par...」（由⋯⋯裝瓶）的字樣，酒標上會出現商號名稱。

9 指布根地與薄酒來的單一品種酒，其原始香氣來自於單一品種的個性，來源單純，香氣的表現雖然繁複，但總是在單一品種的框架之下變化，因此較容易定義，風格簡單明瞭。

10 阿維森納，生於波斯，卒於伊朗，穆斯林哲學家、作家、醫生、科學家，是一位博學通才的人。著作涵蓋邏輯學、語言學、詩歌、物理學、心理學、醫學、化學、數學、音樂、天文學、道德、經濟、形而上學、神秘學與宗教。他撰寫的《醫典》（Kitab Al Qanûn fi Al-Tibb, « Canon de la Médecine»）共有五冊，是歐亞地區十七世紀以前的劃時代醫學巨著。

11 彭瑟列（Poncelet），1755 年出版《味覺與嗅覺化學》（Chimie du goût et de l'odorat）。

12 卡爾・林奈（Carl von Linné），現代分類學之父、現代生物學命名奠基者，主要貢獻在於採用「雙名法」為生物進行分類與命名，物種的拉丁文學名，第一個字用大寫的拉丁文名詞斜體字作為「屬名」，第二個字小寫的拉丁文形容詞斜體字作為「種名」，這種命名法一直延用至今。林奈的代表作是《植物種誌》（Species Plantarum, 1753），表中所列的是《植物哲學》（Philosophia Botanica）的出版時間。

13 儒勒・居由（Jules Guyot），是法國奧柏省的名人，生於1807 年，卒於 1872 年。他所撰寫的《葡萄種植與釀造》（Culture de la Vigne et Vinification）於 1861 年出版，書中探討貧瘠土壤與葡萄發酵的問題，並提出種植與釀造的改進方法。

14 費克（Adolf Eugen Fick）生於 1829 年，卒於 1901 年，德國生理學家、解剖學家。1855 年提出一項分子擴散理論，後世稱為「費克定律」。1864 年出版《感官解剖與生理學手冊》（Lehrbuch der Anatomie und Physiologie der Sinnesorgane）。

15 基索（Federico Kiesow），義大利心理學家，生於 1858 年，卒於 1940 年。1894 年出版《味覺生理心理學研究》（Beiträge zur physiologischen Psychologie des Geschmackssinnes）。

16 黑寧（Henning）於 1915 年將林奈提出的「七種基本氣味」縮減為六種：芬芳、醚或果香、樹脂、辛香、腐臭，以及燒炙。參考資料：André Delorme, Michelangelo Flückiger. Perception et réalité: Introduction à la psychologie des perceptions. De Boeck Université, 2003. P.188.

17 弗希翁（Annick Faurion）於 1980 年確認「甘草味」（saveur « réglisse »）與「脂腴味」（saveur « gras »）的存在。

CHAPITRE 2

感官機制與感受

只要稍微有光線或物質,接受到「光子」、「分子」的刺激,就能讓我們看見影像、聞到氣味、嘗出味道,它們是怎麼讓人產生愉悅或不悅的感覺呢?

人類歷來不斷探求這個問題的解答,首先基於動物的本能,覓食時必須依賴感官辨別可食用的食物,跟有毒的東西;其次,飲饌的樂趣就在於色、香、味,也與感官關係密切。距今兩千五百多年前的希臘哲學家,似乎是史上第一批有組織條理地探索感官問題的人。他們對感官的解釋,在後世獲得廣泛的迴響,幾世紀以來,古希哲觀點帶來的啟發與招致的批評,都難以計數。從本書第一版於 1981 年發行以來,我們對於相關問題的認識與探索方向已大幅改變。在現今的葡萄酒品評活動裡,大可完全不去理會複雜的感官機制問題,至少人們經常忽略它,而這樣的態度並不致讓人無法好好品酒。然而將感官機制的運作納入品評活動的考量,讓我們因為瞭解得更多,因此更懂得喝。我們可以在完全不瞭解樂理、透視技法、足球規則的情況下,聆賞巴哈的音樂,觀賞米開朗基羅的繪畫,讚嘆席丹(Zinédine Zidane)出神入化的球技;但是,如果能夠對音樂、繪畫、足球有些基本的知識,將更能完整享受其中的樂趣。品酒何嘗不是如此?本章裡,我們將盡量深入淺出介紹品評的感官機制。

感官機制總論

用最簡單的方式來說,感覺的產生,是由「外在刺激」構成神經脈衝,經過物理、化學、電流的途徑,在大腦產生的心理感受。光子與分子就是經由這樣的感官機制,帶來顏色與氣味的感覺。

我們舌葉上遍布肉眼可見的細小突起,叫作「味覺乳突」[1],當糖分子與味蕾裡面的味覺細胞接觸時,會引發一連串的化學反應,並產生電流,將糖分子產生的訊息傳送到大腦。這股電流能夠讓大腦察覺到「嘴巴裡出現某種味道」。在經由大腦記憶資料庫的味覺印象比對後,我們能夠辨認這是一種「曾經嘗過的味道」。每個人的生活經驗與思考方式不盡相同,有的人可能會說:「嘗起來甜甜的,這是糖的味道。可能是蔗糖、蜂蜜、阿斯巴甜,或其他甜食。」有的人則可能會說:「甜甜的,我喜歡。」或者「甜甜的,好吃。」兩者雖然都是從享樂的角度出發,但「我喜歡」強調的是個人的愉悅感,而「好吃」的愉悅則比較廣泛。從此可知,雖然大家的感受來自同一種物質,但是表達方式卻有所不同。平凡如糖,大家的意見已經有所出入了,可想而知,當外在刺激更多樣、更複雜,甚至是罕見物質時,景況將會多麼眾說紛紜。然而,複雜的風味非但不會阻撓我們品評,反而讓我們更自發地追求品評知識,促使我們品

酒時更專注,更致力捕捉、分析、瞭解、表達這些外在刺激所造成的感受。

我們待會兒就會談到,每種感覺器官都有自己獨特的機制,這些不同的感官在品評活動的每個步驟,都派得上用場。首先,我們用大家熟悉的字眼來描述感官機制的運作方式。

能夠對特定感覺接受器官產生刺激的物理或化學因子,叫作「刺激元」,或「外在刺激因素」。譬如「光子」的刺激產生視覺,「分子」、「離子」帶來味覺與嗅覺,而氣壓的變化則是造成聽覺的外在因素。至於觸覺,則與壓力、溫度及外在環境對細胞的刺激有關。

眼睛、嘴巴、鼻子及皮膚都是感覺器官,在這些器官的特定部位都有「感覺細胞」,負責接受周圍環境的刺激元,並將這些刺激轉換成「神經元」可以辨認的形式。

所謂「神經元」,就是神經細胞,這些細胞之間相互連結,構成感覺細胞到大腦之間的通路。神經細胞之間匯聚成不同的神經群組,也就是所謂的「神經」。我們特別應該知道十二對腦神經,它們是大腦與脊髓之間的溝通橋樑。聽覺、視覺、嗅覺、味覺及觸覺,與某些腦神經[2]的關係特別密切。

「感覺」是感覺接受器將外在刺激的訊息,透過感覺神經傳送到大腦的結果。這是一種反射現象,不受大腦主觀意志控制。

「感受」是意識到感覺的產生,是大腦對感覺的訊息進行解讀。根據《法語寶典》(*Trésor de la Langue Française*)的解釋,感受是「在精神層次將感官刺激組織起來,再現外在事物,認識

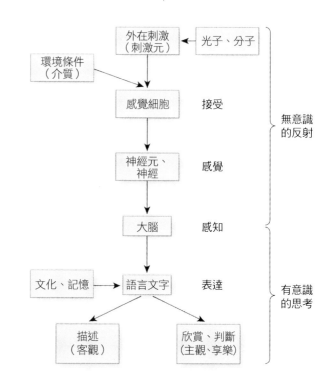

〈感受與表達運作機制過程圖示〉

真實的一種複雜心理活動。」感官機制到了這個階段,已經脫離物理、化學的層次,而進入神經學、心理現象的層次。

同一部字典將「表達」定義為:「藉由所有可能的語言手段,使我們自身、所思、所感得以顯現的一種行為」。這裡已經進入認知、文化的層次了。

對感官機制有了概括的認識後,我們即可瞭解到,當品酒者說出「這款酒富有單寧」,此即一連串生理與心理活動的運作結果,而非純粹的反射動作。不過,正由於品酒的動作與感覺幾乎同時發生,所以我們往往忽略事物的複雜性與多樣性,忘卻積非成是的潛在危險,對多采多姿的一切細微變化視而不見。我們必須詳細瞭解感官機制的運作,從接受、感覺、感知,到最終的表達,上述的內容已足以滿足學習品評的人所需了。

感受強度的測量

感覺，往往「重質不重量」，但是論及感覺強度時，多少還是可以用量化的方式加以描述。首先，我們先談如何劃定感受強度的各個門檻區間。所謂「門檻／臨界點（值）」，是指當特定強度的感覺產生時，所對應到的外在刺激強度、刺激元濃度。譬如，我們讓一群受試者嗅聞事先調配好的不同物質的溶液，一次測試一種物質，從氣味最淡的開始，漸次聞到氣味較濃的樣本。在實驗過程中，當超過一半的受試者能明確指出濃度提升，或說出氣味名稱時，我們便畫出一條界線，並記錄它們之間的差異，由此可得到不同的門檻。

上述幾個概念，以「感知門檻」最具有利用價值。首先，它可以幫助推估特定品酒者在與絕大多數人相較下，對於某種物質的敏感程度是高是低。其次，感知門檻也是計算嗅覺單位數（香氣指數）的依據，後者是顯示特定物質的濃度是否達到感知門檻的簡便指標。即使這些指標往往由於

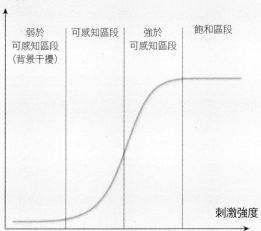

感官機制門檻與氣味的感知

感覺

弱於可感知區段（背景干擾）　可感知區段　強於可感知區段　飽和區段

刺激強度

感覺門檻　辨異門檻　飽和門檻

氣味的感覺強度可區分為幾個不同的門檻：

感覺門檻：外界刺激足以構成感覺，足以確認「有氣味存在」的最小強度或最低濃度，又稱「敏度門檻」或「察覺門檻」。

感知門檻：外界刺激足供確認氣味，譬如足以讓人明確說出「有草莓氣味」的最小強度或最低濃度，又稱「鑑別門檻」、「辨認門檻」。

辨異門檻：足以讓人感到氣味變得更強，所應追加的最小強度或最低濃度。這個門檻是浮動的，會隨著原始濃度的增強而提高。

愉悅感受上限：讓人感到愉悅的氣味，其濃度或強度不能超過的最大值。

強度接受上限：可以為人接受的氣味，其濃度或強度不能超過的最大值，如果超越這條界線，便會予人厭惡感。

飽和門檻：在這個區段，受試者可以明確說出氣味名稱，譬如「我聞到玫瑰花香」，但卻無法區辨兩個超過飽和門檻的樣本間的強度差異。

上述這些門檻是浮動的，造成門檻數值變化的原因包括：環境條件的不同（譬如溫度）、使用不同的溶劑製作氣味樣本（純水、摻酒精的水、葡萄酒的強度與類型），以及受試者個人因素。

以感知門檻的概念為基礎，我們可以提出一些有用的計量單位。其中一例是「香氣指數」（IA, l'indice aromatique），或稱作「嗅覺單位數」（UO, le nombre d'unités olfactives），其工作定義為：某種特定物質在葡萄酒中的含量濃度，與透過試驗得知此種物質的感知門檻相等時，香氣指數或嗅覺單位數等於一。

若香氣指數大於 1，則該物質非常可能與葡萄酒的香氣表現有關。

若香氣指數小於 1，則該物質與葡萄酒的香氣表現沒有直接關係，但是有可能產生間接的影響。

個人因素、外界干擾、物質之間的協同關係或抵消關係而顯得浮動不定，這套門檻的概念仍是很有效的解釋工具，它有助於闡明特定物質的優勢與限制，以及容易被嗅出或不易被嗅出的程度。

這些門檻的相關數據，與葡萄酒的品質高低，兩者之間沒有關係。一款酒裡的物質濃度是另一款酒的兩倍，並不代表品質就是好上一倍。而同樣使用一公升的水來製作溶液，含有十公克及五公克物質的兩種版本，在品嚐時並不會產生「兩倍濃度」的差異感。我們以兩種方式來確認它們之間的「非線性關係」：其一，透過實際品嚐；其二，測量神經元與神經傳導的電流強度。外在環境刺激元與感知機制之間的複雜關係，學界在過去百年來都有廣泛研究。

我們有必要在此特別釐清三個概念：「感知門檻」、「偏好愉悅門檻」（或謂「接受門檻」），以及「強度接受上限」。在不同的成分結構、不同的酒款裡，乃至對於不同品酒者而言，這些門檻之間可能存在頗為可觀的差距。縮小這些差距的可能作法是透過「感官與語義訓練」，培養辨別及準確定名的能力。我們發現，大家公認是「臭味」的物質，其「偏好愉悅門檻」及「強度接受上限」通常比較低；而普遍公認的「香味」，則比較容易察覺，其「感知門檻」比較低。

經過研究後，我們可以歸結出大多數人對於四種基本味道的味覺敏銳度，也就是訂定四種基本味道的「鑑別門檻」的大致區間。如此可幫助我們判別一個人對這些基本味道的敏感度是否「異於常人」。

此外，也有人研究「刺激物質濃度」與「感覺強度」之間的關係。史上第一位用科學方法研究相關問題的人是費希納（Fechner）[3]，他在 1860 年提出感覺與外在刺激呈現對數型態的比例關係，外在刺激可以用刺激元的濃度來表示。以 S 表示感覺，可推出以下公式：$S = k \cdot \text{Log}(l) + b$。公式中的 k 與 b 皆為實驗常數，數值會隨刺激元的性質，而有不同。

一個世紀後，史蒂文斯（Stanley Smith Stevens）在 1957 年建立了刺激對數與感覺對數兩者間更為複雜的比例關係：$S = k \cdot ln$ 或 $\text{Log}(S) = n \cdot \text{Log}(l) + k$。這兩個公式都有重要的研究價值，它們說明感覺強度與刺激強度之間，並不呈直接的線性比例關係。在費希納公式中，感覺強度的上升速度比刺激物質濃度增強的速度來得慢；在史蒂文斯公式中，兩者之間變化速度的關係則有快有慢，端視「係數 n」的數值而定，而 n 的數值則取決於物質本身的特性，也與溶液的濃度有關。如何在葡萄酒如此複雜的領域裡，具體應用以上的研究成果，仍有待努力。

視覺

「望梅止渴」提醒我們視覺跟味覺之間存在某

〈基本味道感知門檻〉

味道	甜味	酸味	鹹味	苦味
調配溶液使用物質	蔗糖（克／升）	酒石酸（克／升）	食鹽（克／升）	硫酸奎寧（毫克／升）
五成受試者感知門檻	1	0.1	0.2	1
九成受試者感知門檻	3.7	0.2	0.45	3.5

種關聯性，我們不妨大膽聯想，「用眼睛品嘗東西」似乎不是不可能的事。古代有拉斯考（Lascaux）岩窟壁畫，現代則有電視，我們其實是生活在一個視覺世界裡。話說回來，品嘗葡萄酒也少不了「用眼睛品賞」其顏色、澄澈度、氣泡，還有「淚滴」。

視覺的產生，首先必須有光。從物體上反射或折射出來的光線，經過瞳孔、水晶體進入眼球，最後集中在眼睛底部的視網膜上。眼球的轉動能夠讓視線以攝影機運鏡的動態方式，掃過物體表面，而不是像照相機一樣，捕捉靜態的畫面。視網膜約由一千萬個[4] 視桿細胞及視錐細胞組成，前者對於微弱的光線敏感，後者則對顏色敏感。這些視覺細胞的外節有平行排列的膜盤，其上有視色素，具有感光的功能。這些膜盤新陳代謝的周期大約是十天。

視錐細胞含有三種視色素，分別對三種波段的光線敏感：藍敏色素對波長 420 奈米的藍色敏感，綠敏色素對波長 530 奈米的綠色敏感，紅敏色素則對波長 560 奈米的紅色敏感。這三個區段覆蓋的範圍即為「可見光」的波長區間，約為 380 ～ 780 奈米。

低於這個區間範圍的紫外線，以及高於這個區間範圍的紅外線，都是屬於人類肉眼看不見的「不可見光」。光子與視網膜上的視色素接觸後會產生微量電流，並傳導至視神經。視神經纖維多達八十萬根，將十億個感光受器接收的訊息全匯聚起來傳送到大腦。大腦解讀的顏色取決於光線接觸視錐細胞的色素性質，而亮度則是取決於光線接觸視錐細胞的數目。人類眼睛的辨色力雖然必須在光度 70 ～ 700 個勒克斯[5] 的環境下才能保持最佳狀態，但在這相對侷限的條件下，人眼能夠分辨的色彩細微差別卻無以計數，約莫可辨別出百萬種色差。一般認為，在看到東西的同時，視覺就已經產生；但其實從眼睛受到光線刺激，直到在大腦形成影像感知，其間需要 80 毫秒的時間。

葡萄酒的顏色

利用光譜上的基本色進行組合，就會構成各種不同的顏色。由基本色混合而成的顏色，稱作「混合色」。白色是所有顏色以適當比例混合而成的顏色，一組互補色的混合也可構成白色。橘色是由紅色與黃色混合而成；綠色則調和了黃色與藍色。白色可讓顏色顯得更亮；黑色其實不是一種顏色，反而是一種「沒有顏色」的狀態，換言之，就是光線完全被物體吸收，以致沒有色彩。下表是光線的輻射波長與顯現色之間的關係對照，表中的「吸收色」即為「互補色」。

光線含有不同波長的光，葡萄酒吸收一部分特定波長的光，其餘的則被反射出來。簡單來說，紅葡萄酒將日光或燈光裡的白光完全吸收掉，而沒被吸收掉的紅光，便會反射、顯現出來。

葡萄酒的顏色取決於不同輻射波長的光線之間的關係，這些光線的波長介於 420 ～ 620 奈米之間，涵蓋的光譜範圍是「黃─橘─紅─紫─藍」。

〈可見光的波長區間與顏色〉

波長	吸收色	顯現色
400-435	紫	黃綠
435-480	藍	黃
480-490	偏綠的藍	橘
490-500	偏藍的綠	紅
500-560	綠	紫紅
560-580	黃綠	紫
580-595	黃	藍
595-605	橘	偏綠的藍
605-750	紅	偏藍的綠

我們可運用測量的方法精準將葡萄酒的顏色轉述出來，但也大可完全依賴肉眼來描述。使用分光光度計來測量顏色，可繪出特定顏色的光譜，從而得知哪些波長的光線在這種顏色裡被吸收掉。藉由計算波長 420 奈米的黃光、波長 520 奈米的紅光及波長 620 奈米的藍光，此三波段的吸光度總和，便可得到「色彩強度」（IC, L'Intensité Colorante），同時，也可透過計算 420 及 520 奈米波長區間的光線吸收量，來描述色相的細微變化。在葡萄酒陳年的過程中，往往發現酒液光譜裡的紫紅色減弱，取而代之的是橘黃、瓦紅的色澤，造成葡萄酒在陳年後色彩強度減低，色相的細微變化卻增加。

以上述測量方法為基礎，國際照明委員會發展出一套透過指數／圖表來描述顏色的規範。也就是說，任何一種顏色都能透過「綠／紅」、「藍／黃」及「白／黑」三組指數來描述；最後一組「白／黑」與色彩的飽和度有關。

比較簡單且行之有年的方式，是直接用

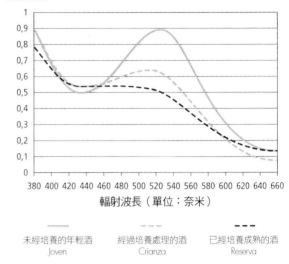

吸收光量

輻射波長（單位：奈米）

未經培養的年輕酒
Joven

經過培養理的酒
Crianza

已經培養成熟的酒
Reserva

〈西班牙利奧哈地區不同年齡紅葡萄酒的吸光度曲線圖〉

西班牙利奧哈產區的葡萄酒	未經培養的年輕酒 Joven	經過培養處理的酒 Crianza	已經培養成熟的酒 Reserva
		培養 18 個月，其中一年在橡木桶中進行	至少培養 36 個月，其中一年在橡木桶中進行
色彩強度	1.41	1.15	1.05
色相	0.58 偏藍的紫色	0.92 寶石紅色 鮮紅色	1.10 橘黃色 瓦紅色

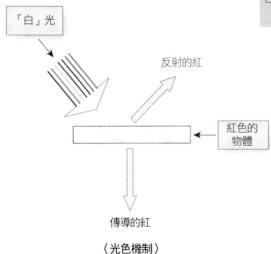

「白」光

反射的紅

紅色的物體

傳導的紅

〈光色機制〉

色彩名稱來描述葡萄酒的顏色。這些顏色的語彙有時顯得模稜兩可，這時不妨配合使用色票，每種顏色都有名稱及色彩物理特性的定義碼。這套系統是印刷廠、布料印染廠、汽車鋳漆廠必備的色彩調校工具。他們把草莓色（Fraise）稱為 BF-30030，把粉莓色（Fraise-Écrasée）稱為 A-42424；如此一來，顏色系統就顯得更加精準，而且更便於調配色料。這是詩性語言所無法作到的。伊尼奎斯女士（Mme Iñiguez）[6] 運用這套模式描述葡萄酒的顏色，譬如西班牙利奧哈（Rioja）產區的紅葡萄酒。

酒液外觀與物理特徵

一雙訓練有素的眼睛,可以從葡萄酒的外觀特徵讀出許多資訊。首先,透過觀察酒液外觀,能夠估測酒液稠度。葡萄酒的酒精濃度容積比通常介於 10 ～ 15%,大多數的「天然甜葡萄酒」[7] 酒精含量可高達 18 ～ 20%,譬如「班努斯」(Banyuls)、「莫利」(Maury)、「波特」(Porto)、「雪利」(Jerez)、「孟堤拉」(Montilla)、「薩摩斯」(Samos)之屬。酒精具有介面活性,也就是物體與酒精接觸後,表面看起來會濕漉漉的。

我們利用「毛細滴管」進行實驗,一滴葡萄酒的體積會比一滴清水來得小;葡萄酒在玻璃杯壁邊緣也會升得比較高。根據酒精的這些物理性質,我們甚至曾經設想一些方法,藉由溶液的外觀來粗估其中的酒精含量。酒精的黏稠度也比較高,在極細的管子裡,酒精的流速會比清水來得慢,酒精通過濾紙的速度也較慢。

視覺審檢從倒酒時即已開始,葡萄酒從瓶口流淌出來的方式與其他液體不同,產生的聲音也不同。葡萄酒在沖激時所產生的氣泡數量比清水來得多,更像「乳化的液體」,而浮在葡萄酒表面的氣泡[8] 比較大,也比較持久。年輕葡萄酒的氣泡有時帶有顏色,而浮在老酒表面的氣泡則是無色的。

葡萄酒缺乏流動性是不正常的現象,有幾種可能原因造成此一現象。在倒新酒[9]時,有時聲音很小,液面缺乏氣泡,外觀看起來像油一樣黏稠滯重,這是由於新酒含有較多膠質,葡萄酒液的外觀才會有凝膠化的傾向,顯得稠密油滑。但如果葡萄酒中含有來自於黴菌或乳酸菌的膠漿,並與多糖[10]裹成一團,便會顯得黏滑稠膩,此即「脂化症」;瓶底最黏稠的部分,甚至會「牽絲」。如今這些情況已相當罕見,除非是發生小規模的感染,缺乏照

料的酒款才有可能發生脂化。

觀察葡萄酒的表面,最好是從杯子的上方往下看;更理想的作法是,利用杯具內壁的反光照亮液面。葡萄酒表面的色澤可能顯得深沉、不甚透明,也可能發出虹彩,但無論如何,葡萄酒的液面應該純淨且富有光澤。然而,有時外來的異物可能會污染葡萄酒的表面,像是塵埃、脂質、醋酸菌[11]或黴菌[12]。

混濁與澄澈的程度

葡萄酒的混濁度或澄澈度與酒中的細小懸浮物有關,它們的直徑大約僅有數微米,這些微粒反射來自四面八方的光線,於是便成為酒液中的可見物,造成混濁。葡萄酒中可能出現的微粒包括酵母、細菌、酒石酸結晶、色素等。我們可以利用濁度計判斷葡萄酒中的微粒總含量,濁度計裡的散射計量裝置[13] 能夠忽略葡萄酒顏色深淺的影響,測定葡萄酒吸收的光量與偏光量。濁度通常以「散射濁度單位」(NTU, Nephelometric Turbidity Unit)來表示,根據此一標準調配出不同的濁度樣本,可作為即時判斷濁度的工具[14] 非常清澈的水或酒,其濁度讀數約介於 0.1 ～ 1 之間,微濁(voilé)葡萄酒的濁度介於 2 ～ 4 個單位之間,混濁(trouble)的葡萄酒則從 5 ～ 8 不等,而葡萄汁或尚未完成發酵的葡萄酒,其濁度則高達兩百到四千個單位。品酒者只需看一眼,就能判斷葡萄酒的濁度,不需藉助儀器分析。

葡萄酒的「淚滴」

當我們以畫圈的方式晃動酒杯裡的葡萄酒後,會發現液面上數公分的杯壁內側敷有一層薄薄的酒液。接著,在這層酒液的上緣開始形成酒滴,相繼不絕地流下,在杯壁上留下不規則的柱狀痕跡。這些酒痕稱為「淚滴」(larmes);按法語的說法是「葡萄酒流淚」或「葡萄酒哭泣」。「淚

滴」還有其他說法:「酒腿」(jambes)、「酒拱」(arches)、「酒弧」(arceaux)或「酒弓」(arcades)。

葡萄酒的流淚現象是由於「瑪藍戈尼[15] 效應」,詹姆士・湯森(James Thomson)早在 1851 年便已提出正確的解釋。簡單來說,酒精比水容易揮發,所以葡萄酒表面及殘留在杯壁內側的酒液薄層,其含水率相對較高,而表面張力也因此較大。毛細現象讓酒液沿著玻璃杯壁上升,而由於杯壁上的酒液表面張力較大,遂形成沿著杯壁向下滑落的酒滴,其外觀讓人與淚滴聯想在一起,於是便有葡萄酒流淚之說。葡萄酒的酒精含量愈高,淚滴就愈多;淚滴通常是無色的。如果玻璃杯中殘留清潔劑,酒淚就會減少甚至消失。

這個已逾百年的說法是唯一正確的解釋。然而令人驚奇的是,有些人認為,這些看起來油潤滑膩的酒淚,應與酒醚的濃度或甘油有關。在某些著作中可以讀到這樣的陳述:「酒淚數量的多寡與葡萄酒的品質高低,兩者之間雖然很難說直接相關,然而在相同的葡萄酒類型範疇中,可看出兩者之間呈現某種平行關係。」葡萄酒業界還是有某些人士將這個經不起檢驗的無稽之談奉為圭臬。

從加拿大來的一群大學女生,一人拿著一杯波爾多左岸梅多克(Médoc)的葡萄酒,圍在酒庫總管的身邊,問他酒淚的意義是什麼。

「那是葡萄酒黏稠油滑的部分,也就是甘油。」他回答道。
「那麼,這是好酒的必要條件嗎?」
「沒錯。」
「如果葡萄酒不會流淚呢?」
「那就表示品質不好。」

我們親眼目睹這一幕,但卻不能介入談話或糾正酒庫總管的解釋。當那群女學生離開後,我們指責他蓄意誤導那群學生。他卻像是洞察入微的心理分析師,回答道:「這個解釋無疑是錯的,但卻令人滿意。況且,所有的葡萄酒都會流淚……」人們喜歡簡單直接的解釋,縱然它是蒙上一層美麗面紗的錯誤,卻比較不喜歡細膩曲折、毫無神秘可言的真實。這無疑是錯誤觀念能夠歷久不衰的主因。不過那位酒庫總管早該用更漂亮的說法,聽起來也比較不會錯得那麼離譜:「酒淚是什麼?那是葡萄酒的甘醇魂魄在杯中凝結。」

發泡與含有氣泡的現象

氣泡酒在杯中不斷冒出二氧化碳氣泡,宛如一齣精采的劇碼。不論是倒酒入杯時所湧現的氣泡、產生的泡沫層質地,還是泡沫層坍塌與消散的方式,乃至酒中的發泡強度,都是品酒者藉以評斷品質特性的指標。或許它的泡沫多得驚人,氣泡粒粒可辨,而泡沫層的表現是轉瞬即逝,還是能稍微持續一會兒,都是值得注意的細節。氣泡酒的泡沫跟啤酒的泡沫有很大的不同,通常「豐厚」、「綿密」、「堅實」這些用語,都不會用來形容氣泡酒的泡沫。氣泡酒的泡沫細緻乾爽不沾黏,幾秒鐘內就會消散,但由於杯底會持續釋呈串珠狀的氣泡,所以酒液表面仍會有些許浮沫。氣泡從杯底浮升的過程中,由於壓力逐漸減弱,氣泡尺寸會愈來愈大,接著在酒液表面停留一會兒後便會破裂。使用杯身細瘦、呈長柱狀的笛形酒杯盛裝氣泡酒,將更方便觀察酒中的氣泡變化。

產生氣泡的首要條件是有效的接觸面,通常是杯壁上的微粒子、微生物或者是玻璃刮痕。在一個經過仔細清洗,沒有殘留異物,並使用鉻酸洗液[16] 消除一切有機物質的玻璃杯裡,二氧化碳會被封鎖在葡萄酒中,無法釋放出來[17]。有些玻璃杯內部的底端刻意設計一塊較為粗糙的表面,如此便能提供有效的接觸面,讓氣泡酒的發泡更強勁而規律。強勁的發泡往往會讓葡萄酒液面的中央擠滿氣泡,並逐漸向四周擴散,我們把這個

景象稱為「液面星狀氣泡團」。擴散到杯緣的氣泡，叢聚成彎月形，而葡萄酒液面中心源源不絕冒出氣泡，又將這座泉源與彎月連在一起，我們就把橫跨中心與外緣的這一整圈氣泡稱為沙洲。氣泡酒的品質要素之一，即在於氣泡的細緻度與發泡的持久度。

泡沫的結構取決於幾項因素。首先，與所使用的基底葡萄酒及酒中蛋白質的含量有關。此外，氣泡酒的培養熟成程序、侍酒溫度及溶氣程序[18]的技術細節，也會對泡沫的結構有所影響。順帶一提，即使只有香檳區（Champagne）在釀造香檳酒時所操作的溶氣程序才能稱為「香檳化」，但仍有許多人把這個術語用在所有的氣泡酒上。香檳的氣泡與泡沫品質會隨著陳年的過程而有所提升；有些氣泡酒的氣泡表現如同氣泡礦泉水一般，發泡猛烈，氣泡粗大，這可能是由於釀造太快[19]的緣故。最後，影響氣泡與泡沫表現的因素還有杯具的清潔，如果杯中殘留洗劑、皮脂或口紅，往往會扼殺葡萄酒的氣泡。

一款所謂的「無氣泡葡萄酒」裡應沒有氣泡才是，然而，當葡萄酒中二氧化碳含量接近碳酸飽和（譬如每公升溶解 1.5 ～ 2 克的碳酸）的邊界時，酒液表面會浮現些許氣泡，品嚐時舌尖上也會出現輕微扎刺的感覺。這種葡萄酒可以用「Bullé」這個字來描述，顧名思義就是「葡萄酒裡含有 Bulles」[20]。造成葡萄酒輕微碳酸化的原因無疑是發酵歷程淺短，或是葡萄酒裡溶解並保留發酵期間所產生的碳酸，有時酒廠是刻意讓無氣泡葡萄酒稍微帶有碳酸口感，這類葡萄酒稱為「微氣泡葡萄酒」[21]。稍微經過透氣後，碳酸口感會減弱。

味覺

葡萄酒在口中所造成的各種感受，習慣上統稱為「構成味覺的各種風味」。味覺是由水溶性分子造成的感覺，這些感覺要從化學的角度來理解；然而這些分子也可能構成物理意義的觸感，譬如粗澀感、堅硬感、乾燥感皆屬之。

外在環境刺激元所造成的感覺，會經由七百至一千萬個感覺細胞傳導，這些感覺細胞散布在為數七千至一萬的味蕾當中，而味蕾則分布在口腔中數百個味覺乳突當中。味覺乳突主要分布在舌面上，但整個口腔壁、上顎、會厭，甚至喉頭，都有味覺乳突。

根據味蕾的外觀、分布位置與相連神經，可區分為四類，如下頁圖表所示。

能夠觸動味覺機制的「味道」分子，在與感覺細胞的纖毛接觸後，會與特殊的蛋白質（G 蛋白）發生作用，在 15 ～ 100 毫秒內產生 50 毫伏[22]的急促微電流，經由細胞周邊特殊的通道，透過腦神經中的神經元，將電流訊息傳到大腦下視丘。受到刺激的細胞數目愈多，訊號的頻率就愈頻繁，感受也就愈強烈。感覺機制在本質上與「放電剖面圖」很像，呈現細胞受到外在刺激的分布狀況。味覺機制的實際運作情形，與人們長久以來過於簡化的理解方式有所出入：並非由特定的細胞專司特定味覺的感受，而是所有受到刺激的感覺細胞，把外在刺激訊息零零碎碎傳到大腦，再由大腦將外在刺激分子所代表的特定味覺解讀出來，拼出整個風味的圖景。透過精密測量各個神經元傳導的電流訊號，我們已經可以建立這個複雜機制的運作模型。

雖然我們已經知道，沒有什麼特定的細胞專司接受特定的感覺刺激，而一個分子可以刺激任何一個細胞。然而，舌頭的不同部位對於特定刺激的敏感度，卻存在明顯的差異：甜味是最容易被感知的味道，舌頭對鹹味則最不敏感，舌翼與舌下對酸味尤其敏銳，舌面的中央部位對酸味則沒有

乳突型態	味蕾數量	分布位置	味蕾數量	相連神經	專司感覺
菌狀乳突 [23]	數百個	舌尖	3-5 個	耳鼓神經 [27]、顏面神經、舌咽神經、三叉神經	化學感覺、表面觸感、溫度感
萼狀乳突 [24]	7-12 個	舌根（界溝 [26]）	約 1000 個	舌咽神經	
葉狀乳突 [25]		舌緣		舌咽神經、耳鼓神經、顏面神經 [28]	
絲狀乳突		散布各處			表面觸感

感覺，接近舌根的部分則容易察覺苦味，因此吞嚥時特別容易嘗出苦味。如果將味覺與觸覺分開討論，口腔的其他部位則具有較強的觸覺功能，比較沒有狹義的味覺功能。

四十種風味

四種基本味道包括甜、鹹、酸、苦，這個傳統觀點最早至少可上溯到柏拉圖時代。人們很早就懂得從享樂的角度出發，用其他方式描述味覺的感受與印象，譬如「津津有味」或「難以下嚥」。一個世紀以來，人們所認識的味道版圖持續拓展：繼日本東京帝國大學池田菊苗教授於 1911 年發現了「鮮味」後，弗希翁（Annick Faurion）更利用老鼠進行味覺實驗，並於 1980 年確認「『甘草』味」與「『脂腴』味」的存在，而人類無疑也有能力感知和辨認這兩種味道。

至此，人類認識的味道從四種增加到七種，也就是所謂七種「真正的」味道，但是風味的種類不僅止於「味覺感受」而已，與味道相依相生的還有「口腔觸感」。法語詞彙的「Somesthésique」是由「Soma」及「Aisthesis」兩個拉丁詞根組成，前者是「軀體」的意思，後者是「感覺」，這個詞也就泛指全身皮膚、肌肉，甚至關節部位的觸感。觸覺可以幫助判斷外在物體的位置、溫度、形體、質地。描述風味的語彙散見於過去數百年來的各種

書面資料，我們蒐集整理如下，表中大約有四十個常見的基本風味詞彙。

基本味道

甜味

甜味以蔗糖的味道為代表，一般家用蔗糖的純度可以高達 99 ～ 99.5%。許多特定結構的化學物質都帶有甜味，被稱為廣義的糖類，包括葡萄糖、果糖、樹膠醛糖 [29]、木糖等；然而，非糖類也可能有甜味，譬如醇類、三氯甲烷、鉛鹽、鈹鹽。鉛鹽帶有甜味卻也具有毒性，羅馬人廣泛使用俗稱「密陀僧」（Litharge）的氧化鉛為飲食增添甜味，而嚴重的鉛中毒即為羅馬帝國衰亡的原因之一。此外，還有其他的天然甜味劑與合成甜味劑，譬如天然的「奇甜蛋白」[30]、合成的「糖精」或「阿斯巴甜」等，這些甜味劑的化學結構成分殊異，有些分子的重量比蔗糖重得多。

有些甜味劑是由胺基酸構成的巨大分子結構，譬如前述的天然「奇甜蛋白」，而有些甜味分子則僅由兩個胺基酸構成，譬如阿斯巴甜。這些甜味分子在葡萄酒中的濃度即使很低，也足以參與葡萄酒甜味感的機制運作。這些本身帶有甜味的分子，有時會在「無甜味分子」（譬如「麥芽醇」、「呋喃酮」）的陪襯下，顯得更甜；或者被「無甜味分子」[31] 掩蓋了原本的甜味。甜味分子的「造甜能力」[32] 與無甜

酒精的甜味感

人們有時會忽略，酒精（乙醇）的甜味感在葡萄酒中扮演舉足輕重的角色。酒精濃度 4% 容積比（相當於每公升 32 公克）的溶液，即帶有鮮明可辨的甜韻，甚至顯得有甜味。當酒精含量提高到 10~12% 容積比（每公升 80~96 公克），便出現「溫熱感」，含量增至 15~18% 容積比（每公升 120~174 公克）則顯得「燒炙」。如果在含有 20 公克蔗糖的 1 公升溶液中，添加 32 公克的酒精，使其含有 4% 容積比的酒精濃度，那麼，蔗糖溶液既有的甜味將更突顯。雖然酒精不是「真正」的糖，它的甜味感卻是理解葡萄酒味道均衡的關鍵。這個現象也足以解釋為什麼釀造「無酒精葡萄酒」是非常困難的事，如果葡萄酒裡缺乏酒精，也就失去與酸苦抗衡的甜味，那麼酸味與苦味將過於強勁。

味分子之間的互動機制相當複雜，至今我們對其間消長關係的瞭解，仍然非常有限。

鹹味

食鹽（氯化鈉）可作為鹹味的代表。從化學的意義來說，鹽類是酸鹼中和的產物，許多食鹽以外的鹽類也都有「鹽鹹感」。葡萄酒中的鹹味，很少

甘油的甜味感

甘油是一種在酒精發酵過程中產生的天然多元醇，普遍認為它的功能離不開甜味範疇。然而，葡萄酒的甘油含量通常為每公升 5~8 公克，在此濃度下，甘油對於風味的影響相當有限；只有當濃度很高時，才嘗得出甘油風味。在貴腐黴[33] 的形成與發展過程中，有時甘油的濃度甚至可高達每公升 15~20 公克，不過，此時糖分所帶來的甜味往往壓過甘油的味道。

數年前，一批仿冒奧地利知名酒款的假貨，被驗出在葡萄酒中添加一種名為「二甘醇」[34] 的合成多元醇，替葡萄酒「增肥」，製造肥腴圓潤的口感。此舉不僅違法，而且危險，透過嚴格控管，這項操作已經完全消失。葡萄酒中含有微量的天然「乙二醇」，濃度約為每公升 50 毫克，沒有毒性。

是我們熟悉的那種感覺，除非葡萄酒的酸度很弱，才較有可能嘗出明確的鹹味。如同食鹽在料理中的作用，葡萄酒中的鹽分也具有提味的功能；鹽分能夠讓甜味更突出，因而發揮抑制苦味與澀感的效用[35]。有些人喜歡用鹽巴讓咖啡的苦味減弱，而不用砂糖或代糖，也是這個道理。

〈四十個廣義風味語彙〉

基本味道				口腔觸感			
甜	鹹	酸	苦	澀感	堅實度	刺激感	溫度
軟甜	皂鹹	酸利		澀嗆	堅硬／柔軟	尖刺	溫熱
	鹹蝕	酸式鹽		粗澀	乾硬／黏膩	翻攪	冰涼
	鹼式鹽			粗糙	滯重／輕盈	燒炙	
	正鹽			緊澀	滑順／不平滑	灼痛	
				金屬味		辛辣	

次要味道			享樂面向
鮮味	甘草味	脂腴味	津津有味
			索然無味
			難以下嚥

「皂鹼」、「鹼蝕」這兩個術語都是用來描述鹼味所造成的刺激感，其成因是「鈉鹼」與「鉀鹼」；彭瑟列在1755年的著作中，則將之稱為「正鹽」、「鹼式鹽」，這些已經算是舊時用語。

葡萄酒通常含有兩種到四種帶有鹼味的物質，這些物質皆以離子的形式存在於液體中，有些是陰離子，有些是陽離子，如表中所示。

〈葡萄酒中具有鹼味的主要物質〉

陰離子	每公升所含克數	陽離子	每公升所含克數
硫酸鹽	0.1-0.5 (1.0)*	鉀	0.4-2.0
氯化鹽	0.01-0.1 (0.8)*	鈣	0.05-0.2
亞硫酸鹽	0.05-0.2 (0.4)*	鎂	0.05-0.2
磷酸鹽	0.1-0.8	鈉	0.01-0.1
酒石酸鹽	0.5-3，可達 5		
蘋果酸鹽	0-2，可達 5		
琥珀酸鹽	0.2-0.6		

* 表示罕見的含量濃度

酸味

在人們經常飲用的所有天然飲料中，葡萄酒是最酸的。葡萄酒所含的酸相當豐富而多樣，總數約計百種。有些酸直接來自於葡萄果實，譬如酒石酸、蘋果酸、檸檬酸，有時還包括葡萄糖酸；而有些則是在發酵過程當中產生，諸如乳酸、琥珀酸與醋酸[36]。這些酸可藉由釋放正一價的氫離子（les ions H+）直接造成酸味感受，然而酸味的感受機制實際上更為複雜。當酸分子失去正一價氫離子而成為酸根陰離子後，也會參與酸味機制。因此，酸味感受的產生與酸根陰離子的數量關係密切，反而與氫離子的濃度較沒有直接的關係。

在釀酒學的領域，我們衡量酸度的指標是「總酸度」，或稱「總酸量」。葡萄酒裡的鹼基（主要是鉀離子）並不會將所有的酸分中和掉，而殘留的酸會使葡萄酒具有酸度。葡萄酒的總酸度可用酸鹼值（pH）[37] 表示，也就是氫離子濃度的負對數[38]。葡萄酒含酸的總量從每公升 2.5 公克到 8 公克不等，奇怪的是，法國人都把這個「總酸量」說成「硫酸量」，即便葡萄酒裡並沒有硫酸。葡萄酒的酸鹼值大約在 3 ～ 4 之間，雖然這個數值只相當於每公升 1 ～ 0.1 毫克不等的氫離子，數量微乎其微，不過，氫離子相對濃度的可能差異卻高達十倍之多。如果用相同產地或相近顏色的酒款進行比較，也就是相同類型的葡萄酒，那麼酸鹼值的差異將縮小在 0.2 ～ 0.4 之間，即便是這樣的情況，不同酒款的氫離子濃度差異仍有可能高達 150%，落差小的也有 58%。

葡萄酒的「酸度感受」取決於「酸強度」及「酸性質」；酸強度可用 pK[39] 表示，pK 數值愈大，酸味愈弱。酸溶解於不同的介質環境，會有不同的酸強度表現，因此各種酸的強度排行不是固定的。葡萄酒含有以下幾種常見的酸：蘋果酸─生青不熟、酸澀刺激，像是青蘋果的味道；酒石酸─帶有堅硬的酸味；檸檬酸─清新爽口、微帶檸檬與柑橘類果味；乳酸─不甚刺激的微酸，像是優酪的味道；琥珀酸─酸味複雜，苦中帶鹹，所有發酵的飲品多少都有這種風味特徵；醋酸─堅硬、尖銳刺激，像是酒醋的味道。

嚴格說來，我們嘗不到葡萄酒本身的酸味，而只能嘗到葡萄酒與唾液混合後的味道，這遠比葡萄酒的酸味弱得多。每個人的唾液質量不盡相同，同一人的唾液也會隨著生理狀況與飲食搭配而有所差異。唾液的分泌量從每分鐘 0.1 毫升到 1.5 毫升不等，而品酒時口中的葡萄酒也僅有數毫升[40]。此外，口腔的酸鹼值平均比葡萄酒高 0.2 ～ 0.9 個單位，相當於氫離子濃度少 58 ～ 900 個百分點；

〈酸性質與酸強度比較表〉

名稱	味道特徵	含量（克／升）	酸味強度排行 [45] 總酸量固定	酸味強度排行 [45] 酸鹼值固定	酸強度 [46]	pK 值
醋酸 [41]	尖銳刺激	0.2-1.0			115-139	4.89
維生素 C 酸 [42]	咬囓感	0-0.1			46-48	4.10-11.79
檸檬酸	清新爽口	0.1-0.5	3	3	100	3.32-4.93
延胡索酸 [43]		0			178-185	3.03-4.44
葡萄糖酸		0-15			28-35	4.00
乳酸	微酸	0-5	4	2	91-96	4.06
蘋果酸	生青不熟	0-5	1	1	128-137	3.64-5.32
琥珀酸 [44]	苦中帶鹹	0.2-0.6			112-116	4.38-5.83
酒石酸	堅硬感	0.5-5	2	4	140-147	3.23-4.59

相對說來，口腔的酸鹼值變化幅度非常可觀，這可以解釋為什麼每個人在不同的情況下，對酸度的感受與喜好，會有如此大的差異。人們往往沒有正視這個簡單而基本的機制所造成的影響。

其他描述酸味的語彙，還有「酸利」、「酸式鹽」。

苦味

每個人對苦味的敏銳度差異很大，一般認為苦味是令人不悅的味道，甚至是「危險」的味道，人們會產生這個聯想的可能原因在於，大自然裡許多有毒的物質嘗起來都帶有苦味。苦味的傳導途徑與甜味、鮮味相仿，不過，苦味的形式與種類似乎不止一種，而人類的味覺細胞只能感知其中幾種類型的苦味：這或許足以解釋為何人們對於苦味的敏銳度大相逕庭，而各種苦味性質也不盡相同的原因。葡萄酒的苦味感會被甜味感遮掩，被鹽類風味壓抑，而在酒精的襯托下，苦味則益發鮮明。

葡萄酒中的苦味成分，主要來自於某些酚類物質，譬如酚酸，而俗謂「單寧」是酚類物質的統稱；這種苦味物質也是葡萄酒澀感的來源，兩者間關係密切。然而，酚類物質不是造成葡萄酒帶有苦味的唯一原因。當葡萄酒受到某些乳酸菌侵襲，導致葡萄酒裡甘油遭到分解時，也會產生不尋常的苦味，這個現象被稱為「苦味病」，是一種相當罕見的意外狀況。

次要味道

鮮味

日本東京大學的池田菊苗，於 1911 年發現「鮮味」，日文 umami 的意思是「鮮美」。這種味道在亞洲料理中很常見，譬如越南料理的調味料「魚露」就充滿鮮味。西方食品工業使用編號 E621[47] 的「谷氨酸鈉」為加工食品增添風味，這種食品添加物的味道就是「鮮味」。有些蔬果也含有天然的谷氨酸鈉，譬如堅果、花椰菜、番茄、蘆筍，還有葡萄。不過，海鮮食材裡的谷氨酸鈉含量較多，尤其是發酵過的魚肉，諸如古羅馬人的 garum，還有普羅旺斯風味的 pissalat，都是發酵的「魚醬」[48]，

跟越南的魚露有異曲同工之妙。此外，火鍋的湯汁、酵母萃取物、高湯塊或速食調味料，也能嘗出「鮮味」。對於大多數的西方人來說，「鮮味」實在是一種相當奇特的味道。這種風味在葡萄酒裡的角色，我們至今所知仍非常有限。不過，葡萄酒裡含有微量的氮成分，這可能是產生「鮮味」的原因。

「脂腴」味

蒙麥耶（Jean-Pierre Montmayeur）的研究團隊於 2005 年證實，某些老鼠的味蕾裡含有一種親脂肪酸的蛋白質，名為 CD36。它不僅構成「脂肪酸接受器」（FAR, Fatty Acid Receptor），也是促進消化道生理反應、幫助攝取脂肪酸的重要物質。這種蛋白質也是造成肥胖症患者嗜食油膩的根本原因。人類口腔裡也有這種接受器。

葡萄酒的脂肪酸濃度非常低，每公升含量僅有數毫克，顯得「體質乾瘦」，這些脂肪酸來自葡萄果皮上的果霜及天然酵母。

雖然單字「Gras」（脂腴）常用來形容葡萄酒油潤滑順的口感，諸如「柔軟甜潤」、「絨盈羽滑」、「渾圓飽滿」，然而我們在這裡提到的「脂腴味」，與一般認知的「油滑感」、「肥腴」是完全不同的概念[49]。

「甘草」味

弗希翁提出的「甘草」味，是甘草酸帶來的風味，這種物質可在甘草裡找到。即使我們已知某些葡萄酒的甘草味可歸因於酒中的甘草酸成分，但目前對葡萄酒裡甘草酸功能與角色的認識，仍非常有限。

口腔觸感

味覺是具有化學性質的口腔感覺，與味覺乳突裡的蛋白質作用有關；許多其他的口腔感覺則是透過口腔黏膜組織感知，是具有物理性質的口腔感覺。造成口腔物理感覺的外在刺激物質與條件相當多元，這些訊息透過三叉神經傳到大腦。食物的風味不僅取決於「簡單」的味道而已，口腔觸覺讓食物展現「質地肌理」、「紮實堅韌」、「鬆散酥脆」或「軟嫩多汁」等豐富變化；不論是固體食物或液體食物，口腔觸感在食物風味上都扮演重要的角色。我們可將葡萄酒的口腔觸感歸納為以下幾個範疇。

澀感

法語的「澀感」（Astringence）這個字來自拉丁文動詞 Astringere，意思是緊縮、阻塞。葡萄酒的澀感，是由於葡萄酒中的單寧與口腔裡的蛋白質及唾液起化學作用，這種感覺可描述為「乾燥感」、「堅硬感」、「缺乏平滑感」、「缺乏流動感」。法國葡萄酒產區馬第宏及烏拉圭的葡萄酒，經常表現出這種口感，而這些產區使用名為塔那（Tannat）的釀酒葡萄品種，其字根來源就是單寧（Tanins）這個字。明礬是一種可透過化學方法製備的單寧，它帶有明確而紮實的澀感，而啃咬乾燥的木片或甘草梗，也會有類似的感覺。澀感的表現方式有許多細膩的差異，然而由於單寧種類繁多，分子結構各有不同，再加上唾液分泌量及蛋白質成分因人而異，因此要針對澀感進行分類並不容易。

我們可用分子尺寸作標準，將單寧概分為「小分子單寧」、「中分子單寧」及「特大分子單寧」三類。僅由一個或兩個單體所構成的小型多酚分子，往往既酸又苦，顯得生青不熟；五到六個單體構成的大分子，則不容易起作用，化學活性較弱。造成葡萄酒澀感的是中分子單寧，這是由數個單體進行縮合與氧化所產生的分子。過去五十年來，關於單寧的化學研究已有長足的進步，單就釀酒學的領域來說，巴斯卡·黎貝侯-蓋雍（Pascal

Ribéreau-Gayon）、葛洛利（Y. Glories）、布爾榭（Bourzeix）、穆圖內（Moutounet）及其他研究者都貢獻良多。然而由於單寧的化學活性很強，在實驗室裡不易取得足量的穩定單寧作為分析研究之用，因此我們目前只能管窺單寧的面貌，暫時無法完全揭開它的神秘面紗。

來自葡萄梗與葡萄籽的單寧嘗起來較不平滑，顯得較為粗澀；來自葡萄皮的單寧則較為豐滿有肉、肥膩油滑。不過，當葡萄果實的成熟度不足時，葡萄皮的單寧會出現草本植物風味。我們現今已掌握數種單寧的活性特徵，因此可利用固定規格的蛋白質試劑，判斷葡萄酒中的單寧總量與類型。「單寧作用強度指數」便應運而生，這是描述葡萄酒單寧性質的重要根據。雖然這套分析方法能具體解釋單寧的化學特徵，然而唯有實際品評，才能有效評判單寧的品質，也就是單寧在風味方面的表現；單寧是葡萄酒不可或缺的成分，描述單寧特徵是品評的重要目標之一，不論是單寧含量與強度，還是單寧與葡萄酒裡其他成分的結構關係，都必須透過品評才能準確描述。

在連續品嘗含有單寧的食物時，澀感會漸次累積。然而當酸鹼值偏高，或者該食物含有糖分、甜味劑、果膠、蛋白質或羧基甲基纖維素[50]時，澀感的表現會顯得較弱。這也是為什麼冰淇淋或工業奶油裡，經常添加羧基甲基纖維素作為稠化劑，以對抗單寧帶來的乾癟感與緊澀感。

我們可用「緊縮」[51]或「金屬味」來描述葡萄酒的澀感。葡萄酒出現金屬味的原因，不外乎酒中含有極微量的銅[52]或鐵[53]。這些感覺還可被描述為「澀嗆」、「粗糙」、「單寧強勁，口感苦澀」（Atramentaire）[54]。單寧帶來的這類金屬、墨水氣味，大多數人都不喜歡，所以總是很容易察覺出來。使用法語 Atramentaire 這個字來描寫單寧帶來的墨水味，雖然在用字遣詞上顯得矯揉造作，但卻形容

得唯妙唯肖，墨水跟金屬的氣味躍然紙上[55]。

堅實度／濃稠度

堅實度（Consistance，也有「液體濃稠度」之意）是描述固態食物風味特徵的一項要素，在液態飲料裡，我們也可用「黏膩」、「滑順」、「不平滑」這些詞語表達相同的概念；或者，更常見的像是「堅硬」、「柔軟」、「乾硬」等，這些語彙傳達的是甜、鹹、酸與苦四種風味達到特定平衡的感受。譬如「滯重」與「輕盈」這組詞彙，便可用來表達葡萄酒「濃郁、集中程度」，以及風味的「豐富、飽滿程度」。

刺激感

自西元前一世紀的呂克里修斯以降，某些描述刺激感的語彙已沿用數個世紀之久，像是「尖刺」、「燒炙」、「辛辣」、「翻攪」、「灼痛」，這些詞語被用來描述口腔、腸道、鼻腔黏膜與皮膚的刺激觸感。舉例來說，法語裡常用的詞彙「燒炙」，是辣椒素帶來的刺激感，由於各種辣椒、胡椒普遍都含有這種成分，所以人們非常熟悉這種感覺。辣椒素造成的燒炙、刺激，與外傷傷口的灼熱感相仿。燒炙感的強度可用「史高維爾辣度比例」[56]衡量，其涵蓋範圍很廣，可用來描述從微辣直到某些刺激指數超過四十倍，辣得嚇人的安地列斯群島辣椒與泰國辣椒。酸性物質、二氧化碳、酒精等物質，有可能加強辣椒素帶來的「燒炙」感，這些物質也可能在沒有辣椒素的情況下，造成類似的刺激感。

灼熱感與冰涼感

口腔中的乳突對溫度非常敏感，連最細微的溫差都能察覺出來。口腔溫度會改變物質分子的揮發性，因此連帶影響這些物質的風味感知。

我們對於「假性溫度」也很敏感，譬如薄荷醇造成的冰涼感，或酒精與辣椒素帶來的溫熱或

灼熱感。在口腔裡與味覺受器相鄰的特殊感覺受器，具有改變分子風味特徵的機制，因此能造成這類「溫度錯覺」。不論是真實溫度或假性溫度，都會對品評活動產生直接影響，我們將在第四章詳細探討溫度的相關問題。

「享樂」面向

人們有時會用「索然無味」、「難以下嚥」這類語彙來形容葡萄酒，不過這些字眼既無關風味本身的描述，甚至稱不上個人味覺感受的表達，而是某種價值評論。這些語彙在一般描述葡萄酒風味的文字裡屢見不鮮，或許可以說，這個現象印證了人類具有追求感官享受的深層心理。

我們利用以上篇幅區別基本味道、補充味道、口腔觸感，乃至從享樂角度來理解關於風味的問題，目的並不在把品評複雜化，而是希望藉此展現品評是一門內容豐富、精細周密、窮根究底的學問。四種基本味道（甜、鹹、酸、苦）再加上澀感的概念，便是描述葡萄酒風味的經緯條理、脈絡骨架；在此綱領基礎上，我們還可利用其他風味因素作為補充概念，呈現葡萄酒的風味細節，讓描述文字更形完備。

嗅覺

嗅覺是運作細膩、功能很強的感官，它能讓人產生許多聯想；嗅覺的生理機制非常複雜，也非常脆弱。我們今天對嗅覺能有更進一步的認識，應歸功於理查・阿克塞爾（Richard Axel）與琳達・巴克（Linda B. Buck）從 1991 年以來的研究，他們已獲得 2004 年諾貝爾醫學獎的肯定，而其他研究者對這個領域的貢獻也功不可沒。綜合這些研究者的成果，我們更能深入認識嗅覺機制，不過由於科技發展日新月異，我們在這個領域裡，總是不斷有新的認識與發現。

法語「Odorat」（嗅覺）這個字的意思是「氣味造成的感覺」，但是「Odeur」（氣味）可以指稱化學物質的散發、一個印象，或者感受本身。法語形容詞「Odorant」（有氣味）則可描述散發物的氣味、氣味的感知，或者感覺本身。至於「Odoreux」（芬郁）這個字則非常罕見，根據《法語寶典》的說法，保羅・克勞岱[57] 偏好使用這個字。另外，學界採用拉丁文與希臘文的詞根，造出「Odorophore」這個新詞，用來指稱構成氣味的分子結構。嗅聞的行為則用「Odoration」（產生嗅覺；嗅得）一詞表達，這個字雖然非常少用，但語義精準，不會有誤解；它與「Gustation」（嘗味道、產生味覺）是相對詞。「Odorer」（察覺氣味；散發氣味）不僅指感知氣味，也有散發氣味的意思。「Flairer」（散播氣味；嗅聞氣味）也有異曲同工之妙，一詞二用，既有散播、遺留氣味之意，也含有嗅聞、猜測、追蹤氣味來源的語義成分。

以上列舉關於「嗅覺」的法語單詞，語義範圍很廣，彷彿「嗅覺」不只是「嗅覺」而已，而是從嗅聞的動作開始，到氣味的感知，乃至意識到氣味的存在，涵蓋從官能感覺到心理印象的整個過程。簡單地說：「Odorat」（嗅覺）是感知「Odeurs」（氣味）的一種感覺機制，而後者是由不同的「Odorants」（氣味分子）所組成。「Odoration」（產生嗅覺；嗅得）這個字其實就是「嗅覺」（Odorat）之意，只不過聽起來老氣橫秋、故作高雅。「Sentir」（嗅聞）這個字有很多意思，其中不乏細微的差別與共通的語義成分。「Flairer」（追蹤氣味）這個動詞常被用來描述獵狗東聞聞、西聞聞的動作，然而品酒的人難道不也像獵狗一樣，在酒杯中追尋獵物留下稍縱即逝的蛛絲馬跡？

嗅覺機制

當我們吸氣時，氣味分子便進入鼻子，往鼻腔頂端的「黃斑」移動。黃斑位於頭蓋骨下方，裡

面有許多嗅覺細胞，這些嗅覺細胞的纖毛伸出鼻腔黏膜外，捕捉經過的氣味分子。當氣味分子與纖毛接觸時，便會與特殊的蛋白質發生作用，引發一連串的化學反應，並產生微電流傳到大腦。僅需不到一秒的時間，我們就能解讀氣味分子的訊息，感覺它的氣味。這個過程雖看似簡單，然其中牽涉的問題卻極為複雜，包括解剖學、物理學、化學、酶的生化性質、電學、心理學。這些相關細節可以讓我們更清楚瞭解氣味是怎麼被感知的。

氣味分子在一般環境條件下必須容易揮發，

分子團的尺寸也不能太大，必須小於 $300 \sim 400$ 道爾頓（Da）[58]，且具有疏水性（Hydrophobe）[59]。各種氣味分子的化學性質不同，所產生的氣味也大異其趣。雖然我們已大致歸納出一些物質與氣味間的關係，舉例來說，硫化物的氣味很容易辨認與定義，而酯往往帶有果香。然而在經過無數實驗與研究後，終究還是無法解釋分子的理化結構與氣味間的關係，也很難從分子結構預測它的氣味。近年來，有些研究者（Chastrette，1983）已成功找出麝香、檀香、琥珀氣味與特定分子結構型態間的相關性。我們推斷，或許只需一個氣味

	《法語寶典》	《樂如斯法語工具書》[60]	《侯貝爾法語歷史辭典》[61]	《利氏法語辭典》[62]	其他
	2006	1997	1992	1877（1982）	
Odorat 嗅覺	氣味被接收後產生的感覺	接收氣味而產生的感覺	接收氣味的官能（odoratus 即嗅聞、氣味、散發的意思）	接收氣味而產生的感覺	
Odoration 產生嗅覺；嗅得	嗅覺機制的執行		執行接收氣味的官能	主動執行嗅覺的行為	
Odeur 氣味	能夠被察覺的氣體發散；感官特質之一	自物體釋放出來，並可透過嗅覺感知的揮發物質		某些物體對嗅覺感官產生的特殊印象；在心裡留下的感受	
Odorant 有氣味	有氣味；嗅得氣味者	有芬芳氣味	「odor」指有氣味、散發氣味；物體散發物質造成嗅覺的感受	散發一種氣味，香臭不拘	英文：氣味分子（希卡赫，1997）[63]
Odoreux 芬郁	散發氣味者				
Odorophore 氣味分子結構					能使受器產生反應的分子刺激模式（特侯堤耶，2004）[64]
Odorisant 氣味標籤	加在（無臭）氣體裡，賦予氣味特徵以茲識別的產品	用來賦予某物氣味特徵的產品			

	《法語寶典》	《樂如斯法語工具書》	《侯貝爾法語歷史辭典》	《利氏法語辭典》	其他
	2006	1997	1992	1877（1982）	
Odorer 察覺、散發氣味	察覺氣味； 散發、釋放氣味		聞到氣味	具有嗅覺； 利用嗅覺感受事物	
Odorifémat 散發氣味	具有並且散發香氣	散發氣味	釋放香氣	具有香氣	
Sentir 嗅聞	察覺、體會到反映身體器官或外在事物情況的物理感受； 藉由嗅覺察覺事物； 試圖嗅得物體的氣味； 產生知覺，透過直覺感受事物，感覺、體會； 透過氣味、味道或風味而顯現出來	透過嗅覺察覺事物； 嗅聞週遭空氣以聞出氣味	透過感官或感覺察覺事物（十一世紀末用語）； 嗅得物體氣味因而察覺物體的存在	透過身體外部感官或內部深沉心靈得到印象或感想； 特別指透過嗅覺體會事物； 感受到心靈展現的不同情感； 對美的事物具有微妙的欣羨之情的本能	
Senteur 帶有氣味	可感知的		濃烈的氣味	對嗅覺產生刺激，能夠被嗅聞出來	
Flairer 散播、嗅聞氣味	散播、遺留氣味； 透過嗅覺辨別與確認事物； 猜測、預料	（動物）利用嗅覺辨識物體的氣味； 嗅聞氣味； 意識、察覺到不可見的事物或秘密	（fragrare，散發農地氣味，發臭）； （狗）尋找物品時嗅聞氣味	專注運用嗅覺，辨認氣味； 預感	

分子與嗅覺細胞的纖毛接觸，便足以產生氣味。在每公升的葡萄酒裡，氣味分子含量的總重，即便只有十億分之一公克，甚至更少，我們也可聞出氣味；而每一立方公分的空氣中，也僅需數千個氣味分子，便足以產生嗅覺刺激。人類的嗅覺靈敏度約為味覺的一萬倍；而貓、狗這些哺乳類動物的嗅覺更加敏銳，是人類嗅覺的十倍到一千倍不等；某些魚類的嗅覺能力更是驚人。

氣味分子的流通意指氣味分子抵達嗅覺受器

的整個過程。每秒通過鼻腔的氣味分子體積僅有 0.1～1 立方公分，因此氣味分子與嗅覺受器的接觸機會相當有限。然而，它們的移動速度卻快得驚人，最快每秒可前進十公尺，幾乎可跟百米短跑的世界冠軍選手並駕齊驅。氣味分子通往嗅覺受器的途徑還有「後鼻咽道」，也就是從口腔進入，經由軟顎後方向上移動至鼻腔內。

氣味分子從「後鼻咽道」進入鼻腔的這個途徑，在葡萄酒品評裡扮演重要的角色。葡萄酒在

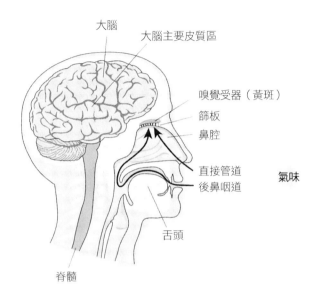

大腦
大腦主要皮質區
嗅覺受器（黃斑）
篩板
鼻腔
直接管道
後鼻咽道
氣味
舌頭
脊髓

〈 嗅覺器官的位置暨氣味分子
抵達嗅覺受器外覆黏膜的兩條路徑示意圖 〉

刺激訊息的傳遞途徑，也就是嗅覺受器與大腦間的連結通路。氣味分子與嗅覺受器接觸的數毫秒內，會引起一連串的酶生化與電化學反應，以致細胞膜周圍發生改變，並產生去極化[66]的電子信號。這些微電流的強度約為數十毫伏，產生電子脈衝的頻率約為每秒十到一百次。這個訊號透過神經細胞的軸突[67]從一個神經元傳遞到另一神經元。數百個神經細胞接收到相同訊號，其軸突在穿過頭顱篩骨的篩板後，結為一個嗅覺小球[68]，總計數百萬個嗅覺神經細胞於此匯聚成數千個球狀體，加強氣味刺激的電子訊號。嗅覺小球透過大腦嗅覺神經延伸出的僧帽細胞，與大腦嗅覺中樞連結。

經過口腔時會被加熱，而散發氣味的時間通常也可維持得較久，因此可以彌補或加強「直接管道」的不足。

嗅覺細胞的刺激與俗稱的「黃斑」有關，黃斑是非常敏銳的上皮組織，位於上鼻竇，覆蓋面積僅達數平方公分。黃斑是由富含蛋白質的黏液所組成，其下的嗅覺細胞多達五百萬至一千五百萬個，這些細胞的末端各有三到五十根長度僅達 5 微米[65]的纖毛組織。氣味分子與嗅覺受器接觸的同時，也與一種叫作「氣味結合蛋白」（OBP, Odorant Binding Protein）的特殊蛋白質發生作用，它是 G 蛋白的一種，細胞周圍呈鋸齒狀，由七個節段組成。由於阿克塞爾與巴克的研究成果，我們今天已清楚地知道，一個特定的氣味分子可與數種不同的嗅覺受器發生作用，而同一嗅覺受器可跟一到五個不等的氣味分子發生作用。此外，嗅覺受器每兩至三個月就會再生一次，纖毛則每數個小時就會進行更新。

關於氣味的本質與強度，首先必須再次強調這個觀念：專司某種特定氣味的感覺細胞並不存在。嗅覺細胞接收到的外在氣味刺激就像是破碎的拼圖，大腦必須重組這些錯綜複雜的電子訊號，才能判斷氣味。假定在一千個嗅覺受器當中，只有三個能識別特定氣味裡的分子刺激，那麼以排列組合推算下來，人類可聞到的氣味種類應該多達九億七千七百萬種，而實際上，我們認識的氣味卻少得多，「只有」一萬種而已[69]。每個嗅覺受器都與特定的嗅覺基因有關，這些嗅覺基因僅占人體基因總數的 3%。即使有些嗅覺基因並不活躍，但其在嗅覺機制的運作裡仍不可或缺。至於氣味強度則與訊號頻率有關，取決於受到刺激的細胞數目。氣味強度的感知門檻與飽和門檻，其間差距可以高達十倍。我們在日常生活中認識的氣味，通常是由數種氣味分子構成，這些氣味在大腦留下的感官印象，不是單一物質造成的：譬如「薄荷醇」不能完全代表薄荷的氣味，而香草的氣味也不是僅由「香草醛」構成。

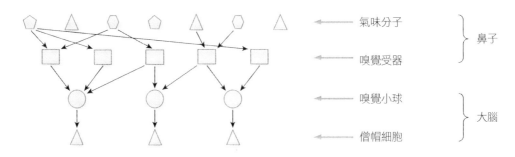

〈刺激訊息傳遞途徑示意圖〉

「百種氣味」

自古以來，各家對於四種基本味道的觀點大同小異，不過關於氣味的看法卻相當分歧。柏拉圖認為：

> 至於鼻竅所司職的感覺，並沒有明確定義的範疇。因為，氣味現象僅反映事物本質的一半而已，而且氣味沒有形體與比例。

他又說：

> 因此氣味可分為兩類，雖然這兩種類別沒有特別的稱呼方式；氣味的多元性無法用簡單的標準予以區別定義；然而，兩種類型間最顯著的唯一差別在於「喜／惡」的二元性。

亞里斯多德後來提出稍為明確一些的論述：

> 氣味聞起來可以是酸的、甜的、粗的、緊的，或肥的，而臭氣可跟苦味相提並論。

由上看來，描述氣味是個由來已久的難題，它跟氣味的本質脫離不了關係。我們用日常的語言，將聞到的氣味轉述出來。我們會說「綠色」，而不會說「草地的顏色」，因為「綠」是一種顏色名稱，然而「草地」卻不是一種固定的顏色；我們會說「香蕉的氣味」，而不會說「香蕉味」，因為香蕉不是一種氣味名稱，我們只是用香蕉來轉述、比擬一種嗅覺感受。人們往往透過生活中熟悉的事物，來描述、認識氣味，而運用化學物質的名稱來描述氣味，雖然比較少見，但也是一種方式。這兩種描述氣味的方法都有各自困難的地方，因為並不是每根香蕉的氣味都一模一樣，如果用「乙酸異戊酯」[70]這種化學物質來描述香蕉氣味，也未必理想，因為它雖然讓人聯想到香蕉，但這種氣味並不是香蕉獨有的，指甲油、草莓也都帶有這種酯類物質的氣味。氣味只能透過類比加以定義，所

題外話：電子鼻與電子嘴

過去五十年來，拜科技進步之賜，各種具備偵測味道與氣味能力的電子設備紛紛出籠。這些設備的分子接收器，通常以金屬氧化物製成的半導體組合而成，由於不同的金屬氧化物接觸不同的化學結構，就會產生不同的反應，因此將數種半導體結合在一起，即可偵測特定的化學分子。這些電子受器與味道分子或氣味分子接觸時，所產生的電子訊號會被放大，並被記錄下來，在過濾雜訊並進行資料分析比對後，便能判定味道或氣味的屬性。電子受器必須敏銳且反應迅速，容易製造，可重複使用，體積輕薄短小，堅固耐用。至今，食品製造業經常利用這些電子偵測設備，維持不同批號產品的品質一致性，或者用於監控怪味、臭味或毒素的產生。然而這類電子設備在葡萄酒界的應用價值較低，也非常罕見。因為葡萄酒的酒精（乙醇）有很強的揮發性，電子受器往往被大量的乙醇包覆，而毫無用武之地。

以往往不夠精確，且氣味的描述方式因人而異，「不同的鼻子就能聞出不同的氣味」，文化背景因素造成的影響總是不容小覷。

　　過去幾個世紀以來，已有許多關於氣味分類的著作[71]問世，這些著作內容通常無關葡萄酒。我們根據這些資料，歸納出兩百個氣味範疇的名稱，涵蓋的核心語彙約有一百個，稱為「百種氣味」。這些作者提出氣味語彙的目的在於提綱挈領、分門別類，而不在追詭獵奇、標新立異，因此他們會盡量避免使用過於個人化的、列舉式的零碎語彙，像是草莓、覆盆子、玫瑰、忍冬。我們用較主觀與隨興的態度，將這一百個詞彙概分為八組，每組都有一定程度的共通性。

　　這份氣味名單不是葡萄酒風味的縮影，不能作為描述葡萄酒的規範準則；然而它卻像是備忘錄，提醒我們在描述氣味時，不能掉以輕心，必須瞻前顧後，經過謹慎周密的推敲琢磨，用字遣詞才能恰如其分。〈氣味族譜〉所列的詞彙並不是每個都適合用來描述葡萄酒，我們經常透過與其他食物氣味的類比，為葡萄酒的氣味取名。相關問題的探討詳見第八章〈葡萄酒語彙〉。

　　諸如「草本風味」、「花朵氣味」與「果實氣味」，這些是我們較熟悉的氣味範疇，其內容可謂五花八門：有些氣味語彙具體而直接，譬如「茉莉」、「韭蔥」、「薄荷」；有些則牽涉廣泛，譬如「青澀不熟」、「土壤氣味」、「柑橘氣味」；某些形容葡萄酒的方式頗有風馬牛

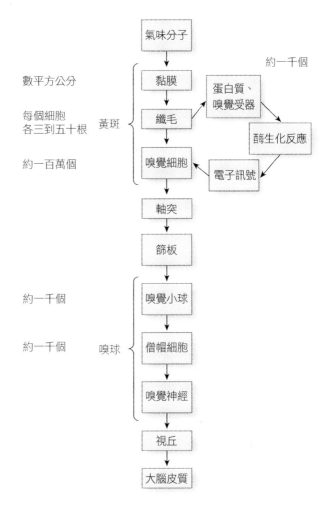

〈氣味感知過程簡圖〉

不相及之感，譬如「煮熟的蔬菜」；還有少數詞彙甚至讓人覺得摸不著頭緒，像是「貓尿」。「享樂面向」一欄中列舉的詞語為數不少，彷彿滔滔不絕宣說著自柏拉圖以降的永恆道理：氣味，斷難與「喜／惡」完全切割，嗅覺與情感之間關係匪淺，其他感官的這項特質比較沒那麼明顯。

〈氣味族譜〉

草本氣味	辛香氣味	動物氣味	化學物質	風味聯想
植蔬	香脂 [73]	琥珀 [76]	化學物	酸
草本	辛香料	琥珀帶苦	藥局	軟甜
青澀不熟	杏仁	動物／羊脂酸 [77]	乙酸己酯 [81]	金屬
煮熟的蔬菜	茴香	公山羊	苯駢噻唑 [82]	咬嚙
韭蔥	大蒜	羊脂酸	溴	刺激
霉	樹脂	羊騷 [78]	樟腦	糖甜
貓尿	松節油（樹脂-油畫顏料）	羊油酸 [79]	樟腦／萘	三叉神經 [88]
土壤	木材	魚	苯酚 [83]／酚化 [84]	**享樂面向**
腐植土	肉桂	魚／氨 [80]	含酚	香氣全無
	丁香	油	含醚	情感豐沛
花朵氣味	蠟	麝香	含醚／溶劑	田園鄉村
橙花	蜜	血	水楊酸酯 [85]	此物只應天上有 [89]
繁花盛開	香草、軟甜	汗	含硫	早餐
茉莉	粉 [74]	肉	硫化	芳香 [90]
百合	焙火 [75]	屍肉	內酯 [86]	芬芳淡雅
玫瑰	烘烤	腐爛	微生物	馥郁濃厚
百里香 [72]	燒炙	糞	麻醉藥	芬芳／馥郁
紫羅蘭	帶有烘烤氣味的焦味	臭蟲	氧化	香氣
	焦糖		油畫顏料	令人生厭 [91]
果實氣味			煉油廠	令人噁心
果香			老酒 [87]	倒盡胃口
檸檬醛			皂	惡臭難擋
橘皮				讓人想吐
橘柑橙柚				穢臭不堪
薄荷				氣味難聞
榛果				腐爛惡臭
				硫磺臭味

譯註：

1 「味覺乳突」中分布許多「味蕾」。味覺乳突是肉眼看得見的突起結構，味蕾則是肉眼不可見，兩者並不相同。

2 主要是指第一對「嗅覺神經」、第二對「視覺神經」、第五對「三叉神經」、第七對「顏面神經」、第八對「前庭耳蝸神經」，以及第九對「舌咽神經」。另外，還包括第十對「迷走神經」。

4 此數據與醫學百科資料有出入。

5 「lux」（勒克斯）是光度的單位，光度等於光通量除以被照面積。所謂光通量，就是由一個固定光源所發出，並被人眼感知的光能總合；流明（lumen）是光通量的單位。一個勒克斯的照度相當於一流明的光通量平均分布在 1 平方公尺的面積。資料來源：麥里歐（P. Mac Leod）與蘇瓦喬（F. Sauvageot）的著作 Bases neurophysiologiques de l'évaluation sensorielle des produits alimentaires, 1986.

6 相關論文資料：〈葡萄酒顏色的品賞與國際照明委員會實驗室的色彩分析參數研究：以西班牙利奧哈地區的葡萄酒為例〉，收錄於《第二十一屆葡萄園暨葡萄酒國際學術研討會論文集》。

7 所謂「天然甜葡萄酒」，「天然」是指甜酒裡的糖分並非人工添加，「甜」是由於這種葡萄酒每公升的含糖量可以從 50 克到 100 公克不等。這是將同一產地葡萄酒蒸餾而得的「中性酒精」，加入尚未完成酒精發酵的葡萄汁，以阻止酵母將葡萄汁中的糖分完全轉換為酒精。葡萄酒因此保留葡萄果實中的天然糖分，這些「殘存糖」使葡萄酒帶有明顯的甜味。由於製作過程添加酒精使最終的酒精含量高達 18~20%，因此又稱為「酒精強化葡萄酒」（les vins fortifiés）。有些專業人士對於「天然甜葡萄酒」中的「天然」一字不表贊同，因為釀製這類葡萄酒所需的人為介入因素非常重要，上述「添加酒精中止發酵」的操作便是例證。

8 浮在葡萄酒液面的氣泡有兩種說法，「bulle」或「écume」。

9 所謂「新酒」（vin nouveau），專指兩次採收之間的產品，也就是在下一年度採收前所釀成的酒款。另一相近的概念是「vin de primeur」，是指在採收完畢的隔年春天前便釀製完畢的葡萄酒。

10 多糖（polysaccharide）是由多個單糖分子縮合而成，是一種分子結構複雜且龐大的糖類物質，無甜味，不溶於水。

11 由於醋酸菌或乳酸菌作用而使葡萄酒氣味與味道走樣，並產生揮發酸的現象。

12 指葡萄酒受到 Mycoderma sp. 黴菌感染，而在表面形成一層「黴花」，呈淺粉紅色、白色、約達數釐米厚。這是葡萄酒的變質現象，酒液裡的酒精被轉換成水與二氧化碳，味道變得淡薄。

13 散射計量裝置（néphélomètre）又稱「散射濁度計」，其操作方式是藉由測量與入射光線成直角位置的光線散射強度，推估液體的濁度。散射光強度愈大者，其濁度亦愈大。此濁度測定方法稱為「分光光度法」。

14 此項濁度測定方法稱為「目視比濁法」。

15 瑪藍戈尼（Carlo Giuseppe Matteo Marangoni, 1840~1925）義大利物理學家。

16 鉻酸洗液是實驗室裡用來清洗器材的溶液，通常以重鉻酸鉀與濃硫酸調配而成。

17 這裡指的玻璃杯是普通玻璃杯，而非含鉛玻璃所製成的水晶玻璃杯（verre en cristal）。在電子顯微鏡下觀察普通玻璃的表面是光滑的，而水晶玻璃的表面則是粗糙的。水晶玻璃製成的氣泡酒杯，能提供溶解於葡萄酒中的二氧化碳放出來所需要的著力點，因此，水晶杯能幫助酒中的氣體釋出，而乾淨的玻璃杯則會抑制氣泡的產生。

18 溶氣程序（la prise de mousse）是「香檳製程」（la méthode champenoise）的一個步驟，重要工法包括「瓶中再次發酵」及「除渣」。這個操作手法在非香檳區的葡萄酒產地被廣泛應用，通稱為「傳統製程」（la méthode traditionnelle）。在瓶中進行酒精發酵而沒有除渣，將酵母沉澱物留在瓶中的溶氣程序稱為「古法製程」（la méthode ancestrale）或「土法製程」（la méthode rurale），這類氣泡酒的酒精含量通常較低。

19 指釀造與培養所花費的時間太少，以致再次發酵所產生的二氧化碳氣體無法更完整地溶解於葡萄酒中。

20 單字「bullé」是從「bulle」衍生而來；後者為名詞，意為「氣泡」，前者為形容詞，意為「微帶氣泡」。

21 按「微氣泡葡萄酒」（vin perlant）的字面意思，意指「帶有珍珠口感」，酒裡溶解的碳酸含量小於一個大氣壓。當葡萄酒中的碳酸壓力介於 1 至 2.5 個大氣壓時，外觀稍帶氣泡，稱為「vin pétillant」（半氣泡葡萄酒）。

22 一毫伏（millivolt, mV）等於千分之一伏特。

23 菌狀乳突又稱「菇狀乳突」。

24 葉狀乳突又稱「片狀乳突」。

25 萼狀乳突又稱「杯狀乳突」、「輪狀乳突」。

26 界溝（V lingual）是舌根與舌面的分界。

27 耳鼓神經是顏面神經的一個分支。

28 舌咽神經專司界溝後方的舌根味覺，亦即舌後三分之一的部分；顏面神經專司界溝前方的舌面味覺，亦即舌前三分之二的部分。

29 樹膠醛糖（arabinose）又稱「阿拉伯糖」、「果膠糖」。

30 「奇甜蛋白」（les thaumatines）從非洲灌木植物 Katemfe（Thaumatococcus daniellii）的果實裡提煉出來的蛋白質，具有甜味，其甜度比等量的蔗糖高兩千到三千倍。

31 譬如「武靴葉酸」（l'acide gymnémique）。譯注：武靴葉（Gymnema sylvestre）又名羊角藤、匙羹藤、武靴藤。在咬嚼武靴葉之後，糖水嘗起來就像純水，甜味感受機制被阻絕的時間可高達十分鐘，然而武薛葉不會影響酸、苦、鹹味的感知。

32 指一個甜味分子能夠帶來甜味感受的能力。

33 在貴腐黴形成與發展的過程中，黴菌會分解葡萄果實裡的酒石酸，使葡萄在失去水分之後，果汁裡的酒石酸濃度不至於飆升，並具有促進甘油合成的功能。作者以貴腐甜白酒為

例，說明甘油、糖分介入與味覺感知的關係。Benoît France, *Grand atlas des vignobles de France*. Paris : Solar, 2002. p.48~49.

34 又稱「一縮乙二醇」。

35 此處所謂鹹味能夠抑制苦味與澀感，是以苦味與澀感表現合度為前提，否則鹹味反而會加強過苦或過澀的結構缺陷。鹹、甜、苦、澀之間的互動關係，詳參第七章〈風味結構的均衡〉，〈風味的互動關係與均衡〉一節。

36 此處提及各種酸的術語法語名稱，詳閱〈酸性質與酸強度比較表〉。

37 即「氫離子濃度指數」（potentiel de l'hydrogène, *Pondus Hydrogenii*）。

38 負對數（cologarithme de l'activité des ions H+）又稱「餘對數」。

39「pK」是 Potentiel de dissociation 的縮寫，意為「解離濃度指數」。

40 此處強調口中葡萄酒分量相對穩定，而唾液分泌量的落差卻可高達十五倍之多，說明唾液對風味感知有重要影響。

41 又稱「乙酸」。

42 又稱「抗壞血酸」。

43 又稱「富馬酸」、「反丁烯二酸」。

44 又稱「丁二酸」。

45 原書註：引述自 1996 年《葡萄酒的風味》第三版。譯註：這一欄的兩個子欄位表示控制變因，呈現在總酸量或酸鹼值不變的條件下，表中四種常見酸的酸味強度排行。

46 原書註：引述古川（Furokawa）的研究。譯註：這個系統以檸檬酸的酸強度作為基數（表中以黑體字 100 表示），描述各種酸相對於檸檬酸的強度。

47「E 號碼」（le numéro E）是歐洲食品添加物的編碼系統，編碼前冠 E 字母，代表經過歐洲聯盟（l'Union Européenne）許可。

48 羅馬人的 garum 以鮪魚製作；普羅旺斯風味的 pissalat，又拼寫為 pissala，以鯷魚製作。

49 味道與口感是不同的概念。「脂腴味」係「味道」；「油滑感」、「肥腴」乃至「柔軟甜潤」、「絨盈羽滑」、「圓和飽實」都是描述「口感」。

50「羧基甲基纖維素」carboxyméthyl celluloses 也可拼寫為「carboxyméthylcellulose」。

51 原書註：緊縮（styptique）這個法語單詞是從希臘文 Stuptikos 衍生而來，意為「束緊」。

52 原書註：每公升僅需 5 到 10 毫克的銅，便足以使葡萄酒帶有金屬味。

53 指硫酸鐵（Sulfate de Fer）。

54 這個法語單詞衍生自 atramentum，意思是墨水。

55 作者將「金屬」與「墨水」氣味連在一起，是因為 atramentaire 這個字的其中一條語義為「由於含有硫酸鐵

而使得味道澀嗆如墨」。參考資料：法國國立文本及語彙資源中心（CNRTL, Centre national de ressources textuelles et lexicales）法語線上辭典。

56 下文描述辣度指數的涵蓋範圍落在 1 與 40 之間，與一般通行的「史高維爾辣度比例」（l'échelle Scoville）的數值範圍不同。譯者將之理解為倍數。

57 保羅·克勞岱（Paul Claudel），生於 1868 年，卒於 1955 年。法國劇作家、詩人、隨筆作家、外交官。

58 道爾頓（Dalton）是生物化學領域的統一原子質量單位（L'unité de masse des atomes unifiée），簡記為 Da 或 D。一個單位的 Da 等於碳 12 的十二分之一。

59 即相對於「親水性」（hydrophile）。

60 原文作「*Grand Usuel Larousse.*」

61 原文作「*Robert Dictionnaire historique de la langue française.*」

62 指艾米爾·利特黑（Émile Littré, 1801~1881）編纂的《法語辭典》（*Dictionnaire de la Langue Française*），又簡稱「le Littré」（利氏辭典）。

63 希卡赫（Gilles Sicard）為法國國家科學研究中心附屬歐洲味覺科學研究中心研究員，隸屬研究單位為化學感受神經生理學（Neurophysiologie des sens chimiques）。

64 特侯堤耶（Didier Trotier），法國國家科學研究中心位於巴黎南郊 Massy 的感官神經生物學實驗室研究員。

65 micromètre, le (μm)

66 去極化（dépolarisation），又稱「退極化」。

67 神經細胞的軸突（axone）將訊息自細胞本體傳出，而原文未提及將電子訊息帶入細胞本體的「樹突」（Dendrite）。神經細胞的各種接觸方式或訊息傳遞的路徑，包括「軸突對樹突」、「軸突對神經元細胞本體」、「軸突對軸突」等，統稱為「突觸」。

68 穿過篩板的嗅覺神經纖維又可稱為嗅絲。

69 作者在本段前半部，引述理查·阿克塞爾（Richard Axel）與琳達·巴克（Linda B. Buck）的研究成果。他們在嗅覺細胞內發現約有一千種不同的基因，各自對應不同的嗅覺受器，雖然基因總數僅達千種，然而由於嗅覺受器與氣味間沒有固定的對應關係，而且有非常多種可能的組合，形成將近十億種氣味模式。人類能辨別和記憶的氣味大約有一萬種。

70 俗稱「香蕉水」，是醋酸與醇類發生酯化反應後的產物，也稱作「醋酸異戊酯」。這種氣味也接近「水果糖的酸甜氣味」。

71 原書註：Linné, 1756 ; Henning, 1915 ; Crocker-Anderson, 1927 ; Amoore, 1952 ; Schutz, 1964 ; Wright-Michels, 1964 ; Harper, 1968 ; Noble, 1987 ; Zwaardemaker, 1925. 譯註：約翰·阿穆爾（John Amoore）在味覺化學史上，屬於第一批嘗試建立氣味分子立體模型的研究者。他以樟腦、麝香、花香、薄荷、乙醚、辛辣、腐臭等七種氣味為例，假設不同氣味的接收是透過不同型態的嗅覺受器完成的。他於 1952 年在《香水製造與精油》發表〈從立體化學論人類嗅覺受器

的特性〉一文（第 43 期，第 321~330 頁）；舒茨（H. G. Schutz）的〈描述氣味特徵的標準規範〉一文，刊載於《美國紐約科學院年報》第 116 期，第 517-526 頁；史瓦德梅克（Zwaardemaker）繼林奈提出「七種基本氣味」後，於 1925 年提出「九種氣味範疇」。

72 百里香（thym）是一種香草植物，此處指的是「百里香花」（fleur dethym）。法國普羅旺斯的百里香於每年夏初開花，可用於料理，或製作「百里香花利口酒」（Liqueur de fleur dethym）。

73 香脂（balsamique）直譯為「帶有膏脂氣味」，膏脂（baume）指含有「苯甲酸（安息香酸）」（acide benzoïque）或「肉桂酸」（acide cinnamique），帶有芬芳氣味的樹脂。

74 粉（poudre）被劃歸在「辛香」一欄中，應是暗指巧克力、咖啡一類的粉末。

75 焙火（pyrogène）在此處應與「經過烘焙，並帶有辛香氣味的食品」有關，譬如前述的咖啡與巧克力。

76 被歸入「動物氣味」的琥珀（ambre）此處專指「ambre gris」（灰琥珀），這是抹香鯨排出的腸道結塊，帶有類似麝香的氣味。

77 羊脂酸（caprylique）是一種脂肪酸，氣味略帶羶騷，椰子、母乳、棕櫚油都含有這種天然成分。

78 原註：包括山羊、綿羊。

79 羊油酸（l'acide caproïque）又作「l'acide hexanoïque」（正己酸），是一種脂肪酸，帶有乳酪、鳳梨與羊騷氣味。

80 氨，即「阿摩尼亞」（ammoniaque）。

81 乙酸己酯（acetate d'hexyle），帶有梨子氣味。

82 苯駢噻唑（benzo thiazole）亦作「間氮（雜）硫茚」或「硫氮雜茚」，帶有橡膠、硫化物、煮熟的蔬菜、堅果、肉的氣味。

83 苯酚（carbolic）又稱為「石炭酸、羥基苯」。

84 酚化（phénolé），表示（紅）葡萄酒由於受到 brettanomyces 酵母菌的感染，以致酒中『四 - 乙基苯酚』（éthyl-4-phénol）與『四 - 乙基癒創木酚』（éthyl-4-gaïacol）的含量過多。葡萄酒因此帶有動物、皮革、墨水、汗水與馬廄的氣味。」

85 水楊酸酯，原文作「salicylate」，亦可指稱「水楊酸鹽」。

86 內酯（la lactone）的氣味表現相當多元，主要是水果氣味（桃子、椰子）與乳製品（奶油）氣味，另外也可能出現草本植物、堅果（杏仁）或動物氣味（麝香）。

87 老酒（rance），同義詞為外來語「rancio」，意指葡萄酒經過長期陳放或氧化後的氣味。

88 指第五對腦神經能夠感知的風味特徵，也就是能刺激三叉神經感覺的風味分子，這類感覺包括「尖銳」、「粗澀」。此處用「三叉神經氣味」一語形容氣味尖銳或粗澀，是一種聯想的手法。

89 原文為「l'ambroisie」，意指希臘諸神在奧林匹斯山上享用的珍饈佳餚，品嘗後能長生不老。

90 此欄以下列舉五個近義／同義詞，原文作：

「aromatique」、「fragrant」、「parfumé」、「parfumé (fragrant)」、「odorant」。

91 此處列舉氣味描述的負面用語共九項，依序為「déplaisant」、「écœurant」、「répulsif」、「infect」、「nauséeux」、「ordure」、「sale」、「putride」、「putride-sulfureux」。

CHAPITRE 3

什麼場合？誰來品酒？
——品評活動的多樣性

　　法國每年消耗的葡萄酒多達三百億杯[1]，很難相信每杯酒都是以一樣的方式被喝掉。不過，這三百億杯葡萄酒的品嘗機制可謂如出一轍。如何在不同的場合之下，適宜得當地運用品評法則，而又不至於失之繁瑣，同時還能盡享品酒之樂，是我們在這裡要討論的問題。

　　所有品評活動的類似之處在於，既是千篇一律的工作，也是艱鉅困難的任務。不論品酒者的感官敏銳度是與生俱來的，還是後天習得的，品評結果的質量以及品酒帶來的樂趣，都不僅與品酒者的感官條件有關——品評當下的身心狀況，以及外在環境條件也都會有所影響。此外，記憶力、文化背景、專業養成以及品評經驗也都因人而異，因此，每個人在品評活動中的評論以及感受也不盡相同。品酒者的素質與能力會隨著時間而變化，所以，品酒者之間的差異總是變動不居的。

　　更棘手的是，我們在味道與氣味的測量上，到目前還是一籌莫展。人們已經能夠根據各種計量單位，譬如頻率、波長等條件，準確地定義，甚至複製一個色彩、一種聲音。但是，縱使人們殫思極慮地追尋氣味的測量方法，進行的試驗不計其數，然而，除了帶來一些有用的啟發之外，實際成效卻相當有限。有些天然物質或合成物質，以及單一物質或混合物質的氣味感知門檻，可以透過各種嗅覺測量儀進行個別的分析與判定。然而，我們至今對於氣味的總體測量仍然束手無策。

　　我們在第二章已經談過，「刺激／感知」之間的關係相當複雜，也就是說，散發的氣味與嗅得的氣味，兩者之間並不是線性關係，而是取決於物質的特性。人體的感官機制足以辨別感覺的強弱，但是卻很難計算其間的倍數差異。這種情況在我們生活週遭其實相當常見，譬如兩份哲學報告，一份得到 80 分，另一份得到 40 分，我們很難簡單地斷定 80 分的報告是 40 分報告的兩倍優秀。至今，我們在氣味感知的計量研究上，成果仍然相當受限。縱使我們可以利用「嗅覺單位數」（UO, le Nombre d'unités Olfactives）[2]的概念，推估氣味意外的機率，避免葡萄酒出現令人不悅的氣味，譬如霉味、草味、土味、塑膠味。然而，除了某些像是蜜思嘉葡萄品種（Muscats）的特定香氣類型，可以利用嗅覺單位數來估算之外，大多數的情況都沒有辦法使用「嗅覺單位數」作為估算葡萄酒香氣強度的指標，它更不能作為品質判斷的根據。

　　在這一章的開場白結束之前，讓我們談談晚近發展出的嗅聞技巧。我們以英文 sniffing 為

它命名，如果不嫌魯莽無禮，可以翻成法文的「Pifométrie」，意思是「像狗一樣用鼻子抽吸」。這項發現的意義在於能夠迅速而有效地提升人類嗅覺器官的偵測能力。利用這個嗅聞技巧，人類的鼻子的靈敏度，甚至能夠提升到足以辨識、判定、推估「柱色譜分析法」[3]所分離出來的微弱氣味，這些氣味分子的濃度非常低，低到連分析設備都還不見得能夠偵測得出來。葡萄酒學界晚近在白蘇維濃（Sauvignon）葡萄品種香氣研究上的進展，便歸功於這項技巧的應用。我們發現，這類白葡萄酒裡所含極微量的某些物質，是造成酒中出現類似「木塞味」的原因，這些物質每公升的總質量僅達數「奈克」（ng, Nanogramme，十億分之一公克），而我們的鼻子只需要接收百萬分之一奈克的分子刺激，便足以感知這些氣味的存在！

每年大大小小、各式各樣的品酒場合累計約達數十億，這些品酒會可以分成兩大類，規模與限制各有不同。

絕大多數的品酒會都是「為自己品酒」，或者是一小群同好分享一瓶好酒。這種類型的品酒活動，實踐了品酒的重要精神，也就是分享快樂。我們在第四章將論及，如何藉助一些簡單的安排與規劃，讓品評不僅是能夠讓人盡情享受每一滴葡萄酒風味的活動，也能同時是嚴謹的品評活動──我們絕對有權利排拒不符合品味標準的酒款，但是必須瞭解葡萄酒品質出現瑕疵的原因。以「好喝／難喝」這個二分法來評論葡萄酒，是過於武斷的作法，我們必須懂得談論葡萄酒「風味的樂趣所在」以及「表現是否適切而符合規範」，這才是較為公平而理性的態度。

另一種類型則是「為他人品酒」，這類品酒的形式與內容比較多元，涵蓋整個葡萄酒產業界的品評活動：從葡萄酒農、經紀人、酒商、釀酒師，直到酒庫管理員皆在此列；至於普通的消費者，則比較沒有機會參與這種類型的品酒。我們製作了一份〈品評活動類型一覽表〉，並粗估各種品評活動每年在法國的操作次數，供讀者參考。按一般常理說來，很少有人需要，或有機會參與所有類型的品評活動；位處葡萄酒產業不同環節的各方人士，透過不同的品評機制，從不同的角度來認識葡萄酒。每一種類型的品評，固然都有其

〈品評活動類型一覽表〉

品評類型	品評地點	負責人員	參與人數	品評目標	工作內容	分析的要求程度	每年次數
追蹤果實成熟度	葡萄園	葡萄園總管	1-2 或 4	決定最佳採收日期	描述果實風味	+	二至四百萬
追蹤發酵進度	酒庫	酒庫總管	1-2 或 4	控制發酵時間長度，決定首次調配時間	描述風味的變化	++	
培養	酒庫或品酒室	酒庫總管	1-2 或 4	追蹤培養進度	描述風味的變化	++	
調配	品酒室	企業負責人、釀酒合作顧問	2-5	決定調配方式，建立批酒[4]	描述風味，判斷酒款之間的互補性	++	
裝瓶	酒庫或品酒室	酒庫總管	1-2 或 4	裝瓶前最終確認	「分析」酒款成分[5]	+++	

品評類型	品評地點	負責人員	參與人數	品評目標	工作內容	分析的要求程度	每年次數
法規品評[6]	專業品酒室	官方委員會	3（通常包括生產者、酒商兼經紀人以及釀酒師）	針對葡萄酒類別與等級名稱的申請，進行法定管制評鑑	淘汰未達標準的酒款	＋＋	二至三十萬
商約品評[7]（一）	酒庫	經紀人	1	薦購	為買方挑選酒款		一至兩百萬
商約品評（二）	買方品酒室	酒商	1-2 或 4	採購定案	挑選符合企業需求的品項	＋	
商約品評（三）	買方品酒室	盤商或經銷商的採購人員	1-2 或 4	決定上市	挑選符合市場需求的品項	＋	
化驗過程追蹤	專業品酒室	分析化驗負責人	5-10 或 30，採統計方法	指出各酒款之間的主要差異	詳細而具體地陳述酒款之間的差異	＋＋＋	
葡萄酒競賽	專門場地	競賽評審負責人	每個評審團 3-5 人	選出品質優良的酒款	評分與描述	＋	十至二十萬
專業鑑定	品酒室	技術員兼仲裁	通常 1 人	確認受檢酒款符合指定的條件與要求	描述與比較	0 到＋＋＋	
仿冒品檢驗	品酒室	公平競爭、消費暨防止偽造管理局服務處[8]		確認受檢酒款符合相關法規的要求	描述與比較	＋＋＋	
侍酒師	品酒室或餐廳包廂	侍酒師	1-2 或 3 人	確認酒款品質、售價與顧客期望達到平衡	描述		
採購	店家或私人場地	業主	通常 1-2 人	選擇品質與價格比值最大的酒款			
消費者	餐桌	同好	2 人以上	獲得最高的品評樂趣與享受	安排適合品評的酒款與環境		約三十億

特殊限制，但是也都自成一格，擁有獨特的視野。

我們也要強調，「為自己品酒」以及「為他人品酒」兩種類型的品評之間存在極大的差異。前一種品評是在餐桌上邊吃邊喝，屬於葡萄酒的「一般使用方式」；後者則不在餐桌上進行，是空腹品酒，絕大多數具有工作性質的品評活動皆屬此類。這兩種品評活動，在認識、分析，乃至評論方式上，都迥然不同；品評的目標不同，評論重點也就必然產生差異。我們不能對這項事實置若罔聞。我們應該以持平謹慎的態度看待評論，避免扭曲它的本意；縱使在評論活動當中，難免會發生意見分歧的情況，但是評論的多樣性卻也是我們所樂見。專業人士的技術性品評評論，是無可取代的；然而，有些不明就裡、不負責任的人，從專業品評結論中，斷章取義地摘錄有利於說服消費者的字句，這樣的作法不值得鼓勵。上述問題至今還沒能獲得有效解決，濫用專業評論文字所造成的危害，會殃及所有不同品質層次的葡萄酒。

只需放眼一望，在地的專業人士就能與你侃侃而談一塊園區的風土人文條件、葡萄品種、生長情況、病害或蟲害，還有葡萄藤的品質與潛力；只消湊近酒杯，專業品評員便能與你談論這款葡萄酒的風味結構，回顧它的過去，展望它的未來，盡享品評之樂。我們在各種類型的品評活動裡，都應該善用人類的品味能力、組織與判斷力。

在葡萄園裡

早在十七世紀，佩希儂修士閣下[9]就已經懂得透過各種方法，判定各個園區的品質。他尤其擅長於品嘗葡萄果實的風味，藉此劃分出最優質的地塊。他所認定的最佳葡萄園，與今日香檳產區的範圍相仿。品嘗果實的技巧在近年來重新受到重視，並且獲得可觀的發展，成為一項有組織

條理的實用技術。它不僅操作簡便，而且也能夠讓葡萄果農更有效地追蹤葡萄果實成熟度的變化，尤其是「酚成熟度」以及「香氣成熟度」。至於「工業面向的葡萄成熟度」，是一個帶有嫌惡與輕蔑色彩的詞語[10]，指的是葡萄果實的糖酸比例變化，這項資訊可以透過簡便可靠的儀器分析，以數據資料精準地呈現出來。雖然葡萄中的單寧會隨著果實一起成熟，但是，由於單寧的含量頗為可觀，這使得葡萄嘗起來或多或少都帶有草本風味、苦味，以及不平滑的口腔觸感。我們至今還沒有辦法藉由化學分析的方式，追蹤葡萄果實裡的單寧變化情形。葡萄酒中的單寧種類繁多，它們都屬於「酚族化合物」，我們至今仍然無法掌握所有單寧的特性。在葡萄果實成熟的過程中，這些單寧成分往往會發生顯著變化。專注地品嘗葡萄果皮與葡萄籽，甚至葡萄梗的風味，可以幫助判斷果實裡的單寧成熟度。單寧成熟的步調相當迅速，原本嘗起來質地粗糙、草味明顯、澀感強勁、帶有苦味的單寧，不出幾天，便會明顯地變得較細膩優雅、柔軟溫順，實驗室的工作非但跟不上這個變化的速度，針對單寧進行化學分析也窒礙難行，唯有直接品嘗才能準確而有效地判斷單寧品質，因此，直接品嘗果實的技巧便顯得極為重要。

芬芳成分的熟成變化，與多種物質都有關聯，現今對這些物質的研究成果仍不夠完整。我們在研究這些成分時，難以突破瓶頸的原因在於，果實裡的芬芳物質濃度太低，通常一公斤的葡萄果實裡，僅有數毫克或百萬分之一毫克的待研究物質。要從果實中萃取出足供分析研究的劑量，困難重重、曠日彌久，而且所費不貲。正是由於芬芳物質難以透過化學分析進行研究，我們必須藉由品嘗葡萄來判斷芬芳物質的變化與熟成。通常我們會咀嚼葡萄皮，因為果實的芬芳物質幾

乎都集中在葡萄皮裡。此外，葡萄皮的風味可以幫助判斷草本風味 [11] 的消失進度；某些葡萄品種以果香為主導香氣，咀嚼葡萄皮也可以有效判斷香氣的發展情形，諸如蜜思嘉葡萄（Muscats）[12] 以及白蘇維濃（Sauvignon）[13]。

品嘗葡萄果實的操作總是遵循簡單的原則，以謹慎細膩的方式實踐。要準確地判斷一塊園區的品質狀況，必須細心、大量品嘗葡萄園裡具有代表性的葡萄。以外人的眼光來看，這項工作有點像是自討苦吃，而且相當累人，因為還沒成熟的葡萄嘗起來很酸，讓人滿嘴草味，同時，釀酒葡萄的含糖量卻也很高，撲天蓋地而來的糖分很快就會造成味覺疲乏。已經有實驗證實，葡萄果實經過口腔中的酵素分解所產生的風味，與葡萄果實發酵時所釋放出的香氣雷同，因此，品嘗葡萄果實有助於預測葡萄酒的風味。某些葡萄品種釀造出來的葡萄酒以芳香著稱，因此被稱為「芳香系釀酒葡萄品種」，然而，這些葡萄在還沒有發酵之前，果實風味卻顯得頗為中性，這是因為葡萄品種的香氣分子，在果實裡並非以獨立物質存在，而是與其他物質共同構成沒有氣味的化合物；目前已經有研究者以白蘇維濃葡萄品種為例，清楚地說明此一現象 [14]。

品嘗葡萄果實的時候，最好能夠有兩至三位專業人士一起進行。平素的訓練與切磋，以及品嘗時交換意見，都有助於準確判斷葡萄果實的品質。分別品嘗各個園區的果實，判斷不同地塊的熟成狀況，可以作為決定最佳採收日期的依據。

在酒庫中

以前在波爾多的「梅多克」（Médoc）地區，人們都尊稱酒庫負責人為「大師」，在壓榨白葡萄得到第一批果汁的同時，或者從紅葡萄果實破皮入槽開始，他就能夠初步判斷這個年份採收的

葡萄潛質。逐批品嘗所需花費的時間並不多，但是在整個釀造過程中，他都必須定期執行這項工作，追蹤每一個酒槽的情況。在實驗室進行葡萄酒化驗分析的相關技術，現今已經愈臻完善，能夠做到迅速而精確，然而，這類分析雖然能夠提供葡萄酒成分與結構的詳細數據，但是關於味道與氣味的資訊，卻付之闕如。唯有品評才能讓我們掌握葡萄酒的本質，也就是風味特徵。

發酵過程中的葡萄汁可以說是瞬息萬變，每天都會釋放出果實本身的風味以及發酵過程產生的風味，此時若是出現風味偏差或異常狀況，便需儘早予以調整，以免日後產生必需糾正的風味缺陷。我們在此強調一個觀念，沒有什麼比葡萄酒更不「自然」，葡萄酒是人為的產物，好酒更是如此。我們在此提到的「自然」，是「放任」的同義詞，指的是「自然而就」。尚・黎貝侯-蓋雍教授說，放任葡萄汁自然發酵，不會變成葡萄酒，只會變成醋，而且還是品質很差的醋。釀酒者在葡萄汁的發酵過程中，僅需一只酒杯作為工具，就能決定要順著葡萄汁的變化，還是抑制、調整發酵的進程。未來的「偉大酒款」（Grand Vin）在這個釀造階段顯得混沌曖昧、粗糙不平，酒液充滿氣泡，帶有刺激的口感。我們會用「陰陽怪氣」[15]（Bourru）這個字，來形容正值「青春期」的葡萄酒，彷彿這個陰鬱叛逆、難以捉摸的必經成長階段，是為了不要讓葡萄酒太早露出成熟的迷人丰姿。記得某年十一月底，我帶了一些當時才剛發酵完畢的葡萄酒，讓一位餐廳大廚品嘗，他被這些尚未被充分馴服、充滿野性的葡萄酒嚇得說不出話來，他完全不敢相信，這些就是以後要用來搭配自己「三星級餐廳」美食佳餚的葡萄酒。我當時還仰賴在場的另一位同行釀酒師費盡唇舌地解釋，最後才讓大廚相信，它們在經過一番「調教」之後，嘗起來就會是名符其實的

「偉大酒款」。

暫且不談釀酒者在酒庫中進行品評的技術細節，我們只需要知道，這種類型的品評，在發酵與萃取時間長度的決定上，扮演極為重要的角色，尤其是釀造紅葡萄酒，更需要精準掌控時間。我們剛才已經說過，在實驗室進行葡萄酒化驗分析，能夠提供葡萄酒單寧、花青素以及其他各種物質含量的詳細數據，但是，唯有品評才能讓我們確定葡萄酒的品質，並且作為釀造的依據：譬如是否已經可以取汁、清空酒槽[16]，還是應該繼續浸皮，持續萃取葡萄皮裡的物質。將葡萄酒移出酒槽，是釀酒的關鍵時刻之一，通常必須在整個釀酒團隊共同品嘗、商討之後，才能決定恰當的執行時機。這類品評小組的成員，通常包括酒庫總管、酒莊主人（有時跟酒庫總管是同一個人）、葡萄園總管、釀酒師、業界的友人。這種品評類型的功能，不僅在於幫助確認葡萄酒的釀造進度與品質，也能讓我們認識葡萄園的地塊特徵。在同一個產區裡，不同地塊採收的葡萄往往分開釀製，透過品嘗、比較這些不同的葡萄酒，可以判斷各個園區的現況，並且判斷它未來的發展。這種類型的品評在釀造當下具有技術指標的意義，而也能作為將來經營葡萄園的參考，譬如栽植或重栽計畫的擬定，葡萄品種、嫁接砧木的配套方式，甚至也有助於瞭解園區土壤對葡萄酒風味與品質的影響。

葡萄汁的發酵過程通常會持續一至三週，最久可能長達一個月，在這段期間必須每日品評，追蹤葡萄汁的發酵狀況，待發酵完畢之後，接下來的品評就比較沒有那麼密集。葡萄酒的培養期間長達數月乃至數年之久，在這段期間裡，每週或兩週一次的例行品評工作重點，是以很快的速度檢查各批酒的情形；而在每年執行三、四次的換桶程序時，則以比較仔細的方式品嘗。最重要的品評工作是在進行調配的時候，絕大部分波爾多酒廠以及某些布根地酒莊都有調配的製作程序，其目的在於將幾批葡萄酒混合為兩、三種可供最後上市銷售的產品。這項操作早在十八世紀就已經相當普遍，根據文獻記載，波爾多左岸的梅多克地區，當時就已經清楚地區別兩種調配酒款──每個酒莊所調配出來品質最好的「主標酒」，以及比較不能完整反映酒莊風格的「副標酒」。每個釀酒單位都遵循這個行之有年的作法，根據各自的生產情形、銷售策略、品牌規模等不同的條件與需求，將葡萄酒調配成不同品質層次的產品。執行調配是一項責任重大的工作，必須謹慎為之，因為這項操作是「不可逆」的：不同批酒被混在一起之後，就不可能重新將它們分開。調配之前的品評工作，通常交由酒莊裡的專業人士，組成小規模的品評團隊進行。這個特別小組的成員都彼此熟識，而且沒有職位高低的差別。為了能夠廣納意見，往往還會延請一位外面的專業人士參加品評。在歷經兩至三次重複品評並且慎重考慮之後，將由酒莊主人、產品主任或者負責人單獨決定最終的調配方式。

我們必須指出，調配工作雖然只是釀酒過程的一個環節，然而，它卻是影響深遠的關鍵因素，因為酒莊每年都必須執行調配工作，這項操作的品質與技術水準，便決定了酒莊中、長程累積的名望。不論是聲譽卓著的城堡酒莊、樸實無華的小酒農，還是資本雄厚的酒商，都必須重視調配工作，否則終將造成營運或財務困難。在最後調配完成的酒款裡，多一分或少一分某批葡萄酒的調配用量，都有可能深深改變葡萄酒的風味個性，直接影響酒莊的損益，而就長遠看來，聲譽也終究影響酒莊的身價與產品的售價。在進行調配之前，往往很容易分辨最好的批酒與較差的批酒；這項操作的難度與挑戰在於，如何妥善

運用單獨品嘗並不出色、但卻不可或缺的某些批酒，以加強最終成酒的體質與特性，或者，避免採用初嘗之下顯得甜美，實則缺乏深度與個性的批酒。倘若操作得當，調配完畢的成品，甚至還比調配前最好的基酒有更高的品質。調配好比是「創造」一個新生命，而新生命誕生的過程總是充滿不確定性，但是也充滿驚喜與期待。調配對於酒莊的中、長程營運具有舉足輕重的意義，我們見過無數的案例都說明了這項事實：在使用同一座葡萄園採收的果實來釀酒的前提下，一旦調配比例或操作策略改變，那麼，這間酒莊、酒廠或者這支酒款的行情，遲早都會因此而看漲或下滑。

在裝瓶前後的一系列品評工作，評判標準較為嚴苛，也更注重葡萄酒的感官分析。這些品評活動通常在酒莊或酒商提供的場地舉辦，其目的是確認葡萄酒在技術層面以及風味層面都符合品質要求，並且合乎型態種類與生產規範的預期表現。這種類型的品評，歷來都是生產履歷的重要一環，它是確保葡萄酒的品質，現今更是「危害分析及關鍵控制點」[17] 中，不可或缺的一項感官分析工具。在裝瓶階段進行品評的歷史由來已久，這是先人智慧的遺產，現行法規強制規定所有葡萄酒都必須接受感官審檢，這個作法其實早在好幾個世紀之前就已經存在。

產區法規對品質的控管與鑑定

在 1950 年代，包括兩海之間（Entre-Deux-Mers）以及聖愛美濃（Saint-Èmilion）在內的一些波爾多葡萄酒產區就已經自發地落實「品質控管與鑑定認證」。從 1976 年開始，官方採納這套作法，規定葡萄酒生產單位必須取得認證，才能獲頒銷售許可證。這項規定涵蓋「法定產區管制」（AOC, Appellation d'Origine Contrôlée）、「優

質葡萄酒認證」（VDQS, Vins Délimités de Qualité Supérieure）以及「地區葡萄酒」（Vins de Pays）三個等級範疇。這套認證系統原本只用於控管葡萄酒，後來適用範圍擴大到其他農產品上，譬如「埃斯普萊特辣椒」（Piment d'Espelette）就是一個例子。凡通過這類認證的農產食品，都必須符合所有相關的生產規範。這項認證除了行政手續、文件審理以及分析化驗之外，每一個批號的產品都必須經過「矇瓶試飲」。進行試飲的評鑑委員會一般由三至五人組成，基本成員通常包括一位葡萄酒生產者、一位葡萄酒商或仲介商，以及一位葡萄酒學者或釀酒師。受試酒款必須獲得多數評審委員認定為「沒有瑕疵」、「足夠均衡」，並且「符合所屬類型範疇與所申請頒發等級的風味特徵」。這種類型的品評與酒類競賽的品評不同，其目的不是為優質葡萄酒錦上添花，而是以剔除不符合品質水準要求的酒款為目標。在品評之後，受試酒款會得到「通過評鑑」或「擇期再試」的結果，有些品質水準明顯不足的酒款，則會在評鑑委員的共同決議之下，遭到「駁回申請」處置。一款被駁回申請的葡萄酒，會直接被降級為「餐酒」（Vin de Table）或「蒸餾用酒」（Vin à Distiller），當一個葡萄酒生產單位接到這樣的判決結果，其經濟損失是相當嚴重的。在某些特殊的案例中 [18]，評鑑委員會進行矇瓶試飲的時間與酒莊葡萄酒裝瓶同時進行，這些送審的酒款其實已經是「完成度很高的產品」，幾乎跟即將上市的葡萄酒是一樣的。在這個時間點進行法定產區管制名稱的決審，對消費者來說，是莫大的品質保證。

這套控管與鑑定品質的產區法規制度並非十全十美，也曾經遭到許多非難，但是這套系統從以前到現在，都發揮極重要的功能。遭到「駁回申請」的酒款比例向來都非常低，但是在初試

之後，被要求「擇期再試」的酒款比例有時卻高達兩至三成。這些慘遭退貨的酒莊只得硬著頭皮，想方設法繼續進行培養並採取必要措施，以期達到法定產區管制所要求的水準，盡快取得葡萄酒裝瓶上市不可或缺的產區名稱認證。現行的法定產區管制組織與認證系統，是以五十年前頒布的規章為基礎，並根據實行情況，經過幾番修訂而成。我們可以繼續修訂這套法規系統的實行細節，促進葡萄酒市場的供需平衡，提升消費者的信心。然而，我們也必須注意過猶不及。葡萄酒產業已經是少數幾種受到全面嚴密控管的農產食品加工業，倘若葡萄酒的生產製程與條件，最後完全以法規條文明確規範，這將會消泯現有的操作彈性空間。遵循過度規範化的製程所釀造出來的葡萄酒，將會造成更多問題。

在此我們要釐清一些術語之間的差異：「法規認證」（Agrément）、「商約認證」（Agréage）以及「標章認證」（Label）。這三個術語被廣泛使用，也經常被混淆，在葡萄酒產業的領域裡，這三個詞彙的語義截然不同。

所謂「法規認證」，是官方組織根據明文規定的範疇進行審查，在確認葡萄酒的生產條件以及產品品質，皆符合相關規範的要求之後，所頒給的認證資格。「法定產區管制」、「優質葡萄酒認證」以及「地區葡萄酒」三個等級範疇的葡萄酒產品，必須獲得這項官方認證才准予上市銷售。

而「商約認證」，是為了預防葡萄酒品質或內容與招標細則不吻合的情形發生，所簽訂的正式文件。這是一種商業協定的約文。

至於「標章認證」，是能夠證明產品來源或品質的標籤，它的頒發方式由產業團體內部自行制定。這種標章與葡萄酒官方認證沒有關係，許多人將葡萄酒的認證說成「標章認證」，其實是一種誤用 [19]。

酒商進行交易時的品評

市面上絕大多數的葡萄酒，都透過酒商買賣流通，這些酒商在葡萄酒經紀人的仲介之下，向獨立酒農或釀酒合作社買進散裝或已經裝瓶的葡萄酒。當然，酒莊直接銷售葡萄酒給消費者的情況雖然也屢見不鮮，但是這個部分的業績在總銷售量上，僅佔個位數的百分點而已。

傳統上，葡萄酒經紀人必須走訪各地的酒莊，盡量品嘗不同酒槽與酒桶的葡萄酒，尋找符合客戶需求或者奇貨可居的產品。他們四處蒐集符合條件的樣品酒，讓一個或數個葡萄酒商前來試飲。參加這類品評活動的酒商，可以一人獨力完成選貨工作，或者由兩到四人的小組進行品評討論。在試飲會結束之後，中選的酒款就會由葡萄酒經紀人安排出貨，不過，真正的交貨日期有時會延宕至好幾個月後。賣方在出貨之前會製作一份訂購確認單兼出貨明細表，在買方收貨之前或者收貨時會收到這份文件，這份資料稱為「商約認證」。倘若買方對葡萄酒的品質或數量有疑義時，就得請經紀人出面協調。隨著整個環境的演變，一直到不久前，葡萄酒經紀人往往也必須身兼酒商的角色，因此，他們也承辦商約認證方面的業務。大部分的葡萄酒在早期都以「論度計價」的方式銷售，也就是根據酒精濃度計算價格。葡萄酒農通常會用沸點計推算酒精度，替葡萄酒「秤斤兩」，然後再與經紀人的數據比對。酒農跟經紀人談生意的時候，不能免俗地，必須談天說地一番，他們的買賣往往就在把酒言歡之間成交。

在葡萄酒批發與零售的整個過程中，每進行一次轉手交易，就必須重新辦理一次商約認證

的手續，並且進行「商約品評」，確認葡萄酒的品質。只要葡萄酒未來有可能被轉手販售，這項操作機制就會不斷重複，直到葡萄酒買賣交易的終點才會停止，也就是消費者家中的餐桌上，或者當餐廳侍酒師將它開瓶時。商約品評在葡萄酒交易中扮演決定性的角色，它攸關市場上流通的葡萄酒品質，但是卻鮮少有人熟悉這類品評活動的細節。商約品評是一面能夠反映品味傾向的鏡子，每項採購決定，都是一家商號、一個族群、一個地區乃至一個國家的品味表徵，我們還可以觀察它們的演變歷程。在商約品評的場合裡，往往高手雲集，這些人不僅訓練有素、技高一籌，他們也是最瞭解消費者的一群人。這類品評活動在技術層面的要求，取決於不同的工作目標與酒商規模。最簡單的工作目標就是作出「買／不買」二中擇一的決定，不過，大多數採購活動都不適用這樣的判斷模式，而必須考量產品的針對性與銷售方向：某款酒適合某個特定市場。所謂的「品牌酒」就是很典型的例子，他們必須從來源不同、品質不一的現貨當中，選擇適合的批酒，同時必須顧及公司產品線的多樣化與穩定性。我們可以從這個例子，再次體認葡萄酒調配的神奇之處。這些品牌酒的調配甚至比前述的調配工作更為複雜，因為品牌公司調配葡萄酒時，所使用的多種基酒之間差異更大，不過，這也讓品牌酒的調配工作有更多的可能方式。總而言之，商約品評是一種「在採購時進行的品評活動」，在葡萄酒交易的過程中，這種品評活動既具有展示貨品的功能，也是買方與賣方進行交接的重要程序。在商約品評中，通常使用業界規範的描述方式，這是一套細膩而簡單的品評語言。

酒類競賽與評審意見

數十年來，各種葡萄酒競賽與酒評團體與日俱增，書報雜誌爭相報導受到好評的酒款排行榜，業界人士也可以從專業文件與期刊裡讀到相關消息，這個現象隨著網際網路的發展在近幾年來尤其明顯。葡萄酒競賽與評論的種類繁多，雖然不可能在短短的幾頁篇幅裡完全交代清楚，但是我們將逐一說明這類品評活動的基本特點，以便正確理解這類葡萄酒排行榜的真正意義，並懂得衡量這些評論內容的適用範圍與限制。我們兩位作者從事葡萄酒品評與籌辦品評活動，已經有三十多年的經驗，一路走來，始終如一。我們願在此將長年累積的寶貴經驗與各位讀者分享，以下我們將具體列出一些實用的要點。

在品酒會上開瓶品嘗的酒款，不應該與市面上可購得的相同酒款產生風味的落差，也就是說，品酒會上的酒款要具有代表性。這項要求聽起來很簡單，然而，所有經驗老到的業界人士，包括葡萄酒商、經紀人、酒農，以及葡萄酒職業工會、國立法定產區管理局（INAO, Institut National des Appellations d'Origine）、國立葡萄酒同業管理局（ONIVIN, Office National Interprofessionnel du Vin）等專業單位都心知肚明，要替買賣交易前的試酒，或者產品品質鑑定這類場合準備「真正能夠代表一款葡萄酒風味的樣品酒」，是何等困難的任務。每次在準備這些樣品時，我們都如履薄冰，從取樣、保存到運輸，每一個環節都經過縝密安排，必須嚴格地層層把關。在室溫之下保存葡萄酒，幾個月之內就會影響風味；經過幾天運輸過程的葡萄酒，風味也會有所不同；至於換瓶之後的葡萄酒，不出幾個小時就會出現風味上的明顯變化。此外，每位工作人員在籌備活動的過程中，都必須遵守各項規範並採取必要相關措施，謹防疏忽意外或舞弊情事發生，簡言之，必須盡可能防範某些參加評比或鑑定的酒款特別具有優勢。就取樣來說，最恰當的作法有兩種：以採購專員或業務代表取得的酒

款為準，也就是葡萄酒產業鏈末端的貨源；或者以主辦單位授權委託第三者所提供的樣品為準，譬如法定產區管制評鑑會、某些葡萄酒競賽協會。我們在這裡提供的建議未必放諸四海皆準，因為在某些場合還必須考慮國情差異，像是籌備國際性的葡萄酒競賽時，往往會有不同的作法與要求。關於取樣公平的爭議，是葡萄酒業界普遍存在的問題，因此，針對特定酒款進行雙重比對的作法便應運而生，也就是將品酒會試飲酒款的樣品，以及流通於市面上的同一款酒，同時取來進行化驗分析與品評鑑定。雖然這樣的方式會讓工作內容與流程變得相當複雜，而且大幅增加成本，不過，此一措施卻完全可行，有些活動的主辦單位就採取這種嚴謹的作法，譬如著名的世界葡萄酒大賽「Les Citadelles du Vin」就是一個例子。在葡萄酒競賽活動或評鑑計畫裡，總會有一些釀造不精、品質平庸的參賽或候選酒款，雖然為數不多，但是如果主辦單位讓參加比賽或評鑑的業者自己準備樣品酒，其他大多數忠厚老實的候選人往往蒙受其害——在準備樣品時耍花樣，讓酒款在接受品評時有較好的表現，早已是一個公開的祕密。對於有心取巧的參賽者而言，揣摩評審心態、迎合評分標準並非難事，他們大可以運用一些手段，讓葡萄酒的結構顯得特別堅挺雄厚，或者，他們也完全能夠因應給分標準，讓葡萄酒展現豐盈柔順的果味。諸如此類的把戲，真是防不勝防。

雖然並非所有的品評活動，都能做到百分之百由官方或者經由正式程序取樣，然而，紀錄樣本來源或取樣方式卻很容易執行。有些單位採取這樣的作法，並且將這份紀錄作為品評結果的附件資料，如此便可以在不影響評論者觀感的前提下，提供關於受試酒款來源的資訊。

在某些品評場合特別容易發生上述的「代表性」爭議，這個問題牽涉廣泛，不容輕忽。有些競賽的主辦單位，從世界知名的酒廠產品裡挑選葡萄酒，並且以匿名的方式，評比這些本質不同的入圍酒款。這種操作手法經常遭遇的問題包括：入圍酒單可能有遺珠之憾或者超額取樣的極端情形發生；品評順序的安排與品酒者的文化背景差異，也會影響酒款排名，或者使評論結果帶有特殊色彩或傾向。艾米爾·培諾教授曾經一針見血地說道：「這宛如一場由評審指定各隊球員，並且由評審自己制定遊戲規則的比賽。」此外，有不少地方性的葡萄酒競賽，在取樣時不會考慮參賽酒廠的規模或者產品線的特徵，這也是問題原因之一。有些葡萄酒企業旗下擁有一、兩間酒廠，總產量高達數十萬瓶，不過產品線卻很單純，品質也很相近；相反的，有些品牌會生產僅有數千瓶產量的「精選酒」（Tête de Cuvée）或者「車庫酒」[20]，另外發行產量有時以百萬計的「平價款」（Grand Public），這些生產單位發行兩類品質頗有差距的酒款，但是卻經常以類似的包裝或名稱銷售。因此，便可能產生這樣的流弊：排名本身是正確的，但是評比結果遭到濫用，混淆消費者的視聽。經過轉述的名次排行、獲頒獎項，以及相關評述內容，都有可能已經扭曲競賽結果本身的意義。

品評活動應該在適當的環境中進行，品評環境除了應該安靜、無異味之外，場地位置、室內氣溫以及侍酒溫度等條件也很重要。此外，單憑品酒者的技巧與素養，還不足以圓滿達成品評的任務，相關文件是不可或缺的，這些資料能夠幫助確認技術性的細節，作出正確的決定與有用的評論。如果葡萄酒的溫度稍高或低幾度，空氣中飄著一縷芬芳，或者旁邊有人評頭論足，甚至搭配特別美味的食物邊吃邊喝，都很有可能大幅影響品評結果。品評的環境可以分為「有利於賣方」

或者「有利於買方」兩種，一如「布根地式試酒碟」也有兩面，能夠讓買方看到葡萄酒的優點，而賣方自己則掌握葡萄酒的缺陷。當然，品評的環境有很多種分法，還可以分為「工作性質的品評環境」與「宴飲的喝酒環境」。許多宴飲或慶祝場合都很誘人，能夠讓人盡情享受美酒佳餚，但是，這樣的環境卻很不適合品酒，因為品評的準確度往往大受影響。

在不同的環境條件下，我們會不自覺地以不同的方式，評述同一款葡萄酒的風味。在酒窖裡品評，我們會受到釀酒師解說的影響，葡萄酒也顯得較有個性；在進行法定產區管制的品質評鑑時，我們採取的立場不同，觀感也隨之改變；同一款葡萄酒，如果是在宴飲即將結束，主人拿出來請大家品嘗時，我們品嘗時的感覺也會有所不同；試想，如果相同的葡萄酒被放在電視櫃上，但是沒有酒標，我們對它的態度又會是如何？在不同的環境條件下品嘗同一款酒，感受與評述的方式就會有所不同，而如果是幾種不同的酒款之間進行比較品評與評分排名，那麼名次順序也極可能因地而異。

在品評同一種類型的葡萄酒時，往往必須採取匿名制。不過，當酒款的來源太廣，或者類型過於混雜時，採取匿名的方式品評，卻會讓品評失去應有的功能與意義。適合海邊野餐時品嘗的沁爽易飲的酒，在特殊場合宴請重要賓客品嘗的酒款，以及為了襯托廚師精湛廚藝所挑選的葡萄酒，都是不同類型的酒，品嘗的方式也會有所不同。不同背景的酒款不能放在一起評論，社會脈絡、價格差距、產量多寡，這些條件都會影響葡萄酒評判的標準。如果以波爾多九大酒莊（les Neuf Grands）[21] 為標準，來評判波爾多地區生產的其他不同酒款，便是不切實際的作法，而且，以絕大多數人都沒有機會品嘗到的頂尖酒款作為

基準，也是沒有意義的。同樣的道理，如果試圖把波爾多葡萄酒、布根地葡萄酒、西班牙的利奧哈（Rioja）葡萄酒、葡萄牙的波特酒、匈牙利的托凱（Tokay）葡萄酒，以及其他完全不同類型的葡萄酒全部放在一起比較，也是窒礙難行的，那形同在奧林匹克運動會上，將短跑、跳水與射擊放在一起評分，試問評分的標準何在？

評審團的遴選是特別複雜的問題。每個人在品嘗葡萄酒、欣賞繪畫、聆聽音樂時，都不難在當下立即作出反應，表達自己的喜好。然而，感官活動所涉及的喜好與偏好，往往取決於聆賞者、觀賞者或品賞者的知識素養以及文化背景。東西方文化的不同，固然會造成明顯的喜好差異，然而，在類似的民族文化背景之下，一個人的文化水準也深深影響他對戲劇、音樂、繪畫的審美品味。文化背景的問題牽涉廣泛，影響深遠。在葡萄酒的世界裡亦復如是，一位來自於西班牙安達魯西亞葡萄酒產區 [22] 的人，以及法國波爾多葡萄酒產區的人，他們對於氧化葡萄酒的批評觀點必然有所不同。

品酒者可以透過特殊的培訓課程，認真研究、勤於練習，藉由實際操作與比較品評，提升感受、分析與評述的能力。品評活動相當仰賴感官能力與記憶力，這門技藝在操作時固然引人豔羨，讓人讚嘆不已，不過，品評活動卻也有非常嚴肅內斂，講究法度的一面。據我們的觀察，缺乏尋根究柢的精神是許多品酒者的通病，很多人只滿足於表面功夫，只知其一，不知其二。品評，是認識葡萄酒的一種方式，它甚至是能夠滿足玩賞佳釀所有需求的一套技巧與方法。然而，在正式品評活動裡，不論品評員的意見將由什麼單位以何種方式公佈，倘若在品評時抱持玩賞佳釀的心態，或者純粹為了娛樂消遣而品評，都是不可取的工作態度。任何人都可以在家庭球賽裡當

裁判,但是,法國足球協會舉辦的球賽,哪怕是規模最小的場次,也必須由受過訓練並且通過檢定的合格人員擔任裁判。一場小型球賽的勝負輸贏所留下的具體後果,通常不會比官方考核的判決、參加競賽的成績,或者品質鑑定報告的影響來得嚴重。就連球賽的評審制度都如此嚴謹,葡萄酒品評結果的影響深遠,動輒牽動一大群人,更應謹慎行事。我們非常希望鼓動更多人一同加入品評的行列,養成固定品酒的習慣,攜手發展、提倡正確的飲酒風氣。一旦有愈來愈多的消費大眾懂得欣賞優質葡萄酒,市面上流通的劣質酒款終將消聲匿跡。不過,在極力推廣品評的同時,我們仍然堅持把專業交給專家。從事葡萄酒評述工作與相關資訊的散佈,以及品評教育的工作者,都應該接受必要的培訓並且通過檢定,同時,這些專業人士必須謹言慎行,為自己的言論與工作負責。

品評經常被認為是一項相當主觀的活動,這是不爭的事實,然而,正是由於品評活動必然有主觀的成分,因此,品評這門學問與技藝更強調嚴謹周延,追求一絲不苟。執行品評工作宛若操作一台精密的測量儀器,必須交由專家執行,旁人無法代勞,葡萄酒專家必須意識到自己肩負的責任重大。有時外界會試圖干預或者奉承評審團,但是評審應該避免受到左右,發表違心之論無異於賠上自己的職業生涯,其危害並不亞於缺乏專業素養所造成的問題。評審團必須盡量吸收成員,集思廣益,然而,擴編應該要有上限。在評審團中的少數專家意見也值得重視,而當評審團規模過於龐大時,在發表總評時,就難以囊括少數評審的觀點,評述內容也因此容易流於片面或俗套,造成多數決的弊端。

一場國際性的葡萄酒競賽裡,可能匯集來自三十餘個產酒國家的酒款,這些葡萄酒的類型總數動輒超過兩千多種,若再依葡萄酒的顏色、含糖量作更細的劃分,類型數目將更可觀。這類大型競賽的評審團通常是由不同地區或國別的葡萄酒業界人士組成,這些委派的評審通常具備不同的專長,可能包括釀酒師、葡萄酒經紀人,或侍酒師。從獲得「國際葡萄園暨葡萄酒組織」(OIV, Organisation Internationale de la Vigne et du Vin)認可的十餘項國際葡萄酒賽事看來,通常評審團是由至少五位來自於三個不同國家的專業人士所組成,相同國籍的評審不得超過評審團總人數的四成。沒有人能夠遍嘗全世界的酒款,就連葡萄酒界裡的專業人士也不可能有機會完成這個願望,其實,幾乎所有的葡萄酒產品都是消費者喝掉的,而不是業界人士。這類國際性葡萄酒競賽的有趣之處在於,評審團是由各方的專業人士組成,他們從專家的高度、消費者的廣度,品評來自於全世界的參賽酒款。這種罕見的專家互評,自是很有參考價值。不過,這種評論的可能盲點卻也在於不能真正反映消費市場的觀感,因為這些評審不見得比一位真正的消費者更熟悉這些參賽酒款應有的風味表現,因此,這類比賽有可能產生誤判的情形。某些小型葡萄酒賽事的競賽項目則比較具有針對性,譬如單就某個葡萄品種、某項技巧的操作評比,或者鎖定特定產區的酒款,這種類型的競賽比較不會出現大型比賽的誤判問題,但是當評審團過於熟悉參賽酒款的性質與特徵時,發表的評論就不免太著重於技術面向,也就是所謂「心神距離太近」,不容易真正從消費者的角度進行品評。

有些品評活動會根據酒款售價進行分組品嘗,酒款售價對於消費者來說是很重要的考量因素。對於評審來說,在品評不同價位的酒款時,應該思考一個問題:兩歐元、十歐元、五十歐元乃至一百歐元的酒款,都適用相同的評論標準

一人評審團

在法國、西班牙、英國、烏拉圭、智利、義大利等國，都可以見到許多葡萄酒指南、雜誌，公佈特約品評員作出的酒款排行與評論。這套系統的優點在於品評標準固定，帶有清晰而且個性化的「主觀標誌」。讀者可以根據某些與自己品味接近的酒家看法，購買他們所推薦的酒款。此外，這類品評工作的執行方式也相當值得信賴，因為品評酒款通常不是為了品評而特別準備的樣品，每支酒都具有充分的「代表性」，不會發生在酒廠取樣可能產生的弊端；而且，相較於大型賽事的評審團必須面對待試酒款數量龐大的壓力，這些單一評審的每日工作量較為合理，不容易發生疲勞品評的情形或者產出品質不精的評論。這類優秀的評論與報導滋養了許多業餘愛好者，他們孜孜不倦地學習，見多識廣，並且熱中於品酒，這非常值得鼓勵與推廣。不過，私人品評與專業品評畢竟還是有所不同。我們必須再次強調，專業品評是「為他人品評」，而不是為了自己，這項嚴肅的工作必須由經過專業訓練並且通過鑑定的合格人員執行。

嗎？我們將會清楚地發現，酒款的聲譽形象將直接影響品評結果，而酒款的名氣經常與它的售價有關。

評審團作出總評的方式有兩種主要途徑，其一為蒐集各位評審的意見，公佈統計結果，其二為經過討論之後，發表共同決議。這兩種作法各有利弊，根據我們的觀察，雖然兩種總評方式很難分出孰優孰劣，不過，在某些情況下，兩種作法都特別容易產生誤差，出現不符常情的總評結果，譬如品評甜紅酒、麥桿酒[23]此類比較罕見酒款的場合即屬之。更進一步審視相關問題，我們認為解決之道應該在於找到兩種途徑的平衡點，希望一來能夠矯正「共同決議」過於中性、缺乏

特殊見地的評論，二來也能避免「統計結果」囊括極端或相斥的觀點，造成無所適從的困擾。

葡萄酒競賽的主辦單位以及評審團，應該與商業利益劃清界線。在大會公開的競賽成績裡，不應該出現讓人產生直接或間接商業聯想的評論文字，或者任何形式的商業廣告。此外，評審團不應受到人情壓力、關說遊說的影響，或者接受廠商任何形式的招待，包括競賽場外的品評也在此列。當然，我們不能預設立場，認為在葡萄酒競賽裡的黑箱作業，或者這類徇私枉法的行為非常猖獗，但是，也不能一廂情願地以為這種非法勾當不可能存在。

其次，應該要盡可能提升競賽成績與排行榜的附加價值，充實評論的資訊內容。優質葡萄酒的數量很多，種類更是琳瑯滿目，其間的差異可能如同一款索甸（Sauternes）或者薄酒來新酒那樣截然不同；然而，有些好酒之間的區別則相當細膩，譬如一款來自波雅克（Pauillac）產區的好酒，相較於相鄰聖朱里安（Saint-Julien）產區的優質酒款，兩者之間的風味差異其實非常精微。甚至，同一產區內的兩個頂尖酒莊，於同年份釀製的酒款之間，風味的差異可能大相逕庭——彼纖細輕盈，此則強勁厚重，彼果香不絕，此則辛香豐沛——如何透過文字描述工藝水準僅在伯仲之間，而風格表現卻有天壤之別的不同酒款，確實是一大挑戰。評論者可以運用文字、圖表或圖示，讓讀者對不同酒款的特徵一目了然。評論追求的是明晰而非雄辯，應該避免過於風格化的修辭手法，準確的平鋪直敘較為妥當。這項工作繁瑣、艱難，而且永無止境，完成一篇評論之後，還有另外一篇要寫。根據我們的觀察，如果能夠在葡萄酒競賽結果的評論裡，將「分數統計結果」與「文字描述評論」清楚地分開，有助於提升評論的參考與應用價值。

我們在進行葡萄酒教育時一再強調，品評必須要作出最後的正式總評，才能算是完成整個工作流程。總評最好以書面撰寫，避免口頭陳述。當多位品評員同時品嘗一款葡萄酒，必須將大家的意見彙整為一份書面資料，如果有特別需求，可以針對這份彙整資料另作簡短的書面摘要。若同時品評數種酒款，則必須作出名次成績，如果有品質不足的酒款，可以不予排名。

這類品評形同複雜的智能活動，必須懂得掌握本質，調解矛盾或找出矛盾，並且使用清楚的語言陳述。評論內容可以透過評審團內的成員互相協調完成。然而，根據我們的經驗，由評審之間協調作出的總評，往往傾向於採納「說得好」的意見，而不是「嚐得準」的成員意見——即使「作出精準詳實的風味描述」以及「提出擲地有聲的評論」，兩者之間並不衝突。其實，最終公佈的評論文案，通常是由不參加品評的第三者撰寫，這種運作模式的立意在於，避免撰稿人受到酒款風味的影響，確保他的局外、客觀地位。此外，由於評審團往往很難歸納出共同意見，作出具體的提案交付表決，而且，即便能夠順利進行表決，多數決的結果也不能反映評審團的真實想法。因此，的確有必要透過一位撰稿人，統整評審團內的不同看法。

上述關於品評評論的執行難處由來已久，要妥善解決這個問題看來也是遙遙無期。不過，我們盼望每一位執筆的品酒者都能夠遵守以下原則，讓葡萄酒競賽在公佈評論時偏好採用的成績排名形式，能夠發揮應有的功能與價值，評論者與讀者也將因此獲益良多。

切忌作出矛盾的描述。諸如「過度氧化而氣味閉鎖」，這個說法與「天氣乾燥而多雨」一樣讓人啼笑皆非。

「競賽酒」

根據觀察結果顯示，在葡萄酒競賽、排名賽這類品評場合裡，所有的評審，不論素質水準的高低，都比較青睞強勁、豐厚的酒款，而比較忽略清淡卻較優雅、細緻的酒款。這個現象在沒有佐餐的情況下更為明顯。腦筋動得快的生產者，便調配「特別款」作為參賽之用。這些酒款的數量非常有限，風味強勁、富含酒精、單寧豐厚，有時甚至還刻意保留一些甜味。

「車庫酒」就是一個很好的例子，它非常豐厚強勁，與廣大消費市場上的葡萄酒風味有天壤之別。這類酒款在品評時頗為討喜，但是卻幾乎不會讓人真的想要喝它，就連慢慢地喝也很難。

不過，還是必須一提，絕大多數的獲獎酒款都很棒。另外，有些葡萄酒的品質很可能完全不輸給得獎酒款，卻向來都與獎牌無緣，甚至可以說，它們幾乎註定不可能在匿名的競賽場合嶄露頭角，因為在這種競賽模式之下，口味清淡、優雅、細緻的酒款要吸引評審的注意，必須非常幸運才行。

陳述文字務求精確。「蘇維濃葡萄品種的葡萄酒」指的是由單一葡萄品種釀製而成的「品種酒」，在相關研究以外的領域，這樣的說法是沒有意義的。譬如在品嘗一款葡萄酒時，若想要表達酒款帶有蘇維濃葡萄品種的風味特徵，應該說「帶有蘇維濃葡萄品種風味特徵的葡萄酒」，而不是「蘇維濃葡萄品種的葡萄酒」。

避免語無倫次、邏輯不清。在一場參賽酒款皆匿名處理的品評會上，有一位評審發表這樣的評論：「甜美，絕佳地體現這一個葡萄酒家族應有的朝氣。」試問，他怎會知道這款匿名酒款的出身背景？

不當的描述會讓葡萄酒風采盡失，描述準確合宜，光輝自然顯現。只要遵守一些簡單的品評

通則，便能正確評價、盡享品酒之樂。

每年在媒體上流通數以千計的品酒筆記，確實讓葡萄酒的品評語言愈形豐富，有時也讓愛酒人從中學到許多知識。無可否認的，這些品酒筆記的品質，取決於「技術能力」與「誠實態度」——正是由於品酒本身是一種不準確的分析途徑，所以才更仰賴這些條件來創造品評評論的價值。在葡萄酒品評的操作上，絕對不能抱持得過且過的態度，罔顧既有的品評規範，否則將被視為能力不足，或者不夠誠實。法國釀酒師聯盟香檳產區分會（l'Union des Œnologues de France - Région Champagne）提出〈十項必須遵守的職業道德規範〉，這些內容頗有啟發性，茲敘述如下：

1. 樣品必須純正可靠。接受品評的酒款必須以匿名的方式採購，就像普通消費者一樣。不得使用生產者直接或間接提供的樣品，評審也不得在品評會裡安插自備的樣品。酒款的取得方式與來源，必須在公佈品評結果之前完成報備。

2. 樣品的運輸與保存，必須視同供貨給一般消費者的方式處理。樣品在離開酒廠之後，必須妥善保存，以俾維持酒款應有的風味個性。

3. 酒款必須匿名受試，這項規範應當徹底執行。不得露出酒標以及其他足供辨識酒款的酒瓶設計特徵，若無法妥善遮掩，則不應讓品評員看到酒瓶外觀。

4. 樣品應該根據產地、來源或性質加以分類，以便比較同類型酒款之間的其他各項差異。來自同一個產區的酒款，應該根據範疇類別的細項加以分組。

5. 品評必須在適當的場地舉行，必須做到安靜、光線充足、沒有氣味、空間寬敞、適度空調。每位品評員的座位必須隔開，避免互相干擾或受到外界打擾。

6. 器材設備必須適合品評酒款的性質與品評活動的需求，包括杯具、吐酒盂、酒桶，此外，必須掌控受試酒款的狀況與侍酒溫度，以及準備足供自由取用的麵包。

7. 必須限制待評酒款的數量，而品評員的工作時間不應受限。

8. 每位品評員必須符合技能條件、值得信賴，並且中立、客觀。在繳交品評總表時應註明服務單位與職銜。評論應以書面為之，不得僅作出排名而無解釋。品評員有義務描述酒款在地塊、品種、年份條件等方面的基本特徵。

9. 評審團的成員至少應有五位，其中一位擔任主席，負責統整所有評審的意見，並且詳細紀錄某些觀點的一致性，與意見的分歧情形

10. 總評結果必須附記品評的實行方式與條件，包括上述品評規範的實踐狀況。

以上〈十項守則〉所列的某些細節是可以更進一步商榷的，不過，這套規範傳達品評活動應有的態度與精神，可以作為「品評通則」的具體範例。

科學技術導向的品評活動

近五十年來，隨著法國國家農業研究院（INRA, l'Institut National de la Recherche Agronomique）、法國國家科學研究中心（CNRS, Centre National de la Recherche Scientifique）的成立，以及法國學術界、產業界葡萄酒研究中心的發展，偏重技術分析的品評活動與日俱增。這種類型的品評活動，目的在於描述並解釋，可能造成葡萄果實與葡萄酒之間變異的諸多因素，包括傳統與創新的工法，在農技與釀造各個層面的影響。這種科學技術導向的品評活動，以研究大量的文獻資料為基礎，探討感官機制、語彙系統、

標記方法，並且運用一套特別的統計方法呈現品評評判結果；其工作目標通常在於量化品質特徵，葡萄酒與所有其他農產食品都在此列。由於必須逐項比較、分析產品之間的風味差異，因此必須反覆品嘗，工作量往往相當驚人。為了取得較佳的統計結果，參與這類工作的評審團規模通常較大，他們的品評傾向於「感官分析」，而非如同小型評審團那樣，通常著重於「評判風味表現」。

從消費者的眼光來看，這類品評活動所著重的焦點，似乎對他們來說無關緊要。然而，過去五十年來，葡萄酒在品質方面的長足進步，絕大部分都應該歸功於這類「嚴肅無趣」的品評。

至於在法規管制與品質控管範疇的專業品評鑑定，操作方式也很接近這類科學技術導向的品評。只不過，管制鑑定的評審團的規模通常很小，甚至只有一位評審。他們的每一個決定都舉足輕重，受試者若不符規定，小則罰金論處，大則移送法辦，甚至遭到產品銷毀的處分。

侍酒師

傳統上，在高級餐廳裡都會有侍酒師，他們的身影在其他地方則愈來愈少見。侍酒師在餐廳裡有許多功能。首先，他必須替餐廳挑選合適的酒款，建立酒單。酒單的內容必須適應市場需求，比例必須配置得當，並且要符合成本預算。這份多少帶有神秘色彩的工作，不僅要求專業技能、社交能力，並且具備管理經營的頭腦，此外，還必須行事果決。其次，侍酒師必須懂得針對顧客點菜的內容，介紹適合搭配的酒款，或者針對特定酒款，建議適合搭配的餐點。侍酒師要能夠用簡單易懂的方式向客人解釋餐酒搭配的道理。最後一提，雖然侍酒師讓大家印象最深刻的，或許就是在公開場合「演出」，在品酒會上評論葡萄酒。然而，從侍酒師的職業定位來看，這無疑是最不重要的一項工作內容。

釀酒師

釀酒師必備的職業技能之一就是品評，這項操作是認識葡萄酒的不二法門，也是幫助釀酒師更進一步掌握葡萄園特性的一把鑰匙。不過，我們並無意將品評這門技術視為萬能，相反的，釀酒師應該要清楚瞭解這項操作的限制所在，評判務求全面、具體，從宏觀的角度，從整個脈絡來評析葡萄酒。此外，還必須有不斷反省的精神與縝密的思慮，才得以正確重建感官印象。我們在此強調，只有受過正規培訓，並且通過技能檢驗的專業人士，才能夠被稱為釀酒師。我們提出這樣的呼籲，並不是為了維護某些人的既得利益，也不是因為我們愚昧頑固、墨守成規，而是由於這個稱謂本來就不應該被濫用。當然，有些自學出身的釀酒師，在專業領域的表現出類拔萃，然而，在業界裡卻到處充斥許多學藝不精的「釀酒師」。品評技術的入門途徑與精進方法很多，著重的面向各有千秋，這些豐富學習資源與訓練課程，對於理解、欣賞與評判葡萄酒，都有莫大的助益。不過，對釀酒師來說，所謂提升品評技術，是針對特定的目標與領域進行技能鍛鍊，而不是廣泛接觸多變的品評活動——在釀酒師的圈子裡，應該謹防「樣樣通，樣樣鬆」。

一些品評花招

在葡萄酒的世界裡，品評活動花招百出，不勝枚舉：從日常餐飲中的品酒，到專業的、嚴謹的品評；從小型品評到參加人數眾多的盛大場合；從純粹工作性質的品評到珍稀酒款紛紛出籠的奢華排場；另外，還有一些品酒活動則創意十足，

讓人大開眼界。接下來就讓我們舉幾個例子說明。

「垂直品評」，或稱「縱向品評」

　　這類品評活動的目標在於，針對同一個生產單位，在同一個產地以相同工法釀造的葡萄酒，找出不同天候與環境條件，對它們造成什麼差異。換句話說，就是觀察同一個「Cru」的不同年份表現。這類品評活動令人著迷的地方在於，透過實際比較，可以很容易找到酒款之間的雷同與差異，有助於分析不同年份條件所帶來的影響，有時候，甚至還可以藉由整體表現的變化趨勢，看出釀酒單位在數十年間演變的軌跡。以貝沙克‧雷奧良（Pessac-Léognan）產區為例，如果這個產地的某間知名酒莊，以「回首半甲子」為主題，拿出三十個不同年份的紅葡萄酒與白葡萄酒，籌辦一場垂直品酒會，那絕對是精采可期。我們不僅可以見證貝沙克‧雷奧良產區酒款的久存實力，體驗此地的陳酒往往仍能保有年輕的活力，並且展現細膩優雅的風格，而且還能看到隨著時間遞嬗，酒廠可能經歷易主、設備汰換、技術革新等外在條件的變化，然而，葡萄酒卻總是表現出某種相對恆定不變的特徵──而正是透過垂直品評，我們才能一睹它的風格特點，窺見蘊藏在葡萄酒產地裡的特色與潛能。這正是我們所謂的「風土人文條件」。如果葡萄園的經營、果實的處理與釀造工法得當，便更能完整體現產地的風味特徵與精神。

「水平品評」，或稱「橫向品評」

　　這是針對相同年份採收的果實所釀造的酒款進行品評，目的在於比較彼此鄰近的產區或生產者之間的差異。雖然這種品評模式可以為酒友增添品酒之樂，但是，同好們針對特定年份酒款交換意見的結果，不應該視為特定產區或酒莊的普遍表現。這是因為每一款酒的瓶中熟成速度不一，相同年份的不同酒款可能處於不同的陳年階段，因此，水平品評的比較基礎並不總是合理的，不見得能夠完整體現酒款之間應有的差異。除此之外，相同的年份條件對各支酒款的影響方式與程度並不相同，這更突顯了水平品評在理論上可能出現瑕疵的問題。如果說，水平品評模式的正當性可能遭受質疑，那麼，不難想見不同年份的葡萄酒之間，更是缺乏合理的比較基礎──即便它們的原產地非常接近，只要年份不同，這種比較品評也沒有太大意義。不過，值得一提的是，「梅多克區布爾喬亞級酒莊盃葡萄酒競賽」的評選方式便是採取水平品評模式，配合淘汰制：隨機挑選兩支相同年份的參賽酒款，淘汰其中一支，勝出者得進入下一輪評比。由於這項賽事公佈的成績往往沒有太多意外，名列前矛的酒款經常是同一批熟面孔，從這項穩定性看來，水平品評或多或少仍可以視為值得信賴的評選方式。

展演性質的品評

　　這類品評通常必須面對平面媒體或攝影機，在眾目睽睽之下，由一位或幾位品評員進行品嚐與評論，並且各自公開自己的評分結果。這類品評活動有很多可能的目的，有時是為了考驗品酒者的功力，或者有某種廣告目的，不過，也有可能只是被當成技藝表演或娛興節目而已，這類品評可能暗藏圈套，刻意引誘品評員犯錯，以便達到某種宣傳目的，有時則是為了平息論爭而舉辦公開試飲……總而言之，雖然這類品評廣受觀眾與消費者歡迎與喜愛，卻決難成為嚴肅的品評。

競技性質的品評

　　我們不能因為品評活動有不可避免的主觀成分，而認為品酒者素質的良莠淆雜，是一種必然的多樣性；我們也不能因為品評是一門頗有難度的技藝，而放寬品評技能的要求或降低標準，

辨認酒款的真實身分

許多人都對某些技藝精湛的侍酒師印象深刻——他們竟然能夠在不知道酒款真實身分的情況下,判斷它的產地、品種、年份等。透過品評來替酒款驗明正身,首要條件是必須曾經品嘗過同一款酒,否則就會流於不著邊際的瞎猜,而非根據經驗與記憶作出合理的推斷。不過,根本沒有人能夠嚐遍所有的葡萄酒,只有極少部分的人能夠累積非常豐富的品評經驗,這些人大多是侍酒師。矇瓶試飲時,經常遇到的問題是:從杯中得到的風味資訊,往往產生誤導的作用,掩蓋了酒款的真實身分。有矇瓶試飲經驗的人都知道,在品嘗過程中不乏許多想法,然而,要拿定一個主意卻不容易。我們在這裡用 2004 年十月舉辦的「世界最佳侍酒師大賽」作為案例,從參賽侍酒師的看法莫衷一是,便足以反映矇瓶試飲的過程充滿不確定性。我們在表中選列了四名參賽者,其中有兩、三位是後來進入決賽的侍酒師。

參賽者	一號酒		二號酒	
	葡萄品種	產國或產區	葡萄品種	產國或產區
1	夏多內	南非	梅洛	智利
2	蘇維儂	南非	卡本內-弗朗	法國羅亞爾河
3	Albariño	西班牙 Galice	梅洛	智利
4	Assyrtico	希臘 Cyclades	卡本內-蘇維儂	智利
正解	麗絲玲	紐西蘭	卡門奈爾	智利

進行矇瓶試飲必須要很專注,如果能夠跟志同道合的葡萄酒同好們一起專心品酒,交換心得,算是相當有意思的消遣活動。不過,矇瓶試飲不能作為衡量品評能力或素養的工具。

向那些技藝不精的品酒者「施惠」。品酒者的學識涵養本來就有高有低,技能本領或精或拙。如果要分辨他們之間的優劣好壞,競技性質的品評可能是唯一途徑。在葡萄酒專業界裡,熟諳此道的莫過於侍酒師們,因為他們身經百戰,而且工作重點之一就是分辨葡萄酒的產地與年份特徵。這種競賽性質的品評活動,也可以幫助我們在酒農們、釀酒學系的學生,或者葡萄酒仲介之間,找出在品評技能方面的佼佼者,也就是最擅長於分辨與描述香氣、風味的品酒者。

這種競技性質的品評,其實與品酒猜謎的主旨不同。品酒猜謎要求品酒者根據葡萄酒表現出來的特徵,猜測酒款的身分,出題者可能會指定受試者說出葡萄酒的年份,或產地、品種、生產

者⋯⋯然而,競技品評著重的是品酒者對風味的敏感度、對「味/嗅覺結構均衡」的認知、風味描述的明晰度⋯⋯在這類品評競賽當中勝出的參賽者,通常是品評技能方面的佼佼者,而論述得體的品酒者則經常被忽略,也就是「嚐得準」比「說得好」更重要。

烈酒的品評

上述的品評活動規範,皆適用於烈酒的品評,不過,就品評實務的角度而言,烈酒與葡萄酒之間卻有極為不同的品嘗方式——我們不會用喝葡萄酒的方式來喝烈酒,可想而知,專業人士也不會用相同的方式,品評這兩種不同型態的酒精飲料。不論是水果烈酒、穀物烈酒、新鮮的葡

萄蒸餾酒，還是經過陳年醇化的葡萄蒸餾酒，品嘗這種類型的酒款，酒精必然在一入口的同時，就鋪天蓋地而來，壓過酒中所有其他的味道。烈酒裡大量的乙醇不僅會妨礙其他風味的感知，酒精灼熱感也會迅速地造成味覺疲勞。剛蒸餾完畢的新鮮烈酒，酒精含量最高可達 70% 容積比。品嘗酒精含量 30～40% 的烈酒，就已經足以產生強烈的刺激、灼痛感，在嘴唇出現類似腫脹、麻痹的感覺。烈酒的品評並不是以酒精為標的，而是要描述被強勁酒精灼熱感所覆蓋的那些芬芳物質與其他風味。因此，品評烈酒的首要課題，便是設法降低、甚至消弭酒精所造成的負面影響。品酒時不能只聞不嘗，雖然光憑鼻子就已經足以辨識許多特徵，但是，我們不能忽略酒液在口中散發出的氣味。酒液裡有一些芬芳物質的揮發性較低，唯有透過口腔的加熱，才能感知這些芬芳物質。此外，某些烈酒的風味缺陷也只有在入口之後才能察覺，光用鼻子是聞不出來的。

　　如何解決上述的問題，可以說是各憑本事，每種烈酒都有獨特的品評技巧，每個品評團體也都有自己的品評慣例。其中一個常見的作法是，在品評酒精濃度較高的烈酒之前，先摻水稀釋，讓酒精含量下降到 30～40% 容積比；至於要用什麼樣的水，則不一而足，有些人主張用蒸餾水，有些人則認為帶有些許礦物質的水更適合用來稀釋烈酒，至於要用涼水還是溫水，大家的見解也有所不同。持平而論，摻水稀釋的作法雖然可行，然而卻不是所有的烈酒都經得起這種處理，因為有些烈酒一旦摻水，香氣散發的濃度便會減弱，香氣的整體表現會跟著扭曲，此外，酒液入口之後的結構感與均衡度，也不免遭到波及。另一種作法是將少許烈酒倒在手心或手背的凹陷處，輕輕搓揉，讓酒香釋出。在酒液逐漸加溫的過程中，揮發強度不同的芳香物質會依序散發出

來，品酒者必須專注嗅聞，注意前後各個階段的香氣變化。最後，手上會殘留些許較為黏膩的酒液，其中含有較不易揮發的芳香物質。這個作法的限制在於，每一輪操作不能安排太多酒款，否則，不同酒款在手上留下的氣味，最後都會混雜在一起，難以分辨。這個以手溫酒的作法在干邑區（Cognac）並不常見，不過，我們曾經目睹安德烈・維德爾[24]先生用這個方式，評判產自布根地的渣釀葡萄蒸餾酒的氣味表現。最後，還有一種可行的集香方式，那就是以酒涮杯，讓杯壁沾滿酒液之後，把酒倒掉，然後以乾淨的白紙平置於杯口，靜置一段時間。如此一來，可以讓酒精充分揮發，淡化杯中的酒精氣味，並且將其他的芳香物質封在杯中。

　　不過，最精明的作法應該是：將酒杯斟至半滿，在稍微震盪酒液之後，嗅聞杯中第一時間產生的氣味，接著，迅速以唇沾酒，並且用唾液混合留在唇間的微量酒液，然後在兩秒鐘之內，將混有唾液的酒吐掉。如此一來，將可緩和酒精對口腔黏膜組織造成的刺激。操作時要注意，不能讓唾液與烈酒混合之後的液體進入「口腔前庭」，也就是必須將酒留在唇齒之間，利用唇齦部位的溫度，逼出酒中的風味。在吐酒之後，可以將殘留的酒液與氣味引入口腔，有效感知豐富的內部香氣與味道。這項技巧能夠幫助隔離酒精的刺激，提升對於酒體結構、質地、份量的感知，有效判斷酒款輕、重、軟、硬的個性表現，此外，品酒者也得以更詳盡地紀錄香氣的變化與持久度。

　　相較於葡萄酒品評，烈酒品評可以說是「微型品評」，總是讓人有種「喝太少」的感覺，而且什麼都小小的：少少的樣品裝在小小的酒瓶裡，每個小小的瓶子都貼著小小的標籤，用來品酒的鬱金香杯也小小的，就連標準杯也是縮小版的。當然，這是為了因應工作需要：烈酒品評只需要

嚐幾滴就夠了，所以水晶工藝坊製作的那種肥滾滾的「干邑杯」就派不上用場。烈酒的穩定性頗高，暴露在空氣中也幾乎不會產生風味變化，所以，保存起來相當簡便省事：就算酒瓶裡有一半是空氣也沒有關係，而且瓶口只需要擰一個軟木塞封住就可以了──我們只需避免酒液揮發，而不必擔心酒會氧化。正是因為烈酒比葡萄酒穩定，所以，通常可以保存一整櫃的烈酒樣本，作為風味的比較基準，或者作為調配的參照。

烈酒的品評筆記通常會比葡萄酒短一些，不過，由於品評的重點包括桶中培養過程對風味的影響，這個部分通常佔去不少篇幅，因此烈酒的品評雖然稍短，但是對於酒款不同培養階段的風味評述卻比較豐富。蒸餾酒的品酒者在這個方面的意識比較強烈，他們會關注、比較、描述各個階段的差異性：剛蒸餾完畢的無色酒液，到經過培養而呈現金黃色的酒液，以及經過長期培養的琥珀色酒液。

蒸餾酒的風味缺陷，大致可以歸納為兩類：第一類是來自於蒸餾用的葡萄基酒本身，譬如「尖銳刺激」、「霉味」、「臭雞蛋味、硫磺味」[25]、「硫磺腐爛惡臭」、「死水悶臭」、「生青不熟、草本植物風味」、「丙烯醛的刺激味道」；另一類缺陷則是由於蒸餾過程發生意外，或者由於保存不當所造成的，包括「熟味」、「重焙火味」、「青銅味」、「銅味、金屬味」、「脂腴味」，總之就是「低度酒」或「不純酒」[26]的風味。好的烈酒應該果味豐盈、質地細膩，有些優質的年輕酒款帶有淡雅的花草茶香與乾燥花瓣的氣息，在經過陳年之後，這些風味層次將顯得更為繁複。

如果烈酒擁有良好的酸度──也就是酸度充足，但卻不至於太強勁──那麼，酒體便會顯得豐盈堅實；但是，如果嚐起來太酸的話，就會顯得平板、乾瘦、風味淺短、粗糙刺激；相反的，如果烈酒的風味缺酸，則很可能由於酒精擅場，而顯得圓潤，甚至甜膩。

品嘗烈酒時，應該注意內部香氣，好的烈酒應該帶有含蓄隱微的皂香、脂肪酸、核仁、李子、紫羅蘭等香氣。陳年過的烈酒則經常出現香草氣息以及帶有木材味的老酒風味。

干邑烈酒的氣味

根據「干邑產區葡萄種植暨釀造技術研究處」（Station Viticole de Cognac）[27] 於 2005 年發表的一項研究成果，在未經木桶培養的年輕干邑烈酒裡，已經可以辨識多達 180 到 250 種的芬芳物質。這些化合物可以畫分為 40 個氣味家族，涵蓋約 120 種物質。這些氣味家族包括：花香類、果香類、燒烤類、茴香、東方香料、蘑菇、玫瑰、皂味等。

葡萄蒸餾酒在經過橡木桶培養之前，往往充滿濃郁的年輕果香，然而，在桶中培養之後，氣味表現就會有所轉變。譬如南美洲祕魯和智利的 Piscos，以及玻利維亞的 Sangani，其中有些以蜜思嘉葡萄品種為原料，在進行培養之前，果香非常強勁；有些葡萄酒是使用新鮮的葡萄烈酒加工而成，譬如希臘的 Tsipouro，以及克里特島的 Tsikoudia，同樣的，這些烈酒在剛完成蒸餾時，也是果香滿溢；另外，有些烈酒則是以經過貯藏或發酵的葡萄烈酒為原料所製成，像是西班牙的 Orujo、義大利的 Grappa，以及葡萄牙的 Bagaceira，當然，法國布根地、香檳區以及薩瓦（Savoie）所生產的「渣釀葡萄蒸餾酒」（Marc）[28] 也在此列，在進行培養之前，都散發出年輕果香的芬芳與活力。

如果桶中培養的程序操作得當，那麼，即便酒款原本的表現並不特別出色，在經過培養之後，也能收點石成金之效。然而，過猶不及，酒

中的誘人果味可能會在培養過程中喪失殆盡，完全被橡木桶的風味掩蓋。不同產區的葡萄蒸餾酒都有獨特的風味個性，如果這些產區的老酒與優質酒款，都帶有濃重的木桶風味，那麼，它的原產地特徵可能就會顯得隱晦不彰。這個風險的確存在，從干邑葡萄蒸餾酒到雅馬邑（Armagnac）葡萄蒸餾酒，乃至穀物蒸餾酒，像是威士忌，以及其他烈酒，像是蘭姆酒（Rhum）、蘋果蒸餾酒（Calvados）等，如果培養過程出現差錯，以致於酒中的桶味太重，壓過了原本應有的風味，有時還真讓人難以辨認它們的真實身分。

品嘗烈酒的要訣，與我們前述的品評學問並無二致，都在於盡可能地降低酒精風味對品評可能造成的負面影響，以便感知其他細膩的風味變化。因此，酒精風味通常很強勁的無色烈酒，通常都是稍微降溫，或者冰鎮之後品嘗。如此可以降低酒精的刺激口感，達到提升酒液香氣的效果。

把些許冰塊放到球型大肚杯裡，然後轉動杯子，讓冰塊在剔透的水晶杯裡滑動，直到杯壁起霧。接著，將杯中的溶冰全部倒掉，注入少量的無色烈酒，並且緩慢轉動杯子，讓酒液與冰涼的杯壁接觸降溫。然後，便可以開始享受杯中散發出來的果香，並且品嘗沁涼的酒液。

的確，在品嘗覆盆子蒸餾酒或梨子蒸餾酒，或者其他各式無色烈酒時，都應該遵照彭蒂耶（Ponthier）在這裡說明的方式來品嘗，以便享受繁複的風味變化。

烈酒的行家們總是特別懂得欣賞陳年佳釀的美好。這些陳年烈酒在橡木桶中歷經數十年的光陰，終於熬出一身柔軟的體態，彷彿一入口便消融其中。品嘗這些酒款時，酒溫應控制在 20～22℃之間，並以小口啜飲，盡量將每次品嘗的間隔拉長，以便讓口腔逐漸適應酒精的存在。最後，

當味蕾終於忽略酒精時，就能嘗出更多其他的風味。這與「一飲而盡」是完全不同的，牛飲只能感覺酒精的軟甜，而其他的風味變化完全嘗不出來。如果能夠試著慢慢品嘗，很快的，就能體會酒中的香氣內蘊多麼令人陶醉。雅馬邑、干邑、陳年的蘋果烈酒都應該用這種方式小口啜飲，才能盡攬其勝。

最後，品嘗烈酒時也可以搭配方糖、甜點或者應用調酒的技巧，讓糖分中和酒精的刺激感。常見的例子包括：用方糖沾酒、混調各式果汁的馬丁尼潘趣、南美洲的 Pisco Sour，當然，各種利口酒與調酒更是不勝枚舉。

不難發現，雖然酒精飲料並不總是有益健康，但是人們卻很喜愛這種飲料，並且千方百計地想要把這個「毒藥」變得更好喝……

在這一章裡，我們扼要地陳述各式各樣的品評場合與品評操作方式，雖然未能深入解說每一種品評的相關細節，但卻也達到了我們揭示品評活動多元性的目的。在〈品評活動類型一覽表〉的統計資料中，可以看出各種品評活動的實行次數有高有低，其中最頻繁的就屬每年高達三十億次的消費者品評。所有的品評活動都是為了消費者服務——從葡萄園到酒窖，從官方檢驗到仲介評估，從競賽裁判到侍酒師與酒商的品評。或許可以說，讓消費者在品評當中獲得最大的樂趣，就是其他各種類型品評的存在意義。如果一瓶酒能夠讓人專注品嘗，並且獲得滿足，或者能夠讓人開懷地與三五好友分享飲饌之樂，共度難忘時光，享受生活的樂趣，那麼，不論它是一瓶簡單的酒，還是身價不菲的酒，都算是一瓶好酒。當然，我們不能忘記，透過學習可以增加品酒的樂趣，正如同我們開宗明義便不厭其煩地一再強調的：「見識得多，就更能夠領會；見識得多，就更懂得欣賞。」

譯註：

1 原書註：法國每年葡萄酒消耗量為 30 億公升，相當於 300 億杯。

2 原書註：嗅覺單位數＝X 物質的單位濃度／X 物質的感知門檻。

3 柱色譜分析法（à la Sortie des Colonnes de Chromatographie）是色譜法的一種基本技術，目的在於分離混合物的組成成分。

4 意指將原本分開釀製的葡萄酒依照決定的比例，混合調配成數批葡萄酒。這項操作能夠讓釀酒單位確定最終品項，拉出產品線，此即調配的目的。「批酒」（Cuvée）的原始意義是指生產來源或釀造特徵相同的一批酒，或者用來稱呼同一個酒槽釀出的定量酒。廣義來說，這個字指的是一批酒，所以也經常引申為「調配之前的各批基酒」，或者指「調配之後的各種特定酒款」；此處所謂建立批酒，是指後者而言。

5 「分析」一詞的原始意義是「分解辨析」，而此處卻也有「綜觀酒款風味與個性」的意思，與嚴格意義上的「分析」有所出入。

6 法規品評（Agrément Réglementaire）意為產區法規對葡萄酒品質進行控管與鑑定的品評活動。

7 商約品評（Agréage Commercial），意為酒商進行交易時的品評活動。

8 單位名稱全銜為 Direction Générale de la Concurrence, de la Consommation et de la Répression des Fraudes（DGCCRF），隸屬於法國「經濟、工業暨就業部」（Ministère de l'Économie, de l'Industrie et de l'Emploi）。

9 佩希儂修士原名為 Pierre Pérignon（1639~1715），世稱 Dom Pérignon。在姓氏前冠上 Dom，是對某些教派僧侶的尊稱。Pérignon 是本篤會僧侶（moine bénédictin）。

10 比較中性的表達法為「糖成熟度」（Maturité en Sucre）。

11 原註：通常來自於「吡嗪族化合物」（Famille des Pyrazines）。譯註：吡嗪是帶有強烈氣味的化合物，每公升僅需十億分之幾公克即可嗅出它的草本以及植蔬氣味，這不是一種討喜的葡萄酒氣味，往往被視為「生青不熟」。（Jacques Blouin Le dictionnaire de la vigne et du vin. Paris : Dunod, 2007. P. 247）。

12 原書註：與「萜烯族化合物」（Famille des Terpènes）有關。譯註：「萜烯」與葡萄酒中的熱帶水果風味有關，譬如荔枝。

13 原書註：與「硫醇族化合物」（Famille des Thiols）有關。譯註：白蘇維濃葡萄品種中的硫醇族化合物與柑橘類香氣有關。

14 參考波爾多第二大學釀酒學系 P. Darriet、T. Tominaga、E. Demole 與 D. Dubourdieu 合撰的論文 « Mise en évidence dans le raisin de Vitis vinifera var. Sauvignon d'un précurseur de la 4-mercapto-4-méthylpentan-2-one »（〈關於白蘇維濃釀酒葡萄品種中 4 號基 -4- 甲基 -2- 戊酮風味前導功能的實證〉），收錄於 Comptes rendus de l'Académie des sciences（《科學院匯報》），Série 3, Sciences de la vie, 1993, Vol. 316, No. 11, P. 1332~1335.

15 根據米歇爾 · 多瓦茲（Michel Dovaz）編寫的《2000 個葡萄酒語彙》一書，「陰陽怪氣」（bourru）「描述的是混濁不清、尚未釀造完畢，也就是剛剛結束發酵的葡萄酒。」Michel Dovaz, 2000 mots du Vin. Paris : Hachette, 2004. p.34~35.

16 原書註：「取汁」與「清空酒槽」的意思是把葡萄渣、大部分的酵母與葡萄汁分開，以取得初步發酵完畢的葡萄酒。譯注：在發酵與萃取完畢之後，會執行「清空酒槽」，這個動作包括「取汁」（將葡萄酒移出酒槽）以及「取渣」（將葡萄渣移出酒槽）。

17 法文作「Analyse des dangers et maîtrise des points critiques」，縮寫為「ADMPC」，英文作「Hazard Analysis Critical Control Point」，縮寫為「HACCP」。「危害分析及關鍵控制點」是一套食品衛生與安全的管理標準，由美國太空總署附屬實驗室，在 1959 年與企業團體合作的計畫。這項計畫透過研究食品在生物、化學、物理各方面的潛在風險，以得到預防、消除或降低危害的方法，並且找出關鍵控制點，定義各種食品風險能夠有效獲得控制的容許範圍。符合該管制認證的食品，可以獲頒同名標章。

18 原書註：譬如特級聖愛美濃法定產區管制葡萄酒（A.O.C. Saint-Emilion Grand Cru）。

19 譬如「紅色標章」（Label rouge）與「有機農產品標章」（Label de l'Agriculture biologique, AB）即屬此類。

20 「車庫酒」（Vin de Garage）是一個新詞，原指一種新興小型釀酒單位的少量產品，衍伸意義為某些產量少得離譜的酒款，是一種詼諧的表達法。（Jacques Blouin Le dictionnaire de la vigne et du vin. Paris : Dunod, 2007. P. 152）

21 原書註：按字母順序排列為：「Château Ausone」、「Château Cheval-Blanc」、「Château Haut-Brion」、「Château Lafite-Rothschild」、「Château Latour」、「Château Mouton-Rothschild」、「Château Margaux」、「Le Pétrus」以及「Château d'Yquem」。

22 安達魯西亞以生產雪利酒（Jerez，亦作 Sherry 或 Xérès）聞名，某些雪利酒在培養時，酒液表面會產生黴層（黴花，la fleur），這種培養手法所製作出的葡萄酒屬於「氧化葡萄酒」。

23 麥桿酒（vin de paille）是一種使用陰乾的葡萄果實釀造的甜葡萄酒，透過長達數個月的風乾過程，將葡萄果實內的物質濃縮，屬於「自然凝縮」（passerillage）的手法。常見的「超熟」（surmaturation），也是一種「自然凝縮」的操作方式，作法是將葡萄果實留在藤上。用來釀製麥桿酒的葡萄是採收之後進行「室內凝縮」，與「藤上凝縮」不同。（Jacques Blouin Le dictionnaire de la vigne et du vin. Paris : Dunod, 2007. P. 229~230）

24 安德烈 · 維德爾（André Vedel）是法國「國立法定產區管理局」（INAO, Institut National des Appellations d'Origine）的前任總工程師，他的工作小組致力於研究品評相關問題，並且對葡萄酒品評實務的改進貢獻良多。他曾經替「國立法定產區管理局」與「法國標準化協會」（AFNOR, Association française de normalisation）設計標準品評杯，而「國際葡

萄園暨葡萄酒組織」（OIV, Organisation internationale de la vigne et du vin）以及「國際釀酒師聯盟」（UIOE, Union internationale des oenologues）使用的品評表也出於他的構想。此外，他也是《葡萄酒品評論文》（*Essai sur la dégustation des vins*, 1972）一書的主編。（Jacques Blouin *Le dictionnaire de la vigne et du vin*. Paris : Dunod, 2007. P. 317）

25 此處指的硫磺味是一種「酵母沉澱物的風味」（goût de lie）。在葡萄酒品評的領域裡，所謂的酵母沉澱物風味，除了讓人聯想到酵母與沉澱物以外，也指涉「閉鎖氣味」（la réduction），或者類似臭雞蛋的氣味（les odeurs de type « œuf pourri »）。這個現象與葡萄酒裡自然產生的硫化物有關，而硫化物的感知門檻又相當低，非常容易被察覺出來。（Jacques Blouin *Le dictionnaire de la vigne et du vin*. Paris : Dunod, 2007. P. 189~190）

26 「不純酒」（seconde）指第二次蒸餾「la deuxième chauffe」所得到的蒸餾液，由於酒精含量較低、雜味較多，因此被稱為「低度酒」、「不純酒」。

27 這個組織隸屬於「法國國立干邑烈酒同業管理局」（Bureau National Interprofessionnel du Cognac, B.N.I.C.）。

28 全稱為「eau de vie de marc」，一般簡稱為「marc」。不過，「marc」一字的原意為「葡萄渣」，是葡萄果實經過壓榨後的殘餘物總稱，包括果皮、果梗與果籽。用來製造「渣釀葡萄蒸餾酒」的葡萄渣，可以是沒有經過發酵的果渣，也可以是發酵過的果渣。以紅葡萄釀造紅酒為例，取渣的程序是在酒精發酵完成之後，因此，便可取得發酵過的果渣。而白葡萄酒的取渣程序，是在果實壓榨取汁之後（果汁發酵之前），所以取得的果渣便沒有經過發酵。

CHAPITRE *4*

如何品酒？
——品評實務

品評是一項頗有難度的技藝

各種品評活動都有其困難之處，新手尤其容易遇到障礙。首先，不論是在什麼場合、條件之下從事品評，都必須具備一定水準以上的感官敏銳度。有時候，為了因應某些特殊的研究需要，對於某些物質成分敏感度的要求標準可能會提高，品酒者必須要能夠靜下心來，全神貫注葡萄酒裡特定物質的風味表現，以俾達成工作目標。此外，品評活動的另一項挑戰也在於難以擺脫外在因素的影響。雖然葡萄酒的外觀特徵，或者風味的表現形式，都是評判葡萄酒品質特徵的重要指標，然而，在某些品評工作裡，這些特徵可能無足輕重，不應過分闡釋；但是，品酒者卻仍然非常有可能根據這些無關宏旨的線索，作出評斷，因而造成偏差。最後，透過文字呈現感官的刺激特徵，也是品酒者必須面對的一項難題。描述感受總是必須經過一番推敲琢磨，縱使業已深思熟慮，遣詞用字卻仍經常難以做到恰如其分。當然，博聞強記原本就不是一項簡單的功夫，就算是只作最基本、必要的記憶，也絕非一蹴可幾。品評一如所有的闡釋與評論活動，是相當仰賴經驗累積的一門技藝，如果沒有廣泛的比較與大量的素材與記憶為基礎，斷難以成事。

品評活動的難處，主要來自於它本身的主觀性；品評結果取決於感官印象，它是個人內在的反映，可想而知，品酒者性格對於品評的影響甚鉅。相對來說，唯有量化的途徑才能作到完全客觀。當我們藉由數字來描述性質或現象時，不論由誰來操作，都會獲得相同的結果，因為量化分析的數據只與分析對象有關，而與操作者的思維無涉。譬如，秤重或丈量的結果，不會因為測量的人、工具或時機不同，而獲致不同的數據資料。不過，我們必須承認，測量結果的客觀性並不是絕對的，它具有某種不確定性，有時候，根據測量結果所作出的推論，與實際情況之間的落差頗為驚人。至於味道與氣味的測量更不在話下：味道與氣味原本就難以測量，我們能夠取得的數據資料，僅限於風味物質或氣味物質的濃度而已，這些關於「物質濃度」的測量結果，與「感受強度」之間的關係並不固定。也因此，縱使我們可以測得物質的濃度，也無法推斷風味感受的強度。目前，神經與大腦生理反應的測量技術仍未成熟，操作難度高、應用價值低，所得到的資料片面而且零碎，尚未廣泛應用。不過，目前關於色彩分析的技術已達應用階段，我們已經能夠準確分析各種顏色，並且以量化的方式描述色彩濃度與品質特性。在實驗室裡，可以運用光譜儀器分析葡萄酒的顏色，藉此分類品項眾多的試飲酒款。透過儀器分析所得到的資料準確度非常高，但是分析卻不是萬能的，譬如聲音也可以藉由儀器分析，加以描述與分類，但是，莫札特、德國

作曲家華格納、爵士樂手阿姆斯壯的魅力，絕非冷冰冰的分析數據資料所能表現。味覺與嗅覺的感官享受亦復如是；不論是直接測量與描述，還是間接測量與推敲，都不可能傳達風味所帶來的感受。

品評結果仿若葡萄酒藉以示人的一幅肖像，人們對這款酒的觀感，取決於品酒者的專業素養、偏好傾向，以及遣詞用字。評論的隻字片語都可能攸關一款葡萄酒的毀譽成敗，因此，褒貶必須清晰有據。葡萄酒的價值，來自於品嘗它的人。每當我們手執酒杯時，我們同時也在運用相關智識與過去的經驗，設法展現葡萄酒的價值。

品評技術的養成背景各有不同：有些操作比較偏向商業品評的模式，有些則屬於技術性的品評；有些專業人士擅長於特定產區酒款的品評，有些則專攻特定類型的葡萄酒。在某些非常特殊的情況下，可能必須兼採兩種以上不同的操作方式，才能滿足工作需求。姑且不論品酒者在專業背景與評論方式上的多樣性，品評小組各成員的觀點通常相去不遠，譬如在十款受試酒當中，他們對於其中七、八款酒所抱持的觀點往往大同小異。造成品評小組成員意見分歧的兩、三款受試酒，可能是品質特別優異的酒款，要不就是帶有某些技術層面的缺陷。有些品評員的意見與其他團員針鋒相對，而且態度堅決，即使經過小組討論，仍然難以達成共識。這種情況往往讓人感到無奈，甚至氣惱，但是，隨著品評經驗的累積，我們逐漸領會這些不同聲音的存在價值，並且欣然接受這些「異見」：團隊品評的意義即在於聽見不同的聲音。品評員之間爭持不下，往往不是出於品嘗所得的感受不同，而是由於闡釋這份感受的方式不同。品酒者對於各種類型酒款應有水準與特性的期待，以及抱持的評判標準、對於缺陷的容忍程度，皆會隨著不同的養成背景而有所差異。倘若品評小組的成員總是意見一致，毫無分歧，那麼，也就沒有必要進行團隊品評，因為其結果無異於一位品評員的個人意見。此外，描述與評論一組酒款的方式，有非常多種可能，一個品評小組裡的多數意見或全體意見，只是其中一種方案而已。如果能廣納不同品評團隊的意見，將得以截長補短，降低犯錯的機率。

其他潛在障礙

味覺機制並非完全不會出錯，品評難以完全消弭感官機制本身造成的變異。我們必須承認，即便是讓同一個人品評相同的酒款，他所作出的評論內容，也不會一樣，因為品評環境條件的些微變化，都會造成感受的不同。倘若一位品評員已經習慣以某一套評論框架、工作程序進行品評，習慣在某一間品酒室裡工作，甚至偏好使用特定形狀或尺寸的杯具，那麼，地點與設備的改變，都可能讓他感到礙手礙腳、無所適從。因此，品評環境的條件與執行方式必須盡可能地規範化、標準化，以俾降低外在因素變化對感官機制所造成的衝擊與影響。

平心而論，許多消費者對於葡萄酒的品味喜好並不容易改變——有些人一旦認定某種葡萄酒好喝，或者已經習慣某種類型的酒款，就很難再敞開心胸嘗試其他類型的葡萄酒。縱使讓他們嘗試品質水準相對更高的酒款，他們泰半還是會在嘗試之後，選擇重回舊情人的懷抱。此外，也有一些消費者由於長期飲用帶有風味缺陷的葡萄酒，久而久之便喪失辨別這些缺陷的能力。這也是造成品評活動障礙的一項可能原因。

酒款的準備工作

取樣的規則

當我們重新品嘗數天前還讚不絕口的酒款時，卻發現它的風味似乎跟先前品嘗時所留下的印象有所差異。造成這個現象的原因，可能就只

是單純的取樣問題而已。

有一次，我們在波爾多地區挑選三十間酒莊，進行取樣控管的研究。首先，酒庫總管以自己的方式與慣用的器具，盛裝半瓶[1]當年的新酒樣本，緊接著，讓研究小組的人員在同一個酒槽或橡木桶裡取樣，並且採取必要的措施，維持取樣條件的穩定。在經過品評之後，我們發現酒庫總管取樣的樣本中，有三分之一的風味表現，不如研究小組取樣的樣本來得好。這些風味的缺陷包括以下數端：風味帶有瑕疵而不夠純淨[2]、灰塵氣味、朽木氣味、橡木桶氣味過重、明顯走味。換句話說，由於取樣方式錯誤或操作過程中的意外，約有三成的酒款遭受波及，產生風味上的缺陷。從這項試驗結果可以看出，取樣的相關問題與實行細節值得探究。取樣工作雖然看似簡單，但是絕不容輕忽大意。

在酒庫中採樣可能產生的變數，與批酒的貯藏方式關係密切。一般常見的情形約有三種：第一種情況是，同一批酒存放於一個大酒槽裡，由於貯藏在槽中的葡萄酒基本上可以視為均質的整體，因此，直接從槽中取得的樣品酒，可以代表整批酒的品質。第二種可能的情形是，批酒貯藏於容積約達兩百多公升的木桶[3]中，倘若從兩個相鄰的酒桶裡取樣，即便取得的樣本按理說來是同一批酒，但是仍有可能產生些許風味上的差異，這是由於各個酒桶裡的培養進程並不完全一致。第三種可能是，批酒已經裝瓶完畢，在此情況下，每一瓶葡萄酒都可以視為一個獨立的樣本，因為裝瓶之後的每一瓶酒都有自己的生命。雖然同一批酒的出身背景沒有差別，但是在經過數年的瓶中陳年之後，我們很難斷定每一瓶酒的風味變化與發展都是一樣的。

在上述的第一種情況中，取樣工作似乎沒有什麼了不起，因為只需要從酒槽裡取出數百毫升的葡萄酒，就可以交差了。不過，我們必須注意，

從同一個酒槽中取樣，雖然在理論上不可能發生樣本品質的差異，但是實際上，酒槽內容物的「同質性」或「均質性」都只是相對的，而不是絕對的。由於從酒槽頂部與底部採得的葡萄酒樣本，在澄澈度、透氣度，以及硫處理[4]各方面都會產生細微差異，因此，從酒槽頂端的活板門，探入酒槽中央深處進行取樣較為理想。如果利用槽壁上的取酒閥採樣，最好先放流數公升之後再接取酒液，以降低微生物感染的機率，並避免銅質旋塞使酒液樣本帶有銅味。

至於貯藏於木桶內的批酒，在採樣時可以隨機挑選數桶，使用採樣管或者虹吸法取酒，小心地抽取出酒桶中央的酒液，避免取用與木桶桶壁接觸的葡萄酒。在木桶側板上通常會鑿出一個桶孔，有時還有漂亮的木質桶塞，然而，由於桶孔的開口位置偏低，所以從側板的桶孔取樣，比較不能代表整桶酒的品質。

一般說來，取樣完成之後，應該盡速安排品評，以免樣本氧化或者受到光線照射的影響[5]。尚未完全發酵完畢的葡萄酒，由於酒液中仍然含有酵母，因此對於氧氣相當敏感，些微的移注或搖晃的動作，都有可能危害品質。許多葡萄酒正是由於在取樣時稍有差池，才會導致樣本氧化，在接受品評時馬失前蹄。我們在前面提及第三種可能的取樣方式，是使用已經裝瓶的批酒樣本。倘若瓶中出現沉澱物，必須避免讓沉澱物揚起，俾使酒液澄澈，此外，也應該避免採取激烈的透氣處理，以防止葡萄酒過度氧化。待評酒款樣本不應太早開瓶，如果情況允許，應當在品評活動開始前的最後一刻才執行開瓶，而且動作應輕緩，避免震動、搖晃酒瓶。在某些大型的品評場合裡，一種酒款的樣本只準備一瓶是不夠的，然而，由於每一瓶酒的熟成速度不盡相同，因此，應該設法消弭數瓶同一種酒款樣本在起跑點上的差異。我們建議，如果提供品評之用的葡萄酒

樣本，數量超過兩瓶以上的話，最好能夠事先進行混合，如此一來，可以避免評論的內容在不覺中聚焦到每一瓶樣本的熟成速度差異上，因而違背這類品評活動的初衷。

酒款的排序

待評酒款的次序安排，對於品評結果有決定性的意義。侍酒順序的安排原則，不外乎是「後到的酒款應該比先來的酒款更強勁，或者帶有不同的風味」，如此才能確保後來的酒款不至於被先前的風味感受遮掩。這項原則稱為「刺激強度遞升次序」，舉例來說，在實際操作時，應當先品嘗酒感稍弱、酒體輕盈，或者清瘦乾硬的酒款，然後，才能品嘗富含酒感、酒體壯滿，甚至甜膩豐脂的酒款。有些品酒者的評論特別中肯、值得信賴，並不是因為他們的品評技巧特別出眾，而是因為他們熟諳箇中道理，特別注意酒款次序安排之故。

當葡萄酒的產地來源、酒質特性、陳年階段完全不同時，它們基本上是不能放在一起比較的，更甭提如何安排它們的前後次序。避免作無意義的比較，是提升品評效率的第一步，我們建議「只比較在嚴格意義上可以比較的酒款」。在品評的前置作業階段，就應該詳加考慮酒款之間的可比性。倘若選入酒單的酒款來自於同一個產區，而且瓶中陳年的階段相仿，則不妨以它們的市價、聲望，作為品評順序安排的參考。

倘若待評酒款清一色是干白酒，可以根據「酒精含量遞升次序」的原則安排酒單。然而，如果待評的白葡萄酒多少帶有甜味，則應根據「糖分含量遞升次序」的原則加以排序。至於紅葡萄酒，根據酒精含量的多寡來安排品評的順序，雖然也是一種可行的方式，然而，影響紅葡萄酒品評次序安排更重要的因素，卻是單寧的豐厚程度，應當根據「單寧豐厚程度遞升次序」的原則予以安排。最後要補充說明的是，在實際操作中，可能會由於某些待評酒款含有微量殘存糖，而使實際的品評順序與理論上的最佳排序方式有所出入。在近幾年來，紅葡萄酒裡殘有糖分的情形屢見不鮮，法國以外的葡萄酒產區尤然。雖然紅葡萄酒中的殘存糖分，普遍僅達每公升數公克之譜，在品嘗時不見得喝得出糖分本身的甜味，但是，少量的糖分已經足以大幅改變葡萄酒在結構均衡特性上的整體表現。

在比較同一類型範疇的不同酒款時，我們建議使用尚未經過調配的原始基酒作為評比的樣本依據，因為經過調配之後，酒款的原始特徵會變得較為模糊。有經驗的人都知道，品評「特定釀酒單位在特定釀酒地點所生產的特定酒款」（Cru）的時候，有必要刻意選擇「吊車尾」的一批基酒作為評判依據，雖然風味表現絕對不是最好的，但是卻比經過調配校正之後的批酒成品（Cuvées Finales），更具有指導意義。不過，很少有人有這種難得的機會，能夠品嘗調配之前的基酒。

品酒者在評判一款葡萄酒之前，還必須考慮酒裡微量氣體對風味表現的影響。有些葡萄酒中可能含有較多的二氧化碳氣體，因而顯得細瘦乾瘺，帶有扎刺感，不過，這個現象只是暫時的，當二氧化碳散去之後，葡萄酒就會恢復原本應有的表現。當酒中的硫化物氣體過多時，也會造成香氣表現失常，並且讓紅葡萄酒的口感顯得特別乾硬，相反的，如果酒中的亞硫酸含量太低，便無法抑制醛類化合物而產生異味，產生類似熟到透爛的蘋果氣味。上述這些風味缺陷只是暫時的現象，可以藉由換桶以及釀酒過程的其他操作程序加以校正。剛裝瓶不久的新酒裡，含有較多的氣體，在品嘗之前，可以利用兩個杯子，將酒液來回互倒，反覆操作約十餘次，藉此去除殘留在葡萄酒中的氣體。經過處理之後的葡萄酒，風味

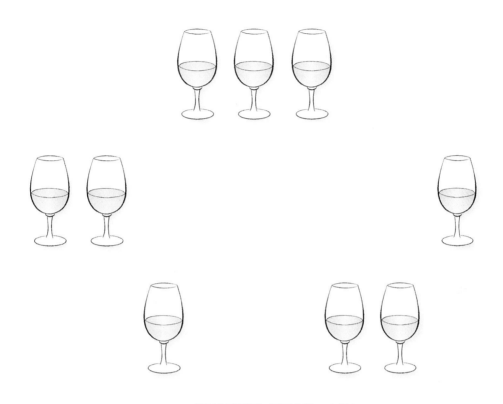

〈比較品評酒杯擺置方法示意圖〉

改變相當驚人，對於年輕的酒款來說，這些改變絕大多數是正面的，有助於展現年輕酒款應有的風味特性。有些葡萄酒在開瓶數天之後，風味表現似乎漸入佳境，也是這個道理。

在同時品評數款葡萄酒時，酒杯的擺放方式得當，也有助於工作進行。首先，可以將酒杯一字排開，在迅速地嗅聞每一杯的氣味之後，根據第一印象，將酒杯推遠、拉近，或者擺回原來的位置，將這一套待評酒款大致分為兩、三組。在整個品評的過程中，便可以據此更進一步發掘、比較各組酒款之間，以及同組各款酒之間的異同。這個方便實用、簡單有效的技巧，可以讓品評工作更順利。

在舉辦同一種類型葡萄酒的品評時，如果能夠採取隨機次序，讓待評酒款在每一位評審面前的擺放次序不同，將有助於避免發生弊端。因為，倘若整組葡萄酒以固定不變的順序擺放，那麼，很可能使酒款之間的互擾效應出現某種規律性，也就是說，在這樣的安排下，某些酒款將顯得特別濃郁或澆薄，如此一來，誤判的機率將大幅提高。雖然採取隨機次序的處理程序，會加重品評活動前置作業的負擔，但是這絕對有助於提升工作品質與效率。相反的，如果主辦單位考慮太過周到，詳加計畫酒款的次序，卻也會造成弊端：只要不是採取隨機的方式安排品評順序，就無可避免地會使某些酒款獲得意外的優勢，導致比賽公佈的名次成績與酒款的實際品質水準有所出入。

最後還要注意，一個場次、一個工作天可以品評的酒款有其數量上限。一位經過充分訓

練的品評員，每天可以品評數十種酒款，工作內容包括確認品質是否有重大偏差，以及根據「輕盈／壯滿」、「果香型／單寧型」諸如此類的簡單二分法，概略描述酒款類型特徵。如果是品評同一種類型的酒款，一次的品評數量可能多達二十至二十五款，而且還可以根據品質表現加以排名。根據國際葡萄園暨葡萄酒組織（OIV, Organisation Internationale de la Vigne et du Vin）籌辦國際賽事所遵循的相關規章，不甜的非氣泡葡萄酒，每日品評的數量不得超過四十五項，而且應該盡量安排於中午之前舉行，最好分成三個場次，每次的品評項目限制在十五種以下。至於其他類型的酒款，包括甜葡萄酒、氣泡葡萄酒等，每日的品評數量不應超過三十至四十種。就一般情況而言，如果工作內容包括詳盡評析、描述酒款特徵，那麼，半天的時間最多大概只能品評十餘種酒款。有一位西班牙葡萄酒指南的作者，將每天的工作量控制在八至十種，確實是明智之舉。

如何品嘗一杯酒？

品酒室

感官分析機制的研究重點之一，在於歸納與提出品評的理想環境條件。相關的建議可以套用至所有的餐飲場所，哪怕是自家的飯廳，也能利用以下所述的幾項基本原則，讓飲饌環境空間更顯舒適。

首先，品評的空間不應該有濃烈的異味，芬芳宜人的氣味也在限制之列。其次，房裡的音量應控制在四十分貝以下，熱絡的談話聲以及從街上傳來的噪音都應該避免，行動電話應關機或設定為無聲模式。再者，光線應充足，用專業術語來說，達到 100 ～ 300 勒克斯的照度就稱得上是光線充足，觀察顏色深沉的酒液，則約需 3,000 ～ 4,000 勒克斯的亮度[6]。具體來說，一般客廳、商店的照明大約可以達到 100 ～ 500 勒克斯的亮度，在有陽光的室外空間，則從 5,000 ～ 100,000 勒克斯不等。漫射的陽光是相當理想的光源，現在市面上販售的某些新型燈具也可以達到類似的照明效果。明亮的環境有助於觀察酒液的外觀與顏色，掌握葡萄酒的外觀資訊，可以幫助判斷香氣表現的成因。至於氣溫，則以 18 ～ 20℃ 為宜，在涼爽而不至於寒冷的環境下，感官會比較敏銳，思緒也較為清晰。房間裡的相對溼度應維持在 60% ～ 80% 之間，並且有適當的通風，每小時的通風量應控制在室內空間的七至十倍。上述要點，都是打造舒適品評空間不可或缺的條件，雖然我們不總是能夠輕易地察覺周遭環境的細微變化，然而，在令人身心舒暢、神清氣爽的環境下進行品評，將有助於提升工作成效。在所有例行品評活動當中，最糟糕的一種，或許就屬參訪酒窖或酒庫時的品酒。因為在這樣的場合裡，不可避免地，一定會受到酒窖管理員或酒莊主人對自己酒款溢美之言的影響。布根地葡萄酒界名人布彭（Pierre Poupon）曾經說過以下這段話，類似的觀點其實屢見不鮮。

酒庫裡充盈著濃烈的氣味，在酒庫裡嗅聞葡萄酒杯裡散發出來的氣味，其實聞到的是它與整個氣味背景的混合體，而且酒庫瀰漫著一股愉悅的樂觀氣息，也會影響品評時的心情與態度。因此，在酒庫裡品酒，對於風味的印象往往遭到扭曲。雖然在酒庫裡品酒的習慣由來已久，但是，不論人們願不願意承認，最糟糕的品酒空間，正是酒庫。

在酒庫裡品酒時，酒庫總管會扭開酒槽壁上的取酒閥，將汩汩流出的葡萄酒斟入你的高腳杯裡，或者，他會利用虹吸的原理，將一根玻璃製的採樣管，探入橡木桶上方的桶孔，將葡萄酒吸取出來，當然，他也可能拔出木桶側邊蓋板上的木質桶塞，從側邊的開孔取酒。接著，他用

先品嘗白酒，還是紅酒？

這個問題經常被提出來，但是卻很難有明確的答案，因為白葡萄酒有很多種，紅葡萄酒也有很多種。世界上顏色最深的葡萄酒或許是西班牙安達魯西亞地區以名為 Pedro Ximénez 的白葡萄所釀製而成的葡萄酒。由於在經過日照曝曬「自然凝縮」處理，因此，這種「白葡萄酒」的色澤其實相當深沉暗黑。反觀色澤金黃透亮的香檳，卻是使用三分之二的紅葡萄釀成的。因此，雖然有一句耳熟能詳的法語是這樣說的：「先白再紅，肯定成功；先紅再白，註定失敗。」但是，到底應該先品嘗紅酒還是白酒，還是應該視情況而定。

安排品嘗順序的最高指導原則是「由輕而重」。所謂的「重」，就是「強勁度」，可以理解為「酒精、糖分與單寧的總和」。循此原則，應該從不甜的白葡萄酒（干白酒）開始品嘗，諸如「大普隆」（Gros Plant）葡萄品種酒款，或者葡萄牙出產名為「綠葡萄酒」（Vinho Verde）的白葡萄；反觀「班努斯」（Banyuls）、「波特」（Porto）、「邦斗爾」（Bandol）、「馬宏斯」（Madiran）這類單寧強勁、帶有甜味的紅葡萄酒，則應該擺在最後品嘗。有些特殊葡萄品種的白酒，像是「蜜思嘉葡萄品系」、「麗絲玲」（Riesling）、「格烏茲塔明那」（Gewürztraminer），由於帶有強勁的香氣，因此，

非常容易壓過後來品嘗的酒款風味。縱使這些品種的白葡萄酒沒有甜味或者僅僅微甜而已，也很難將之視同一般的干白酒，安插於品評單的前頭。

酒單的安排通常必須權衡一番，有賴常識判斷，有時也跟個人的偏好有關。如果待評的酒款只有四、五項，通常並不難解決。況且，在酒款數量較少的情況之下，品評員可以休息片刻，嚼一些麵包或沒有調味的棒狀脆餅，含些水在口中，讓味覺敏銳度恢復過來。

在用餐時品嘗葡萄酒，應當大膽突破前述的原則，根據餐點的風味特性，酌情調整酒款的品嘗順序。譬如，甜白酒按理說應該安排在干白酒之後品嘗，但是，如果同時出現「生蠔佐干白酒」與「肥鵝肝佐索甸（Sauternes）甜白酒」的餐酒搭配，那麼，由於生蠔的鹹味可能壓過鵝肝的味道，所以應該先讓鵝肝與甜白酒上桌，然後再品嘗生蠔佐干白酒。這個案例是以菜色為主要考量，葡萄酒只是配合演出，然而，有些時候卻是以葡萄酒為主，在訂定酒單之後再選適合搭配的菜色。其他可能的作法包括，針對兩、三款選定的葡萄酒，擬定適合的菜單，或者針對兩、三道有興趣的菜色，安排適合搭配的酒款。餐酒搭配的世界裡有無窮的可能，我們在這個部分或許還發揮得不夠。

大拇指抹去高腳杯底盤溢流的酒液，親手把酒杯遞給你。即便整個取酒採樣的過程都完美無誤，在這種特殊氛圍當中進行品酒，很有可能淪為沒有價值、缺乏意義的品評活動。首先，貯酒庫經常瀰漫異味，這些外在環境的氣味必然影響品酒者對於葡萄酒本身氣味表現的判斷；此外，所有的葡萄酒在酒庫裡都特別容易讓人覺得美味，其風味缺陷經常隱而不彰，況且，我們沒有機會將手中的葡萄酒與其他酒款進行比較，所以也不容易察覺它們的風味缺陷。根據過去的經驗，在酒庫進行桶邊採樣、試酒完畢之後，如果隔天在品酒室裡重新品嘗相同的酒款，我

們會不自覺地採取比較嚴謹的態度進行品評。這種下意識的態度轉變，連我們自己都感到很訝異。

酒杯

酒杯是多麼美麗而設計巧妙的東西！它恰似羅網，將芬芳氣息含攬其中；它宛若舞台，將郁馥馨香展現出來。葡萄酒正需要這樣的容器來盛裝，假使沒有酒杯，葡萄酒的存在似乎便不再完整。實在難以想像在透明的玻璃酒杯問世之前，人們怎麼可能真正地品嘗葡萄酒？因為不論是「角」、「爵」、「尊」還是「壺」，這些古

杯緣；杯口

杯身；杯體

杯柱的柱頭；腿撐
杯柱；杯腿

底盤；杯腳

〈品酒杯各部分名稱〉

代飲酒器具都是以不透明材質製成，使用這些酒器飲酒，人們只能屈就於「吞酒下肚」，而不能觀看賞玩杯子裡的酒。此外，像是陶罐這一類古代盛酒器具也是不透明的，在它們被長頸大肚的玻璃瓶取代之後，人們也才能夠在斟酒入杯之前，就看到酒的外觀。如果在十七、十八世紀之交，玻璃工業不曾有所進展與突破，以致於玻璃酒杯未能問世的話，或許，如今所謂的「偉大酒款」也就不存在了，因為高品質的葡萄酒，其實可以說是與適合品評的玻璃杯具相依相存。

由上看來，玻璃師傅與釀酒師傅的關係匪淺，的確，必須要有玻璃師傅燒製適合盛裝與飲用葡萄酒的杯子，釀酒師傅的苦心才不至於被糟蹋。玻璃製成的葡萄酒杯，最早可以追溯到十七世紀，而葡萄酒瓶則遲至十八世紀中葉才問世。在 1750 年代，富人們使用波希米亞與威尼斯出產的水晶玻璃杯[7]飲酒，而中產階級以及稍有水準的旅店，則使用平底大口的無腳杯、附有手把的釉彩陶杯、無釉陶杯，以及錫製的杯子；

至於小酒館使用的杯子，則多為木製品。關於水晶[8]的記載，最早出現在十七世紀末的英國，後來到了 1820 年代，法國的巴卡拉市（Baccarat）[9]便以水晶製造業聞名於世。使用含鉛水晶所製成的玻璃杯，清澈透亮、純淨無瑕、纖薄輕巧，用來盛裝波爾多葡萄酒、布根地葡萄酒以及干邑葡萄蒸餾酒，將更能映襯酒質的尊貴氣息。到了十九世紀中葉，衍生出一種杯身圓胖的「球形大肚杯」，這種形式是後來「品評杯」的設計基礎。

歷來不斷有人研究酒杯形狀與尺寸對於品評的影響，但是他們的結論卻頗為分歧。面對眾說紛紜的狀況，杯具製造業者可說是首當其衝，因為他們著手設計杯款時便會感到無所適從，而葡萄酒業界的其他人士受到的影響則較有限。雖然關於完美杯具的看法，各家觀點不一，但是他們對於杯具的基本要求，卻有幾項共通之處。

前文已經提及，葡萄酒必須依賴透明的酒杯才能夠展現自己的色彩與氣息。有了酒杯，葡萄酒的存在才顯得完整，我們的感官也才得以開啟。使用合適的酒杯進行品評，能夠幫助感官運作，讓品酒者從觀察外觀、嗅聞香氣，乃至啜吸酒液的動作，都能得心應手。酒杯的材質、形狀與尺寸，甚至使用酒杯的方式，都會影響感受與判斷。

如果喝品質平庸的葡萄酒，那麼隨便找一個平底大口的無腳杯來用，倒也無可厚非，因為喝這種葡萄酒的主要目的是把酒吞進肚子。不過，品嘗稍有水準的酒款時，絕非同一回事。用錯杯子，是會扼殺葡萄酒的。適合品評的杯具，必須是使用含鉛水晶製成的高腳杯，質地輕巧、清澈透明、無色，杯壁必須薄而光滑，沒有裝飾或刻紋。這種杯具在盛裝酒液之後，酒杯本身似乎變成「隱形」的，只看得到葡萄酒，而看不見杯子。上乘的酒杯應該要能讓目光的焦點集

中到葡萄酒上，而不是讓人注意杯子的存在。布彭就曾經如此說道：「我喜歡那種看不見的『隱形酒杯』，杯裡的葡萄酒彷彿在距離白淨桌布上方幾公分的地方懸浮著。」至於那些杯壁裝飾繁複，杯腳也經過一番琢磨，拿在手上卻稍嫌笨重的酒杯，乃至某些富有當代設計感的杯具，雕花漆彩、爭奇鬥艷，甚至說是張牙舞爪也不為過，它們的最佳歸宿應該是展示櫃，而不是品酒桌或餐桌。有多少佳釀美酒，就是被差勁的杯子糟蹋了！以怠慢輕忽的態度對待杯具選用的問題，或者使用低劣的杯具進行品評，都是對葡萄酒的傷害，其弊害之深，並不亞於拙劣的侍酒技巧或糟糕的貯酒方式。不難想像，一個人對於杯具要求不嚴、態度不慎、品味低劣的話，那麼，他的葡萄酒品味往往也高明不到哪裡去。相反地，倘使能夠理解杯具對於品評的重要性，選用優質的酒杯品嚐一款平凡無奇的酒款，那麼，葡萄酒將更能展現自己的風貌，獲得應有的評價。

一只好的酒杯，除了形狀、尺寸都應該符合前述的條件以外，愈簡單樸素的酒杯，就愈好用。應該避免使用小酒杯品嚐「偉大酒款」，正如法國俗諺所謂：「大酒還須大杯斟。」不過，用大酒杯盛酒的目的不是為了喝多一點，而是要襯托葡萄酒的風味，提升品評的感官享受與樂趣。懂得使用優質的杯具，正是實踐品評學問的一項重要環節。

酒杯的杯口是嘴唇與酒杯接觸的部分，理想的杯口厚度應該「薄如蛋殼」，只有使用水晶玻璃或者含鉛水晶所製造出來的杯子，才有可能做出杯口夠薄的酒杯。杯口厚度所造成的觸感，會影響感官的整體印象，也就是說，杯口的厚度可能會改變我們對於葡萄酒風味的判斷。人們對於喝什麼飲料要用什麼杯子，已經有一套約定俗成的習慣。譬如吃早餐的時候，我們往往選擇有把手的厚陶杯來喝淡咖啡，而啜飲單品咖啡或者品嚐濃縮咖啡時，則是使用杯壁較薄的瓷杯。如果使用兩只不同的酒杯，讓人品嚐同一種葡萄酒—第一個酒杯細緻輕巧，另一個

傳統執杯法　　　　　「行家」執杯法　　　　　執杯禁忌

〈執杯方式〉

酒杯渾厚沉重，那麼，很可能讓品酒者覺得第一杯的葡萄酒比較好喝。從這個簡單例子可以看出，侍酒方式與斟酒容器，皆會影響我們對於風味表現的感知與判斷。

用來品嘗葡萄酒的杯子，必須是高腳杯，而且「杯柱」（杯腿）的長度要足夠。杯柱上方與「杯身」（杯體）相連，下方則與「底盤」相接。底盤又稱為「杯腳」，它的外觀像個圓形的碟子，可以承受整個杯子的重量，讓酒杯能夠平穩地靜置於桌面上。專業人士執杯的方式，是以姆指指腹與食指第二指節的側面捏住酒杯底盤，我們稱之為「行家執杯法」。當有需要增加葡萄酒與空氣接觸的面積時，他們也是捏著底盤晃動杯中的酒液。杯柱與杯身相連的部分，有時會出現球狀的裝飾，由於狀似植物莖部頂端的花蕾，因此，法語就稱之「花苞」，也可以叫做「柱頭」或者「腿撐」。杯柱的設計以輕巧細瘦為宜，不應有雕刻紋路，此外，不應該出現方形，或者是兩端細瘦，中間粗胖的橄欖球形、梭形等設計。

某些酒杯的杯柱太短，執杯的時候往往感到很彆扭，所以我們通常避免使用這種酒杯。杯柱太短的杯子，無異於平底大口的無腳杯。把酒斟在不適合的杯子裡，既抹煞了觀察酒液外觀的興致，也難以讓人好好地品嘗它。倘若杯柱太短，造成使用不便，我們寧可換一個合適的杯子，也不會直接用整個手掌去握著杯身，因為這個動作很不雅觀，而且看起來很拙劣。在法語裡，「杯身」有許多同義字，諸如「Corps du Verre」、「Coupe」、「Calice」、「Paraison」，它是個很「神聖」的部位，不能輕易觸碰。當你遞酒杯時，幾乎可以在對方接過酒杯的當下就立刻看出他對於葡萄酒的內行程度，因為執杯方式便說明了一切。或許只有最專精的行家，才會自我要求必須捏著酒杯的底盤，倘若晃杯的動作不夠熟練，這樣的執杯方式很容易讓葡萄

酒潑灑出來。

人們常說，不同的葡萄酒要用不同形狀的杯子品嘗，每種酒都有自己專屬的適用杯具。至於什麼樣的酒款應該與什麼樣的杯子搭配，則端視當地傳統習慣以及侍酒的創意而定。簡單說來，杯與酒的搭配原則，首要考量在於提升飲饌之樂。在第一次世界大戰前夕，人們在餐桌上使用的全套杯具，大致包括六個系列，共計十二只玻璃杯：水杯、布根地葡萄酒杯、波爾多葡萄酒杯、香檳杯、波特酒杯、利口酒杯，除此之外，還有形形色色的長頸大肚玻璃瓶，各式各樣的瓶瓶壺壺，琳瑯滿目的桶桶罐罐，因為當時相當盛行換瓶，必須準備許多容器。如今，餐桌上的杯瓶陣容已經不如以往那般聲勢浩大，用餐時準備水杯、布根地葡萄酒專用杯或波爾多葡萄酒專用杯以及香檳笛形酒杯就已經讓人覺得綽綽有餘，這些酒杯的尺寸大小不一，從 10 毫升到 25 毫升都有。

雖然適合品嘗不同種類葡萄酒的杯具，其形狀與容積不盡相同，但是，適合用來品評的葡萄酒杯，卻都應符合某些共同的要求。譬如，杯子的側剖面應該要接近鵝卵石的形狀，或者看起來像是一顆稍微拉長變形、其中一頭還被切掉的雞蛋，這樣的杯形才理想，因為杯口微向內縮，有助於收斂葡萄酒的香氣。也有人將這種形狀的杯子取名為鬱金香杯，因為從側面看，它的杯身有如鬱金香的花冠一般，底部微微膨起、脹開，頂端則向內收束。這種形狀的酒杯，甚至比舊式的淺盤形香檳杯更適合用來品嘗香檳，因為以往人們使用的香檳杯，雖然也是高腳杯，但是盤形的杯身太淺太扁，杯口也沒有向內收束，容易造成香氣與氣泡散佚。這種舊式香檳杯如今已經淪為盛裝水果、甜點的容器了。不過，最適合用來品嘗香檳的杯具，還不能算是鬱金香杯，而應該是香檳笛杯，因為它的杯身修長，

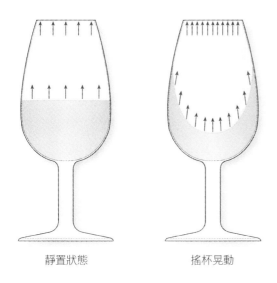

靜置狀態　　　　　　搖杯晃動

〈 葡萄酒氣味濃度表現與靜置／晃杯的關係 〉

最符合香檳發泡特性的需求，能夠使溶解於酒液中的二氧化碳氣體，持續而穩定地發散出來。品評時嗅聞酒香的程序與機制，雖然不會由於使用不同的酒杯而有所差異，但是，品酒者分析香氣的方式，其實會受到杯具的影響。雖然杯子只是工具，但是，這類外在條件如何影響感官分析，其中蘊藏的學問，是學習品評的過程裡必修的課題之一。使用不同形狀、尺寸的杯具進行品評，杯中的酒液體積以及與空氣接觸的面積，兩者之間的比值不會是固定的，因此，蒸散作用、表面張力以及毛細現象所造成的效果也不會一樣。正是由於這些因素，同一款葡萄酒在不同的杯子裡，便會有不同的香氣表現。倘若我們為此大費周章地測量與計算氣味分子的流通量，或者嗅覺受器所能夠接收的分子數目，將會是一項徒勞無功的大工程。因為這種實驗不僅操作起來非常複雜，所得數據結果也不甚有具體意義。不過，我們已經發現，並且可以確定的是，葡萄酒在酒杯中的香氣流通量與空氣接觸面積成正比關係，酒液的震盪或晃動，也會促進香氣的散發，這也

是為什麼同一款葡萄酒在靜置時，與經過晃杯之後，會有不同氣味表現的原因。

倘使杯口收束得不夠，甚至形成向外開展的形狀時，葡萄酒的氣味容易從杯子頂端散佚；而當杯身太高時，則會由於鼻子距離葡萄酒液面的距離太遠，降低嗅聞的效率。開口幅度與杯身高度之間的關係相當微妙，以半球形的酒杯為例，這是一種杯身較矮的杯子，鼻子可以更接近葡萄酒的液面，幫助感知氣味。不過，由於它的杯口較為開闊，在嗅聞時，卻也更容易混入杯外的空氣，降低氣味分子的濃度。

圖中所示的杯款有助於嗅聞香氣的操作，因為它的杯口內收，而且夠窄小，在聞香時，鼻子足以將整個杯口覆蓋起來，大幅提升吸入鼻腔的氣味分子濃度。這種設計能夠幫助品酒者掌握葡萄酒複雜而細緻的香氣變化，因此，尤其適合用來品嘗優質、偉大的酒款。只不過，有些人仍然對它的功能性存疑，甚至提出批評。在還沒邁入 1970 年代前，一群法籍的專業人士，就已經根據國立法定產區管理局的研究成果，設計這款葡萄酒品評杯，隨後並由法國標準化協會訂定尺寸與打樣。它的杯身酷似一個拉長的蛋形，其下由杯柱支撐，並與底盤連接。杯口的部分比杯身切線向上延伸的假想線更往內偏，因而能達到集中香氣的效果。這款酒杯通常以透明無色的水晶玻璃製成，也就是含鉛量達 9% 的玻璃，有些製造商以普通玻璃材質製作這款品評杯，造價較為低廉。此款酒杯在製作時採用冷卻裁切的工法，並且經過水平打磨，確保杯緣不歪不斜以及杯口的圓整，最後收尾施行二次燒炙定型。它的容積約為 210 ～ 225 毫升，足供品評時斟酒 70 ～ 80 毫升。當品評的酒款為氣泡酒時，可以選用杯底中央經過磨砂處理的特殊款式，杯中有一直徑約達半公分的粗糙圓圈，能夠提供氣泡散發的著力點，幫助氣泡釋出。此款品評杯在香氣評判方面的表現相當亮眼，值得推薦。據觀察，自從這個

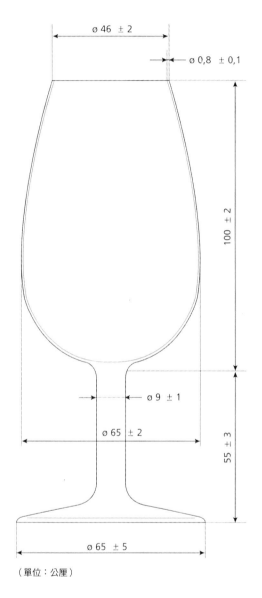

ø 46 ±2

ø 0,8 ±0,1

100 ±2

ø 9 ±1

ø 65 ±2

55 ±3

ø 65 ±5

（單位：公厘）

〈國立法定產區管理局（INAO）與法國標準化協會（AFNOR）共同研發的葡萄酒品評杯〉

使用時，不應將酒杯完全斟滿，杯口內收的設計，夠讓揮發性物質蘊積在酒液面以上的空間。

杯款問世，並為各界廣泛採用之後，品評活動的整體水準與穩定性已經大幅提升。然而，有些人批評它的容積太小，於是，與原設計比例相同，但是尺寸稍大的一系列葡萄酒品評杯，便應運而生了。

此外，斟酒時絕對不可斟滿，否則，在操作晃杯的動作時，容易將酒濺灑出來。理想的斟酒份量約為酒杯容積的三分之一，最多不超過五分之二為宜。我們在前文已經提及，葡萄酒液面以上的杯內空間能夠盛裝香氣，杯中彷彿積蘊一層由氣味分子組成的薄霧。因此，倘若酒杯是斟滿的，或者杯中預留的空間不夠，都將妨礙香氣的感知與判斷，而且，也將使晃杯的動作難以操作，對葡萄酒品賞活動帶來負面影響。

至於杯具的清潔，我們建議在完成一般的洗滌程序之後，使用蒸餾水或礦物質含量極低的軟水，進行最後的沖洗，直到杯中沒有任何氣味殘留為止。大多數的市售清潔劑都有添加香料，而用來擦拭杯具的布巾，也可能殘留洗潔劑的氣味，在使用時應多加注意，以免在杯中留下異味。杯具在每次使用後即應立刻進行清潔，我們建議不要使用清潔劑，只須以含鈣量較低的軟水，或者溫水輕輕搓洗，並且沖淨，就能達到很好的清潔效果。若有必要，可以用無氣味的肥皂調製適當濃度的皂液，用以去除油污。甚至，市面上可以找到各式各樣的洗杯機，如果經常需要洗滌較髒的酒杯，那麼不妨使用洗杯機。洗淨之後的杯子不應直接擦乾，以避免留下濕布巾的氣味。當杯子還濕漉漉的時候，應該先倒吊在陰涼處風乾，待完全乾燥之後，再放入櫥櫃中收納，以避免空氣中的塵埃落入。杯櫃裡不應有氣味，以免杯具沾染異味。此外，高腳杯必須以底盤倒吊懸掛，切忌直接以倒立的方式擺放，因為不僅可能造成杯緣破裂的意外，而且杯內容易出現異味。在取用杯具時，可以先「以酒涮杯」，讓酒杯內

| 波爾多 | 布根地 | 香檳 | 阿爾薩斯 |

〈各產區葡萄酒品評杯〉

壁沾上即將品嘗的葡萄酒，這道程序稱為「沾酒」（Enviner）。在取用玻璃瓶盛裝葡萄酒之前，有時也會先「以酒涮瓶」，將涮過玻璃瓶內壁的酒液倒掉之後，才開始裝瓶，這也可以叫做「沾酒」。至於在啟用新木桶之前，先用葡萄酒浸濕內部，沖洗掉一部分木材的味道，或者在品酒之前先啜吸一些酒液，讓味蕾適應葡萄酒的風味，再正式開始進行品評工作，這個「以酒漱口」[10] 的動作也可以叫做「沾酒」，只不過，法語以「Aviner」表示「以酒涮桶」或「以酒漱口」，與字面相近的「Enviner」（以酒涮杯、以酒涮瓶）有所區別。

品酒員的標記——試酒碟

人類歷史上最早出現的飲水用具，或許是陶土製成的勺子，這種半圓形中央凹陷的器具，正可以當作杯子使用。它看起來就像是酒杯圓滾滾的杯肚、曲線圓弧的蒸餾塔，或者教堂的圓形穹頂。除了用陶土燒製以外，考古挖掘也發現木製與金屬製的盛裝液體器具。這種形狀的容器，諸如雙耳尖底的甕、調配酒水用的圓底雙耳爵、有柄的桶子或罐子，或者廣口瓶，便於探入水源汲水，或者舀取飲料。這些工具通常都附有勾狀或環狀的把手，可讓食指伸入扣住，避免不慎將之沉入。在酒桶旁邊進行取樣，或者品嘗、飲用桶中的葡萄酒時，也是使用類似的工具，這是再自然不過的事了。早在十五世紀，甚至更久以前，就已經出現所謂的「試酒碟」，當時把這個物品稱為「Taste Vin」，看起來就像是一個被壓扁的小杯子，有些杯壁是光滑的，有些則刻有紋飾。布根地地區的人們沿用了這個說法，將試酒碟稱為「Tastevin」。這個單詞詞根的字源來自於「Taster」、「Tâter」，也有可能是「Tester」，不論如何，總是「品嘗」或「嘗試」的意思，其實，在許多語言裡，「品嘗」與「嘗試」兩個動詞的意思原本就可以用同一個字表達。根據馬茲諾（René Mazenot）的考察與研究發現 [11]，試酒碟並不是布根地地區獨有的酒器，在法國南部的歐克地區（Pays d'Oc）也有試酒碟，只不過當地人將之稱為「Tassou」、「Tassot」、「Tassette」，或者「Tasse à Vin」，意思是「葡萄酒碟」、「小酒碟」、「酒皿」。

一個典型的銀製布根地式試酒碟，直徑約為 8.5 公分，高約 2.9 公分，容積 90 毫升。酒碟內壁不是光滑的平面，經常刻有裝飾的圖案，譬如葡萄藤蔓、葉片及果串。布彭先生筆下的試酒碟，說是巧奪天工的華麗工藝品，一點兒也不誇張。他如此寫道：

葡萄酒碟就像是一枚底部微微鼓起的圓盤，在底盤周圍零星散佈著裝飾的圖點，有高有低，彷彿點綴在冠冕上的珍珠一般。各種不同的雕飾刻紋，不規則地分佈在酒碟內壁四周。其中一側約莫有二十條細長的梭形溝紋，雖然偶爾會出現長短不一、螺旋狀或稍微歪斜的線條，但是看起來卻仍很規則地排列在酒碟內壁，展現律動之美。另一側則整齊地排著八個斗狀的小窟窿。

現在讓我們來見識一下，布彭先生如何利用試酒碟來賞玩黑皮諾葡萄品種所釀製成的紅酒，讓酒液在不同的光影中，呈現迷人的色澤。他不用酒碟盛裝白葡萄酒是有原因的，因為白酒的顏色在試酒碟中無法完整呈現出來。除了此處提及的布彭先生以外，翁傑爾 [12] 也是一位使用酒碟技巧嫻熟的專家，說實在的，布根地幾乎個個都是使用酒碟的天生好手。他們甚至還以「Tastevin」（試酒碟）這個字作為字根，創造出「Tasteviner」（用酒碟品酒）這個動詞，令人莞爾。此外，他們還創辦一年一度的葡萄酒盛事—「葡萄酒碟品酒大會」（Tastevinage）—在這場盛會中，最精緻、優質的參賽酒款將獲得表揚。言歸正傳，布彭先生是這樣玩賞酒碟裡的黑皮諾葡萄酒：

將試酒碟拿在手中，並斟入適量的葡萄酒，從這一刻開始，酒碟裡凹凹凸凸的每道刻劃與每處起伏、或橫或斜的每條直線與弧線，都加入了一場精采的光色遊戲……首先，在光源下方審視紋絲不動的液面，靜觀酒液投出的光澤，可以看見酒碟底盤的圓拱部分，恰似酒池的淺灘，映出一派清澈透亮。

接著，將酒碟朝向鼻側傾斜，接著再讓酒碟斜向唇側 [13]，俾使酒液一會兒流向遍佈溝紋的一側，然後再朝向滿是窟窿的另一端溢流而去：葡萄酒於焉隨著光線返照而頓生一片璀璨的星光，霎時又因光線暗減而顯得沉鬱深邃。酒液的色澤忽而濃鬱，忽而清亮，令人感到興味盎然。

試酒碟內壁佈滿淺淺溝紋的那一側，會讓葡萄酒的顏色看起來比較澆薄、稀釋、透明，因此，這一側又被稱為「有利買方的角度」，它讓葡萄酒在較為嚴苛的條件之下被審視、檢驗；試酒碟另一邊則由於有許多深陷的窟窿，酒液外觀便顯得密實沉厚，所以這是「有利賣方的角度」，它讓葡萄酒以最濃麗的一面示人，甚至還稍嫌過於粉飾。

波爾多式試酒碟則顯得樸實無華，直接繼承了古希臘及羅馬時期小酒杯的簡樸風格，不論是就形式或者尺寸方面而言，都頗有古代遺風，展現簡潔協調的形式美感，沒有任何多餘的裝飾。銀製的波爾多式葡萄酒碟，直徑約為 11.2 公分，高 4.8 公分，酒碟厚度達 0.7 公厘，容積約為 70 毫升。酒碟底部的拱突，狀如教堂建築的穹頂，比布根地式葡萄酒碟的底部更為隆起。四周碟壁與水平面之間，呈三十度仰角，碟底拱突與四周碟壁夾出的空間，或深或淺，恰可呈現酒液在不同厚度下的色澤差異，足供觀察葡萄酒從 1 公厘到 20 公厘深的不同光色變化。傳統的波爾多酒碟沒有把手，也沒有便於取碟的套環設計，因為它本來就不是用來舀取葡萄酒的工具，而是為了盛裝、展現酒液丰姿的容器。它恰似一面冷靜地反映葡萄酒的鏡子。

法國每個葡萄酒產區都有自己的試酒碟，這些外觀不盡相同的酒碟，都是根據前述布根地與波爾多的酒碟為藍本設計而成。有些以華麗的裝飾著稱，有些則以特殊、新奇的把手設計，讓人愛不釋手。譬如有直的、有橫的，還

有蛇形、貝殼形，或者麻花形的把手，令人目不暇給。此外，有些酒碟歷史悠久，老師傅精湛的作工以及歲月留下的痕跡，都使這些屬於前一個世代的酒器，即便早已功成身退，卻仍身價不菲，散發不凡的光采。

現今波爾多葡萄酒產區的專業人士們，很少有人親身經歷過試酒碟盛極一時的那個年代，以往，試酒碟仍是酒窖裡的必備工具，如今，它卻搖身變成玻璃櫥窗中，令人發思古之幽情的裝飾品或收藏品。試酒碟當時還風風光光地跟著葡萄酒經紀人走遍大大小小的酒庫，經紀人用細緻的法蘭絨把它包起來，當有需要的時候，才解開腰際皮套的扣環，將酒碟取下。使用完畢之後，還得用那塊法蘭絨，將試酒碟仔細擦拭打亮，然後才把它收進口袋，或者放回腰際的皮套裡。在那個年代，使用試酒碟品嘗葡萄酒，宛若一場儀式，一切都進退有據，必須謹守規矩分寸。當時有一個說法：「以碟沽酒」，意思是葡萄酒的交易買賣，都是經過實地品嘗決定的，成交的價格並非取決於酒精濃度的高低，與產地聲譽也沒有直接的關係。

然而，試酒碟終究還是擺脫不了被淘汰的命運。水晶玻璃或含鉛水晶製成的葡萄酒品評杯，在許多方面都勝過傳統試酒碟，因此，品評杯終於全面取代試酒碟，成為品賞葡萄酒的首選。在視覺審檢方面，使用品評杯可以幫助準確觀察酒液的澄澈度、色澤與深淺變化，讓品酒者得心應手地辨析酒香表現是否正常、乾淨俐落、豐富飽滿、細膩精緻；然而，倘若使用試酒碟，則往往讓人感到力不從心，因為不透明的淺小酒碟，僅足供作粗略的外部觀察，無法幫助品酒者作出精準判斷。其次，試酒碟由於開口相當寬闊，香氣容易散佚流失，而外部空氣混入，也會使葡萄酒的香氣遭到稀釋，因此，試酒碟對於嗅聞香氣的操作相當不利。此外，試酒碟的另一項缺點，則

可以在酒碟就口的時候發現：金屬的比熱低，容易受到週遭環境的溫度影響，而使酒碟顯得特別暖燙或冰冷，金屬材質製成的酒碟，杯壁也難免較厚，這些特徵都使得酒碟就口時，造成唇部觸感不佳，間接影響感官印象與判斷。此外，使用葡萄酒碟的慣例是一次只品嘗一種酒款，而較少使用兩個以上的酒碟進行比較品評。這種逐一品嘗的操作模式，難以進行精確的酒款比較[14]。

話雖如此，仍有一些藝術家氣息濃厚的雅士，相當樂於使用葡萄酒碟作為品酒的工具。出於一股懷舊之情以及獨特的性情與品味，他們對這古意盎然的器皿，懷抱著難以割捨的眷戀，正如同有些人還在用鵝毛筆寫字一樣，其實無可厚非。葡萄酒碟的生產情況與普及程度已經大不如前，現今看得到的酒碟，泰半已經失去原本的實用價值，它們反而比較像是民俗工藝品，其中有些已經成為大量製造的系列商品，甚至還有些試酒碟被當成菸灰缸在用。曾經那麼珍貴、有用，而且令人賞心悅目的器皿，竟落得如此下場，令人不勝唏噓！

品評活動應在身心狀況良好時進行

感官條件會深刻地影響所有類型的品評活動。在進行品酒之前所受到的感官刺激，都會在後續的品評當中呈現出來。雖然沒有一套法則明確地規範怎麼做才能有效幫助感知與評判，或者指出哪些作法將妨礙品評的進行，但是，我們在此打算擇要述之。當口中殘留其他食物的味道時，含些清水、嚼一些無糖無鹽無油的原味白麵包，或者原味的棒狀脆餅，都是簡單而有效的清理口腔方式，這些都有助於品評工作的展開。然而，所謂的「開胃小點」若是太鹹、太甜、太辛香的話，將對味蕾造成強烈的刺激與負擔，而有礙品酒。某些開胃點心，像是格律耶爾（Gruyère）一類的硬質乳酪，或者杏仁等堅果類的食物，能

夠讓葡萄酒中的單寧嘗起來柔軟溫順，而山羊乳酪、軟質乳酪、煙燻烏梅、橄欖等食物，則不總是能夠讓葡萄酒更好喝。在進行品評活動的過程中，有些人會喝幾口水、啃一些白麵包，作清理口腔的動作，這個方式當然能夠有效地讓味蕾「再次甦醒」，讓它的敏感度回復到稍早的狀態，但是，這樣的休息其實也造成感官印象的中斷，使得接下來品嘗的頭幾款葡萄酒，相對地較容易被誤判。在品評的過程中，品酒者不免會逐漸感到疲憊，味覺與嗅覺也會逐漸趨於遲鈍，然而，如何妥善安排休息時間，的確令人煞費心思。我們的建議是，與其頻繁地安插休息時間，不如根據品酒者的工作能力，盡可能拉長單次工作時間，避免打斷品評的持續進行，或破壞感官印象的延續，藉此維繫品評工作的成效。不過，孤掌難鳴，有了恰當的工作行程規劃，還必須配合品酒者在工作時間內保持高度專注，如此才能達到良好的工作成效。

我們再次強調，人人天生都有品評的能力，只需掌握一些訣竅，便能大幅提升品評的效率與樂趣。品評的基本要求是不能身患重大疾病、感冒、鼻咽喉感染或上呼吸道不適症狀，而正在接受口腔治療的人，也不適合從事品評活動。有些人由於接受藥物治療產生副作用，或者出於某些特殊疾病，譬如糖尿病或者唾液分泌失調，足以改變感知的機制，對品評的操作也會造成影響。至於某些慢性疾病所導致的官能缺陷，則或多或少會隨著經驗的累積以及實作練習而獲得彌補與改善，即使這些人不見得總是能夠清楚地意識到、感覺到自己在這方面的進步。最後，不消多說，在品酒的整個過程中，以及即將開始進行品評之前，絕對禁止吸菸。然而，必須承認的是，有些人雖然是老菸槍，但是品酒技術卻好得很，能夠敏銳地察覺葡萄酒的風味特徵。

除了前述側重於生理與物質面向的要求條件以外，一位優秀的品酒者還必須擁有良好的記憶力，並且做到有組織、有條理，就像一部電腦一樣，能夠持續不斷地累積、處理、更新資料。妥善運用強記的功夫，意謂必須配合靈活的思考、細膩的觀察，並且能夠專心致志、心無旁騖，一旦掌握要領，便能夠在短短幾秒鐘之內品評一款葡萄酒，感知、分析、判定酒款的風味特徵，並詳實、具體地表述出來。品評的樂趣與豐富的感官享受，端賴品酒者是否能夠勤於動腦、細心操作，漫不經心、懶散怠惰是學習品評的大忌！

人體的感官敏銳度，會隨著每日生理節奏產生規律性的起伏變化。譬如，在用餐前、用餐中，乃至用餐後品嘗同一款葡萄酒，對酒款風味的印象都不會相同，這樣的差異完全不足為怪。在一天當中的不同時段裡，我們品酒的意願，還有味覺、嗅覺的敏銳度都會有規律的起伏變化。當我們空腹或者有食慾的時候，感官最為敏銳，所以，從事品評的最佳時機應該是接近中午的時候，因為這時早餐已經消化得差不多，而又還沒吃午餐，正好處於空腹的狀態。以法國人的習慣而言，這個精華時段大約是上午十一點到下午一點之間。至於在清晨尚未用過早餐就開始品酒，雖然也符合空腹的原則，但是這樣的安排可能只會讓人避之唯恐不及，完全沒有工作的動力；相反的，倘若在中午飽餐一頓之後立刻開始工作，恰好是全身血液集中到胃部的消化時間，工作效率會非常低落，正所謂「飽了肚子，空了腦袋」，中午用餐後或許正是一天當中最不適合品評的時段。倘若有必要在十一點至一點的最佳品評時段以外，想辦法增加工作時間的話，不妨考慮安排在傍晚六點以前的一、兩個小時進行，不過，由於黃昏時刻人心思歸，這個時段雖然也能用來品酒，但是工作成效肯定不會是最好的。

一位優秀的品酒者，還必須對味覺疲勞、感受飽和與刺激適應等現象有所瞭解，用專業術語

來說，就是所謂的「趨近效應」，指感官對外界各種不同刺激的區辨能力降低。在這種情況下，感覺機制原本的各項性質可能產生改變，譬如感知門檻的提高。嗅覺尤其容易遭遇「失靈」的情形，就算是濃度很高、非常強勁的氣味，在持續嗅聞一段時間之後，便會發生聞不出氣味的情形。氣味愈濃烈，或者嗅聞的時間拖得愈長，嗅覺遲鈍的現象也就愈持久。這也是為什麼會有「入芝蘭之室，久而不聞其香；入鮑魚之肆，久而不聞其臭」的說法。當一個人已經習慣大量使用某種香水，或者抽菸抽得很兇，他可能絲毫不覺自己身上的味道有多麼濃重，而旁人往往覺得不可思議。

品酒者特別容易受到外在環境影響

當旁人以某種拐彎抹角的方式，表達自己內心想法的時候，我們便很可能受到暗示。我們日常生活中的所有行為，幾乎都是根據父母、師長、同儕與社會所給的暗示，作出反應的結果。教育的內容正包括大量的規範準則與約定俗成的暗示，因為教育的目的就是傳授行為準據與建立社會默契，亦即所謂的「制約」。生活周遭的各式媒體與廣告，儼然已經成為傳遞這種規範與默契的最新形式。

品酒者在品嘗葡萄酒時，都必然有某種目的。倘若品評的目的在回答某些關於酒款風味的問題，那麼，品酒者很可能受到提問方式的影響，無可避免地置身於一個充滿精心規劃的暗示情境當中。在這個情況下，他對於外界環境的每一個細節都特別敏感，非常容易受到左右，但是卻很可能渾然不覺誤入歧途，因而犯下荒謬的錯誤，作出離譜的判斷。如果真的有心要誤導品酒者，我們不愁沒有辦法讓他一步步踏進我們預設好的陷阱裡。譬如，精心安排提問的方式，或者採用特殊的品評記錄單，甚至在酒款資料上面

動手腳，讓酒款資訊雖然看起來完全沒有錯誤，但是卻足以誤導品酒者，暗中引導他作出某種判斷，此外，稍微改動待評樣本的排列次序也可能引發聯想。這些外在因素的改變，都足以對品酒者構成暗示，使他陷於任人宰割的被動地位。

除了外在環境可以構成暗示，品酒者也極有可能由於「自我暗示」，而影響品評結果的準確性。當一位品酒者手邊的酒款資料不足，或者有所偏頗的時候，哪怕是無關宏旨的風味特徵，也很可能被他視為重要的線索，並成為想像、揣測一款葡萄酒生產背景與產地來源的重要根據。這便使得品酒者陷入自我暗示，並試圖說服自己的窘境。優秀的品酒者應當盡其所能地學習與自我磨練，擺脫各種型態的制約，包括來自外界環境的暗示，以及出於己身的自我暗示。在品評活動中，倘若品酒者認定、預料一款酒嚐起來應該會有什麼樣的風味，那麼，在實際品嘗之前，這個風味早就已經在他的想像中被感知了；這是一個非常危險的心理機制，足以嚴重影響品評工作的成效。

以下舉幾個有趣的例子說明關於制約與自我暗示的問題。首先，可以引述巴斯德（Pasteur）的親身經驗，這段故事後來由戈特（Norbert Got）抄錄流傳，內容是巴斯德講述自己觀察品酒者的行為[15]。他提到在一個品酒場合裡，提供品評的酒款皆以兩兩成對的方式排列，然而，每一對其實都是相同的酒，其中差異只在於其中一個樣本稍微回溫，另一個則較為冰涼。品評團的成員皆為技術精湛的專家，巴斯德紀錄自己的所見所感，他寫道：

當我們在品評團面前擺出兩個葡萄酒樣本時，他們會設法指出兩個樣本之間的差別，因為他們已經習慣於這種工作模式。可想而知，倘若我們將一款葡萄酒分裝成兩個樣本，讓品評團比較兩者的風味，他們非常有可能會信誓旦旦地陳述其間的種種

差異。一來,他們對我們暗中的安排毫不知情,固然不會料到這兩個樣本其實是同一款酒;二來,他們已經被固有的工作模式制約,預設兩個樣本必然有所不同,因此,即便兩個樣本非常相似,他們也會使出渾身解數,用盡一切方法,找出兩者之間的差異才肯罷休。於是,他們最後很可能被自己的想像誤導,相信兩個葡萄酒樣本之間確實有所差異。

而我真的按照上述的想法作了試驗,為了確保兩個杯子裡的酒是相同的,我在諸位評審就座前,以同一個瓶子裡的葡萄酒倒入大家面前的兩只酒杯中。各就各位之後,我也沒有多說什麼,盡量不讓他們起疑,接著便讓大家開始品酒。果然不出所料,品評團裡的每一位成員,都說自己能夠分辨出兩杯葡萄酒有很顯著的不同。

我們再來看另一個比較品評的例子。準備兩個樣本,其中一個是某酒款於釀造完成之後未經過濾處理的酒液,另一個則是該酒款經過清濾之後的樣本,姑且不論兩個樣本實際上有何顯著的風味差異,就理論上來說,過濾處理很可能會使葡萄酒「疲勞」,因而顯得「細瘦乾癟」。倘若品酒者已經獲知這組待評樣本的此項背景資訊,並且清楚地瞭解過濾處理可能對葡萄酒的風味帶來哪些暫時性的影響,那麼,他在開始品評時的第一個動作,很可能就是比較兩者在外觀上的清澈度,並且檢驗較為清澈的那一個樣本,是否符合預期──經過過濾的葡萄酒不僅外觀較為澄澈,嚐起來也比較不那麼肥腴油滑,口感表現較為乾淨俐落。在這種品評活動中,由於品酒者已經知悉酒款背景,並且運用知識與經驗,推論兩杯葡萄酒在某些方面的可能差異,因此,他會偏重於檢驗自己的假設。這樣的操作策略不僅可行,而且也非常合理。當我們準備兩杯葡萄酒作比較品評,並要求品酒者明確指出其間的差異時,他所採取的作法往往是以標準的品評程序,仔細審檢第一款酒在外觀、氣味,乃至酒液入口

第一時間的風味印象、風味變化、尾韻及持久度,然後,憑著對這款酒的印象,品酒者逐一比對第二個樣本在各方面的異同,這項操作相當仰賴記憶力。我們必須瞭解,由於比較品評的任務原本就在於找出酒款之間的差異,待評酒款之間理應存在某些差別,因此,品酒者總是會盡力找出不同之處,至少,他會試著讓自己感覺到它們之間確實有所不同。不論是確實存在的差異,抑或只是無中生有的想像,在比較品評中,都是不難理解的。

假設品酒者在完成上述的程序之後,認定第二個樣本嚐起來比較柔軟豐厚,比第一個樣本的風味更宜人,他並不會就此打住。在敲定最終結論之前,他還會再回過頭品嚐第一個樣本,作交叉比對的動作,確認自己的判斷無誤。如果經過第二回品嚐之後,第一款酒真的比較缺乏柔軟豐厚的口感,那麼,他便能夠大膽地確定第一回的判斷是正確的,也就是說,兩個樣本確實反映了過濾處理所造成的風味差異。相反的,倘使第二回的品嚐完全顛覆品酒者原本的感覺,甚至感到兩個樣本的差異不在於口感的柔軟豐厚程度,而在於其他方面,那麼,他或許只能作出非常保守的結論,因為這兩杯酒並沒有足以讓人立即察覺的顯著差異。不過,基於考量比較品評所安排的酒款理應有所差異,因此,品酒者不會宣稱:「這兩個樣本是一樣的。」他只會表示:「這兩個樣本並沒有很明顯的不同。」對於品酒者而言,比較兩款葡萄酒,卻找不出其間的差異,意謂他沒有能力完成比較品評的任務,這會讓他感到非常不安與困窘。只有極少數的品酒者能夠突破已知資訊的制約、外在環境暗示的限制以及自我暗示的牢籠,坦率地說出自己在品嚐之後的真實感受與想法。

我們要引一段有趣的文字作結。以下這段令人莞爾的故事,是拉伯雷(Rabelais)在《巨人傳》

（*Pantagruel et Gargantua*）裡的一段敘述，雖然內容非常誇張，但是這種利用寓言手法，一針見血地揭示自我暗示心理的書寫文字，在史上卻是首例。故事的場景是在「神瓶大殿」，拉伯雷描寫平凡無奇的泉水，如何在飲者天馬行空的想像之下，搖身成為風味千變萬化的甘醇佳釀：

　　芭布告訴我們：「猶太國從前有一位博學英勇的領袖，率領人們在曠野裡前進。當人們飽受飢餓折磨的時候，一種叫作嗎哪（manne）的麵包突然從天而降。大家在啃麵包的時候，憑著自己的想像，就能讓嗎哪嘗起來像是在家鄉吃過的肉。這座神殿的泉水亦然，在喝下這神奇的水之前想到什麼葡萄酒，就能感覺到那種酒的味道。那麼，你們就來試試看吧。」我們按著她的話照做，結果，巴奴日（Panurge）大叫：「天主在上，這是伯恩（Beaune）的葡萄酒啊，而且比我喝過的更棒！」……接著，約翰修士也放聲叫道：「我以燈籠國的信用擔保，這嘗起來是格拉夫（Grave）城郊的葡萄酒，又濃又醇！」……龐大固埃說道：「依我看，這個味道嘗起來像米爾沃（Mireveaux）葡萄酒，因為在喝之前，我先想到了它。」……芭布說：「再多喝幾杯呀！每次都想個不一樣的味道，你們會覺得真的喝到那種味道。」

　　我們在前文已經探討了進行品評時所需的身心條件。葡萄酒品評非常仰賴味蕾以及其他感官分工合作，它們宛如一套精密複雜、細膩敏感的接收設備，但是，由於它們也很容易受到外在環境變動以及品酒者身心條件影響，因此，有不少關於品酒時機與環境的要求與規範。品評工作要獲得良好的成效，單憑品酒者的精湛技巧還不足以成事，一位優秀的品酒者，必然懂得營造與維繫適合進行品評工作的外在環境與身心條件，唯有兩者相互配合，才能夠達到最高的工作效率。因此，品評的前置籌備作業絕對不可輕率怠忽。除此之外，感官機制的運作效能也取決於品酒者個人的生理條件，其敏銳度與準確性都會隨

著品酒者的生理時鐘，以及喜怒哀樂等內心狀況而有所起伏。因此，一位好的品酒者也必然是一位懂得安排時間、妥善規劃生活的人，這樣才能夠讓自己在進行品評工作時，身心狀態維持在巔峰，或者至少是合乎要求的狀態，而且他也必須有自知之明，熟知自己的能力範圍與潛能極限。他在品酒之前，必先確定自己的身心狀況符合工作標準，倘若時機不對，不適合品酒，他寧可先暫時擱下工作，也不會白費工夫勉強為之。

酒液溫度與風味變化的關係

　　喝東西的主要目的在於解渴，但是，液體在口腔與喉頭帶來的清涼感，讓人感到舒暢愉快，這也是人們喝東西的原因之一。拉伯雷說：「若能冰冰涼涼地喝，就要冰冰涼涼地喝！」人類喜歡沁涼的飲品，早在兩河流域古文明時代的蘇美人身上就可以看出端倪。他們為了取得冰涼的雪水，不畏路途遙遠，長途跋涉至位於現今伊朗西隅的札格羅山脈（Monts Zagros）。亞歷山大大帝也曾經讓士兵們飲用冰鎮過的葡萄酒消暑。在人類史上，積冰覆雪之地曾經讓人垂涎長達數百年，這些不易取得的天然冰雪，幾乎是奢華享受的同義詞。直到 1660 年，普可皮歐（Procopio di Coltelli）在巴黎與佛羅倫斯，成功地製造出史上第一批冰塊，人們對冰川與雪地的眷戀與渴求才稍微降溫了些。然而，有規模的製冰企業組織，一直到了十九世紀才出現，像是 1834 年發跡的貝金斯（Jacobs Perkins），或是於 1859 年利用氨制冷原理，製造吸熱式冷卻系統的費迪南・卡黑（Ferdinand Carré），以及 1875 年改進冰箱設計的查理・泰利耶（Charles Tellier）。

　　在喝東西的時候，我們能夠分辨入口液體是冷是熱，這種溫度感受屬於觸覺，而不是味覺。當我們啜飲時，嘴唇以及舌尖最先接觸到液體，它們宛若前哨站，在確認液體的溫度之後，才准

予放行，藉以保護口腔裡極為敏感的黏膜，避免它受到太強烈的刺激，並保護顎壁與食道壁。我們的嘴唇非常敏銳，即使兩杯葡萄酒的溫度僅有攝氏一度之差，也能準確辨別出來。目前已知雙唇能夠發揮良好辨溫功能的溫度區間為 10～20℃，這個溫度範圍恰與葡萄酒適飲溫度雷同，因此，唇部對溫度感受機制的相關研究，對品評而言是相當具有意義的。

黏膜組織接受溫度刺激的感覺部位可以區分為兩種：專司感熱的部位與專司感冷的部位，兩者並不重疊，它們分工合作，各司其職。口腔內壁四周以及舌葉上有許多纖維組織，有的負責感知溫熱，有的則專門接收冰涼感受的訊息。我們對溫度刺激的印象與傳導性的高低也有關係，譬如人體黏膜組織與物體接觸時，能夠很迅速地察覺溫度差異，但是手掌表皮細胞的傳導性比較差，不見得能夠很敏銳地察覺溫度的不同。當我們用手拿著冷飲杯時，可能不覺得那麼冰，但是嘴唇的黏膜與杯緣或飲料接觸時，便會覺得它比我們猜想的溫度更低。另外，我們習慣用木質勺子吃冰淇淋，用木質叉子取出油鍋裡滾燙的食物，也是相同的道理，目的都在於減緩唇部黏膜與食物或餐具接觸時，所受到的刺激。黏膜組織對溫度變化相當敏感，但是卻也有可能被「騙」，譬如薄荷會讓人覺得涼，這是由於薄荷醇會刺激冰涼感的感覺接收器，癱瘓溫熱感的感覺接收器，薄荷的涼性與薄荷本身的溫度沒有直接關係。

一位好的品酒者必然知道，葡萄酒的溫度對氣味與味道影響至鉅。他在規劃、安排品評工作行程的時候，不會忽略這些細節，因為就算是從同一個瓶子裡倒出來的葡萄酒，倘若兩個杯子的溫度不同，那麼，這兩杯酒的風味表現就很可能判若雲泥。在從事比較品評時，更應嚴格要求所有試飲酒款的酒溫一致。正如我們在前文已經說過，在進行品評前，有必要將所有待評的葡萄酒移至品評室裡，靜置一、兩個小時，以俾統一各款葡萄酒的溫度。此外，若葡萄酒的溫度偏低或過高，都會造成品評困難，甚至發生嚴重誤判的情事。酒溫不僅必須一致，亦需符合適飲溫度才行。

一位專業的侍酒人員在準備試飲酒款時，絕對不應忽略葡萄酒溫度的控制，因為酒溫也是影響酒質表現的因素之一。葡萄酒的氣味與味道會隨著酒液溫度的高低而有所不同，這些風味變化既表現為品質特性的差異，也會影響風味的強弱濃淡，換言之，酒液溫度會影響風味的質與量。紅葡萄酒的酒溫太高固然不適合品嘗，但是太過冰涼飲用也不是一件好事，過猶不及，太高或太低的品評溫度都會傷及葡萄酒的風味表現。至於其他類型的葡萄酒，也都有各自的適飲溫度範圍，或謂最佳品評溫度，亦即足以讓某種類型葡萄酒的風味特性完全展現出來的侍酒溫度。倘若一款葡萄酒的侍酒溫度沒有落在最佳品評溫度的區間之內，那麼，該酒款的風味表現極有可能不如預期。談到這裡，我們不難瞭解為什麼以不當的溫度品嘗葡萄酒，是多麼令人憤慨的侍酒疏失：要付出多少汗水、心力、時間、金錢，才能釀就一瓶眼前的葡萄酒，然而，卻非常有可能只因為酒溫稍高了些，枉費了這得來不易的成果。

主觀敘述	客觀計量
冰凍	接近 0℃
冰冷	4～6℃
冰涼	6～12℃
清涼	12～16℃
微涼	16～18℃
溫熱	超過 20℃

描述葡萄酒的溫度有兩種方式，其中一種是直接以度數表示，另一種是主觀的文字敘述。左頁下表以對照的方式將兩套系統聯繫起來，俾使表達葡萄酒溫度的語彙能夠相對地更為具體而客觀。

侍酒溫度影響葡萄酒的氣味表現，主要是一種物理現象，因為溫度上升將促進揮發性氣味物質的蒸散，而當溫度偏低時，蒸散作用則會趨於緩和。當溫度下降時，所有氣味物質的揮發強度也會隨之減弱，降低的幅度依不同化合物的性質而有所差異。假設在 20℃時的平均揮發指數為 100，那麼，當溫度下降至 5℃的時候，各種氣味物質的揮發指數只剩下 36 ～ 60 不等，而在 10℃的環境下，氣味分子的揮發強度最高不超過 72，最低也僅有 52。酒液入杯之後，從葡萄酒蒸散出來的氣味分子，會積聚在葡萄酒液面以上的杯內空間，並達到某種平衡。當溫度偏高時，氣味濃度就較高，反之，則氣味表現較弱。在 18℃時，葡萄酒的香氣表現往往顯得集中而強勁，而當酒溫下降至 12℃時，香氣表現轉弱，倘若侍酒溫度再下降到 8℃以下，很可能就幾乎聞不到葡萄酒的香氣了 [16]。葡萄酒中的酒精成分與葡萄酒中其他揮發性氣味物質一樣，也會隨著酒溫變化而有不同的蒸散強度，因此，酒溫的起伏也會造成酒精氣味的濃淡差異。酒精的氣味宛如所有葡萄酒香氣的背景，在嗅聞酒香時，必然能夠嗅出酒精味。當葡萄酒的溫度高於 20℃時，酒精的氣味會凌駕其他香氣，使整體酒香表現顯得較不細緻宜人。根據我們的經驗，葡萄酒的氣味缺陷在酒溫偏高時，更容易被察覺出來。譬如，當葡萄酒含有乙酸乙酯而表現出醋酸化的傾向以及帶有雜味、不夠乾淨俐落等風味瑕疵時，如果侍酒溫度偏高，這些氣味缺陷將更為明顯。此外，亞硫酸的氣味也會由於酒溫偏高而特別濃烈，它的刺激氣味甚至會讓某些敏感的人打噴嚏。不過，當酒溫低於 12℃時，亞硫酸的刺激氣味便會消失。某些葡萄酒的氣味缺陷，可以藉由降低侍酒溫度等手段予以消除，雖然造成風味缺陷的物質依然存在，但是降溫處理卻能避免缺陷的感知，這是處理問題酒款最直接而有效的方式。

葡萄酒在杯中蘊積、散發的香氣，以及酒液入口之後，經過口腔加溫所逼出的香氣，兩者雖然都是來自於同一款葡萄酒，而且揮發性物質的組成也頗相似，然而聞起來卻頗有不同。外部香氣與內部香氣之所以不同的原因之一，就在於溫度的差異，因為它們是在不同溫度條件之下被感知的 [17]。我們建議，葡萄酒含在口中的時間應該要夠久，才能讓酒液中的揮發性物質充分釋放，並且增進香氣的感知。一款降溫至 10℃飲用的白葡萄酒，含在口中的時間僅需十秒鐘，便足以加溫至 25℃。

溫度對味覺的作用與影響可以從生理學的角度找到解釋，雖然其間的關係至今尚未研究透徹，不過已經可以確定的是，每款葡萄酒都有自己的「最佳飲用溫度」。一款葡萄酒的最佳品評溫度，取決於酒液殘存糖分、酸度、單寧、二氧化碳之間的含量比例，以及酒精濃度的高低。倘若我們以相同的侍酒溫度品嘗數款葡萄酒，不難發現某些酒款的風味特別清新爽口，這是因為在這些葡萄酒裡，能夠帶來爽口感的成分比例較高的緣故。由於葡萄酒成分結構變化多端，牽涉相當複雜，因此，決定一款葡萄酒的最佳侍酒溫度並非易事。不過，從實用的角度出發，我們可以歸納出一些簡單的基本原則供作參考，只要將之銘記在心，便不至於辜負釀酒人的用心。

當我們的味蕾處於 6 ～ 8℃甚至更低溫的環境中，將如同被麻痺一般，很難嘗得出味道。介於 10℃與 20℃之間，才能分辨各種風味變化。在這個溫度範圍區間內，酒溫偏高，將加強甜味感，根據我們的實驗，相同濃度的蔗糖溶液在

20℃時，嘗起來比在 10℃時更甜。這個現象對於所有會造成甜味感的物質都是成立的，包括各種糖類、甘油與酒精。經過稍微冰鎮的超甜型葡萄酒與利口酒，嘗起來比較不會那麼甜，正是這個道理。這些甜酒的含糖量動輒超過每公升數十乃至百餘公克，然而，如果經過充分冰鎮，或者太過冰冷品嘗時，這些甜酒嘗起來甚至幾乎很難讓人相信，酒中的含糖量超過每公升五公克，有種在喝干型（不甜）葡萄酒的錯覺。至於味蕾在不同溫度下感知酸味的敏銳度，則不像甜味感受與溫度變化之間的關係那樣，呈現單純的正比關係。我們發現，低溫似乎可以讓酸味顯得更為柔和，在酒精體積濃度為 10% 的溶液中尤然。不過，隨著溫度提升，酸度以及酒精所帶來的燒炙與刺激感，卻也雙雙趨於強烈，其強度甚至超過兩者分別在相同濃度與溫度的溶液中，所表現出刺激強度的簡單加總。

甜味感會隨著溫度上升而加強，兩者成正比關係，但是，我們發現鹹味、苦味以及澀感的強度，卻與溫度成反比。當葡萄酒溫度偏低時，鹹、苦、澀的感受會被突顯出來。我們以氯化鈉（也就是食鹽）溶液作實驗，發現在 17℃時的感覺門檻約為每公升 20 毫克，而當溶液溫度上升至 42℃時，其濃度必須提高到每公升 50 毫克，才能嘗得出鹹味。易言之，溫度越高，越不容易覺得鹹。苦味也是如此，以咖啡的苦味與奎寧為例，它們在 17℃時表現出的苦味強度，約為 42℃時的三倍 [18]。綜合以上幾點來說，紅葡萄酒在 22℃時可能顯得灼熱刺激，而且細瘦薄弱，因為酸度與酒精在這個溫度下被突顯出來，而 18℃時則是適飲溫度，紅葡萄酒將顯得較為柔軟豐厚、柔滑順口，當酒溫降至 10℃時，風味則可能轉由單寧澀感主導，整體口感表現可能過於強勁壯滿。這正是為什麼葡萄酒從酒窖取出之後，要放在涼爽但不至於寒冷的室溫下，讓酒液溫度回升到

18℃的原因。這個讓酒液溫度回升的動作，在法語裡叫做「Chambrage」，按字面的意思，就是「使葡萄酒的溫度變得跟房間內的氣溫一致」。紅葡萄酒的最佳品評溫度，基本上取決於它的澀感強度：愈富單寧澀感的酒款，其適飲溫度也就愈高，愈需要回溫品嘗，以免葡萄酒中的單寧成分在低溫的環境下顯得異常粗糙不適口。然而，讓葡萄酒溫度回升並不代表要讓酒液顯得「溫熱」，法語形容成「Chambré」（酒液溫度與室內氣溫一致）、「Tempéré」（酒液溫度和緩宜人）的葡萄酒，相當於 18℃的酒液，喝起來還是應該要讓人覺得「微涼」才是。只有單寧含量極少的酒款，才能在更低溫品嘗時，不至於讓人覺得難以入口。根據上述原則，我們可以概括地總結，所有類型葡萄酒的適飲溫度高低，幾乎都取決於單寧含量的多寡。由於白葡萄酒裡的單寧成分含量微乎其微，因此，白酒的適飲溫度普遍較低。粉紅酒的單寧成分比白酒稍多，因此，適飲溫度也稍高，但是，酒液入口的感覺仍然顯得相當冰涼。至於紅葡萄酒，某些屬於浸皮時間較短、單寧萃取較淺的新酒型態酒款，則適合在酒窖溫度之下品嘗；貯藏型紅葡萄酒，則由於單寧較為豐厚紮實，所以適合放置在涼爽的品酒室裡，待酒液溫度回升之後，微涼品嘗。

上述原則也足以作為決定年輕酒款與陳年酒款最佳品評溫度的參考指標。一款充滿果味、芬芳逼人的淺齡葡萄酒，適飲溫度通常稍低，如此方能襯托沁爽新鮮的香氣，展現奔放的果味。陳年的酒款，由於經歷瓶中陳放而發展出窖藏香氣，侍酒時應該讓酒液回溫，以突顯其繁複的香氣變化與柔軟的口感表現。這項推論也很合乎邏輯與常理判斷，因為在葡萄酒的風味結構裡，果味與澀感表現通常呈現負相關：果味豐沛，單寧澀感相對較為含蓄，適飲溫度偏低；果味內斂，單寧澀感相對較為突出，適飲溫度稍高 [19]。

當葡萄酒的侍酒溫度偏低時，酒精所造成的溫熱感受，或謂「酒感」，就會顯得較弱。酒精豐沛、酒感旺盛的葡萄酒，適合冰涼飲用，正是這個道理。我們可以用葡萄蒸餾酒做個簡單的品嘗試驗：首先準備無色蒸餾烈酒，哪怕是棕色蒸餾烈酒也無妨，將之降溫處理。不難發現，當侍酒溫度偏低時，酒精的溫熱口感較不顯著，利口酒在冰涼飲用時，也有相同的情況。相反的，當酒溫提高時，酒精的灼熱感便會突顯出來，甚至在喉頭產生刺激的燒炙感。此外，像是「熱葡萄酒」，乃至 Grog──用威士忌或蘭姆酒摻熱糖水與檸檬角調製而成──必須熱呼呼地享用，由於酒精蒸散作用旺盛，因此，在品嘗時更會讓人出現窒息的感覺。

葡萄酒的溫度還會影響酒液中二氧化碳的溶解程度。當酒溫上升時，溶解於酒中的碳酸會逐漸以氣體的形式釋放出來。非氣泡白葡萄酒中的二氧化碳含量約為每公升 700 毫克，當酒溫達到 20℃ 時，氣泡散發所產生的扎刺感特別強勁，在 12 ～ 14℃ 時不甚明顯，當酒液溫度下降至 8℃ 時，則完全感覺不到發泡的現象。非氣泡紅葡萄酒與白葡萄酒的情況類似，不過紅葡萄酒所含的碳酸量較少，約為每公升 400 毫克。紅酒偏低溫品嘗時，難以察覺二氧化碳的存在，但是當酒液回溫至 18 ～ 20℃ 時，二氧化碳的發泡現象轉趨強勁，在舌葉上便會出現令人不悅的扎刺口感。當我們在飲用香檳或氣泡酒之前，往往會先經過適當的冰鎮處理，並使用瘦瘦高高的笛形杯品嘗，這些作法是為了降低葡萄酒氣泡散發的強度與速率。品嘗這類含氣量較高的葡萄酒時，唯有透過降溫，限制二氧化碳的發散，方能使氣泡的表現顯得沁爽宜人，不至於太過刺激。

有人認為，白葡萄酒的適飲溫度偏低，而紅葡萄酒適合回溫品嘗，只不過是單純的習慣問題而已。但是，從以上關於侍酒溫度與風味感知的論述，應該不難看出，傳統的侍酒作法並不只是習慣使然，也不是出於某種直覺，而是可以從感官生理機制的角度提出具體解釋與論證的現象。

適飲溫度

我們以上探討了溫度對感官的影響，以這些討論內容為基礎，其實已經足以回答關於葡萄酒適飲溫度的問題。人們最常問到的是：「最佳『品酒』溫度是幾度？」以及「最佳『飲酒』溫度是幾度？」

的確，「品酒溫度」與「飲酒溫度」不見得是一樣的，品評葡萄酒的人抱持批判的態度，以評論酒質表現為目的，因此，符合品評工作需求的侍酒溫度，應該要能夠幫助呈現酒款的各項優劣之處，而不必然是能夠讓葡萄酒展現最美好一面的那個理想侍酒溫度。葡萄酒業界人士在從事品評工作時，通常都將侍酒溫度設定在 15 ～ 20℃ 之間，這是適合品評各種不同類型葡萄酒的品酒溫度區間。由於這個溫度範圍並不難掌控，所以，在實際操作中並不費事。然而，必須特別注意在冬天進行品酒時，若氣溫低於 15℃，則葡萄酒從酒窖取出之後，可能會發生來不及回溫，或者反而被外面冷空氣更進一步降溫的情況，太過冰涼的葡萄酒將不利於品評進行。相反的，在夏季則應注意避免讓待評酒款樣本放置在悶熱的房間裡，以免葡萄酒超過 20℃ 的品酒溫度上限。

至於葡萄酒業餘同好與頗有飲酒心得的酒客們，在品嘗葡萄酒時，則是以追求飲酒之樂為主要目標。因此，他們選擇的侍酒溫度會盡量貼近他們心目中，最能反映葡萄酒美好滋味的那個理想酒溫，藉此突顯酒款優點，甚至發揮藏拙的效用。不過，在實際操作中，所謂的最佳飲酒

口感輕盈的白葡萄酒,各類氣泡白葡萄酒,年輕足酸的白葡萄酒	8-10℃
壯滿豐厚的白葡萄酒,芬芳型的白葡萄酒,超甜型的白葡萄酒	
天然甜白葡萄酒,淺齡的天然甜（紅或白）葡萄酒	10-12℃
粉紅酒	
淺齡且單寧澀感表現含蓄的紅葡萄酒	12-16℃
酒體壯碩且單寧強勁的紅葡萄酒	
紅波特酒（葡萄牙酒精強化天然甜葡萄酒）	16-18℃
天然甜紅葡萄酒,陳年的天然甜（紅或白）葡萄酒	16-18℃

溫非常難以掌握,因為這個溫度大幅取決於主觀因素;雖然每一款葡萄酒都應該有各自的最佳飲用溫度,然而,即便是同一款葡萄酒,在不同的情境氛圍、外在條件以及飲者個人習慣、品味偏好等諸多因素的影響之下,一款葡萄酒的最佳飲用溫度終究不可能是單一固定的。正如人們常說的:「每款酒都有自己適合的溫度,每張嘴也都有自己喜歡的溫度。」由此看來,與其說最佳飲用溫度是一個能夠讓人盡情享受葡萄酒的最佳酒溫,不如說它是一個兼容並蓄的概念,其用意並不在於將各種類型葡萄酒的最佳飲用溫度定於一尊,反倒是解放侍酒溫度的所有可能性。

縱使最佳飲用溫度的概念極富彈性操作空間,在試酒時仍應符合基本規範,不可恣意妄為。根據我們的觀察,各種主要類型葡萄酒的合理侍酒溫度範圍大致如下。依據表中指示的溫度品嘗葡萄酒,應當可以獲得較多的品酒樂趣,並且不至於犯下離譜的錯誤。類似此種適飲溫度的建

議,不太可能作出更詳細的區分。試圖針對每一塊葡萄園、每一批葡萄酒的特性去制定精確的侍酒溫度,不免顯得走火入魔,不切實際。

與一般約定俗成的侍酒溫度或者人們習慣的飲酒溫度相比,我們在上表建議的侍酒溫度相對偏低。如果跟絕大多數餐廳或品酒室的環境相較,不消說,這些侍酒溫度都冷得多。那麼,如果葡萄酒發生「回溫」的情況,不就沒有辦法以表中建議的溫度飲用了嗎?我們在上文已經說明,所謂的「Chambrage」,是「使葡萄酒的溫度變得跟房間內的氣溫一致」,在我們祖父母、曾祖父母的那個年代,法國還沒有中央暖氣系統,電暖氣的使用也還不普遍,所以,冬天的室內比酒窖稍微溫暖些,可以讓葡萄酒回溫到大約 16 ～ 18℃,但是,現在冬季的室內溫度若不像夏天那樣溫暖,至少也有 22 ～ 25℃,這對葡萄酒而言就太熱了。談到酒溫過高的問題,我們發覺現今人們大多有偏高溫品嘗葡萄酒的傾向,尤以紅葡萄酒為然。記得有一次在西班牙布爾格斯（Burgos）大教堂前廣場上的一間餐廳用餐,時值八月底,傍晚暑氣依舊逼人,我從酒單上選了一瓶看起來風味迷人的 Ribera del Duero,不料,當他們把那瓶葡萄酒送上來的時候,酒瓶摸起來大概有 30℃ 吧!我跟餐廳的侍酒師要了一個冰桶,讓葡萄酒降溫到 18 ～ 20℃,此舉讓他感到驚訝不已。雖然許多人已經習慣在常溫下飲用葡萄酒,所以溫溫地喝已經是司空見慣的事了,但是,我們建議葡萄酒最好還是涼涼地喝。侍酒溫度的拿捏最好能考慮酒液在空氣中的回溫速度,當葡萄酒與週遭溫度落差較大時,葡萄酒的回溫速度最快可以達到每分鐘上升 0.5 ～ 1℃。

剛從酒窖取出的葡萄酒,可以很容易地調整到最佳品評溫度,倘若需要回溫,就把酒瓶靜置於桌上,讓室內的空氣提高酒液溫度,倘若遇到需要比酒窖溫度更低溫品嘗的酒款,則可以將葡

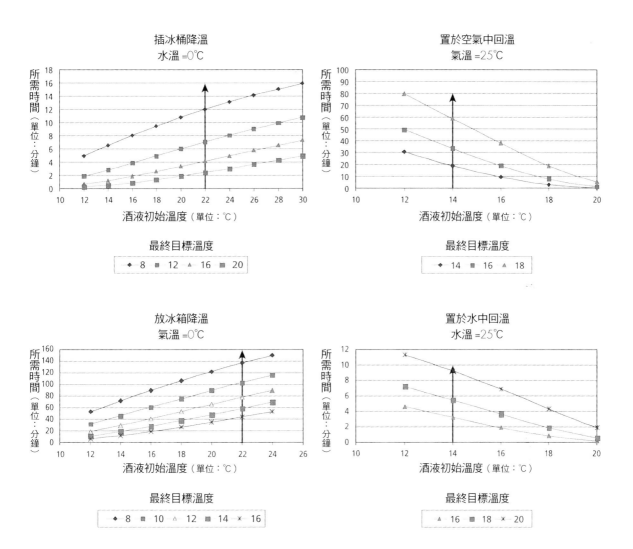

〈侍酒溫度的掌控〉

若葡萄酒在降溫前的初始溫度為22℃，使用冰桶將之冷卻到20℃約需3分鐘的時間，而在12分鐘以內即可降至8℃。如果將葡萄酒放進接近0℃的冰箱裡，讓它暴露在冷空氣裡降溫，冷卻的速度則緩慢得多，約需105分鐘，酒溫才能下降到10℃。

表中的實驗數據僅供參考，因為葡萄酒的回溫或降溫所需時間的長短，與酒瓶的晃動、室內氣溫變化與通風情形，以及桶中水量多寡都有關係。如果晃動酒瓶，促進瓶中酒液的對流，可以提高降溫或回溫的效率，但當瓶中有沉澱物或細小懸浮物的時候，則應避免晃動酒瓶，以免造成渾濁。

萄酒插進冰桶冰鎮，或者使用預先放在冷凍庫裡備用的降溫板，包覆在瓶身上，達到降溫的效果。當一瓶紅葡萄酒的溫度已經高達 25 ～ 30℃，但是很幸運地沒有被熱壞的時候，也可以運用上述的方式，讓酒溫下降到 16 ～ 18℃，這樣便可以讓原本不堪入口的葡萄酒，降至適飲的溫度。在使用冰桶時必須注意冰鎮的時間，若是把葡萄酒忘在冰桶裡面，酒液的溫度很快就會降至冰點。

我們可以透過查閱〈侍酒溫度的掌控〉這組圖表，推算酒液降溫與回溫所需的時間 [20]。這項分析研究是艾米爾·培諾教授以吉倫斯柯（Gyllenskold）的觀察心得 [21] 為基礎，測試 750 毫升標準瓶裝葡萄酒在不同條件下的溫度變化情形。我們甚至可以透過這項研究成果導出計算公式，精準地推估一瓶葡萄酒需要多少時間達到適飲溫度，不過，像是玻璃瓶的厚度、酒瓶是否有晃動等諸多因素，都會影響葡萄酒的溫度變化速度。既然在實際操作中存在許多變數，不妨直接用溫度計測量瓶中酒液的溫度，這樣比較簡單省事。現在市面上常見的葡萄酒溫度計有傳統水銀溫度計、電子讀數溫度計，甚至還有色譜讀數溫度計。

精確掌握侍酒溫度，將每一瓶葡萄酒調整到它該在的最佳品評溫度範圍內，最簡便而保險的作法似乎就是利用溫度計測量。然而，我們不應忽略溫度的主觀性與相對性。當一杯溫度 20℃的葡萄酒遇到一道熱騰騰的菜餚時，酒液便顯得沁涼，而同一杯酒遇到乳酪冷盤時，則顯得微溫。在不同的季節裡品嘗葡萄酒，我們對最佳品評溫度的感覺也會有所差異。當天氣寒冷時，將葡萄酒以稍高於一般適飲酒溫的溫度品嘗，喝起來似乎較為宜人；而在盛夏炎熱當中，所有類型的葡萄酒都應比平常的酒溫稍微再降個兩、三度，才會讓人覺得暢快消暑。由此看來，探討葡萄酒的最佳品評溫度，不應該漠視情境、場合、季節等

外在環境條件可能帶來的影響，它們都是構成「良好的溫度均衡感」的條件。

將葡萄酒調整到適飲的「好溫度」，是正確評判酒款品質的關鍵因素之一，酒溫攸關一款葡萄酒的特性是否能如實地傳達出來，恰當的侍酒溫度可以突顯酒質的缺陷與瑕疵，卻完全不妨礙我們品賞它在風味表現上的可圈可點之處。懂得掌握侍酒溫度，確是擁有品評學養的表徵。

嗅聞葡萄酒氣味的方法

在輕輕地晃動杯中的葡萄酒，觀察並嗅聞之後，接著就是進行品嘗的動作。啜吸適量的酒液入口之後，我們可以藉由雙頰、舌頭的運動，並配合吸氣，讓葡萄酒在口中溢流、翻滾，但是不要作「漱口」的動作，因為當葡萄酒在嘴巴裡沖激奔騰時，會妨礙評判葡萄酒的質地。在充分「咀嚼」葡萄酒，讓酒液與口腔各個部位接觸，甚至稍微吞嚥一些酒液之後，可以將酒吐掉，感受葡萄酒在口中殘留的風味層次。我們在整個品評操作的過程裡，聚精會神地去捕捉各種感官刺激，察覺風味變化，感受風味持久度，最後，還必須針對酒款的各項特徵加以描述，試就這些品質特點提出合理的闡釋，構思肯綮的評論。這個操作程序是固定不變的，但是操作的方法與技巧卻往往因人而異。

嗅覺與味覺是非常細膩而且容易受到影響的感官，它們必須在特定的條件下，以特定的原則與方式加以運用，才能發揮最大的效能。品嘗的動作看似單純，但是實際上卻牽涉極廣，包括一連串的肢體動作、肌群運動的配合，以及其他感覺器官的參與。至於嗅聞的時候，雖然主要依賴嗅覺器官運作，但是它必須與味覺器官搭配，嗅覺感受才會完整。此外，在品嘗與嗅聞時，必須非常專注，否則感知能力將不如預期。那些在品評活動中表現突出的優秀

品酒者，都必然熟稔箇中道理，懂得在關鍵時刻靜下心來，全神貫注地品酒。

在品評操作的各項程序中，嗅聞香氣是最重要的步驟之一。實際品評時，我們能夠運用許多不同的手段，促使葡萄酒液裡的氣味散發出來。氣味強度取決於酒液的晃動方式，此外，鼻子與杯中葡萄酒液面的距離遠近，也會影響氣味強度的感官印象。我們在本章前文已經述及，酒杯的形狀與尺寸，也會影響葡萄酒的氣味感知。我們不妨這樣想像：葡萄酒所散發出來的氣味，宛如一層看不見的霧氣，籠罩在酒液表面，填滿了酒杯裡的空間，而當我們嗅聞酒香時，便是在嗅吸這團氣味薄霧。當杯口向內收束，或者酒液經過晃動之後，這層霧氣便會顯得較濃厚；而如果杯口向外開展，氣味便容易散佚，聞起來較為淡薄，彷彿被稀釋一般。除了氣味強度以外，氣味組成也是值得注意的問題。葡萄酒所散發出來的氣味，是由不同物質共同組成的整體，杯中蘊積的香氣，會隨著氣體張力的消長，以及物質揮發性的差異而有所不同，酒香表現於焉產生豐富的變化。蘊積在葡萄酒表面的「蒸氣」，既含有水分，也含有酒精，就濃度比例而言，籠罩酒液表面的這層薄霧，所含的酒精甚至比葡萄酒本身的酒精還多。由於酒精的揮發性有助於芬芳物質的釋放與集中，因此，葡萄酒的氣味表現有時甚至比口感、味道更令人印象深刻。倘若經過晃杯的動作，那麼，液面就會由於震盪而激出液體微粒，這些懸浮在葡萄酒表面空氣裡的粒子將增加葡萄酒與空氣的接觸面積，大幅提升蒸散效率，明顯改變香氣強度與結構的表現。

當葡萄酒處於靜置狀態時，僅有極少數的揮發性物質會離開酒液，它們的蒸散率極低，而且進行得非常緩慢。正是因為如此，試圖透過瓶口嗅聞瓶中葡萄酒的氣味是徒勞無功的。

我們偶爾會看到有人這樣做，但是這個動作其實沒有太大的意義。況且，即便把鼻子湊近瓶口，可以隱約聞出葡萄酒的氣味，但是，從瓶中飄散出來似有若無的微弱酒香，也會被瓶口殘留的軟木塞氣味遮掩，甚至還會被金屬封套的氣味蓋過去。

不難理解，一款葡萄酒的氣味強度與氣味結構，或者說是「氣味發散力道」與「氣味組織構成」，會隨著蒸散作用表面積的大小，以及酒液與空氣兩者之間的體積比例增減而有所差異。譬如，在一個酒杯裡盛裝少許酒液，讓它的厚度只有杯底薄薄一層，以及盡量把酒杯斟滿葡萄酒時，兩個杯子裡雖然盛的是同一款葡萄酒，但是，氣味強度與結構表現不會相同。在品評教學裡，有一個習題是這樣操作的：用四個形狀大小相同的標準品評杯盛裝相同的葡萄酒，但是每一杯的份量不同，分別為 20、50、100 以及 200 毫升，然後進行嗅聞，並紀錄其香氣表現。根據我們的觀察，當杯中的葡萄酒少於 100 毫升時，香氣強度與細膩感的表現，跟葡萄酒的體積成正比；而當杯中的葡萄酒超過 100 毫升時，則難以察覺香氣表現跟酒液體積的相關性。這是因為當酒杯斟得太滿時，葡萄酒容易濺灑出來，無法藉由晃杯的動作來提升香氣強度，其次，由於葡萄酒的液面相當接近杯口，在嗅聞時容易吸到杯外的空氣，而使香氣遭到稀釋。總之，必須懂得拿捏斟酒的份量。由上看來，嗅聞葡萄酒的操作是一套相當「程式化」的技術，或者說是每個執行步驟與操作細節都有一套規範標準的技藝，從杯具的形狀、容積、斟酒份量，乃至晃杯方式皆有所據。

嗅聞葡萄酒的香氣操作程序，可以分為三個階段。我們偶爾會聽到有人將之稱為「聞香三部曲」或者簡單地稱為「聞三下」。當酒杯

盛裝三分之一或五分之二滿的葡萄酒之後，先讓酒杯靜置於桌面，以俾葡萄酒的香氣蘊積，嗅聞葡萄酒靜置時所散發出來的氣味，便是「聞第一下」。我們在嗅聞之前，可以先盡量呼氣，把肺部的空氣排光，然後再湊近酒杯嗅聞積聚在葡萄酒液面的「表層香氣」，毋須移動酒杯。如果要比較兩杯相鄰酒款的表層氣味，也可以運用這個技巧，在不晃動酒杯的情況下，迅速而謹慎地分辨兩杯葡萄酒在靜置時的氣味差異。除了湊近靜止的酒杯聞香之外，我們也可以將酒杯緩緩傾斜，讓杯中的酒液隨之攤平，沿著杯壁的弧度，展開變成一片薄層，在法語裡稱為「Disque du Vin」，意思是「葡萄酒薄片」。當酒杯傾斜時，我們甚至可以把鼻尖探進杯子裡，這樣可以更接近葡萄酒的液面。在這種不搖晃酒杯的情況下，所嗅得的香氣，通常較為輕盈、微弱，因為沒有經過搖晃的葡萄酒，只會釋放出最容易散佚的氣味物質。所以，「聞第一下」並不足以作為斷定葡萄酒品質的依據。

第二個聞香階段所運用的技巧更為常見，而且也非常實用。藉由晃動酒杯中的葡萄酒，增加酒液與空氣的接觸面積，提高芬芳物質的蒸散速率，接著嗅聞葡萄酒此時的氣味表現，這便是「聞第二下」。當我們以類似畫圈的方式，像是搖呼拉圈那樣晃動杯子時，杯中的酒液會隨著杯子的轉動而揚起，沖刷酒杯內壁，並留下酒液的痕跡。不論是在晃杯的過程中，酒液表面形成漩渦，還是在停止晃杯之後，杯壁四周殘留葡萄酒的濕潤部分，都有助於增加酒液與空氣接觸的機會，使杯子裡液面以上的空間充滿葡萄酒揮發出來的氣味分子，以及挾帶芬芳物質的蒸氣。葡萄酒入門者一開始可能還不甚熟練這個晃杯的動作，我們建議可以先把酒杯放在桌面上練習畫圈，讓高腳杯的底盤沿著假想的小圓圈轉動，藉此熟悉酒液沿著杯壁繞行、漲高的感覺。雖然按理說來，順時針方向或逆時針方向晃杯的效果並無二致，但是，艾度瓦‧凱斯曼[22]卻觀察到：「對右撇子而言，逆時針方向似乎比較順手。」晃杯的動作不僅具有促進酒液蒸散的功能，還能夠讓葡萄酒的香氣顯得更濃郁、集中而宜人，經過晃杯之後所嗅得的香氣稱為「底層香氣」。在晃杯之後進行嗅聞的時候，我們可以配合運用前述傾斜酒杯的技巧，讓鼻尖更貼近「葡萄酒薄片」的表面。「聞第二下」並不是只能聞一次，我們可以重複數次這個操作程序，而且會發現「底層香氣」的表現必然比「表層香氣」來得強勁而細膩，屢試不爽。

第三個階段的聞香操作則是運用震盪酒液的手段，促使葡萄酒顯現自身的氣味缺陷。這個手法相對來說較為激烈，只有在前兩個階段的操作成效不彰時，或者難以判斷酒款氣味表現是否純淨無雜，才會動用這個錦囊妙計。在逼不得已，必須「聞第三下」的時候，我們會大力轉動酒杯，把葡萄酒搖得比平常更高，並且不時穿插急甩急停的動作，讓葡萄酒在杯子裡沖激四濺，甚至很有可能一不小心把酒灑出來。這個操作技巧是為了要破壞酒液表面，讓空氣得以滲入葡萄酒，增加酒液與空氣的接觸機會，以俾逼出藏匿在酒中的氣味缺陷，在某些極端的情況下，甚至需要採取更激烈的手段，這時會以另一隻手的掌心搗住杯口，然後迅速地將杯子上下震盪。在經過此番劇烈搖晃之後，即刻嗅聞杯中的氣味，便會感覺到「第三階段」釋出的氣味較不宜人，這是由於震盪操作會加強葡萄酒裡乙酸乙酯成分的氣味、氧化氣味、腐木、霉味、苯乙烯以及硫化氫的臭味。我們在實驗室裡證實了此一現象：將葡萄酒注入燒杯中，利用電磁振盪器震動酒液，或者打入空

氣或氮氣[23]翻攪葡萄酒。結果，我們發現上述那些氣味的濃度確實提高了。此外，在實驗室裡也可以用注入氣流的方式，將葡萄酒中的揮發性芬芳物質萃取出來，以便進行分析研究。

除了上述三個嗅聞香氣的步驟及方法之外，我們還強烈建議「聞第四下」。在完成整個品評程序，當酒杯清空之後，稍待片刻，在杯底仍會積聚少許酒液，並繼續釋放香氣，而且，附著在杯壁上的酒液也會有香氣殘留。這時從酒杯裡嗅得的氣味，便是聞香第四階段的香氣。在品嘗優質的蒸餾烈酒時，經常運用嗅聞杯底香氣的技巧來評判酒質，這個作法也適用於葡萄酒的品評。許多葡萄酒都不會在杯底留下特殊的氣味，甚至沒有氣味，但是經過高品質橡木桶陳年熟化的酒款，則會在杯底遺留鮮明的脂腴氣息。這是葡萄酒本身與來自於橡木桶的單寧成分，在經過陳年之後所產生的氣味。

在嗅聞香氣的過程中，必須懂得控制氣息的節奏。聞香時的吸氣動作要和緩，並根據氣味濃度，適當調整氣息的輕重深淺。心浮氣躁地急促吸氣，是無濟於事的。嗅聞的動作通常以兩至三次的緩吸為一個循環，每次吸氣約持續兩秒到四秒鐘。在每次吸氣時，不同的氣味接二連三地紛來杳至，我們必須趁著嗅覺足夠靈敏，而且氣味印象還很鮮活時，迅速地將嗅得的氣味逐一記錄下來。否則，不出多少時間，當嗅覺疲勞之後，我們便很難再次聞出那些氣味了。通常在操作一個循環之後，會稍事休息，避免讓嗅覺不停受到葡萄酒氣味的刺激而變得遲鈍。

在比較氣味異同的時候，需要穩當的操作技巧，每次吸氣的份量以及力道都必須維持一致，在兩次吸氣嗅聞的動作之間，也必須以相同的方式呼氣。倘若在嗅聞香氣的時候沒有全神貫注，甚至漫不經心而有所差池，以致於必須重新操作一次，那麼，再次嗅聞時，極有可能由於感官已經習於該類氣味物質的刺激，而使得第二次的嗅覺印象顯得非常模糊、薄弱，甚至聞不到原本還聞得出來的氣味。嗅覺記憶消失的速度之快，絕對超乎你我的想像，只有當兩種氣味在很短的時間內，一前一後相繼被感知，我們才有辦法進行嚴格意義上的比較，否則，我們對這兩種氣味之間的差別，僅能作出籠統的印象描述而已。在比較氣味的過程中，應該盡量縮短嗅覺印象之間的時間差，才有利於察覺其間的細節差異。我們建議在嗅聞第一個待評樣本的氣味之後，先緩緩地作個深呼吸，平靜而專注地回想這個樣本所造成的氣味感受，加強印象之後，再繼續嗅聞下一個氣味樣本。在比較氣味的時候，那怕只是稍微恍神、分心，都必須捲土重來，否則便很難有所發現。

不論是嗅聞年輕葡萄酒的新鮮果香，還是研究陳年酒款的複雜香氣，凡是嗅聞酒香，都必須全神貫注，倘若能再輔以源源不絕的靈感，將能使工作進行得更順利。品酒時所花費在嗅聞香氣操作上的時間與精力，理應與味覺分析相去不遠才是。有些人在品酒的時候，只隨便聞一下，或者根本不去聞葡萄酒的氣味，枉顧千變萬化、引人入勝的香氣表現，寧可單就葡萄酒的口感、味道進行評判。這種品酒方式未免太過輕率，令人憤慨。要知道，沒有什麼其他感官能夠比嗅覺更敏銳而準確地判斷一款葡萄酒的細膩程度、品質層次，以及該酒款所處的熟成階段。

雖然品酒者不見得有意識，但是他在品評時卻無時無刻不在與自己的嗅覺賽跑。隨著工作時間的拉長，嗅覺會愈來愈遲鈍，這是由於感官機制逐漸適應外界刺激，因而造成敏銳度下降，品酒者甚至很有可能感覺不到自己變得遲鈍。不過，有意思的是，就算是在品嘗第一杯酒的時候，卻也總是很難作出適切的評論。

這是因為當口腔還沒有接觸葡萄酒液,而葡萄酒所蒸散出來的氣味也還沒有進入鼻腔時,我們不容易真正嘗出、聞出酒中的細微風味變化。品酒的時候應該避免用水漱口,相反的,口腔應該保持「以酒涮過」的狀態,正是出於這個道理,我們下文還將再次強調這個重點。既然在品評活動剛開始的時候,最先品嘗的兩、三款葡萄酒,皆很可能由於上述的生理限制而遭到誤判,那麼,我們不妨先從自己熟悉、認識的酒款開始品嘗。一方面,可以達到替味覺與嗅覺「暖身」的目的,二方面,也可以作為接下來品評其他酒款的參考基準。誠然,我們的感官會因此變得較不敏銳,但是,當嗅覺器官適應某種氣味刺激之後,它對其他氣味的敏銳度卻會相對提高,也就是說,在已經品嘗兩、三款葡萄酒,但還不至於感覺疲勞的時候,我們反而能夠在各款葡萄酒共通的氣味基礎上,更準確而敏銳地辨識並察覺氣味的細部差異。正是由於嗅覺機制具有此項特點,當我們進行嗅覺審檢時,會一再重複嗅聞的動作,並拉長嗅聞香氣的時間,如此一來,便能夠讓嗅覺適應葡萄酒的主要氣味,並漸漸自動忽略它,進而嗅得原本還聞不出來的氣味。

葡萄酒入口之後

早在十八世紀,人們就已經懂得:「以嗅聞酒香為始,以送酒入口為繼。」葡萄酒本來就是釀來喝的,沒有什麼比把酒送進嘴巴更直觀的了。雖然這個動作看似簡單,但是學習品酒的人通常會問:「在品嘗的時候到底有哪些該注意的地方?嘴巴裡有酒的時候,應該做些什麼?舌頭要放在哪裡?該不該動?如果舌頭要動的話,又該怎麼樣才會有效率?」要回答這些問題並不容易,因為就連品酒者自己可能都不見得知道該怎麼描述、傳達這些已經內化的品酒技巧,以及猶如反射動作的操作機制。對於品酒者來說,

能夠在不自覺的情況下,機械性地重複標準品評動作,是一項必備的技能,因為唯有如此,才能確保每次的品評結果都是在相似的條件之下完成的,這樣的比較品評才有意義。

讓我們仔細觀察品酒者的動作,看他如何讓葡萄酒與味蕾充分接觸。首先,就像平常喝東西一樣,拿起杯子,頭稍稍向後仰,將杯口朝嘴巴的方向傾斜。不過,在品評時並不會讓葡萄酒自然流進嘴裡,至少不是倒進去或灌進去,而是將杯緣貼著下唇,嘴巴微張,舌向前伸,待上唇碰觸酒液之後,才緩緩將酒啜吸入口,讓葡萄酒與舌尖接觸。接著,舌頭放鬆,使酒液留在口腔前庭,並在平坦的舌葉上溢流。這時,透過雙頰與唇部的肌肉運動,以「收縮─吸氣」、「鬆弛─吐氣」的方式,調節口腔內部的壓力。這個微妙的細部動作來自直覺反應,品酒者往往不會意識到自己在吸氣、吐氣。然而,正是在這恰如其分的一吸一吐之間,葡萄酒才得以隨著口腔形狀的改變而四處流動,跟著吸入的空氣一起翻滾,讓味蕾充分感知酒液的風味。此外,在調節口腔內部壓力時所做的吸氣動作,也能夠促進酒液蒸散,使葡萄酒在口腔中所散發出來的香氣,也成為葡萄酒入口之後風味印象的一項組成要素。

至於一口酒的份量要如何拿捏,要啜吸多少才足夠品嘗,在這個問題上,大家眾說紛紜。雖然每個人的習慣不同,但是我們認為每一口的份量約維持在 6～10 毫升,便已足供品評操作所需。有些人主張每一口葡萄酒的份量絕對不可以少於 20 毫升,甚至應該高達 25 毫升,這在我們看來卻像是牛飲。對於品酒來說,嘴裡含著超過 20 毫升的葡萄酒,這樣的份量確實太多。當嘴裡的葡萄酒體積增加時,就必須花更長的時間才能讓它升溫,這將妨礙香氣釋出,而且,含著一大口葡萄酒也是件相當吃力的事,

必須先吐掉一些才行，與其如此，不如一開始就不要喝太大口。每當我看到有人把葡萄酒大口大口地送進嘴裡，就不禁覺得他們好像把品酒當成了漱口，或者是用葡萄酒灌洗喉嚨。在待評酒款數量較多的品酒場合，這種品酒方式尤其容易造成酒精疲勞。相反的，倘若吸入口中的酒液太少，則無法讓分佈在口腔壁四周的味蕾充分與酒液接觸，再加上唾液的稀釋，便將使風味刺激太弱，無法展現酒款的品質特性。

在品酒時，每次啜吸的葡萄酒份量應該盡量維持一致，不同的酒款之間已經存在風味的差異，倘若入口的酒液時多時寡，將更難以進行嚴謹的比較。剛入門的新手必須作的一項功課，便是測量自己啜吸入口的酒液體積，較簡便的作法或許是在啜酒前後分別替杯子秤重，藉由前後的重量差，即可推估啜飲一口份量的葡萄酒相當於多少體積。這項操作不僅可以調整品酒者習慣啜吸的一口份量，也可以透過反覆練習，讓每一口酒的份量一致，提高品評的穩定性。

啜酒入口之後，首先緊閉雙唇，讓葡萄酒滯留在口腔前庭。然而，在品酒時並非只讓酒液接觸口腔的前半部，隨著舌頭在口腔裡前後滑動，葡萄酒便會向口腔後半部流動，並且有一部分的酒液會被嚥進喉頭。與此同時，上顎及下顎保持微張，並配合舌頭的滑動一開一闔，法語裡有一個描述品酒時的這個口腔動作的說法是「咀嚼葡萄酒」，便是這樣來的。此外，還有人說品酒的時候要把酒「咬一咬」，這個「咬酒」的說法，描述的也是這個動作技巧。隨著舌頭前後滑動與上下擺動，口中的葡萄酒不斷受到翻攪，並沖刷口腔各個部位的黏膜組織，使味蕾能更頻繁地與葡萄酒接觸。當我們已經充分「咀嚼」一口葡萄酒，並把酒吐掉之後，這時，舌頭再次回到口腔前庭，並掃過牙齒表面、牙齦、雙頰內壁與唇齒之間的黏

膜，此時配合收縮雙頰的動作，壓縮口腔的空間，促進唾液分泌，便能嘗出葡萄酒的風味變化，我們將之稱為「尾韻」[24]。

當口中仍有酒液時，微微鬆開雙唇，重複兩至三次唇間吸氣的動作，並且稍微收頰，使雙頰向內凹陷，此舉有助於內部香氣，或稱為口中香氣的釋放，並促進風味缺陷的揮發與感知。我們吸入的空氣將更進一步翻攪已經被口腔加溫的葡萄酒，隨著空氣滾動而蒸散出來的氣味，便順著鼻咽管進入後鼻腔。雖然在操作唇間吸氣的動作時，或多或少都會發出聲響，但是，吸氣的力道也可以很輕緩含蓄，如此便不至於發出很大的噪音。

品評時將葡萄酒留在口腔中的時間可長可短，端視品評的目標而有所不同：針對酒液入口的風味特徵進行評判，所需時間僅有 2～5 秒；評估單寧澀感，乃至尾韻的品質表現，酒液停留在口中的時間則較長，最多可達 10～15 秒。我們不建議將一口葡萄酒含在嘴裡超過 15 秒。利用短短的幾秒鐘時間品嘗葡萄酒，較無法完整感受紅葡萄酒的單寧質地與結構，但對於判斷入口風味特徵來說，卻已經綽綽有餘。根據不同的品評目標，我們可以讓葡萄酒沾沾唇，迅速地淺嘗，或者讓酒液接觸舌面與舌根交界處的 V 型界溝，以及分布於口腔深處與上顎底部接近食道頂端的味蕾，藉此仔細而完整地品嘗酒款風味。

當專業人士進行品評工作時，通常會盡量把口中的葡萄酒吐乾淨，避免將酒喝下去。這並不是因為把酒吐乾淨有助於風味感知，恰恰相反，若是將酒吞下去，分布在喉頭附近的味蕾將更能發揮作用，我們反而能夠嘗出更多風味，並且感受到葡萄酒從口腔深處散發出來的氣味。不過，倘若一位專業人士在品評十餘種、三十幾種乃至更多酒款時，捨不得把酒吐掉，每種都喝一點兒

的話，絕對是行不通的。然而，業餘葡萄酒愛好者比較不會遇到這個問題，因為業餘品酒活動通常只會品嚐種類相當有限的酒款。葡萄酒業界之外的業餘人士在品酒時，把葡萄酒全部喝下去，是完全正常、合理的舉動，至少，他們可以選擇把自己喜歡的葡萄酒喝掉。但是，有些人卻一口咬定，如果不把酒吞下肚，就完全嚐不出味道。他們誤把喉嚨當成品評葡萄酒的主要器官，抱持這種想法的人，往往不懂得品酒，他們自以為在品酒，其實卻只是吞酒罷了。

準備吐酒的時候，我們會讓口中的酒液流到口腔前庭，並將嘴唇向前嘟起，雙頰向內收縮，增加口腔內的壓力。此時，舌頭就像活塞的功能一樣，將葡萄酒向前推送，配合調整嘴唇的形狀，便可以靈巧地將口中的酒液完全排出。精湛的吐酒技巧讓人嘆為觀止，但是這項技藝絕對不是讓人用來炫技的，專業人士的吐酒動作應該相當含蓄俐落，我們可以從吐酒動作是否純熟，判斷一位品酒者是否為業界人士。其實，吐酒動作的基本要求並不如想像中那麼複雜，只要能夠根據吐酒桶的距離遠近，適度調整唇間的縫隙，拿捏推送酒液所需的力道，不偏不倚地將酒吐進桶中，就算合格了。

在某些品評場合裡，我們可能會由於品評的主要目的僅在於找出不同酒款之間在整體上的差異，因此加快品評的速度，以期達到最高工作效率。然而，原則上，品酒的速度必須放慢，以便完整感受並評判葡萄酒的風味持久性，只有當一款葡萄酒在口中殘留的風味完全散佚淡去之後，才能繼續品嚐下一款葡萄酒。相同的酒款重複品嚐好幾次，是沒有太大意義的，在短時間之內不斷受到類似的刺激，只會加速感官的疲勞。我們在前文提及，即便是在品嚐第一杯葡萄酒時，也很難作出適切的評論，因為我們的感官還沒有做好「暖身」，不

過，這也必須歸因於我們的注意力尚未完全進入狀況。如果在品嚐第一杯葡萄酒時，就能完全靜下心來專注地品嚐的話，第一口葡萄酒的品評印象往往相當值得參考。有些人還開玩笑地說，如果第一口酒很不好喝的話，那麼，它肯定就是一支爛酒，不可能好喝起來。不過，縱使在品嚐一款葡萄酒時的第一印象非常重要，我們也不能以此遽下判斷，令人無奈的是，這種武斷的品酒者並不在少數。話說回來，不論第一印象如何，總得要再品嚐第二次進行確認，才能做出較為肯綮的評論。

在品嚐兩款酒之間的空檔，我們通常不建議用水漱口，相反地，要讓感官敏銳度維持一定的穩定性，應該讓口腔保持在「以酒涮過」的狀態。如果在品酒時用水漱口，原本的感受基準就會產生變動，比較不容易正確判斷前後酒款之間的差異性。

只有在出現味覺疲勞的情形時，才需要用水漱口，甚至可以喝些水，休息一下，等到味覺敏銳度恢復之後，再繼續完成前一輪尚未品評完畢的酒款，或者進入下一輪的品評工作。

在等待味覺恢復靈敏之前的休息時間，吃些原味麵包或是不甜的餅乾，這樣不會有任何不妥。但是在品酒時可以吃的東西並非百無禁忌，在專業的品評場合，應該禁止食用乳酪、堅果一類的食物，因為它們會遮掩、抵消紅葡萄酒的澀感以及單寧所帶來的風味，影響我們對於酒款品質特性的判斷。反觀業餘葡萄酒同好，由於沒有工作責任的負擔，所以可以很自由地吃吃喝喝，盡情享受飲饌之樂。只不過，如此一來便不能算是嚴格意義上的「品酒學問」或者「品酒研究」，而是「品評藝術」或者「飲饌樂趣」。波爾多葡萄酒界裡盛傳一件逸事，曾經有一位知名的列級城堡酒莊女主人，在訪客參觀酒窖與品酒的時候，會提供他

們乳酪與榛果配酒，讓該酒莊成色深沉、口感強勁的葡萄酒顯得柔滑好喝。在訪客們準備動身前往參觀附近其他競爭對手的酒莊之前，她卻端出煙燻烏梅替他們餞行。無庸置疑的，這位女士的手段非常高竿，已然完美掌握品評的精微奧妙之處。

至於「如何把品評過程中的感受紀錄下來，是否有一定的格式或步驟？」這個問題則不容易回答。從現今多達數百種不同的品評記錄單看來，很難找出理想的唯一方式。較為實際的作法應該是根據品評活動的目標，選擇適合的紀錄單，讓描述、評比、分類、擇優汰劣等不同目的與性質的品評工作，能夠進行得更順利。我們將在接下來的第五章裡，探討相關問題，列舉一些品評記錄單作為範例，並說明它們的適用場合。在此暫先簡單地提出一個重要觀念：所有堪稱合格的品評，都必須訴諸語言表達，而且最好能夠以書面呈現品評結果。書面評論的語言，必然比口頭陳述更為精確洗練，因為品酒者在下筆之前，不僅必須迅速完成構思，而且必須言之有物才行。此外，撰寫書面品評結果還能強化對酒款風味的記憶，作為後續學習的參考資料，並藉此精進感官分析的技巧，以便在品評活動中獲得應有的感官愉悅和心理滿足。

品評方法綜論

從葡萄園裡、釀酒槽邊到餐桌上，各式各樣的品評場合都有共通之處。最普遍的飲酒時機，或許是家人、朋友之間的聚會，在這些情況下，運用一些簡單的技巧，將有助於感知、評論、欣賞與品味葡萄酒的品質特性。在選購葡萄酒時，這些品評技巧也相當實用。

首先，要注意品酒的地點與環境。若在白天品酒，可以利用有日光漫射的明亮地方，否則，可以使用接近日光的照明燈具替代，此外，品酒室不應悶熱，氣溫應維持在 18 ～ 20℃。總之，簡潔樸素、照明充足、沒有異味、涼爽宜人而且安靜無噪音的地方，有利於品評活動的進行。

其次，應該將待評的葡萄酒控制在適飲溫度範圍之內，將整瓶酒放在冰涼的水中或者在品嘗之前靜置於品酒室裡，便能夠在數分鐘，最多數十分鐘之內，讓酒液下降或回升到恰當的品評溫度。白葡萄酒與口感輕盈的酒款，適合在 8℃或者 12 ～ 14℃之間品嘗，紅葡萄酒的適飲溫度則在 16 ～ 18℃之間。雖然許多人已經習慣以偏高的酒溫飲用紅葡萄酒，但是，紅酒的最佳品評溫度很少超過 18℃。

用來品酒的杯子以設計簡單、沒有繁複裝飾、杯壁薄者為佳。杯子的容量必須夠大，約 200 毫升容積的杯具，方能滿足品評操作所需。在使用之前必須確認杯中沒有清潔劑或者櫥櫃氣味殘留。國立法定產區管理局（INAO, Institut National des Appellations d'Origine）與法國標準化協會（AFNOR, L'Association Française de Normalisation）共同研發製作的品評杯（Verre Normalisé INAO-Afnor）以及類似款式的杯具，都非常適合用來品酒。使用這種品評杯斟酒約三分之一時，能夠讓晃杯的動作進行無礙，順利地讓葡萄酒中的氣味分子釋放出來。試酒碟是精美絕倫的酒器，它曾經盛極一時，但由於較不實用，如今已經乏人問津了。

然而，影響品評活動的關鍵因素，卻在品酒者自己身上─他既是品評的「器材工具」，也是接受葡萄酒所帶來感官刺激的「客體」，同時還是操作品酒動作的「行為主體」。如同許多其他專業領域對於從業人員的要求，從事品評活動的業界人士，必須「稟賦聰慧」、「勤奮好學」、「興致高昂」，後兩項要求並不過

分，而且也不難做到：優質葡萄酒的曼妙風味，總是能夠讓我們的工作興致油然而生，鼓舞我們積極進取的精神與品酒的熱情。以品嘗美酒為業，我們自然會想要瞭解更多蘊含在佳釀當中的學問與道理。至於「資質聰穎」的門檻，其實也是絕大多數人都能符合的條件，幾乎所有人都有學習品酒的資質，因為天生患有感官缺陷，以致完全無法學習品酒的人，實在少之又少。既然「人人都能品酒」，那麼，決定品評成效的關鍵因素，就是「專注」。在進行品評的短短幾秒鐘之內，品酒者必須全神貫注於杯中酒液的外觀、氣味、口感、味道，他必須暫時拋開雜念，忘了自己身在何方，只為了「傾聽」葡萄酒在他耳畔細語呢喃。學習品酒的人必須學會「以酒為師」，接收並瞭解它所傳遞的訊息，在永無止境的學習道路上，懂得向杯中的葡萄酒學習，將受用無窮。

品評的步驟主要可以分為三個階段：眼到、鼻到與口到。或者，說得白話一些，「看看外觀」、「聞聞酒香」、「嘗嘗味道」。

只需短短幾秒鐘的時間，便足以判斷葡萄酒的澄澈度，觀察到顏色的深淺與色相等細微變化，並確認是否有沉澱物。在品評氣泡酒的時候，也能一眼看出發泡的情況屬於含蓄抑或強勁的類型。

在搖晃杯中的酒液之後，把鼻尖湊過去聞一聞，就能判定該款葡萄酒的氣味類型、強度，並感受它的變化。在嗅聞葡萄酒的氣味時，我們可以把重點放在判別酒香是否純淨無雜味，葡萄酒裡最常遇到的氣味缺陷之一是軟木塞感染所造成的霉味。此外，氣味的強弱濃淡、簡單淺薄抑或深沉繁複，也都是評判的重點。最後，我們也會注意葡萄酒的主要氣味，並酌加描述。

最後，便是動用我們的舌頭，到了嘗一嘗味道的時候了。這時，我們會讓葡萄酒在口中緩緩流動，並停留五到十秒，使口腔內部的黏膜充分與葡萄酒接觸，但是，要切記過猶不及，葡萄酒含在口中的時間最多不應超過十餘秒。在品嘗時，應特別注意有哪些主導氣味，以及它們之間的均衡關係。葡萄酒裡的各種風味之間若是達到均衡，便可讓整體表現顯得和諧，並展現充足的酸度、酒感，以及單寧的澀感，同時卻不至於讓人覺得其中任何一項風味結構因素過於強勁，致使葡萄酒嘗起來太酸、酒精表現太突出，或者過於緊澀，否則，該款葡萄酒的結構便算是不協調。「失衡」與「違和」的程度有輕重之分，但是不論如何，總是風味結構的缺失，會破壞品評時應有的愉悅感受。在把酒吞下或者吐掉之後，我們還能夠更進一步嗅得葡萄酒散發的其他氣味，這是由於葡萄酒經由後鼻咽道進入鼻腔的結果。在這個品評階段，我們已經獲得充足的資訊，能夠針對酒款的香氣持久度、餘韻長度，乃至味道與氣味諸多風味元素之間的均衡關係，作出允當的評斷。葡萄酒離開口腔之後才出現的風味，以及這些感官刺激讓我們對該款葡萄酒產生的觀感與啟發，仍屬於這款葡萄酒品質的一部分，值得細心品味。猶如聆賞莫札特的音樂，當最後一個音符落下，隨著樂音終止，接續而起的那段靜默，仍然是莫札特音樂的一部分，品賞一款葡萄酒的餘韻，那種感受宛如置身在餘音繞樑的情境裡，風味的旋律未曾真正停歇或消逝，它們依舊存在。品評一款葡萄酒的時間不過十幾二十秒，在經過一番專注的品嘗之後，我們得以透過感官機制，像運用儀器一般地「分析」葡萄酒的結構，瞭解它的風味個性，甚至會有明顯的喜惡反應。但是，這些品嘗結果與感受，皆繫於品酒者作到專心致志、心無旁鶩的功夫，倘若品酒的時候神遊太虛、心猿意馬，那麼，即使再多品嘗幾次，也是枉然！

譯註：

1 葡萄酒的計量單位，一個標準瓶（Bouteille）的容積為750毫升，半瓶相當於375毫升。

2 「潔淨」（Netteté）泛指葡萄酒在外觀、氣味與味道各方面，沒有明顯的、嚴重的缺陷或瑕疵。（Jacques Blouin *Le dictionnaire de la vigne et du vin*. Paris : Dunod, 2007. P. 216）

3 此處指的是「波爾多式橡木桶」（Barrique Bordelaise）。根據波爾多工商會（La Chambre de commerce et d'industrie de Bordeaux）於1908年二月頒布的規章內容，波爾多式橡木桶的標準容積為225公升，誤差值不得超過百分之二。

4 硫處理是在葡萄酒中添加微量的二氧化硫，以達到滅菌、去除酵母、避免氧化、去除氧化酶、抑制乙醛與其他揮發醛、固香以及固色等功能。

5 指葡萄酒受到紫外線影響，產生類似花椰菜的風味，一般稱為「光害的味道」（goût de lumière）。白葡萄酒受到陽光直射或者暴露在霓虹燈管下，特別容易產生這種風味缺陷。

6 原書註：*La cata y el Conocimiento de los vinos*, M. Ruiz Hernandez, 2003.

7 水晶玻璃（le cristallin）又稱「次水晶」、「小水晶」（le petit cristal），是一種介於玻璃及水晶的材質，含鉛量達9%。

8 水晶（Cristal）又稱「含鉛水晶」（Cristal au Plomb），含鉛量約為24%。

9 位於法國洛林區。

10 所謂「以酒漱口」不單指品評之前的準備動作，也是指品評過程中應當避免以水漱口，讓口腔維持有酒液殘留的狀態，以俾蕾在類似的條件環境下，比較前後酒款的風味。相關內容參閱本章〈葡萄酒入口之後〉一節。

11 指《穿越時空的試酒碟》一書。Mazenot René *Le Tastevin à travers les siècles*. Grenoble : Les Quatre-Seigneurs, 1977.

12 翁傑爾（René Engel）著有《淺談品評藝術》（*Propos sur l'art du bien boire*, 1980）一書。

13 所謂鼻側，指的是有突耳把手的那一側，因為酒碟邊緣出現突出物，恰似突出的鼻尖；而所謂唇側，則由於邊緣平滑而且有弧度，恰似唇線而得名。

14 比較品評有兩個重要的條件。其一，應該避免酒款之間相互影響；其二，酒款之間應該要能夠同時比較。試酒碟無法滿足這兩項條件，而同時使用數只水晶杯，此一問題便迎刃而解。倘若只使用一個水晶杯進行品評，也將遭遇與試酒碟相同的限制。

15 Nobert Got, *Le Livre de l'amateur de vins*. 2e édition, chez l'auteur, 1967.

16 此處以18℃、12℃與8℃為例，分別是指「葡萄酒自酒窖取出之後的回溫溫度」、「理想酒窖的氣溫」以及「經過（過度）冰鎮處理的葡萄酒溫度」。

17 溫度對氣味感知的影響，可以從兩個方面解釋，其一為揮發物質蒸散作用的差異，其二為感官機制在不同溫度下的效能差異（參閱前文關於「品酒室」氣溫控制的內容）。此處所謂「內部香氣與外部香氣是在不同的溫度條件之下被感知的」，專指前者而言。

18 此處以42℃為例，因為這個溫度是一般熱飲適口的溫度。

19 葡萄酒的果味表現隨著萃取加深而被單寧澀感取代，淺齡葡萄酒的年輕果味在陳年過程中減弱。

20 原書註：*Maîtrise des Températures et Qualités des Vins*, J. Blouin et J.M. Maron. Éditions Dunod, 2006.

21 指吉倫斯柯於1967年的研究。Ronald S. Jackson, *Wine Tasting: a Professional Handbook*. UK, USA : Elsevier Academic Press, 2002. p.136.

22 艾度瓦·凱斯曼（Édouard Kressmann）是《作為一門藝術的葡萄酒》一書的作者。（*Du vin considéré comme l'un des beaux-arts*. Paris : Denoël, 1971.）

23 由於氮氣的活性低，將氮氣打入葡萄酒，既可以模擬振盪效果，也可以避免空氣中的氧與葡萄酒發生作用，相對來說，比打入空氣的實驗方式更為嚴謹。

24 波爾多稱為「尾韻」（après-goût）的概念，即「後段風味」或「收尾」，指的是品評過程裡，葡萄酒尚停留於口腔中的後段風味。在把酒嚥下或吐掉之後，口中殘留的風味則稱為「餘韻」、「長度」或「持久度」，是「味道持久度」與「香氣持久度」的總稱。「arrière-goût」也是指尾韻，不過它不僅指葡萄酒收尾的宜人風味，也可指葡萄酒在口中殘留的風味消失之後，忽然出現的風味缺陷，因此可能有負面的涵意。Michel Dovaz, *2000 mots du Vin*. Paris : Hachette, 2004. p.16. Émile Peynaud et Jacques Blouin, *Découvrir le goût du vin*. Paris : Dunod, 1999. p.42~43.

CHAPITRE 5

理解葡萄酒
——感知、描述、統計、闡釋

從感官刺激到大腦思考

薄荷醇分子要讓我們感覺到它的氣味,並讓我們說出:「薄荷聞起來好香!」這整個過程涉及許多層面,不僅包括物理、化學、生理學等方面,還牽涉心理現象,此為「透過感官刺激的認知方式」。誠然,我們在這裡沒有必要鉅細靡遺地敘述大腦運作的所有細節,因為這對我們探討的主題沒有多大幫助,但是,我們卻不應對這個機制一無所知。從某個角度而論,品嘗是一種機械性的動作,是一種意圖接受風味刺激,企圖感知風味的行為。倘若品嘗的東西不存在,那麼也就沒有所謂的品嘗了。因此,品嘗行為本身具有物質傾向的特徵,它以物質為中心,並且依賴物質而存在。由是觀之,品嘗的行為依賴具體物質而存在,按理說來,它應該是客觀的,況且,品嘗是人類共有的行為與經驗,而比較不屬於個人的、私密的或主觀的活動。然而,從另一個角度來看,我們卻也發現,由於品嘗過程涉及心理層面的因素,因此,品嘗活動也或多或少帶有主觀色彩。正是因為主觀與心理因素在品評活動中扮演重要的角色,才使得品評的學問如此浩瀚無窮,甚至難以言傳。就這樣,雖然一切品嘗行為都源自看來微不足道的氣味分子,而最終也只不過是以一段描述、一個表情,或者一席評論作為結束,然而其中卻牽涉極廣。

無數研究結果顯示,足以影響品評行為的因素非常多,包括專業養成背景、技能學習成效、個人的記憶力等,此外,成長經驗以及文化環境也都有影響。整個品嘗過程,莫不受到周遭環境的牽動,甚至還可能出現意外狀況……

感官刺激訊息傳送到腦部之後,在腦的不同部位進行處理,其中以舊腦為主。人類與自己老祖宗在腦部最類似的地方,似乎就是舊腦,而且沒有明顯的左右之分。舊腦職司的嗅覺處理是總體性的,因此,它一方面很容易受到許多外界刺激的影響,二方面,腦部局部失調或功能障礙不容易導致嗅覺機能完全喪失,除非是帕金氏症或阿茲罕默症那類機能退化的疾病,才會危及舊腦的正常運作,在很短的時間內癱瘓嗅覺。這也是為什麼嗅覺測試可以作為早期診斷此類疾病的工具。人類胚胎在發育三個月之後,便開始有嗅覺與味覺,在第六或第七個月時,嗅覺與味覺就已經能夠獨立運作。新生兒嘗到甜味時,會露出愉快的表情,而在嘗到苦味時,則看得出他討厭這種味道。彷彿人類與生俱來就喜歡甜味、討厭苦味,簡言之,對於甘苦的喜惡是一種下意識的本能反應。人類不像昆蟲那樣對費洛蒙非常敏感,但是我們已經透過實驗發現,人類的免

疫系統具有類似的機制，能夠讓人偏好某些特定的感受。簡單地說，嗅覺與味覺的某些固有性質與感受偏好，其實早已深植腦部，只是我們沒有自覺而已。

打從呱呱墜地，我們就開始認識食物的味道。既有的味覺印象不斷累積，而新的經驗又加以補充，使我們的味覺記憶資料庫愈顯豐富。家庭背景與文化環境，對於一個人的味覺、嗅覺感官經驗與偏好影響至鉅。已經有研究者針對來自美國德州、法國格諾伯勒（Grenoble），以及越南的大學生進行抽樣調查與測試，結果發現他們對風味的偏好皆有所不同，尤其是越南學生的喜好，與其他國籍的學生特別不一樣。

隨著年齡增長，我們的感受記憶會以某種更有系統的方式，透過學習而組織起來。凡是我們認定風味特徵相近的風味感受，都會在我們的認知中成為可以互相比擬的同類事物。不過，風味感受在認知裡的組織方式並不固定。一個美國人可能會把花生與帶有甜味的花生奶油醬聯想在一起，而一位法國人卻可能覺得花生讓人聯想到的是鹹味，而不是甜味。另外一個有意思的例子是某些人在聞到、嘗到薄荷時，不見得會聯想到食物，而是聯想到華達止咳糖漿或偉克斯口服液此類含有薄荷成分的藥品！這些都說明了成人對風味的認知帶有強烈的個性色彩，它與個人的生長環境與經歷有關，而不再像孩提時期一樣，孩童們受到基因遺傳、天生感官機能等生理範疇的影響較為明顯。由於文化背景與生活經驗的累積，同一種風味不見得能夠讓每個人產生相同的感受，這便很有可能造成某種理解方式的落差，甚至產生彼此之間的隔閡。

風味認知與表達方式的差異，固然有一部分要歸因於各人的見識不同，但是對於特定風味的情感，以及曾經聞到、嘗到這個風味的情境脈絡，其實扮演更重要的角色。雖然我們不見得會去重溫人生旅途每分每秒的經歷，但是這些經驗總是深藏在記憶深處，當我們有朝一日忽然回想起來，便會驚訝於那份感覺印象不僅未曾遺忘，甚至還出奇地鮮明，彷彿全副身心重又經歷了一次相同的情境與感受。普魯斯特在《追憶逝水年華》裡描寫的小說主角，便是在瑪德蓮蛋糕風味的催化之下，在冥想中追憶逝水年華。這個引自經典文學作品的例子，不僅富有哲學思想內容，而且也很寫實。在閱讀普魯斯特的作品時，讀者並不難對男主角這樣的心理反應感到心有戚戚，因為我們每個人或多或少都曾經有過類似的經驗。

我們無意誇大個體間的差異為品評活動帶來的阻礙，因為這方面的問題可以透過教學與訓練獲得一定程度的解決。品評教育訓練是不可或缺的，但是我們能夠因而獲致多少共識、縮短多少認知上的距離，則不得而知。譬如，我們邀請幾位分別專精於法國波爾多波雅克（Pauillac）產區葡萄酒、西班牙利奧哈（Rioja）產區，以及智利葡萄酒的業餘人士，縱使他們在葡萄酒方面的知識與技能皆在一定程度的水準之上，而且對於各自熟悉產區所釀產的卡本內 - 蘇維濃（Cabernet Sauvignon）葡萄品種酒都有深刻的認識，然而，當他們一同品嘗以該品種釀成的酒款時，卻不無可能出現差異懸殊的觀點，甚至很難找到交集。這很可能是由於他們彼此的養成背景不同的緣故。不過，在上例中，就算是消除國籍的隔閡，讓兩位不同世代的西班牙葡萄酒愛好者，或者讓一位波爾多葡萄酒學界的研究者與波爾多葡萄酒業餘同好一起品酒，可以猜想他們在嘗到同一款卡本內 - 蘇維濃品種葡萄酒時，也未必能夠有一致的看法。

風味的感知與記憶是一種總體的感官經驗，

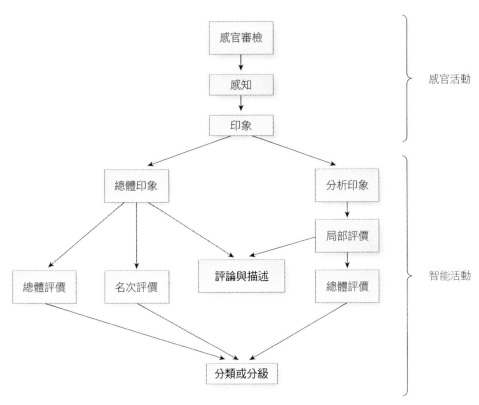

〈品評行為的程序組成簡圖〉

所以,也應該用總體的方式來處理,試著建立嗅覺與味覺與情境脈絡的關係。單獨記憶一種氣味或味道,將之視為一種與世無涉的、自足的感官經驗,會讓我們很不容易記牢這種感覺。但是若能把它跟一個情境結合在一起的話,則可以比較確切、具體地描述、定義一種風味。譬如,薄荷經常讓人聯想到喉糖或牙膏,而香草則容易讓人聯想到某些糕點或冰淇淋。不過,聯想法卻有可能讓人在鑑別風味時,產生誤判的疑慮:純正的薄荷精油,也就是「標準的」薄荷味,其實聞起來與薄荷葉本身的氣味有一段距離,甚至不會讓人聯想到草本植物;真正的草莓氣味也絕非草莓軟糖可以比擬,草莓軟糖裡面既沒有草莓果粒,軟糖的果味聞起來也很不自然。「薄荷精油聞起來不像我們認識的薄荷葉,草莓果粒嘗起來也跟軟糖的味道相去甚遠。」這便足以說

明風味感受是一個整體,抽離情境或改變比例都會構成判斷的障礙。

感官的缺陷與不足

疲勞會暫時降低我們的品評能力,但是,根據蘇瓦喬(F. Sauvageot)於 1993 年發表的一項研究成果,我們發現,當感官持續受到高濃度酒精、單寧與糖分的刺激之後,雖然會出現類似麻痺的感覺,味覺與嗅覺的靈敏度似乎也因此降低了,但是這種感覺器官的疲勞,對品評的影響其實非常有限,是可以忽略的。倘若感官敏銳度愈趨遲鈍,並非影響品評工作效率的關鍵因素,那麼,根據我們的觀察,其實影響工作績效的主要原因在於,品酒者不耐繁瑣,意願低落,注意力渙散,警覺性降低,或者愈到品評活動的後半

段，愈是態度隨便懶散、掉以輕心。不過，話說回來，這也是人之常情，我們可以適當安排休息時間，甚至漱漱口，調整工作步調與心情，然後再重新出發。或者藉由精神講話，激發品酒者的責任感、榮譽心，甚至實施獎勵辦法等各種方式，提振大家的工作意願。由於葡萄酒業界人士在工作上需要進行長時間的品評，因此，當然特別容易遭遇上述的問題。至於業餘的葡萄酒同好在品酒時，通常都興致高昂、鮮有疲態，不過，由於業餘人士沒有受過專業訓練，比較缺乏招架馬拉松式品評活動的能耐，所以，如果跟專業人士一起作長時間的品評時，業餘愛好者反而比較容易感到疲勞。於用餐場合進行品酒也是一大挑戰，因為消化作用容易造成生理疲勞，此外，在席間觥籌交錯、把酒言歡，雖然非常輕鬆愉悅，但是這樣的情境卻也非常容易讓品酒者分心。我們必須承認，在用餐時進行品酒的用意，比較不是為了嚴謹地品評葡萄酒，或者論述酒款品質水準，而是為了與親朋好友們齊聚一堂，在席間共享飲饌之樂。

味覺與嗅覺有可能出於某些特殊的原因，而受到暫時性或永久的影響。根據諾曼・馬恩（Norman M. Mann）於 2002 年的研究發現[1]，在美國由於「化學感覺失調」而蒙受味覺與嗅覺障礙之苦的人數，約達兩百萬人之多，佔全美人口比例的 1%，我們可以據此比例大致推估全球患有「化學感覺失調」的人數。這類症候的出現，多半是肇因於基因問題、細菌感染（譬如鼻腔黏膜發炎）、組織器官外傷、內分泌失調、藥物副作用、環境因素，或者精神失常。依據病況的嚴重程度，化學感覺失調可概分為三類：其一為官能喪失，包括味覺喪失症與嗅覺喪失症；其次是官能退化，包括味覺退化症與嗅覺退化症；最後一類則是官能扭曲，例如味覺異常、味覺假象，

以及嗅覺錯亂。以上列舉的生理不適症狀，皆可以透過治療獲得紓解。輕度的感官機能失調有時甚至輕微到患者自己都渾然不覺，週遭的人也很難發現，這類較輕微的缺陷，可以透過訓練進行矯正，並且達到一定程度的彌補效果，但是，患者在接受矯正之後，仍然很有可能無法分辨，或者僅能模糊區分某些氣味與味道。感覺嚴重失調的病例較為罕見，就像全盲或全聾的人其實並不多；但是患有輕度感覺失調的人數比例，可能跟需要配戴眼鏡或者助聽器的人數比例相去不遠。

談到感官的缺陷與不足之處，就不可避免地必須述及情境條件對嗅覺與味覺感知的影響。我們將藉由以下篇幅探討相關議題，結束關於這

葡萄酒顏色的味道（資料來源：布洛歇的論文）

我們讓 50 名受試者品嘗紅、白葡萄酒各一款，但是分成三杯盛裝：白葡萄酒分成兩杯，其中一杯不作染色處理，維持酒液原本的顏色，另外一杯則以中性、無臭、無味的染劑將外觀著成紫紅色，而第三杯則是如假包換的紅葡萄酒。

結果發現，「真正」的白酒與「真正」的紅酒，在受試者的筆下被描述成不同的酒款；然而，他們卻使用非常相似的語彙來描述「冒牌」的紅酒與「真正」的紅酒。

我們可以確定，酒液的顏色會改變品酒者的觀感與立場，因而影響他對酒款風味的描述與判斷。從統計數據看來，則一目瞭然：

待評樣本	受試者對酒款類型的判斷		合計
真實身分	紅葡萄酒	白葡萄酒	
白葡萄酒	23%	77%	100%
紅葡萄酒	74%	26%	100%
染紅的白酒	74%	26%	100%

個說來令人沮喪卻又不容輕忽的問題。透過一個簡單的實驗，我們發現葡萄酒的顏色外觀，會對品酒者的味覺與嗅覺機制產生影響。如果將白葡萄酒染成紅酒的顏色，然後無預警地把它端給品酒者，讓他在毫不知情的情況下進行品嘗，那麼，品酒者將很難判斷哪一杯是真正的紅葡萄酒，哪一杯是被染成紅葡萄酒顏色的白葡萄酒。當然，進行這個測試的時候，我們必須刻意安排品質平庸的紅葡萄酒，作為「假紅酒」的對照組。斐德烈‧布洛歇（Frédéric Brochet）在 2000 年發表的論文裡[2]，便透過「葡萄酒顏色的味道」以及「葡萄酒標籤的味道」兩組實驗，證明品酒時接收的視覺訊息會大幅影響嗅覺與味覺的判斷。

以上這些研究結果，呼應了我們在前文述及品評實務要點時的主張：從宏觀的角度來說，品評環境框架扮演舉足輕重的角色，其中牽涉極廣，而且每項要點的實施方式，都必須因應不同的品評目標作出適當的調整。斐德烈‧布洛歇把影響感官機制運作的諸多關鍵因素簡化為以下公式，我們可以藉此幫助記憶相關內容：

感知 = 人 + 物 + 地

這個式子可以改寫為：

感知 = 品酒者 + 葡萄酒 + 時空脈絡

倘若只是為了享受歡愉而品嘗葡萄酒的話，就算是天馬行空、馳騁想像、率性而為也無可厚非。然而，如果希望讓品評結果更具參考價值，甚至需要公開發表評論的話，整個品評操作過程則必須符合一定的規範，高於最低限度的要求門檻才行，以免誤導自己也貽誤他人。

為取得良好的品評結果作準備

一場成功而令人感到愉快的品酒會，其實僅取決於是否能充分考慮以下幾個簡單的問題，這些要求內容在實行上也並不複雜。

該場品酒活動的目的為何？

我們的品評工作目標在於控管葡萄酒品質，以便依規核發認證？或者是為了判斷待評批酒的陳年熟化潛能，掌握其風格特徵，藉此作為調配比例的參考依據？或者，該場品酒會的目標在於確認待評葡萄酒的時空特徵，判斷葡萄酒原產地、採收年份與整個釀製過程等諸多背景因素，是否如實體現在葡萄酒的風味上？有些品評工作的內容，是透過品嘗尚未完全發酵完畢的葡萄酒，藉以判斷在接續的釀造程序裡，該採取什

葡萄酒標籤的味道（資料來源：斐德烈‧布洛歇的論文）

我們找來 57 位葡萄酒釀造學系的學生參加測試，讓他們品嘗一款品質約有中上水準的紅葡萄酒。在第一輪侍酒時，學生們被明確告知，這是一款普通的「餐酒」（vin de table），然後，第二輪再以相同的酒款讓他們品嘗，只不過，我們這回宣稱這是一款「波爾多列級城堡酒莊的葡萄酒」（Grand Cru Classé），看看他們作何反應。

這些學生在品評表裡以二十分制給分，並作文字描述。我們在事後將他們的描述詞彙概分為「正面評價」與「負面評價」，並就他們的給分情況進行統計，得到如下的結果：

	品質達中上水準的紅葡萄酒	
	以「餐酒」名義侍酒	以「級數酒」名義侍酒
二十分制平均得分	8.4	12.8
受試者偏好百分比	9	91
正面評價百分比	12	88
負面評價百分比	83	17

麼因應措施。此外，有些品評活動不以描述每支待評酒款的風味特徵為目的，而是與指定的「基準酒款」進行比較品評，藉此判定待評酒款的品質是否合乎要求標準。以頒發合格認證為評選目標的品酒活動，可能會採取這種淘汰賽的方式進行。

評審的背景為何？

參加品評活動的人員是否受過正規養成教育、職業技能訓練，並熟悉品評工作內容？遴選評審團成員的時候，不同背景的專業人士比例是否拿捏得當？必須兼顧專業與多元，以避免鑽牛角尖的技術性評論，或者言不及義的浮誇之詞，讓品評工作得以鞭辟入裡、面面俱到。此外，評審發表意見的出發點與評論動機也值得注意。一位美食評論家與釀酒學系的新科畢業生，他們看待葡萄酒的角度與評價標準必然有所不同。

品評活動的相關配套措施是否安排妥當？

是否每一位品酒者都知悉工作目標？活動場地的佈置是否符合需求？匿名品評或矇瓶試飲的實施是否符合應該遵循的規範？是否有將待評酒款的數量限制在合理範圍內，並根據品評活動的目標，適當安排侍酒順序？

活動準備的酒款是否為具有代表性的樣本？

這個問題經常在有意或無意間被忽略，或者遭到曲解。

品評員如何表述自己對風味的感受？

他們採用的評分方式是五分制、十分制，還是二十分制？判定酒款風味濃度的依據，是取決於單項要素，抑或是綜合多項要素進行判斷？評判的重點是放在特定項目還是整體表現？這些評比標準與原則都應該有明確的規範。待評酒款是與作為比較基準的樣本進行比較品評，抑或是待評酒款之間互相比較？在具體比較酒款在風味與結構等方面的特徵之外，品酒者是否需要敘述個人的觀感？

預計使用什麼方式彙整並闡釋品評結果？

由誰彙整所有評審的品評筆記？何時開放討論與意見交換？

在品評工作中，必須要求所有品評人員將意見與評論以書面方式呈現，而且，最好在品嘗每款葡萄酒的當下，就把風味感受紀錄下來。除非工作目的僅在於簡單地將酒款分類，或者只是單純透過重複機械性的品嘗動作，替一批相同的葡萄酒進行品質控管篩檢，否則，以口頭陳述的方式進行評論是不夠的。提筆撰寫評論能夠促使品酒者多花些心思用字遣詞，讓評述的內容更顯簡潔明瞭。我們可以採用電報式的文字體裁，點出葡萄酒在顏色外觀、香氣表現與風味結構等方面的特徵，並精挑細選數個詞彙或短語作結。偶爾還可以藉由繪製簡單的圖表，以俾更清楚地分享自己的觀察與發現。倘若某款葡萄酒的表現特殊，有必要更進一步析論、說明時，則可以加入解釋性的文字，適度活用論述技巧。描述葡萄酒，便是跨出闡釋葡萄酒的第一步；懂得如何精確描述葡萄酒的風味特徵，距離真知灼見的肯綮評論亦不遠矣！

品評記錄單

現存不同形式的品評記錄單有數百種之多，這說明了各種類型品評活動的目的不同，不可能有一種萬用的品評記錄單能夠滿足所有的需求。不過，選擇適合的品評記錄單，能夠讓資料彙整的工作更輕鬆，如此便能提升品評工作的成效。品評表的內容架構，大致可以歸納為四種模式：一、評分法；二、酒款風味特性鑑別勾選或描述；三、開放式自由評論法；四、比較法。從這四種基本模式出發，可以設計出千變萬化的品評記錄

INSTITUT TECHNIQUE DU VIN

112, Quai de Paludate
33000 BORDEAUX

❋

品 評 記 錄 單

品評日期 ....

品酒者姓名 ....

品評主題 ....

酒款編號	測試項目	觀察結果描述	評分	排名

〈 開放式質性描述品評記錄單示例 〉

匿名酒款樣本編號	品評日期		品酒者姓名			
推估與判斷結果	葡萄品種	酒莊名稱	釀造方式	年份	風土條件	庫存

	酒款特徵表現						補充評註與項目提示

外觀	澄澈度	非常澄澈透亮	澄澈透亮	足夠澄澈	微濁	混濁	....
	變化階段	偏藍的紫色	石榴紅	寶石紅	瓦紅色	橘黃色	....
	色澤強度	色澤非常濃重	色澤濃重	色澤鮮明	色澤中等	色澤淺薄	............................（自由評論）
氣味	純淨程度	氣味非常純淨	氣味純淨	無氣味缺陷	氣味不夠純淨	氣味缺陷顯著	....
	品質表現	繁複有層次	豐富有變化	氣味表現正常	氣味簡單	氣味平庸	....
	氣味濃度	非常強勁濃郁	頗為強勁濃郁	氣味強度中等	氣味羸弱	氣味全無	植蔬氣味、帶有花香、果香或果味、辛香料氣息、焙火與烘烤風味、木質氣味、（風味範疇提示）動物氣味、醚類物質氣味、化學氣味
口感	尺寸架構	口感豐厚飽滿	架構表現良好	架構表現正常	口感細瘦乾癟	缺乏口感架構	....
	均衡	非常均衡	頗為均衡	均衡表現中等	稍嫌失衡	明顯失衡	單寧澀感顯著、口感豐富飽滿、質地肥腴油潤、酸度充足而顯得滯厚飽滿、單寧紮實而顯得豐滿有肉、單寧紮實而顯得富有骨感、富有流動感而滑順不黏膩或者顯得稀薄淺薄、酒感強勁、口感 硬澀瘦、口感份量飽實充盈、酒感充足而顯得豐厚滑膩、試述內部香氣特徵、芬芳逼人、單寧的收斂口感顯著、酸味顯著、苦味顯著、酒感顯著。（口感範疇提示）
	餘韻	餘韻非常悠長	餘韻悠長	餘韻長度中等	餘韻淺短	缺乏餘韻	

結論暨總評	....

絕佳	極佳	佳	可	差	應予淘汰
酒款過於年輕	仍有變化空間	已達適飲階段	已臻適飲巔峰	毋須繼續陳年	酒款陳放過久

該酒款的市場性質或針對族群類型

酒類媒體	業餘同好	餐飲業者	職業侍酒師	一般消費大眾

〈 引導式質性描述品評記錄單示例 〉

單，因應各種品評場合的不同需求。以下茲舉數
例：

開放式質性描述品評表

就形式而言，這是設計最簡單的紀錄表，品
酒者可以將自己的感受直接填寫進去；不過，倘
若使用這種品評表的品酒者缺乏經驗的話，就會
使負責統整品評結果的人無從下手，更遑論這
份資料能夠對其他人有參考價值。

直接提供白紙當然是很簡單省事的作法，而
且，也不必顧慮品評表的設計是否合用的問題。
不過，對於業餘葡萄酒同好們來說，面對一張白
紙時，他們被迫必須分心思考撰寫內容，並且顧
慮是否有所遺忘，這便會使他們難以專注於品
評的本務，無法從容地比較酒款之間的差異，並
依據葡萄酒的風味特性、品質水準進行分類。預
先印有欄次項目的品評單，則可以發揮引導撰寫
品酒筆記的功能。有些品評單更增加諸如陳年變
化情形、餐酒搭配以及侍酒建議等相關內容，或
者附上一些描述語彙，並依據語意內容編排，供
品酒者參考。使用這種品評系統便毋須以量化
的方式給分，僅需直接在表中勾選適當的內容選
項即可。這類開放式的品評紀錄單設計，已經很
接近下述的引導式品評表了。

引導式質性描述品評表

利用這種品評表，可以很有效率地勾勒出
一款葡萄酒在香氣與口感方面的主要特徵，其
紀錄或作答方式可以很多樣而且頗有彈性。品
酒者可以自由運用已知的描述語彙，或者選用表
單裡提供的參考詞語，而有些品評表的設計，則
要求品評員根據酒款特徵，從表中所列的單詞當
中，挑選恰當的詞語。

藉由這種引導式的描述品評表，我們可以讓

每一款待評的葡萄酒都獲得數個單詞作為評語。
然而，我們必須承認，每一個人對單詞語義內涵
的理解不盡相同。所以，在品評單裡提供給品酒
者參考的語彙選項，必須先經過一番研究與篩
選才行。首先，我們必須著手收集關於特定類型
或產地葡萄酒的描述語彙，譬如讓為數可觀的
評審團品嚐一大批「布根地金丘地區生產的夏
多內白葡萄酒」，或者「波爾多左岸梅多克次產
區瑪歌產區生產的紅葡萄酒」，然後，於事後統
計並分析他們品酒筆記裡的用語，整理出一份多
達數十個用語的單詞表。接著，再更進一步去蕪
存菁，只留下最有代表性的十至十五個單詞。這
個篩選的步驟，可以倚重經驗判斷，也可以運用
統計方法。最後，當我們試用這份紀錄單，品評
該種特定類型的葡萄酒時，將會發現這個技巧
能夠讓品評工作更簡便有效率。不過，有得必有
失，這套操作程序的前置作業相當繁瑣、耗時、
費工，而且尤其為人詬病的是，這類品評單提供
品酒者描述語彙，此舉形同畫地自限，桎梏品酒
者的想像與創造力。讓品評結果顯得呆板、一成
不變，這容易造成「技術正確」或者不甚有才氣

的平庸酒款拔得頭籌，造成令人匪夷所思的結果。更嚴重的，甚至可能讓深諳其中玄機，有心把持操弄的活動主辦單位有機可乘，引發弊端。

至於特定主題的品評審檢，則可以用上述類型的品評記錄單作為藍本，針對研究主題的需要，刪改成合用的品評表。譬如，研究特定葡萄品種在不同土壤結構中的風味表現，或者探討使用橡木桶進行培養程序對於葡萄酒風味的影響。在此類研究活動中所運用的品評，僅將注意力集中在特定的、很有限的範疇項目上，諸如風格個性、渾圓飽滿度。其他與研究主題缺乏明確關聯性的因素，則被刻意略去。

我們在此可以舉一個引導式描述品評表的例子，這個版本出於法國最大的連鎖酒商企業 NICOLAS 之手，是個設計周到，廣泛適用於各種類型葡萄酒的品評單。根據他們的設計，每一款葡萄酒可以用十個數字組成的數列表示，前五個數字分別代表：顏色、窖藏香氣、均衡感、純淨度與細緻度，以數字 1～10 代表評價高低。數列後半段的五個數字，則對應受評酒款的酒體、個性、酸度、堅硬感以及酒齡階段，也是以數字 1～10 紀錄，不過，後五個項目的評比採取「趨中法」，亦即「5」或「6」才是最好的評價，從「1」到「5」代表「不足」，「6」到「10」表示「過度」。這項創新的作法具有重要意義。茲

以一款紅葡萄酒為例，它得到的評價應該相當接近「6－7－7－9－8－6－7－6－5－4」（參閱下表），轉譯成文字敘述即為：「顏色外觀正常（6）；窖藏香氣濃郁（7）；均衡表現良好（7）；質地純淨（9）；風味細膩（8）；中度強勁（6）；個性突出（7）；酸度良好（6）；足夠紮實（5）；已有一定的風味變化，但仍未達最佳成熟階段，可繼續陳放再享用（4）」這套評價系統能夠讓品評小組成員之間的溝通更順利，且當待評酒款數量龐大時，這套簡明的註記方法，也可以讓品評員很快進入狀況。此外，可以依據品評酒款的相似程度酌量刪減評分的項目，提高工作效率，譬如在葡萄酒原產地的酒庫裡品嘗極為類似的批酒時，便可以僅針對某些重點項目進行比較，而不用大費周章地記錄多餘的資訊。

此處所示的〈引導式質性描述範例〉可以根據不同的需求加以調整。我們不難看出，表中所列項目涵蓋葡萄酒品評的幾個重要範疇：「分析」的層面，諸如純淨度、沁爽刺激的程度等；「描述」的層面，譬如主導風味特徵、酒齡階段等；甚至還囊括了「享樂」方面的特性，譬如葡萄酒的雅緻程度、個性表現等。我們還可以將這些範疇分得更細，把香氣、風味等特徵列入品評項目，作為補充。

現在也有人使用表情圖案傳達自己對於一

〈引導式質性描述範例〉

	香氣	均衡與協調性	主導特徵	純淨度	雅緻程度	骨架結構	個性表現	沁爽刺激程度	堅實度	酒齡階段
1	極差	失衡	酸	明顯走味	粗劣	乾枯無肉	個性全無	澆薄如水	薄弱乏勁	尚未釀造完畢
2	淡薄	空洞	澀	帶有雜味	平庸	細瘦薄弱	性格模糊	平板	柔軟圓潤	甫釀成的新酒
3	中等	均衡	苦	相當純淨	普通	相當強勁	尚足辨識	表現正常	圓潤飽滿	正值適飲階段
4	鮮明	和諧	甜	非常純淨	細膩	非常強勁	個性鮮明	帶有酸味	堅硬	已過最佳適飲期
5	強勁	完美	酒感	純淨無瑕	非常細膩	黏稠沉滯	產地特性顯著	酸澀刺激	堅硬酸澀	老化而不堪飲用

款葡萄酒的觀感或愉悅程度。這個作法看起來雖然稍嫌幼稚，但是卻也提醒我們，葡萄酒原本就是為了滿足感官愉悅而存在的。在實際運用上，我們可以透過全自動的資訊設備，將品酒者選擇的表情圖案轉換成對應的分數，並得到量化的統計數據。

量化描述品評表

在這種類型的品評記錄單裡，葡萄酒各方面的特徵或表現都透過「分數」（五分制、二十分制等）、「強度」（強、中、弱）或者「優劣」（差、可、佳）來表示。不同項目的評價結果，有時候會被加總起來作為總評的依據，然而，有些人不會據此作為計算總成績的依據。在某些情況下，計算總積分的時候會針對某些項目加重計分，但是有些時候卻沒有加權計分的規定。量化的計分系統在許多葡萄酒競賽裡被廣為採用，在以核發認證為品評工作目標的法規品評場合中，也會採用量化的方式擇優汰劣。不過，由於一般都是根據各個獨立項目得分加總後的總成績進行排名，因此，積分相同的酒款在得分的配比上，卻很可能迥然不同，也就是說，總分或名次相近的酒款卻展現出天差地遠的風味特徵，其實不足為怪。

使用量化描述品評的方式，必然需要事先制定給分辦法，也就是「評分量表」。不過，即

便已經清楚擬定給分標準，試圖「將品質特徵作量化處理」，也就是用數字代表某種氣味帶來的愉悅程度，或者用數字傳達葡萄酒的結構缺陷，而完全不使用詞語來描述，這並不是一件容易的事。然而，在此條件限制之下，我們仍然應該盡可能讓分數與品質之間的關係保持一致，維繫品評標準的穩定性，這樣的要求並不過分。一款在酸度或木質氣味項目得到較多分數的葡萄酒，必然要有更鮮明的酸度或者稍多一些木材氣味，這樣才顯得合理。

特徵強度		品質特性
1	微弱	差
2	普通	可
3	強勁	佳

特徵強度		品質特性
1	極弱／極淡	極差
2	頗弱／頗淡	頗差
3	普通／中等	可
4	頗強／頗濃	頗佳
5	極強／極濃	極佳

評分量表可以分為兩種，其一為「基數量表」，也就是以數列 0～5、0～10，或者 0～20 作為評分符號，數字愈大，評價愈高。另外一種是「序數量表」，倘若仍以數字作為評分符號，則是數字愈小，評價愈好，恰與基數量表的情況相反。換句話說，基數量表是以數字的「算數價值」為邏輯基礎，序數量表則採取排名的方式評定高低優劣。在序數量表的實際應用中，也可以採用對應的文字詞語取代數字，譬如使用「最強－次之－普通」，或者「佳－可－差」等詞語，代表排名序列「第1－第2－第3」。序數量表中的數字或單詞選項數量，通常都刻意安排成奇數，少則三、五個，多則七、九個，這樣可以讓前半段與後半段的選項數目對稱，並且有一個中間數。

我們根據維德爾（André Vedel）與其團隊

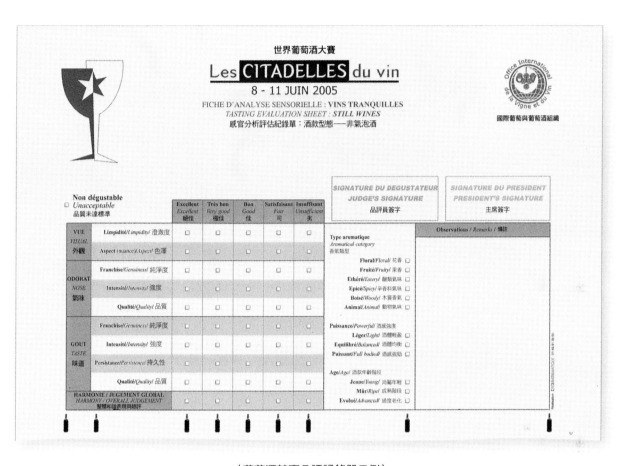

〈 葡萄酒競賽品評記錄單示例 〉

的研究成果，提供下列「基數量表範例」：

「描述品質特性的量化量表」傳達的是品酒者對酒款的滿意度，所以也可以稱為「享樂程度評估量表」，其目的在於呈現品嘗某一款葡萄酒時，所產生的愉悅或不悅程度。因此在「描述特徵強度的量化量表」中的濃淡、強弱此類形容詞，皆被改作優劣、好壞等，帶有主觀喜好色彩的語彙。馬克斯・黎福（Max Rives）就曾經說過，品酒應該指出「很喜歡還是很不喜歡，有點兒喜歡還是有點兒討厭」。不論評分項目多寡與量表規模大小，我們發現，許多品酒者經常使用「半分法」，譬如「1.5 分」、「2.5 分」，或者「附

加法」，像是「3 ＋」、「4 －」諸如此類的給分方式。這種作法使評分表中的最高或最低評價乏人問津，因為品酒者通常不會勾選極端的分數。這種作法會造成量表中的既有選項之間分化出新選項，讓量表原始設計的用意遭到扭曲，使評分結果不如預期的公允與明晰。

有人採用圖表式的量化量表，試圖補救上述數字或文字量表產生的「間項濫用」及「落點不均」等缺失。圖表式量化量表有三種主要形式，其一為無分割的連續直線，其二為十等分的連續直線，第三種則是直接排列出十個方格，供品酒者勾選。這三個量表的橫向長度約為十公

分，讓品酒者直接在圖表上劃記。如此一來，在最終進行統計時，便不會再有「選項間項」的問題，也可以根據成績群組配比的需要，制定高低分群或高低標的認定標準，免去「落點不均」的弊端。然而，理論與實踐之間總會有一段距離，根據朱瓊（Joujon）於 2005 年發表的研究指出，利用這三種改良的量化描述方法，也不能使量化途徑更明晰準確或者更客觀公允，因為在實際運用中，不論是採用「無分割的連續直線」、「十等分的連續直線」，或者「十方格法」，所得到的結果往往皆擺脫不了「間項濫用」以及「落點不均」的困擾。換句話說，改用圖表式的量化量

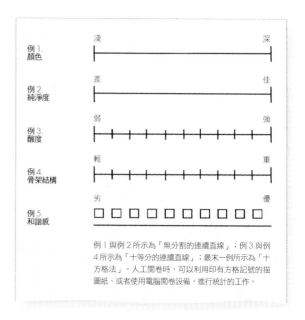

例 1 與例 2 所示為「無分割的連續直線」；例 3 與例 4 所示為「十等分的連續直線」；最末一例所示為「十方格法」。人工閱卷時，可以利用印有方格記號的描圖紙，或者使用電腦閱卷設備，進行統計的工作。

〈圖表式量化量表示例〉

怎樣才稱得上是一份設計周到的品評紀錄表？

一份好的品評記錄單，必須要能夠幫助品評員充分表達自己在品評時的觀察心得，但又不能讓他耗費過多的心神在這張紙上。一份設計完善、考慮周到的品評表，措詞應該要簡單明瞭，讓第三者也能一讀就懂，而且要便於保存與再利用。

當評審團成員少有變動時，應該盡可能採用固定格式的品評記錄表，以俾每次作出的評論都有類似的形式基礎。根據經驗，稍有規模的品評活動，最好都能採用包括「自由評論」與「總體評分」兩個範疇的品評紀錄單。

選用合適的紀錄表，有助於精進品評技術，因為在每次操作時，都形同複習了品評的重要程序。有些過於簡化的品評單，則無法引導、提醒品酒者注意、描述、並分析葡萄酒的性格特徵。相反地，有些紀錄表長達好幾頁，為了逐項填寫這份書面紀錄，品評員真正花在品評上的時間便遭到壓縮。偶爾在某些品評單裡，會出現讓人滿頭霧水、不知所云的術語。當我們看到「味覺感受的能動性」，或者「感覺之間的聯繫關係」這些評分項目時，很少有人不會愣住吧！品評單的設計內容刁鑽到這步田地，幾乎讓品酒變相成為不折不扣的智能活動。我們不得不提醒大家，品酒基本上是一種感官活動，而不是鬥智大賽。

表，並不能解決上述數字或文字量表所帶來的問題。

量化評分與質性描述綜合品評法

在品評時，我們通常會交替運用「評論」與「給分」兩種方式，不論是針對酒款的局部特徵或整體表現，都適用質性描述與量化評分的技巧。就經驗來說，限制這兩種評論表達的運用彈性與自由，不僅窒礙難行，而且很容易造成偏頗。我們很少看到訓練有素的品評員會「直接給分不作說明」或者「僅作描述而不作結論」，敬業的品酒者會兼顧評論與給分，盡可能作到完善。這也是為什麼有些葡萄酒競賽的品評紀錄單裡，會特別劃出「給分欄」與「描述欄」兩個區塊。採用這種紀錄單，可以讓品評員評定一款葡萄酒的品質優劣，並指出酒款的性格特徵。品質層次類似的酒款之間，必然有所差異：尚屬年輕，還是過度老化？酒體較為輕盈爽口，抑或紮實強勁？帶有花香，還是木質香氣？在所有的品評場合裡，品酒者必須盡力找出水準相仿的酒款之間，有何種個性風格與風味特徵方面的差異。

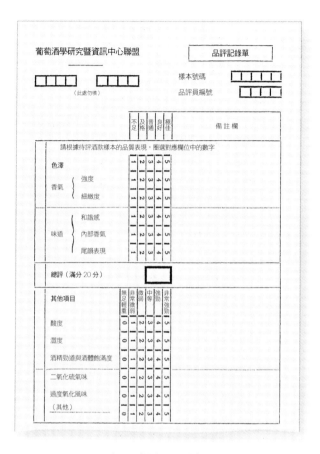

〈量化描述品評表〉　　　　　　　　　　〈質性描述與評分並行品評表〉

品酒者自身的喜好與觀點原本就不盡相同，聽取他們對於不同酒款風格的評論與闡釋，是相當有趣而且富有啟發意義的經驗。

　　上述四種類型的品評記錄單，大部分都可以將品評結果直接輸入電腦，進行資料彙整與統計，或者也可以透過人工閱卷的方式處理。

品評記錄的彙整與闡釋

　　許多品評記錄與評分都屬於私人用途，除了這些私領域的品評活動以外，在活動結束後，理應彙整並闡釋品評結果。接下來，我們便要探討品評記錄的彙整與闡釋方法。

　　首先我們要關心的是，在品評活動告一段落之後，參與品酒的評審們是否會統整品評筆記並

討論品酒結果。其實，更常見的是評審們一邊品酒，一邊彼此交換意見。然而，在品評結束之後再行交流彼此的看法，一方面可以突顯各位評審們關注的重點，二方面可以強化工作意願，達到互相激勵與提升動機的效果。交換意見並不是為了找到諸位評審意見的交集，或者取得極為侷限的共識，而是為了透過討論，讓不同的意見能夠有發聲的機會。假設有兩位評審一起品酒，其中兩款葡萄酒的平均成績相同，都在二十分制裡得到 10 分，但是其中一款酒的平均分數是來自於（9 分＋ 11 分）除以二的結果，另一款則得自（5 分＋ 15 分）的平均，那麼，縱然這兩款酒的平均成績相同，其意義卻很不一樣。前者可能代表評審的意見趨於一致，但是也大可以被解讀為評審團完全失去功能，因為各位品評員選擇中庸路線，試圖作出較保

守的評價，避免發表個性化的評論。至於後者的情況則顯示，縱使落在中點的平均成績看來平凡無奇，但是其背後卻很有可能暗藏玄機，粉飾了針鋒相對的評論。我們無意挑戰傳統上以平均值作為總評的作法，而是希望藉此提醒大家，平均值並不是全能的靈丹妙藥，必須特別注意其適用情況與應用限制。安伯托·艾可（Umberto Eco）在《Pastiches et Postiches》（2005）一書中說得很有道理，也很明確：

在量化現象的領域裡，平均數代表的是標準的中間點，群組裡的組成份子若是未達此一水準，則必須以此為努力的目標……然而，在品質特徵現象的領域裡，也適用民主的法則嗎？我們可以運用統計學的知識，解釋品評結果的意義，但是不能捨本逐末，讓徒具形式的數字取代合理的常識判斷。

在一位合格品評員的品評紀錄單裡，總是能夠找到有利用價值的評論內容，但是，要針對這些內容進行闡釋、註解，有時卻不是容易的事。因為評論文字裡不乏同義詞與近義字，此外，相通卻不完全等同的表達法之間，也有值得琢磨研究的等值、等效，以及語義範圍問題，更別提每位品評員的專業經驗、文化背景與其他種種條件因素，會讓他們的評論文字產生多麼豐富，卻又難以悉數掌握的多樣性！曾經有人利用電腦程式，針對品評文字進行「客觀」的篇章分析，這項努力值得嘉許，不過，對於文字的理解與闡釋方式仍然大幅取決於人的選擇與判斷。評審團主席在嘗過所有的待評酒款之後，便彙整團員們的品評紀錄，針對用詞進行比對、分類、重組，並撰寫總評。這項工作不僅需要專業素養，在智識良知方面也有嚴格的要求。倘若在這個職位上，沒有本著誠實的態度行事，則很可能使評審團的總評變調，讓各位團員們的觀點被斷章取義，成為服膺於主席一己觀點的工具。評審團

主席肩負沉重的工作壓力，他每次面對的挑戰都不一樣，也不總是有前例可循，此外，他也無法保證每次的總評都能盡如人意。不過，退一步來說，如果讓一位葡萄酒專家以旁觀者的身分，在不親自品酒的前提條件下，替評審團彙整品評紀錄並撰寫總評文案，也不見得就是恰當的作法。這是因為當撰稿人置身事外，沒有親自試飲，僅根據他人的品評筆記進行撰述時，其文字可能會產生過於抽象、不夠具體的流弊，予讀者隔靴搔癢之感。總評文案的內容，是一款葡萄酒「感官特徵綜覽」，必須經過統整、綜合各方的評論內容，才能擬出足以體現酒款感官特徵的描述文字。在統整的過程中，類似的評論或相近立場的評論，都會作刪減與簡化，目的是讓最終的總評文字讀來簡潔明瞭。撰稿時通常會採用形象化的文字修辭技巧，進行全方位的描述，以期廣大的消費者能夠取得關於該款葡萄酒風味的具體資訊。我們非常推薦如上所述的撰稿技巧，如果可能的話，應該盡可能將文字裡的專業術語控制在四到六個以內，不要濫用，否則將徒增閱讀的困擾；若是針對數款葡萄酒進行品評，則應避免使用太類似的語彙，模糊各酒款所呈現出來的形象個性。葡萄酒業界人士對於缺乏實質區別意義的描述，或是沒有點出酒款特殊之處的評論文字非常敏感，他們往往會斥之浮濫、言不及義，或譏之悖離品評初衷。在撰寫總評時，也需注意避免出現與事實相左的謬誤陳述，倘若品評是以比較葡萄品種或發酵特性為目的，那麼，在撰稿時便不應該特別強調橡木桶培養所帶來的木質風味特性，因為葡萄品種與發酵特徵取決於果實、酵母，以及細菌等因素，而與橡木桶沒有必然關係。

在闡釋量化評分時，所遭遇的困難主要是由於分數與品質特性之間並不呈現單純的正比

關係。我們大可以說，兩張桌子若是等寬，那麼，長度兩米的桌子，其桌面面積是長度一米的桌子的兩倍，但是，在二十分制之下，獲得 16 分評價的酒款，其品質表現不見得恰是得到 8 分的酒款的兩倍。然而，這並不代表我們對分數與品質之間關係的估算束手無策，因為我們可以藉由某種非線性的累進數列，推估其間的相對關係。這個數列類似我們熟悉的等差數列（例如公差為 3 的數列：1, 4, 7, 10…），但是看起來卻又更接近等比數列（譬如公比為 2 的數列：5, 10, 20, 40…）。非線性累進數列的一個例子是「LMS 標記尺度」，它可以作為評估氣味強度的量化指標：

分數	強度
1	非常微弱，稍可察覺
5	氣味微弱，隱微含蓄
16	強度中等，鮮明可辨
33	頗為強勁
51	非常強勁
96	氣味強度超乎想像

與其根據對一款葡萄酒的概括印象，替它打一個籠統的總分，我們建議，不如就該酒款的幾項重要特徵分別評分，譬如外觀、氣味、味道、持久性、整體品質以及風味層次變化表現等。在取得這些評分數字之後，我們不禁要問：這些個別數字的簡單加總，是否足以代表該酒款的整體水準表現？此外，在我們所評比的這些個別項目之中，是不是有某些項目對整體品質評價具有舉足輕重的影響力，甚至扮演決定性的角色，或者應該被視為酒款品質合格的門檻？不難想見，各項得分的簡單加總，無益於評判葡萄酒整體品質的優劣。哪怕只是一個風味上的缺陷或弱點，有時便足以毀了一款葡萄酒的銷路，而頂尖

酒款之所以傲視群倫的原因，有時也只在於它具有某項難能可貴的品質特點。維德爾於 1968 年提出一套「逆向評分法」，品質與得分之間的關係呈現負相關，最好的評價是 0 分，評價越低，其得分越高，而且分數是以接近等比數列的方式迅速累加上去的：優＝ 0，極佳 =1，佳 =4、可 =9，以此類推。這套方法在四十年前有其實用價值，可以幫助剔除品質水準極差的酒款，但是，如今在競賽場合裡，不堪入口的葡萄酒已經非常罕見，因此這套評分方法便顯得無用武之地。而且，與其他評分系統相比之下，這套方法比較無法有效地區辨優質酒款，誠然，我們可以透過調整各項得分的加權比例來改善「逆向給分法」的擇優功能，但是，由於加權比例的制定因人而異，便使得這個問題格外棘手。我們可以從現有幾種不同版本的加權方式看出，大家的觀點相當分歧：譬如，主張葡萄酒外觀的配分比重佔總成績的比例，從 7% ～ 20% 皆不乏其人；香氣表現則佔 34 ～ 36%；味道與口感的配分比重，少則 24%，多則高達 57%，至於整體價值表現則佔 10 ～ 36% 不等。過去三十餘年以來，國際葡萄園暨葡萄酒組織（OIV）、國際釀酒師聯盟（Union Internationale des Œnologues, UIŒ）所舉辦的大型競賽一向倚重這套評分方法。不過，依此評比標準，品質最優秀的酒款不見得能夠在比賽中拔得頭籌，反倒是讓風味表現中規中矩的「樣版酒」佔盡優勢。在針對數千份品評紀錄單進行深入的研究之後，我們發現，有許多評分項目其實是相關、重疊的，借用統計學的術語來說，它們的「相關係數值」高達 0.89 ～ 0.95，換句話說，雖然品評的項目眾多，但是實際上卻只是無意義的重複。倘若一款葡萄酒能夠在香氣、口感與協調性各方面都有突出的表現，那麼，可想而知，該酒款在整體表現上也應該有一定的水準。就邏輯來說，從不同的方面替一款酒打好

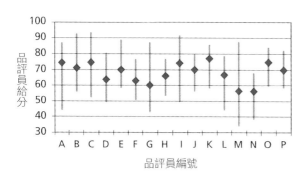

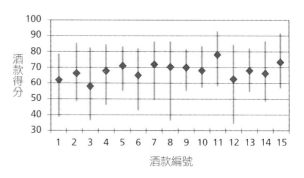

〈 不同品評員品評十五款葡萄酒的評分分布圖 〉

資料來源：賈克 · 呂格謝（Jacques Luxey）3
※ 圖中實線表示品評員給分以及酒款得分的分數區間，菱形方塊位置為給分平均數或得分平均數。

幾個分數，是多餘的舉動。依我們所見，葡萄酒品評紀錄應當專注於質性描述，而品評員提出的總評分數，不必受限於個別評分項目的得分高低。在品評時所發現的酒款特徵，都可以作為評分的依據，而且更重要的是要能夠把它描述、傳達出來，而不能只依賴分數高低作為判斷的依據。因為有時候只需一項負面的特徵或缺陷，便足以讓一款酒直接出局，而一項難得的優點，卻足以讓一款酒登堂入室。我們可以做個簡單的實驗：在一款頗有品質水準的葡萄酒裡，添加數毫克的奎寧，便會讓這款酒失衡，變得完全無法入口，成為「品質未達水準」、「應該直接淘汰」的酒。反過來說，我們也必須或者說應該要懂得忽略葡萄酒中無關緊要的小瑕疵或不盡完美之處，學會辨別酒中難得的優點，並大膽地強調出來，據此作為提高評分的理由。如同一位足球選手並不需要在全場比賽中都表現搶眼才算是可圈可點，他如果能夠在關鍵的幾秒裡，把握機會射門得分，他便是那場比賽的明星！

同一套評比系統，僅適用於品評同類型的葡萄酒。將不同類型或層次的酒款放在一起比較或評分，不僅窒礙難行，而且毫無意義。舉個簡單的例子，在餐酒等級的標準下，可以得到

10 分的餐酒，相較於以列級酒莊酒款的評分標準來看，可以獲得相同分數的級數酒，雖然兩款酒的得分並無二致，但是其品質水準卻完全不能相提並論。

每位品評員的給分習慣不同：有人傾向給高分，有人給分則普遍偏低；有些人給的高低分差距很大，有些人打的分數落點則相當集中。倘若能讓評分的分布特點更為一致，是較為理想的。我們可以透過事前的溝通與協調，或事後利用統計學方法進行修正，盡量減少由於個人給分習慣所造成不必要的差異性。不過，話說回來，最好還是能夠事先要求品評者「評語為主，評分為輔」，避免給分卻不評論，如此也能改善上述的問題。以上所示的〈評分分布圖〉，呈現十六位專業品評員品評十五款葡萄酒的評分結果，我們從圖表裡可以看出個人給分習慣的差異性。品評員給分的平均數是 68 分，有些評審的給分較嚴，平均給分只有 56 分，有些人則較寬鬆，平均給分達 77 分。如果在這些品評員所給的分數裡選出落點最集中的十個分數來計算給分平均數的話，那麼，最高平均與最低平均分數的落差則可高達 32 分。從每位評審給十五款葡萄酒的得分來看，每款酒的高低分落差，最多可達 49

分之遙，最少也有 25 分的差距。由此可見，每位品酒者的個人偏好彼此不同，對於酒款得分的影響甚鉅。這是評審團組織運作必須面對的問題。另一種極端的情況則是分數落點過度集中，有時我們會看到葡萄酒指南的評分或競賽公布成績裡，絕大多數的酒款都得到 98、99 或 100 分。受評的葡萄酒水準劃一、品質卓越，這當然可喜可賀，但是，普遍高分等於沒有高分，這樣的品評結果意義不大。

較為合理、實際的作法應該是預先擬定量化指標，訂定葡萄酒品質水準與得分之間的對應關係，這樣也能讓評分結果更公平。譬如，以十分制為例，只有少數表現優異的酒款可以得到滿分 10 分，「極佳」的酒款可以得到 8 分，「頗佳」的酒款 6 分，5 分則對應於一般平均水準，或者「可接受」、「及格」程度的酒款，至於「差」、「極差」則可以只給 3 分、1 分的成績。如果受評酒款的品質水準極為低劣，甚至到了不堪飲用的程度，則可以評為 0 分。

我們再次強調，在評價一款葡萄酒的整體表現時，最好能夠「評語先於評分」，避免直接拋出一個分數交差，而應該試著以文字描述的方式呈現該酒款的品質層次：一旦能夠找到適當的字眼、精準的語彙，酒款應得的分數便呼之欲出了，因為我們可以參照既有的量化指標，得到對應的數字。

由幾位擁有相同葡萄酒經驗與文化背景，習於一同工作，且各成員之間沒有職務位階高低之分，也不必聽命於權責主管裁定，能夠有充分自由發表個人見解的品評員所組成的小規模評審團，可以展現極佳的專業性與工作效能。所有類型的品評場合，最好都能循此要領組織評審團，如今大多數的酒業機構，包括釀造與買賣葡萄酒的單位，都藉此作法避免一人獨斷的弊端，

而且，常設性質的評審團，也比臨時成立的品評工作小組更具有素質劃一的優勢，可避免作出平庸的結論或決策。評審團的組織規模不必太大，法國文學社會學家埃斯卡皮（Robert Escarpit）曾經說過：「唯有在不超過十二至十五人組成的團體裡，才有可能透過多數決達成共識。」不過，我們對評審團的要求，主要還不在於規模大小，而在於成員的素質水準，他們不僅必須具備相關的養成教育背景，接受專業技能訓練，更應該懂得在葡萄酒面前，常保一顆謙遜的心。因為，不論是從客觀的風味特徵，還是從主觀的情感與偏好方面來說，葡萄酒都是變化多端、難以窮盡的。如果不夠虛心，怎能向杯中的葡萄酒學到新東西呢？

一個好的評審團應具備的條件

大約在兩千五百年前，亞里斯多德便指出：

要找到一位或者一小群天資聰穎、足以肩負立法與司法重責大任的人，比找到一大群擁有相同能力的群眾來得更容易。

過了兩千年之後，拉柏雷說了以下這段話，雖然在乍看之下與亞里斯多德所講的內容大異其趣，但是，實際上卻是一體兩面的相通道理。

您知道的，在所有的團體中，傻子一定比聰明人多。佔有數量優勢的傻子，總是勝過在數量上處於劣勢的智者。

雖然在民主的思維下，我們傾向於採納多數人的意見，但是，民主政治與葡萄酒品評在本質上是相當不同的。我們有充分的理由質疑多數決在品評活動中的適用性，並且轉而支持亞里斯多德與拉柏雷所謂的少數菁英觀點。

既然我們提到小規模評審團可以展現極佳

的專業性與工作效能，而且，相較於獨立的個人，有組織的團體也比較容易取信於人。那麼，我們接下來便要談談一個好的評審團應該具備哪些條件。這個問題至今還沒有令人百分之百滿意的答案，不過，可以確定的是，以下幾點雖然看似簡單，但卻非常重要。對於業餘的葡萄酒愛好者而言，這些要點也很有參考價值：

— 清楚瞭解該場品評的情境脈絡與工作目的；

— 釐清不同的品評場合：以享受飲饌之樂為目的的飲酒，還是肩負評述任務的品酒；

— 必須明確指出品評活動的動機與試圖解決的問題：汰劣、擇優、分類、分級，或是描述；

— 事前訂定品評結果的呈現方式：量化評分、文字敘述，或是作出取捨；

— 認清該項品評工作是從買方立場，還是從賣方立場出發：沒有人能夠擺脫這個框架，不論是否能夠清楚地意識到自己的立場，不論是否有正式的交易行為，所有人在進行品評活動時，必然非此即彼，不是買方就是賣方。

— 品酒者是否患有常態性的感官機能失調（嗅覺喪失症、味覺喪失症），或其他足以妨礙感知的症候（鼻塞、牙疼、藥物治療副作用……）；

— 品評員的養成背景應當符合該項品評工作的特殊需要：譬如法規品評與採購時進行的品評，兩者對品評員有不同的要求；

— 評審團成員們的葡萄酒經驗與文化背景、養成教育、技能訓練各方面條件，應該要有一定程度的相似之處；

— 品評活動應該在合適的環境條件之下進行：室溫、照明、通風等，以及無異味、空間充足、恰當的酒款安排順序與品評流程。

— 待評酒款必須具有代表性，並符合品評目的的需求：有些品評的目標是判斷酒款在當下的適飲程度，有些則是預估它在未來某個時間點的表現；

— 根據工作性質與需要，選用適合的品評記錄單：有些品評單的篇幅長達數頁；有些品評表的設計則很簡單，僅要求品評員作出贊同或不贊同，合格或不合格的決定。就像凱薩開恩或賜死一位格鬥士那樣，只需作出最後決定，完全不需要給理由。

— 評審團最好能隨時待命，並保持高昂的工作動機與品酒意願，隨時作好上工的準備。這是最基本的要求。每位品評員在踏進品酒室的那一刻開始，乃至品評的整個過程，都應該暫時拋開一切煩惱與雜念，將注意力集中在葡萄酒上面。維持高昂的品酒動機與工作意願，是專業人士的必備條件，如果說還有什麼類似的要求，或許就是在品酒的當下，懷抱一股強烈的熱忱，直截了當地說，就是「品酒的欲望」。有些評審團在動員時，會藉由致贈禮金、禮品，或者在會期當中安排精緻食宿，來提振品評員的動機與意願。雖然聽起來頗令人驚訝，然而，這樣的作法確實能夠讓評審們以嚴肅的心情、誠實的態度來執行這項被託付的任務。我們在某些品評大會的案例中看到，透過這種方式激勵評審的工作意願，不失為有效而簡便的手段，那些品評活動的主辦單位確實藉此成功地避免了過於粗略的評論內容，並有效地提高品評結果的參考價值。

值得一提的是，我們不能從性別、年齡、職業……這類條件來判斷一位品酒者的素質良窳。大多數女性品評員天生就擁有較為敏銳的感官，比男性佔有更多的優勢；再則，腦神經會隨著年齡的增長而老化，但是，由於感覺神經的功能卻不會衰退，因此年長者的品評功力不僅不容小

觀，反倒還略勝一籌。縱使以上兩個例子似乎暗示品評能力與性別、年齡條件有關，然而，正如同許多其他必須仰賴神經運作才得以進行的活動，品評也是一門有賴「先天條件」與「後天訓練」相互配合的技藝。先天條件與生理狀況的差異，並非決定品評能力的關鍵因素。與生俱來的能力以及正常的生理機能固然不可或缺，但是，後天學習與持恆鍛鍊的重要性，也不容輕忽。後天的努力能夠激發並強化先天的潛質。至今，我們仍然很難說得準，要成為一位優秀的葡萄酒品評員，「天份」與「努力」的黃金比例為何。但是，拉封登（Jean de La Fontaine）所說的：「努力吧！刻苦是唯一的路！」確實是許多箇中佼佼者成功經驗的最佳寫照。

品評結果的統計方法

　　專業品評員會利用許多統計學方法來處理品評結果。我們並不打算在這裡用太多篇幅敘述相關細節，只打算論及重要的概念，並提供簡單易懂的操作方法，讓葡萄酒業餘人士在進行私人品評活動時，也能派上用場。為了得到量化的品評結果而舉辦品評，並於會後統計品評結果的品評類型，通常被稱為「Test」，這個名稱源自於英語的「測驗」這個單字，言下之意當然就是對葡萄酒進行測試，並計算得分，就如同舉辦一場考試，最終還要公布成績一樣。不過，我們在行文時不希望夾雜英文，所以，我們在這個部分將根據上下文的意思，酌情運用不同的法語單詞，將這種利用統計學方法與途徑的品評活動稱為「Épreuve」、「Essai」、「Examen」、「Étude」……總之，我們可以用自己的語言，稱呼、或者描述這種大量運用統計學技巧與量化手法的品評活動。

　　現今統計學方法仍然無法妥善解決一個很基本、而且也很重要的問題，那就是「極端意見」。被認定是「與眾不同」的意見往往遭到摒棄，以免使得統計結果「有所偏頗」。然而，與眾不同的意見固然有可能肇因於品評員的專業素養不足，但是，天生就比常人更敏銳，或者術業極為精湛、而且坦率不諱的品酒者，也有可能在團體裡被視為異類。難道他們的真知灼見可以跟偏頗的觀點混為一談嗎？難道少數人的意見真的不足採信嗎？就我們已經掌握的研究成果，某些風味刺激的感知門檻，由於個人敏感度的不同而有非常可觀的落差，譬如合成樹脂苯乙烯的氣味以及苦味皆然。如果評審團的規模夠大，成員夠多，那麼當我們把品評結果製成圖表時，便可以清楚地看出極端評價出現在哪些項目中。以此作為更進一步分析研究的切入點，可能會有所斬獲。不過可惜的是，評審團的規模通常都不會太大，他們無法提供能夠滿足此類統計分析所需的研究資料，況且評審人數太少，也無法達到統計學取樣數目的門檻，針對這類案例進行分析，其實沒有意義。將稍有規模的評審團各成員在每一個品評項目所作的強度判斷或者品質高低統計完成，並逐項製成曲線圖之後，我們可以觀察各個項目曲線的頻率，倘若大家在某個項目上的意見相去不遠，那麼，波峰之間的距離就會較密，反之，則波峰之間就會顯得較疏。如果評審團的意見一致，波形看起來就像單峰駱駝的背，如果曲線看起來像雙峰駱駝的話，就表示評審們的觀點形成明顯的兩個群組。在分析圖表的時候，必須懂得判斷意見分歧的成因：它只是無關緊要的偶然，抑或極有可能是由於某項具體因素所造成的結果？

比較品評

　　這種類型的品評操作方式較為單純，所應用的統計方法也最簡單；在進行比較品評時，我

品評主題：

品評日期：　　　　品評員姓名：

比較品評：兩項辨異						
樣本組別與編號	樣本是否彼此相異	較為強勁的樣本編號	表現較佳的樣本編號	表現程度(以數字1-5作答)		
				相異者	強勁者	偏好者
N	N	A	B	C		
	是　否	1　2	1　2			
	是　否	1　2	1　2			
	是　否	1　2	1　2			
	是　否	1　2	1　2			

綜合比較品評：兩項辨異併三項比對						
樣本編號		圈選不同於樣本T的樣本	圈選個人偏好／表現較佳的樣本	表現程度(以數字1-5作答)	
組別	編號	配對			相異者	偏好者
1		T				
		1				
		2				
2		T				
		1				
		2				

比較品評：三項比對						
樣本編號		將不同的樣本圈選出來	將個人偏好／表現較佳的樣本圈選出來	表現程度(以數字1-5作答)	
組別	編號	配對			相異者	偏好者
1		1				
		2				
		3				
2		1				
		2				
		3				

味或某項細部特徵上，是否表現出足以察覺的具體差異。品評員還必須指出兩款葡萄酒在這項特徵表現上的強弱次第，紀錄在品評單上，並附記個人的評價或喜好。最後，我們再針對酒款背景與品評員圈選的結果進行比對，找出其間的關聯性。這種「兩項辨異」的比較品評，適用於產地來源相同，僅在某項處理程序上略有差異的酒款評比，譬如針對「硫處理」、「澄清」等工法的不同操作方式進行研究，就能將各項影響葡萄酒特性表現的變數降到最低，進行有效的比較。由於品評員總是有辦法找出兩杯酒之間的差異，為了避免流於個人主觀臆測，最好能廣泛徵詢意見，才能讓統計結果更具參考價值。

至於「三項比對」的操作方式，則是讓成員為數至少五至十位的評審團，同時比較三杯葡萄酒，其中兩個杯子盛裝相同的酒，為了避免不必要的變數，這兩杯酒不僅要是同一款酒，最好還能是從同一個瓶子裡倒出來的酒。在這項操作模式中，品評員必須分辨出與另外兩杯不一樣的那杯酒，並紀錄自己偏好的酒款編號。在完成比較品評之後，我們首先計算評審員的對題率，這個比例必須大於或等於隨機猜答的對題率，否則，該員的品評單就必須作廢卷處理。

對統計學稍有研究的人，可能會樂此不疲地多方嘗試其他的比較方法，像是「綜合比較品評：兩項辨異併三項比對」、「五項取二法」、「複合式兩項辨異比較品評」。這些品評花招能夠帶來不少樂趣，並且刺激葡萄栽植技術的研究與實驗葡萄酒學的發展，因為唯有透過這些細緻的比較品評操作，我們才能夠深入研究某些相當隱微的風味變異，並瞭解這些風味與其他因素的關聯性。

如果利用上述的比較品評技巧，仍然無法找出待評酒款之間的差異，那麼其原因可能出在葡萄酒本身，也就是說，這組酒款在風味表

們關心的問題是「某款葡萄酒是否與其他酒款不同？」常見的比較模式有「兩項辨異」與「三項比對」。

操作「兩項辨異」時，我們同時提供兩款不同來源、在釀製過程中使用不同處理方式，或者有其他背景差異的葡萄酒，讓至少由八到十位品評員組成的評審團進行比較品評。品評員會在專用問卷上作答，紀錄每一對酒款樣本在整體風

現上，原本就沒有顯著的差異；不過當然也有可能是品評員對酒款之間的細微風味差異不夠敏銳的緣故。換句話說，「兩項辨異」與「三項比對」的操作，是為了比較酒款之間的風味差異，然而，它們卻也可以作為鑑別品評員技藝水準的簡便工具。在這種品評模式中，品評員不能太過隨性，必須根據問題明確作答，而且標準答案只有一個，不像業餘品酒活動那樣有轉圜的餘地，或者容許品酒者作即興發揮。測試品評員能力的簡便作法，就是在待評酒款之間安插一些相同的酒款，讓他們進行辨異比對，從對題率就可以清楚地看到結果。如果錯誤的比例太高，就表示這位品評員不熟悉或不適於操作這種類型的品評。然而，我們應該避免對品評員的能力驟下判斷，因為這樣不僅顯得失禮，而且錯題率偏高，也可能僅意謂該品評員不善於這種工作模式，不能因此全盤否定他的品評能力。

進行比較品評的用意，通常在於區辨酒款氣味與味道之間的差異，然而酒液的外觀卻可能透露蛛絲馬跡，讓品酒者「瞧出」端倪，而不是完全憑著口鼻，嗅出或嘗出酒款之間的風味差異，因而悖離這項操作技巧的初衷。視覺資訊的介入在比較品評的過程中，不僅顯得喧賓奪主，而且也會讓判斷出現偏差。不過，我們可以使用不透明的黑色杯具，消除酒液外觀可能造成的誤導，藉此幫助品評員把注意力集中在葡萄酒與氣味的表現上。無法觀察杯中酒液的外觀，難免讓人感到迷惘、不知所以，但是這絕對非常有趣，值得一試。西班牙利奧哈葡萄酒產區的釀酒師們，近來籌辦了一場「利奧哈的氣味」品酒會，現場便是採用不透明的黑色酒杯，結果此舉成功地讓酒款的氣味表現成為評審們關注的焦點。

在比較品評的操作中，偶爾會需要設置一款「基準酒」作為比較的基礎。也就是說，品評員的工作內容，就在於分辨待評酒款與基準酒的相異之處或相似程度。這項操作方法與原則並不廣泛適用於各種情況，因為只有針對風味接近、風格類似的葡萄酒進行比較才有意義。此外，我們的大腦與感官機制沒有內建的「度量衡」，較不擅長於「測量絕對數值」，而僅能透過與記憶中的感覺印象進行比較、區別差異，推估當下感受的強度。話說回來，當比較品評的酒款較多時，最好能夠把它們擺在一起比對，讓各位品評員都能隨時取用任一待評酒款的樣本。設置基準酒的作法在施行上並不困難，而且幾乎總是能夠獲致良好的效果，不過仍然難免遭到批評、棄用。「品牌葡萄酒」的釀製過程相當倚賴此類設有基準樣本的比較品評，或許它是這種品評操作模式最典型的例子。「品牌酒」最重要的產品特徵是風味穩定性，不論是在哪一年或一年當中的哪一季所生產出來的批酒，都必須維持類似的品質特徵，這種一致性必須仰賴比較品評的手段進行控管。每一個酒槽裡的葡萄酒特性都不盡相同，但卻必須把它們的風味調整到讓人相信是同一個品牌的酒款，對製造商來說，唯一可信賴的方式就是設置一款基準酒作為比較標準，然後逐桶進行比對，作為修正的參考。

評分品評

以評分形式呈現的品評結果，通常會藉助「離散性分析」（或「方差分析」），的途徑進行闡釋，分析的方法包括計算各項平均數值之間的差距，以及統計各項評分的落點分布。首先，我們可以就評分結果概觀所有酒款之間有何共通點與差異性，接著透過兩兩比對的方式，指出每一對葡萄酒在相較之下，引人注意的不同之處，並針對此現象提出可能的解釋。此外，評分結果也能讓我們看出某位特定評審與其他團員之間的不同偏好。於是我們不僅可以利用這份評分結果區別葡萄酒的差異，也能夠過它看出評審

團內部的異質性。處理評分數據資料時，可以刪除各項目裡的最高分與最低分，得到「修正平均數」，以便消除不足採用、個人主觀太強，或者過於突兀的意見。

國際葡萄園暨葡萄酒組織（OIV）以及國際釀酒師聯盟（UIŒ）強烈建議採用「中點評分數」作為總評結果。所謂中點評分數就是將酒款在某個項目的全部得分，按數字大小排成一個數列，然後，將此數列均分為數項相等的前後兩段，取其中間的那個數值，或者以緊鄰中間項的兩個數字的平均值，作為該項目的得分。不過，中點評分數與所有分數的平均值，或者說是簡單平均數，兩個數據之間通常不會有太大的落差。

排序品評

採取排名的方式來呈現品評結果，實際上取消了品評過程裡的諸多因素。常用的排名系統包括「費德曼法」（Méthode Friedman）、「史匹曼法」（Méthode Spearman）、「庫魯斯凱‧威利斯法」（Méthode Kruskal-Wallis）。雖然評審們不容易作到評分標準一致，各人偏重的方面也不盡相同，但是值得注意的是，評審們對於酒款排名的看法，卻經常所見略同，他們心目中名列前茅的酒款以及敬陪末座的酒款，幾乎總是大同小異。當待評酒款的總數控制在十到十二款以內的時候，這個排名雷同的現象尤為明顯。若酒款數量繁多，排名結果則較容易出現大幅落差，在這種情況下，不妨安排幾個不同的場次，並選定其中一款酒作為「參考基準酒」，分段完成品評工作。要在同一品評場次裡進行排序的酒款，應該同時擺出來，每款酒分別盛裝，供評審們自由取用，或者一次分配完畢，避免「一杯到底」——用一只酒杯品嘗現場所有的葡萄酒。倘若情況允許的話，最好能讓每位評審面前的待評樣本順序不同，以隨機的方式排列，這項作法在實行上頗為麻煩，但是卻能讓排名結果更準確，因為這樣能避免一款酒的擺放位置被固定在特定酒款之前或之後，因而構成特別有利或不利的條件。我們可以要求評審們直接在品評記錄單裡排出

酒款品評員	一號酒	二號酒	三號酒	四號酒	得分總和恆定 1+2+3+4=10
1	名次 4／得分 4	名次 2／得分 2	名次 1／得分 1	名次 3／得分 3	10
2	名次 3／得分 3.5	名次 3／得分 3.5	名次 1／得分 1.5	名次 1／得分 1.5	10
3	名次 3／得分 3	名次 4／得分 4	名次 2／得分 2	名次 1／得分 1	10
4	名次 4／得分 4	名次 3／得分 3	名次 2／得分 2	名次 1／得分 1	10
5	名次 4／得分 4	名次 3／得分 3	名次 1／得分 1	名次 2／得分 2	10
6	名次 3／得分 3.5	名次 3／得分 3.5	名次 1／得分 1	名次 2／得分 2	10
7	名次 3／得分 3	名次 1／得分 1.5	名次 1／得分 1.5	名次 4／得分 4	10
8	名次 4／得分 4	名次 3／得分 3	名次 1／得分 1	名次 2／得分 2	10
積分總和	29	23.5	10	17.5	80
高低標	X>27	13<X<27	X<13	13<X<27	

酒款的名次,也可以在事後彙整資料的時候,根據評分或評語內容,訂出酒款應得的名次。

在前文提及的幾種排名系統之外,還有一種最簡便的排名方法,叫做「克拉瑪法」(Méthode Kramer),它的給分標準頗直觀,最好的得分為1,把每位評審的給分加總起來之後,得分最少的便是排名第一的酒款。使用這套方法與上述其他排名系統時,應該特別注意如何正確給分以及計算得分:在排名中若出現名次相同的情況,必須讓各酒款的得分總合,等同於一般情況下的總和。舉例來說,一位評審使用二十分制,替四款葡萄酒打上 14 分、11 分、11 分與 10 分的成績,那麼,這四款酒按照名次排序之後,雖然是第一名、第二名、第二名、第四名,然而,其得分依序卻應作「1 分」、「2.5 分」、「2.5 分」、「4分」,而不應該是「1 分」、「2 分」、「2 分」、「4分」。因為在正常的情況下,一位評審給出的名次總和原本就應該是「1+2+3+4」,亦即「10」,這個數值必須維持不變,當出現名次相同的情況時,便應該酌予調整,將分數差額平均回補到名次相同的酒款上。在確認各酒款的排名與得分無誤之後,我們便可以計算各酒款的總分,並且透過「克拉瑪速查表」找出該場次條件所對應的高低標,進行比較與判讀。此表所列出的參考數據,可信度約達九成五。如果不使用「克拉瑪速查表」的話,也可以計算求得或然率的門檻數據,作為解讀成績的依歸。

── 倘若一款酒得到的名次總和,介於表中查得的高標與低標之間,則表示該酒款的品質在全部酒款中,沒有特別顯著之處。

── 倘若一款酒得到的名次總和,低於表中查得的低標,則表示該酒款在全部的受評樣本之間,品質明顯較佳。

── 倘若一款酒得到的名次總和,高於表中查得

〈克拉瑪速查表〉

酒款數量		評審人數						
		4	5	6	7	8	9	10
3	低標	5	6	8	10	11	13	15
	高標	12	14	16	18	21	23	25
4	低標	5	7	9	11	13	15	17
	高標	15	18	21	24	27	30	33
5	低標	5	8	10	13	17	17	20
	高標	19	22	26	30	33	37	40
6	低標	6	8	11	14	17	20	22
	高標	22	27	31	35	39	44	48
7	低標	6	9	12	15	19	22	25
	高標	26	31	36	41	46	50	55
8	低標	6	10	13	17	20	24	27
	高標	30	35	41	46	52	57	63
9	低標	7	11	14	18	22	26	30
	高標	33	39	46	52	58	64	70
10	低標	7	11	16	20	24	28	32
	高標	37	44	51	57	64	71	78

的高標,則表示該酒款在全部的受評樣本之間,品質明顯較差。

茲舉左頁品評結果,作為「克拉瑪方法」的應用範例,該場共有八位品評員、四款待評酒款。

根據本頁所附的〈克拉瑪速查表〉可以看到,在一場有四支待評酒款以及八位評審的品酒會裡,其對應的酒款積分高低標分別為 27 與13。由此可知,三號酒在四款樣本之間,品質表現明顯較佳,因為它的名次積分是 10,低於表中查得的低標 13 分;而一號酒的排名總和為

29，比高標 27 還多了兩分，因此，它的品質表現明顯較差。至於二號與四號酒，與另外兩款葡萄酒相較之下，則無特別明顯的優劣之處。

這套排序系統的研發頗為耗時，因為在真正進入應用階段之前，必須經過許多試算，才能讓這套方法成功地在實際應用時，藉由簡單的加總、比對諸如此類的量化方法，判讀葡萄酒的品質水準，而不至於顯得膚淺或產生離譜的誤差。在操作這套排序方法時，評審團的規模最好能夠維持在至少八到十人，否則，少數的分歧意見將導致各酒款的積分過於接近，無法顯現酒款之間的差異，降低鑑別力。這套方法適合所有業餘品評團體使用，倘若操作得當，將不失為量化品評結果的簡便方式。

培諾教授於 1981 年就已經明確指出：「要替一款葡萄酒作出總評分數時，不應該直接聯想到一個具體的分數，而應該先找到一個合適的評語；接著再根據選定的量表，查出對應於評語的數字，循此得到總評分數。」以這項基本概念為出發點，巴黎綜合理工學院計量經濟學研究室（Ecole Polytechnique – Laboratoire d'Économétrie）的米歇爾・巴林斯基（Michel Balinski）以及希妲・拉哈奇（Rida Laraki）提出了創新而專門的評價量表系統[4]。

評審的「總體評價」

每位評審的心裡都有一把尺，他根據特定的標準審檢葡萄酒的品質，並給它一個評語或評分。這個總評的好壞高低，與評審針對酒款在氣味、色澤、和諧感等個別項目上所作的評價沒有直接的、必然的關係。我們在前文已經提過，一款葡萄酒的整體價值，並不是它各項範疇表現的簡單加總：「各項得分的簡單加總，無益於評判葡萄酒整體品質的優劣。哪怕只是一個風味上的缺陷或弱點，有時便足以毀了一款葡萄酒

的銷路，而頂尖酒款之所以傲視群倫的原因，有時也只在於它具有某項難能可貴的品質特點。」評審是根據自由心證，權衡酒款各項特徵表現的相對重要性之後，直接給出總評。因此，他無須顧慮「局部評價」或「單項評分」與「總體評價」之間是否完全一致。然而，在作出總評之前，最好能夠再次考慮各項品質特點表現，避免產生不合理的落差。

評審團的「最終評價」即「多數意見」

在每位評審都作出「總體評價」之後，我們便能統計評審團對每款酒的「最終評價」，它是評審團絕對多數成員所認可的最佳成績，所以它也可以被視為「反映多數意見的評價」。就理論上說來，在取總評的所有作法中，這是唯一合理的方式。譬如，我們將某款酒得到的評價依好壞排列如下：「極佳－佳－佳－佳－差」，那麼，這款酒的最終評價應該是「佳」，因為大多數評審都給了「佳」以上的評語。

在上述的例子當中，五位評審裡的三位都作出「佳」的總評，倘若要評審團提出共同的「最終評價」，那麼，它也必須符合多數意見的評價。評審團裡的其他意見，像是「極佳」、「差」，在這個情況下都被直接剔除，不予考慮。

倘若要透過平均成績來呈現評審團的最終評價，那麼，首先必須明訂各項評語所對應的分數，譬如「優」是 6 分，「極佳」是 5 分……「差」是 0 分。據此標準，則前例中的酒款平均成績大致落在 3 或 4 分之間，相當於「可＋」、「佳－」，但是，我們回到原始成績來看，在五人評審團裡佔有絕對多數的四位成員卻都給了「佳」以上的成績，由此可見，平均成績不能完全反映實情。如果我們採用其他非線性比例的對照量尺，試圖校正統計所造成的偏差，我們很可能得到完全不同的結論，由此產生新的問題。

當評審團的成員人數為奇數時，採用「絕對多數決」的方式，至少可以反映團體裡大多數人的意見，但是換個角度來看，這卻也是它的限制，因為它最多只能反映大多數人的意見。而當評審人數為偶數時，採用絕對多數決則可能遭遇更棘手的問題。或許應該根據票數奇偶的不同情況，分別討論反映多數意見的最佳方式。不過，這並不是問題的真正所在。以下茲舉一例說明：

X 酒款	Y 酒款
極佳	極佳
極佳	極佳
佳	極佳
佳	可
可	可
不良	不良

直觀看來，X 酒款的品質表現應該比較好，因為它獲得四個「佳」以上的評語，而 Y 酒款卻只有三個。利用前述的概念，取過半數評審所給的最好成績作為多數意見的話，則 X 酒款得到的最終評價是「佳」，Y 酒款則是「可」。試想，如果我們取第三列的成績代表多數意見，似乎也無可厚非，然而，如此一來，X 酒款得到的是「佳」，Y 則是「極佳」，這卻與實際情況產生矛盾。由此可見，彙整每位評審的「總體評價」，然後根據「多數意見」原則統計得到「最終評價」，我們還遭遇一個問題，那就是如何概括多數意見，排列酒款品質表現的次第。

酒款品質水準的排名

利用多數意見的原則，可以替一款葡萄酒在量表上找到自己的位置：「優」、「極佳」、「佳」、「可」、「劣」。現在，我們要更進一步探討，如何替兩種以上的酒款在同一個量表上進行排序。假設有三款葡萄酒 X、Y 與 Z，分開來看，它們的評價都是「佳」：

X 酒款	Y 酒款	Z 酒款
極佳	優	優
極佳	極佳	優
佳	佳	佳
佳	佳	可
可	劣	劣

我們可以遵循簡單、合理而且一貫的操作程序，將這三支最終評價相同的酒款排出優劣次第。首先，我們刪除相同的最終評價，也就是表格裡居中的第三列，並得到以下結果：

X 酒款	Y 酒款	Z 酒款
極佳	優	優
極佳	極佳	優
佳	佳	可
可	劣	劣

根據「多數意見」的原則，我們取「佳－佳－可」作為評審團認可的最佳成績，也就是說，過半數的評審都給出「佳－佳－可」以上的評語。由於 X 與 Y 酒款都得到「佳」，但是 Z 酒款的評價只有「可」，依此看來，Z 酒款在三者之間應該是最後一名。接著，我們再刪除這一列評語，以便繼續替 X 以及 Y 酒款排序：

X 酒款	Y 酒款
極佳	優
極佳	極佳
可	劣

至此，我們看到表格裡居中的第二列評價，X 與 Y 酒款皆得到「極佳」的評價。由於這一列評語相同，不足供作判斷，因此必須刪除這一列，進行第四回合的比較程序：

X 酒款	Y 酒款
極佳	優
可	劣

刪去這一列之後我們可以看出，在剩下的兩組成績裡，X 酒款的評價在「可」以上，而 Y 酒款的評價則在「劣」以上。這個結果即相當於最終評價，也就是說，X 的排名成績應該優於 Y 酒款。回到最初的評價結果來看，五位評審原本就一致認同 X 酒款的品質表現，至於 Y 酒款的觀感則有褒有貶，較不劃一。這也足以印證此一排名結果是合理的。

以上的操作程序便是「多數意見概括法」，透過不斷反覆比較，原本評價結果相同的酒款，最終也能夠排出次第。茲以下表呈現 X、Y、Z 酒款的評價成績在經過四個回合的循環比較之後，最終得以得到合理的名次成績的操作過程。表中第一回合所示的最終評價，是循一般「多數意見」操作方法所得到的結果，按慣例加底線；表中以括弧標的評語，則是在循環比較的操作程序中，不影響最終排名結果的部分。

在應用多數意見概括法的時候，必須先將所有評審給的評語按照高低好壞逐一排列出來，然後才能進行循環比較的操作。然而，並非每一位評審意見都會對排序結果產生影響。若是某酒款 A 在第一回合取得「最終評價」就比另一酒款 B 的評價更高，那麼，便無須進入循環比較的程序，如此一來，偏離多數意見群組的觀點與評價便不會對排名造成任何影響。在上例中，X 酒款與 Y 酒款的情形也是如此：X 酒款的排名比 Y 酒款好，原因在於連續取三個回合的多數意見都是平手的結果，在第四回合則顯示 X 酒款較佳，於是排名結果就此確定。表中括弧內的評價文字顯示，某位評審給 X 酒款的評語是「極佳」，而 Y 酒款得到更高的評價「優」。然而，依據「多數意見概括法」的既定原則，這兩個與最終排名結果相左的意見，其實不會影響 X 酒款與 Y 酒款的名次。

當我們要利用「多數意見概括法」替兩種以上的酒款排名，但是由於當初參加品評的評審人數不一，導致它們得到的「總體評價」數目不同時，我們可以用「多數評價」補足該酒款所短少的評價數目，以俾進行排名程序。這項技巧雖然於法有據，但是最好還是盡量避免這類情形發生。

受評酒款在色澤、氣味、和諧感各方面的特徵及品質表現，與該酒款所得到的最終評價其實也不無關聯。雖然酒款的最終排名成績高低，取決於總評分數，而非單項特徵的成績表現，但是這些資訊也有出版的價值，因為此類細節將可幫助消費大眾與業界人士更清楚該款葡萄酒的特性，也能促進排名程序的透明化。

	第一回	第二回	第三回	第四回	第五回	排名
X 酒款	佳	佳	極佳	可	（極佳）	第一名
Y 酒款	佳	佳	極佳	劣	（優）	第二名
Z 酒款	佳	可	（優）	（劣）	（優）	第三名

一些關於品評活動的建議

規劃品評活動時，應盡可能地讓評審團的規模維持一致，而成員的數目以奇數為宜。利奧泰（Lyautey）曾說：「在作重大決定時，票數必須是奇數，而當投票的人超過三個，就太多了！」當然，我們不必太過認真看待這段俏皮話。

品評活動應全程禁止評審之間交換意見，以免互相影響。排名的操作程序應該公開、透明化。所有的與會者都必須知悉「多數意見」的統計方式，以及「多數意見概括法」的應用情形。

某些情況下我們會採用所謂的「條件分析法」，諸如「主要成分分析」、「對應因素分析」，以及由此衍生出來的其他分析方法。藉助於這些分析途徑，我們可以將多項風味特徵表現與成分分析特性同時納入考量，並以此作為酒款分類的參考。如果評審團成員的素質水準夠整齊，分析結果在經過比對之後，還可以用來解釋葡萄酒中某些風味現象：譬如，某種風味特性大致是來自於何種結構成分；又如，某種型態的葡萄酒經常帶有固定風味特性的原因何在。

微電腦處理技術已經大幅減少龐雜計算工作的負擔，然而，倘若分析所得的數據資料沒有達到統計學的門檻，或者闡釋的內容與方式缺乏新意，不能帶來啟發，那麼這些統計結果也就沒有實際意義可言。曾經有研究指出，陳年老酒中含有豐富的酯質，也就是醇類與酸的化合物。早在十九世紀，從化學家貝特洛（Marcelin Berthelot, 1827~1907）的研究成果裡，就已經可以看出端倪。不過，直到 1930 年代，葡萄酒學界才成功地證實，陳年葡萄酒裡的酯質成分與老酒風味的關係密切。

評審委員的遴選

以上用來闡釋葡萄酒風味差異的統計學方法，也可以作為理解品酒者給分為何會出現落差的工具。我們可以藉此方式找出表現「與眾不同」的品評員，然而，我們卻很難說得準，「異於常人」到底是好是壞，因為品評能力太強，或者品評技術未達水準，兩者都是統計學裡所謂的「不正常」；從統計學的角度來看，皆屬「偏離平均值」的行為表現。通常，透過常識判斷、反覆觀察，或者提供已經充分分析、評論的酒款讓品評員進行品評，並於稍後比對其評述內容，即可正確研判該位「表現異常」的品酒者，到底是良材還是朽木。

我們已經掌握某些氣味或味道的「感覺門檻」，並且懂得如何測量品評員對葡萄酒裡某些特定風味物質的敏銳度，然而卻依然無法藉此推估品酒者對酒款總體品質表現的批評能力。前述的三項比對品評方式，即可作為測試品評員區辨酒款總體品質能力的工具。譬如，透過「混酒調配」或者「添加特定物質作為實驗組」，便可調製出各式各樣的葡萄酒樣本供測驗之用。雖然通過此類測驗不代表能成為優秀的品評員，但是它卻是必要的練習活動。「三項品評」的比較操作相當簡便，葡萄酒業餘人士可以很容易上手，不過，在朋友間進行這項殘酷的品評練習很可能傷了彼此的感情。話說回來，利用三項比對進行比較品評帶給我們非常重要的啟示，那就是「在葡萄酒面前，必須懂得謙遜。」這是所有學習品酒的人都應該具備的基本修養。

譯註：

1 Norman M Mann, Management of smell and taste problems. Cleveland Clinic Journal of Medicine, 2002.

2 Frédéric Brochet, La Dégustation. Étude des représentations des objets chimiques dans le champ de la conscience. Thèse, Université de Bordeaux 2, 2000.

3 《評審團品評記錄》（Les Dégustations du grand jury）。

4 原 書 註：Michel Balinski et Rida Laraki, *One-value, one-vote: measuring electing and ranking.* 米歇爾・巴林斯基與希妲・拉哈奇兩位作者，將著作裡適用於葡萄酒領域的研究方法翻譯成法文，並提供給本書作者。賈克・布魯昂在此對他們表達謝意。（《葡萄酒評分方法》〔Une méthodologie pour classer les vins〕2006 年，三月 31 日）

CHAPITRE 6

風味的本源

氣味的根源

在法語裡，我們會用「Parfum」、「Senteur」這類字眼，尤其是「Arôme」、「Bouquet」這兩個詞語來描述葡萄酒宜人的氣味。這些嗅覺刺激通常都具有一定的強度與變化性。至於「Fragrance」這個文謅謅的單詞，多半在詩歌裡才會出現。不同的釀酒葡萄品種或不同的產地，以及陳年時間與貯存環境等各項因素，皆會影響葡萄酒的香氣特徵。尤其是頂尖水準的葡萄酒，譬如所謂的「偉大酒款」，它們最為人稱道的一項品質特性，就是卓越的香氣表現。

「氣味」這個概念化作文字時，可以透過不同的詞語來表達。這些常用的詞彙之間，不免出現混淆的情形。在一般用法中，「Arôme」與「Bouquet」可以說是同義詞，但是，對於葡萄酒品評員來說，這組單詞有不同的涵義。他們在遣詞用字時，會特別注意到兩者的區別，避免混用。就某些人的理解與定義來說，唯有白葡萄酒能夠展現「Arôme」，而只有紅葡萄酒能夠發展出「Bouquet」。這個說法是可議的，因為白葡萄酒並非總是年輕飲用，而紅葡萄酒的香氣未必只能是陳年所產生的「Bouquet」：一款陳放十年的蒙哈榭特級葡萄園（Montrachet Grand Cru）白葡萄酒，也會發展出「Bouquet」；一款甫釀製完畢的

薄酒來新酒，則充滿年輕葡萄酒的「Arôme」。

另外有些人則認為，「Bouquet」是透過直接管道嗅得的香氣，而「Arôme」則只能透過間接管道嗅得，也就是只有在嘴巴裡含著葡萄酒時，才能藉由與口腔相通的後鼻咽管聞到的香氣。很顯然的，這樣的理解方式已經把「Arôme」這個單詞與「Arôme de Bouche」錯誤地聯想在一起了。而且，此處對「Arôme」這個單詞的定義，並不合乎該語彙的原始定義：「植物性或動物性來源的各種物質所散發出的，帶有氣味的成分。」由此看來，「Arôme」應該要是可以直接嗅得的香氣，不一定要經過口腔。

我們的看法是，「Arôme」這個詞比較適合用來指稱葡萄酒年輕時的整體氣味表現，「Bouquet」所指的則是葡萄酒經過長時間陳放之後，產生的氣味。從這個角度來說，年輕葡萄酒宜人的個性，多半來自於「Arôme」，而與「Bouquet」較無關聯；業已經歷瓶中陳年的老酒當中，則由「Bouquet」獨撐大局，不見「Arôme」的蹤影。我們必須承認，「Arôme」與「Bouquet」這一組詞語之間的差異非常細膩，但是，沒有必要針對這兩個字大興干戈、爭論不休，因為僅就語義內容進行辯論，恐怕將流於空談。

在分析葡萄酒各階段香氣的時候，我們可以

把葡萄酒尚未進入窖藏陳放階段所產生的香氣，也就是「Arôme」，大致分成兩類。首先是「第一階段香氣」，或者可以稱作「原始香氣」、「品種香氣」。顧名思義，它來自於葡萄果實本身，在壓汁釀酒時，這些既存於葡萄果實中的風味，便從葡萄皮中萃取出來，進入待發酵的葡萄汁裡。簡單來說，第一階段香氣指的是「果味」，它的表現直接與葡萄品種、純株繁殖系的株種特性有關，同時也受到生產條件、果實成熟度，以及園區栽植密度等因素的影響。某些葡萄品種相當細緻，諸如卡本內品系的葡萄品種，包括卡本內-蘇維濃與卡本內-弗朗，還有黑皮諾、白蘇維濃、麗絲玲、蜜思嘉，它們擁有極富個性而且強勁濃郁的品種香氣，我們在下文還將更進一步探討這些葡萄品種的原始香氣。另一種「Arôme」可稱為「第二階段香氣」或者「釀造香氣」，因為這類香氣是在發酵過程中出現的。在酵母的作用下，葡萄汁在酒精發酵的階段，會發展出濃烈的葡萄酒香，這種氣味的揮發性很強。每當採收季節到來，釀酒室總是瀰漫著酒槽裡正在發酵的葡萄汁所散發出的濃郁氣味。由於進行酒精發酵時的氣味非常濃郁，所以，這個階段的發酵又名為「香氣發酵」。酒精發酵完成之後，接著便是進行乳酸發酵。在這個階段，葡萄酒的釀造香氣經過細菌的轉化，將更顯完整而細膩。在某些現代風格的白葡萄酒中，帶有鮮明的奶油風味，這是由於乳酸發酵的香氣成為酒款主導香氣的緣故。甫釀製完畢的年輕酒款香氣，通常都是品種香氣與發酵香氣的混合體。雖然發酵香氣有時非常濃郁且集中、討喜宜人；但是，它完全不能與窖藏香氣相提並論。葡萄酒經過陳年後的風味特徵，與年輕酒款的香氣表現可謂天差地遠。

葡萄酒的「非窖藏香氣」會逐漸減弱，在經過數年的貯藏之後，便幾乎完全消失，取而代之的是「窖藏香氣」。不過，拜釀造技術進步之賜，許多現代風格的葡萄酒在達到熟成階段時，卻仍能保有品種香氣與釀造香氣。易言之，當葡萄酒年齡進入第三階段時，第一階段與第二階段的氣味並未完全消失。陳年的最高境界便是讓老酒常保年輕活力，並展現葡萄酒在窖藏過程中，由於既有成分不斷轉化，酒中出現原本沒有的物質，因而益顯濃郁豐富的香氣。

葡萄酒在陳年之後的香氣表現非常豐富、複雜，這也是為什麼「窖藏香氣」在法語裡被稱為「Bouquet」，這個單詞原意為「花束」，無疑是影射葡萄酒在陳年之後，花團錦簇、令人目不暇給的香氣表現。由於窖藏香氣的部分風味似乎是在第一階段與第二階段的基礎上演變、轉化而來，因此，也有人稱之為「第三階段香氣」。經過陳年熟化的葡萄酒，之所以能夠展現繁複卻又非常協調的香氣，其原因就在於時間的淬鍊。揉融各種風味於一身，整體表現絨軟溫順，唯有優質葡萄酒的窖藏香氣才能夠達到這個境界。品質水準稍差的酒款，則不具有這般潛能，也就是說，它們的香氣只停留在「Arôme」，無法蛻變為「Bouquet」；它們不具有陳年的意義與價值，也不會發展出令人期待的窖藏香氣。

現在我們要根據不同的貯酒方式，將「窖藏香氣」分成兩類。第一種貯藏技術盛行於氣候炎熱的葡萄酒產地，這些地區生產的葡萄酒，通常含有豐厚的酒精，有些是自然的現象，有些則是刻意添加葡萄蒸餾酒的結果。在葡萄酒中添加葡萄蒸餾烈酒，提高酒精含量的操作方式，能夠降低細菌介入的風險，有助於葡萄酒的保存。當酒精度高達 16℃ 或 18℃ 時，細菌幾乎就很難生存，因此，我們不再需要百般防杜氧氣與酒液接觸，大可以把葡萄酒貯存在半滿的木桶裡，不必擔心變質的情況發生。

這種貯酒方式開創了特殊的熟成程序——「足氧陳年」。以氧化方式培養的葡萄酒，在窖藏香氣裡便會留下氧化作用的痕跡。我們可以稱之為「氧化型（足氧型）窖藏香氣」。這種氣味的出現與醛類物質有關，聞起來帶有蘋果、榲桲（洋木瓜）、堅果、老酒風味、陳舊木材，或馬德拉葡萄酒的氣味。針對這種型態的培養程序，巴斯德（Pasteur）說：「正是氧氣造就了葡萄酒。」這類酒款包括某些天然甜葡萄酒、法國班努斯（Banyuls）地區生產的酒精強化天然甜葡萄酒、作為苦艾酒調配基底的皮卡丹[1]白葡萄酒、「葡萄酒利口酒」[2]、用於調製餐前酒的基酒「葡萄汁加烈酒」[3]、葡萄牙波特酒、西班牙雪利酒（Oloroso 雪利酒或 Amontillado 雪利酒）、馬德拉葡萄酒、義大利瑪薩拉葡萄酒（Marsala）與聖酒（Vino Santo），還有希臘的帕特拉斯黑桂冠（Mavrodaphne Patras）等，不勝枚舉。這些葡萄酒由於曾經暴露在空氣中進行培養，所以對空氣很不敏感，而且相當耐氧。它們在裝瓶之後，風味並不會隨著瓶中陳年時間的增長而有所提升，但是在開瓶幾天之後，也不會因為與空氣接觸而氧化變質。

第二種來自於特定窖藏方式所產生的窖藏香氣類型，則較為常見，叫做「閉鎖型（缺氧型）窖藏香氣」。產自溫帶地區的葡萄酒，在培養的過程中都被貯存與氧氣隔絕的環境裡。無論是木桶還是酒槽，總是填得滿滿的，完全不讓空氣在裡面有容身之處，再加上密集的定期添桶程序，更使葡萄酒經常處於完全缺氧的狀態。然而，在換桶、移注、搬運的時候，難免會讓葡萄酒接觸到空氣，因此，在操作這些程序的時候，都會採取抗氧的措施，常見的作法是利用硫磺燃燒產生二氧化硫（即亞硫酸），便可達到抗氧的功效。這種類型的葡萄酒在缺氧的環境中誕生，也將在缺氧的玻璃瓶裡終老。瓶口還被長長的軟木塞封住，確保未來超過二十年的時間，都不會有空氣滲進瓶子裡。那些經歷長時間瓶中陳年的紅葡萄酒，某些堪稱偉大的干型（不甜）白葡萄酒，或者品質卓越的超甜型白葡萄酒，都帶有閉鎖型（缺氧型）的窖藏香氣。此外，某些使用開放槽具培養的葡萄酒，也有可能發生缺氧現象。譬如，在利用黴菌酵母進行「浮花酵母黴菌培養法」的時候，便會出現缺氧的情況，或者讓原本缺氧的情形更嚴重，諸如 Fino 雪利酒、San Lucar de Barrameda 的 manzanilla 雪利酒，以及法國侏羅地區生產的黃酒皆屬此類葡萄酒。我們放任木桶裡的葡萄酒逐漸乾涸，不實施添桶的程序，而且故意讓葡萄酒沾染黴菌酵母，使酒液表面形成一層黴花。這層浮黴酵母會消耗氧氣，因此覆於其下的葡萄酒便自然處於缺氧的環境中，發展出獨特的氣味。這種葡萄酒對氧氣非常敏感，一旦開瓶暴露在空氣中，便會很快變質。我曾經與一位西班牙利奧哈產區的優秀釀酒師一起品嘗雪利酒，他當時堅持，一定要一切準備就緒之後，在已經準備好要品酒的前一刻，才可以把那瓶 Fino 雪利酒打開。我何其有幸，能夠有機會見識雪利酒接觸空氣後產生巨變的整個過程。巴斯洛（Berthelot）曾經說「氧氣是葡萄酒的大敵」，所指的便是這種情況。

長久以來，大家都認為葡萄酒的陳年老化現象，是由於酒中形成酯類物質的緣故。在進行酒精發酵時，會產生大量的酯質，這類物質與新釀年輕酒款的香氣表現關係密切。然而，在接下來幾個月內，這些酯質便會自行水解，逐漸失去香氣。當環境溫度稍高的時候，酯質水解的速度更快。至於葡萄酒在進入培養階段之後，也就是乳酸發酵的過程中，酯質的形成則是由於酸與酒精發生「酯化作用」。這個階段形成的酯質主要是乳酸乙酯，這是一種氣味很弱的物質。然而，這未

必意謂著培養階段所產生氣味強度很弱的那些物質，與葡萄酒窖藏香氣的形成完全無涉。我們已經確定，在培養階段形成的某些無氣味物質，其實是構成窖藏香氣的基礎元素：例如與糖苷的水解與單寧的轉化。在木桶或酒槽裡進行培養、熟成程序所產生的窖藏香氣，與在玻璃瓶中進行陳年所產生的窖藏香氣，兩者是不同的，有必要加以區別。因為就我們目前所知，前者的氣味強度有限，而窖藏香氣最強勁、集中的表現，則是發生在瓶中貯藏數年之後。當葡萄酒非常老的時候，散發出來的氣味往往讓人聯想到蘑菇，此時窖藏香氣的表現更為濃烈，聞起來帶有類似肉汁、野味的動物香氣，這是葡萄酒香氣演變進入第三階段的表徵。

非窖藏香氣與窖藏香氣的細部描寫，可以從兩個不同的角度進行：以官能感受為出發點，或者以化學成分為依歸。我們將兼及兩者，採取中間路線，期能落實本書的宗旨，讓讀者懂得如何將品酒時的感受訴諸文字。一種氣味是由數種「氣味分子結構」共同構成的感官印象。每種「氣味分子結構」都是能夠造成嗅覺刺激的物質，但是，一種「氣味分子結構」並非只對應於一種氣味感受，而可能與好幾種不同的氣味都有關聯。我們可以在一些相關的專著當中，找到更多關於氣味化學性質的詳細描述[4]。

葡萄果實本身的香氣──原始香氣

雖然相較於柑橘、草莓、百里香、玫瑰等水果或植物，葡萄的香氣顯得很微弱，但是葡萄果實裡其實含有許多個性鮮明的氣味潛因。根據皮耶・加雷（Pierre Galet）於 2000 年出版的著作[5]，某些香氣特徵是九千六百種葡萄所共有的，另外有些氣味則是特定葡萄品種或族系所獨有的風味特性。我們在葡萄酒中可以找到這些源於葡萄果實的原始香氣，其中有些直接表現在果粒的風味裡，而另一些則必須經過發酵的程序之後，才會展現出來。

類胡蘿蔔素的衍生物

所有葡萄都含有類胡蘿蔔素，它是一種黃色素，普遍存在於植物裡，胡蘿蔔素、葉黃素皆屬之。它在葡萄汁裡的濃度從每公升 15 ～ 2,000 毫克不等。類胡蘿蔔素不溶於水，而且沒有氣味，但是在浸皮萃取的過程中，它會分解為較小的分子，其中含碳量 13（C13）的成分會轉變為具有揮發性的物質，並且產生氣味，譬如「β-紫羅蘭酮」即帶有紫羅蘭的氣味。在葡萄酒進入培養階段，則會釋出果香顯著的 β-大馬酮，這也是從葡萄果實裡所含的類胡蘿蔔素分解而來的芬芳物質。

類胡蘿蔔素在葡萄酒裡可說是無所不在，許多葡萄品種所釀成的酒款，包括希哈、蜜思嘉、梅洛、卡本內-蘇維濃等品種酒的香氣表現，都與類胡蘿蔔素有關。至於其影響的程度，則取決於葡萄成熟狀況、天候以及釀酒技術層面等因素。

由類胡蘿蔔素衍生而來的「三甲基二氫化萘」（TDN）[6]，是造成麗絲玲品種白葡萄酒在陳年之後出現「汽油味」的主要原因，但是，若葡萄串在採收時遭受擠壓、碰撞，導致果粒破裂，也會發生類似的情形。葡萄汁裡的 TDN 濃度可高可低，在壓汁最後階段取得的葡萄汁裡，其含量可高達每公升 3,000 ～ 4,000 毫克，這往往使得最終釀出的葡萄酒帶有令人不悅的汽油味。

帶有草本植物風味的化合物

當植物細胞破裂暴露在空氣中的時候，會由於氧化作用而產生正己醛，因此出現青澀、植蔬氣味與草味。這種風味並不宜人，嘗起來甚至偶爾會苦。接著，還會產生由細胞壁脂質轉化而來

的對應醇類物質。這些化合物的感知門檻非常低，所以，其氣味便顯得相當強勁。以己醇為例，每公升溶液僅需含有 0.5 毫克，就已經聞得出來。即使濃度低於感知門檻，它也會加強某些葡萄酒中原本就有的草本植物風味，譬如使用成熟度不足的葡萄釀酒，或者入槽的葡萄果實摻雜未摘除的葉子時，尤其容易讓葡萄酒裡出現草味。這類化合物在葡萄汁裡的含量會隨著發酵而逐漸降低。

蜜思嘉葡萄品種的香氣

談到原始香氣的概念，就必須一提蜜思嘉葡萄品系。自古羅馬時代以降，人們就非常喜愛蜜思嘉的香氣，可謂口皆碑，人見人愛。蜜思嘉品種族系是所有釀酒葡萄品種裡，最富香氣的一類。它的香氣在法語裡就被稱為「蜜思嘉」，與葡萄品種同名，或者可以用分詞寫成「Muscaté」，意思是「帶有蜜思嘉氣味的」。許多人把蜜思嘉稱為「麝香葡萄」，然而「蜜思嘉」與「麝香」是完全不同的東西。「Musc」以及用分詞形式拼寫的「Musqué」這一組單詞，意思是「麝香」、「帶有麝香氣味的」，它們與「Muscat」或者「Muscaté」，只不過是詞源相近而已。所謂「麝香」，是一種叫做「麝香鹿」的亞洲種鹿科動物的分泌物。

現今被研究得最透徹的葡萄品種也是蜜思嘉，我們幾乎已經完全掌握它的香氣構成，並且有能力在實驗室裡調配出唯妙唯肖、幾可亂真的蜜思嘉香氣樣本。

隸屬於蜜思嘉品種族系的葡萄，雖然多達 150 種，如果把各個品種的別名都加進來，這份名單將更為壯觀。各式各樣的蜜思嘉葡萄品種，雖然讓人眼花撩亂，但是它們在香氣表現上卻都有明顯的共通之處。人們在過去兩千年來所熟悉的、把它稱為「蜜思嘉風味」的那種人見人愛的味道，其實是萜烯族化合物造成的風味感受。屬於這類化合物的物質多達數千種，它們普遍存在於植物界與動物界，從柑橘、薄荷，到樹脂、尤加利，乃至多種費洛蒙、賀爾蒙，都含有萜烯族化合物。我們已經在蜜思嘉葡萄裡鑑定出約莫半打的基本型萜烯族化合物，如果把衍生物也算進來的話，就會多達數十種。葡萄果實裡所含的萜烯族化合物可概分為兩類：其中一類是帶有氣味的「自由形式的萜烯族化合物」；另一類則是與糖分子結合的「非自由形式的萜烯族化合物」，後者通常沒有

萜烯族化合物名稱	氣味特點	感知門檻（微克／公升）	自由形式的萜烯族化合物含量[7]（單位：微克／公升）		嗅覺單位數[8]（蜜思嘉品種）
			蜜思嘉品種	非蜜思嘉品種	
芳樟醇	玫瑰	50	200-1000	5/100	4-20
橙花醇	玫瑰	400	20-100	5/100	0.05-0.25
香葉醇	玫瑰	130	40-500	5/200	0.3-4
香茅醇	檸檬草	18	3-100	2/10	0.1-5
松油醇	鈴蘭、樟腦	400	10-300	3/40	0-1
氫氧 - 三烯甘油酯	椴花	110	0.5-5	25/150	
萜烯醇的氧化物		1000-5000			
芳樟醇 + 橙花醇 + 香葉醇			500-1500		

氣味，不過，它們的衍生物偶爾會帶有一些氣味。其中就屬萜苷所扮演的角色最為重要，因為，配合酵母酶的作用，它能夠讓那些帶有氣味的萜烯族化合物釋放出來。這也就意謂著氣味的構成成分多元，在協同關係的作用下，不同的氣味互相強化，香氣的整體強度將得以提升。

在所有的歐洲原生釀酒葡萄品種中，蜜思嘉葡萄品種族系最廣為人知，而且個性最為鮮明。雖然蜜思嘉是一種釀酒葡萄，但是，它經常被當作一般食用水果享用。多種天然甜葡萄酒（VDN）都是用蜜思嘉葡萄品種釀成的，譬如法國的麗維薩特（Rivesaltes）、楓地紐（Frontignan）、威尼斯-彭姆（Beaumes-de-Venices）等，希臘的 Samos、義大利的 Pantalleria、葡萄牙的 Setúbal，以及西班牙出產的各式「Moscatel」品種酒款。此外，蜜思嘉葡萄也可以釀出「未經添加蒸餾酒中止發酵的甜味葡萄酒」，例如「納瓦爾-蜜思嘉」（Muscat de Navarre），或者用來釀造干型（不甜）的白葡萄酒，如「阿爾薩斯-蜜思嘉」（Muscat d'Alsace）。根據經驗，使用蜜思嘉葡萄釀酒時，最好能在酒中保留數公克的糖分，讓甜味牽制苦味物質，避免在品嘗蜜思嘉品種葡萄酒的時候出現苦韻。

各種不同形式的萜烯族化合物，在葡萄酒培養的過程中，皆會發生重大變化。這個現象可以用來解釋蜜思嘉白葡萄酒瓶中陳年的香氣演變情形：年輕的蜜思嘉酒款，聞起來充滿花果香氣，經過陳年之後，則帶有較多的辛香料氣息與蜂蠟的氣味。

在蜜思嘉品種裡常見的那些萜烯族化合物，也存在於其他釀酒葡萄品種的果實裡，譬如麗絲玲、希瓦那（Sylvaner）、米勒-土高（Muller-Thurgau）、格烏茲塔明那（Gewurztraminer）、西班牙的 Albariño，它們也都屬於芳香系釀酒葡萄。只不過，在這些品種裡的萜烯族化合物

濃度，雖然超過感知門檻，但是卻仍遠低於蜜思嘉。某些純株繁殖的夏多內白葡萄株種，由於被分析出含有萜烯族化合物，帶有芳香型釀酒葡萄的氣味，因此未通過法定產區管制系統的株種檢驗，以「不典型」為由，遭到汰除。

白蘇維濃葡萄品種的香氣

由於波爾多葡萄酒學派在 1980～1990 這十年間研究有成，我們今日才得以對白蘇維濃葡萄品種的香氣有所瞭解。它的典型香氣來自於一類氣味強勁的物質——硫醇族化合物。這類化合物的感知門檻極低，與前述的萜烯族化合物有很大的落差。硫醇族化合物也存在於多種水果裡，譬如葡萄柚（或柚子）、黑醋栗、百香果、番石榴，有時候甚至含量極高。這些化合物的氣味各有不同，它們呈現出來的整體嗅覺印象，取決於各項成分比例的關係；有時候趨近於果香，帶有柑橘、檸檬香，有時則是偏向植蔬氣味，類似黃楊木、金雀花的氣味。在酒杯裡聞到硫醇族化合物的氣味時，最令人感到不解與奇怪的，或許就屬貓尿味了。當我們在一杯白蘇維濃品種白葡萄酒裡嗅到這樣的氣味時，偶爾會說：「白蘇維濃真是折煞人也！」白蘇維濃品種酒出現黃楊木氣味、金雀花與貓尿味的原因，泰半都是出於果實成熟度不足，在傳統上，這算是葡萄酒的風味缺陷。不過，有一些鑽研智利、南非與紐西蘭葡萄酒的知名專家，則別有一番見解。產自這些涼爽地區的白蘇維濃葡萄品種酒款，經常帶有黃楊木氣味以及蘆筍風味，他們近來發表了近乎阿諛的評論，並以溢美之詞盛讚這些酒款。我們只得承認，在葡萄酒的世界裡，品味喜好依然存在多樣性。

準確地說，硫醇族化合物原本是以無氣味的形式，存在於白蘇維濃葡萄果實與葡萄汁中，其實白蘇維濃葡萄本身並沒有特殊的氣味，但是在

硫醇族化合物名稱	氣味特點	感知門檻（奈克／公升）	硫醇族化合物含量（奈克／公升）			嗅覺單位數
			白蘇維濃品種酒	其他白葡萄品種酒	粉紅酒與淺紅酒	
4-巰基-4-甲基-2-戊酮 4-MMP 4-mercapto-4-méthyl-2-pentanone	黃楊木金雀花	0.8	4-44	0-73		0-50
乙酸-3-巰基己醇酯 A 3MH Acétate de 3-mercaptohexanol	黃楊木葡萄柚百香果	4.2	0-726	0-51	極微-40	0-200
3-巰基己醇酯 3 MH 3-mercaptohexanol	葡萄柚百香果	60	600-13000	40-3300	68-2256	2-200
4-巰基-4-甲基-2-戊醇 4 MM POH 4-mercapto-4-méthylpentan-2-ol	柑橘	55	18-111	0-45		1-200
3-巰基-2-甲基-1-丁醇 3 MM B 3-mercapto-2-méthyl-butan-1-ol	煮熟的韭蔥	1500	78-128	1-1300		0-1

（奈克＝十億分之一公克）

咀嚼果皮數秒之後，就會出現典型的品種香氣。據我們推斷，這是由於在唾液酶的作用下，氣味成分便得以釋出的緣故。咀嚼果皮是一項簡單而實用的技巧，我們可以利用這個方法，追蹤白蘇維濃葡萄的「香氣成熟度」，其他葡萄品種也同樣適用。從葡萄汁在經歷酒精發酵時釋出大量香氣的此一現象，便可以清楚地看出香氣釋放與酵素的作用關係密切。酵母酶的功能特性會因酵母菌株的不同而有所差異，如果選用適當的活性乾酵母，將有助於展現白蘇維濃品種的個性，有效促進品種香氣以及其他釀造香氣的產生。除此之外，純株繁殖系的株種特性、栽植條件、單位產量、天候狀況、果實成熟度，也是影響白蘇維濃葡萄品種香氣表現的因素。在梅洛葡萄、卡本內-蘇維濃葡萄釀成的品種酒裡，也含有某些硫醇族化合物，其濃度頗有可能超過感知門檻，在粉紅酒與淺紅酒（Clairets）裡尤然。白蘇維濃的品種香氣相當脆弱，在葡萄園裡使用波爾多液、葡萄果實過熟，或者發生稍微氧化的情況，都會破壞品種香氣的正常表現。

卡本內葡萄品種的香氣

我們可以依產區的空間邏輯，將葡萄品種作群組劃分。譬如，種植在波爾多產區的紅葡萄品種，都屬於「Carmenets」群組，這個群組名稱是知名的葡萄品種學者路易・勒瓦杜（Louis Levadoux）教授所取的，他是法國國家農業研究院波爾多產區葡萄種植暨釀造技術研究處（Station de Viticulture de l'INRA à Bordeaux）的前處長。在成員頗眾的 Carmenets 家族裡，有卡本內-蘇維濃、卡本內-弗朗[9]、小維鐸（Verdot）、梅洛、卡門奈爾（Carmenère）

葡萄果實中主要的 吡嗪族化合物名稱	氣味特點	感知門檻（奈克／公升）		含量 （奈克／公升）
		在清水中	在葡萄酒中	
2-甲氧基-3-異丁基吡嗪（IBMP）	青椒	2	2-8／8-16	0.5／50
2-甲氧基-3-異丙基吡嗪	青椒、土壤	2		
2-甲氧基-3-仲丁基吡嗪	青椒	1		
2-甲氧基-3-乙基吡嗪	青椒、土壤	400		

多種釀酒葡萄。它們在外觀型態以及香氣表現方面皆有雷同之處。卡本內-蘇維濃可以視為這個群組的「原型」品種，它有罕見的豐富香氣，在經過陳年之後更顯繁複多變。波爾多左岸梅多克產區的頂尖酒款，在年輕時帶有濃郁的黑醋栗果香，或細膩的黑醋栗利口酒氣味，並且伴隨辛香料、煙燻風味，以及讓人聯想到西洋杉的樹脂氣息，這偶爾會讓人覺得類似金屬味，而在陳年之後，則會出現松露味。若是葡萄園的土壤太肥沃，或者產區的天候太溫和，則會釀出雜味或者類似葉子被揉碎時的氣味，讓葡萄酒原本應該散發出來的果香，被類似植物的氣味蓋掉。

經過白諾福（Bayonove）以及哥杜尼亞（Cordonnier）兩位學者三十年來的研究，以及博特蘭（Bertrand）與杜波迪恩（Dubourdieu）既有的成果發現，我們已經大致揭開卡本內-蘇維濃品種香氣的神祕面紗：該品種的香氣特徵，包括「青椒味」、「蘆筍味」，皆與吡嗪族化合物裡的氮成分有關。我們已知四種氣味濃烈的吡嗪族化合物：

在這四種吡嗪族化合物當中，最重要的就是「2-甲氧基-3-異丁基吡嗪」（IBMP），它在葡萄酒中的含量起伏相當懸殊，與葡萄品種、果實成熟度以及天候狀況都有關係，濃度最高可達每公升50奈克，相當於強度接受上限（厭惡門檻＝每公升15毫克）的兩至四倍。然而，在葡萄果實熟成的最後階段，倘若有高溫與日照，則它的含量便會降低。

因此，我們對紅葡萄酒中的青椒味，以及白葡萄酒中的植蔬氣味，便有了一番新的解釋：這些氣味出現的原因，是葡萄酒中含有過量的吡嗪族化合物，尤其是「2-甲氧基-3-異丁基吡嗪」（IBMP）。葡萄酒中的吡嗪族化合物濃度之所以偏高，是由於葡萄果實的成熟度不足，並非全然是葡萄品種本身的個性使然。熟度不足的卡本內-蘇維濃葡萄帶有青椒味，不足以代表該葡萄品種應有的或者固有的風味個性[10]。在使用卡本內-蘇維濃釀成的頂尖酒款裡，從來就不曾出現青椒味。

卡本內-蘇維濃是當今風靡全球的葡萄品種，使用該品種釀成的葡萄酒到處可見，人們以為自己已經很熟悉這個品種酒款的風味，相信自己不至於認不出卡本內-蘇維濃品種的風味。然而，不同產地的卡本內-蘇維濃品種酒，就會有不同的個性表現：它在希臘 Porto Carras 酒款裡的主導香氣為松脂；在下加利福尼亞州的瓜達洛普谷地（Guadalupe Valley）則有鮮明的丁香風味；在西班牙的利奧哈產區，雖然為了維持當地的傳統風味，僅使用非常少量的卡本內-蘇維濃，但是，利奧哈的葡萄酒依然呈現出卡本內-蘇維濃所帶來的甘草氣味；在里昂灣則聞得出明顯的褐藻味；法國南部隆格多克產區的卡本內-蘇維濃品種葡萄酒，則有葡萄果梗的氣味；在智利首都聖地牙哥一帶，則有煙燻味；匈牙利的埃格爾

（Eger）地區，則會釀出帶有類似煙囪積碳氣味的卡本內 - 蘇維濃。以波爾多左岸梅多克產區的卡本內 - 蘇維濃作為風味參照的基準，與之相仿的酒款，其實並不是找不到。只不過，絕大多數的卡本內 - 蘇維濃品種酒款，皆與波爾多的風味相左。以此多樣性看來，那些與波爾多左岸酒款立下的典範標準相距甚遠的風味表現，其實不應完全是為風味缺陷，反而應該被理解為某種經典呈現，譬如：青椒味、綠橄欖味、乾草味、雜酚油的焦味，或者揮之不去，類似吲哚（indol，亦作靛基質）的那種氣味。正是因為如此，卡本內 - 蘇維濃品種酒中的青草氣息，也有機會成為高品質的表徵！草本植物風味雖然也是梅洛葡萄品種的一項性格特徵，但是其風味強度表現不及卡本內 - 蘇維濃。在葡萄園裡，必須確定栽植品種的真實身分，避免品種誤植的情況發生，近來有些法國籍的葡萄果農與葡萄品種學者參訪智利葡萄酒產區，結果，當地的葡萄果農這才發現他們標示「梅洛品種」的園區，其實栽種的不是梅洛葡萄，而是卡門奈爾品種。雖然這個品種也屬於波爾多 carmenets 葡萄家族的成員，但是卻與梅洛不同，而且，它在波爾多早已消聲匿跡長達三十年之久。另外一個偶爾會被張冠李戴的葡萄品種是 Sauvignonasse，它的風味比 Sauvignon（白蘇維濃）含蓄內斂，產量也較少，不過，風味架構卻更細膩。

其他葡萄品種的原始香氣

法國境內東北地區葡萄園種植的釀酒葡萄品種統稱為「Noiriens」，其中包括黑皮諾、皮諾莫尼耶（Meunier）、夏多內、加美（Gamay）等。前三者是香檳區的基本葡萄品種，加美葡萄則在薄酒來地區的酒款中展現一派樸實的鄉村氣息與滑順的口感，充滿櫻桃與各式莓果香氣；以加美葡萄釀成的酒款，有時品種香氣較不鮮明，而是以

濃郁的發酵香氣為主導氣味。至於黑皮諾的品種香氣，描述起來絲毫不比卡本內-蘇維濃來得輕鬆；以黑皮諾釀製的葡萄酒，經常充盈黑醋栗、覆盆子一類的各式果香，與卡本內 - 蘇維濃相較之下，由於受到酒中單寧結構的影響較小，黑皮諾嘗起來往往較為繁複豐沛、果味十足。布根地的夜丘（Côte de Nuits）以及伯恩丘（Côte de Beaune）是全世界最適合種植黑皮諾的地方，當地出產的一級葡萄園酒款，即展現黑皮諾無可模仿的品質特性，即便經過極為漫長的陳年，仍能保有令人垂涎不已的果味。

夏多內葡萄能夠發展出非常強勁的香氣，布根地的人們還利用「Chardonnay」（夏多內）這個名詞衍生出「Chardonner」這個動詞，藉以描述散發強勁品種風味的夏多內酒款[11]。夏多內葡萄的原始風味涵蓋的範疇相當廣泛，它在香檳區的 Côte des Blancs 展現出活潑輕巧的玲瓏身段；在夏布利（Chablis）則呈現堅硬強勁的一面，往往需要四到五年的瓶中貯藏，才能讓酒款的風味趨於熟成；而產自特級葡萄園高登 - 查里曼（Corton-Charlemagne Grand Cru）、特級葡萄園蒙哈榭（Montrachet Grand Cru）、梅索村莊（Meursault），以及普依 - 富塞的夏多內品種白葡萄酒，則與紅葡萄酒一樣，貯放在橡木桶中進行培養，在乳酸發酵之後，還會發展出更繁複的香氣變化。夏多內葡萄品種是少數，甚至可能是唯一能夠承受這種乳酸發酵方式的釀酒白葡萄。在布根地南邊的馬貢區（Mâconnais），也有種植夏多內葡萄，當地甚至有一個村莊名字就叫做夏多內。此外，我們必須指出另一個非常適合種植夏多內葡萄的地方，那就是美國加州那帕谷地的山區葡萄園，此處某些坡地採收的夏多內葡萄，香氣純淨，不帶雜味，品質可以媲美布根地的夏多內品種酒款。夏多內是一種非常風行的葡萄品種，在新、舊世

界的新興葡萄園中，都可以看到它的身影。不過，當酒中的酒精含量太高、木頭味太重，或者乳酸發酵太激烈，以致於過度培養，皆會破壞夏多內白葡萄酒應有的原始香氣表現與品種個性。

麗絲玲是稱霸萊茵河流域河階台地葡萄園的主要品種，這些葡萄園擁有得天獨厚的地理條件，日照充足，能夠抵抗大陸型氣候的劇烈變化。人們認為，產自萊茵河右岸的麗絲玲酒款，也就是德國的麗絲玲，風味較為細膩。不過，在遇到好的年份時，位於萊茵河左岸的法國阿爾薩斯（Alsace），也能釀出同樣精采、偉大的麗絲玲酒款。在當地果農辛勤經營數個世代，葡萄園的表現也益趨穩定之後，阿爾薩斯的四大釀酒葡萄品種[12]，如今已經載譽全球，麗絲玲便是這四個品種之一。從十八世紀開始，麗絲玲白葡萄酒即以科隆（Cologne）作為集散地，經由萊茵河水道輸出，如同波爾多吉隆特河（Gironde）當時扮演的角色一樣。這兩條葡萄酒輸出的水路，在歷史上各據一方，兩者的腹地從來未曾重疊。除了萊茵河流域以外，在奧地利、義大利北部的阿爾卑斯山麓、前南斯拉夫境內，也都有麗絲玲的栽植。而且，盎格魯·撒克遜人甚至還把麗絲玲葡萄帶到南非、澳洲、美國加州，擴展麗絲玲葡萄的全球版圖。麗絲玲葡萄可說是千嬌百媚，姿態萬千，它可以用溫柔婉約、甜美討喜的一面示人，也可以展現鮮活沁爽、純淨俐落的性格，不論是哪一種面貌，都顯得輕盈柔和、精巧微妙。它開創了一種嶄新的葡萄酒型態，達到芬芳逼人的極致境界，成為現代白葡萄酒的新典範。人們常把麗絲玲品種葡萄酒比擬為「香水」：「麗絲玲是用來噴灑在手帕上的葡萄酒」，或者會說「一瓶麗絲玲，宛如一瓶香水」。此外，麗絲玲的香氣也很多變，很少有其他品種的白葡萄能夠像麗絲玲一樣，能夠如此富有香氣變化性，反映葡萄園

區土質結構的差異。談到麗絲玲的品種香氣，人們往往會立刻聯想到金雀花的氣味，相當清爽而甜美，聞起來令人心曠神怡，而且，別忘了它還有桃樹的花香與葡萄樹開花的香氣；當麗絲玲種植在德國摩塞爾（Moselle）佈滿頁岩的葡萄園中，則會出現類似煙燻、瀝青的氣味。此外，在麗絲玲酒款中，偶爾會發現碳氫化合物，雖然它僅帶來非常微弱、難以察覺的氣味，但是，它的存在卻會大幅扭曲酒款風味的整體表現。再則，我們在前文述及，在像是麗絲玲這種芳香型的葡萄品種裡，經常含有萜烯族化合物，而這類物質本身就屬於碳氫化合物，聞起來接近「汽油味」，然而，我們不妨把它形容成「白松露氣息」，這樣比較不會那麼嚇人。有些葡萄品種的名稱與麗絲玲雷同，諸如「義式麗絲玲」、「義大利麗絲玲」以及「奧地利麗絲玲」它們的香氣表現比真正的麗絲玲遜色許多。在義大利與奧地利，麗絲玲與格烏茲塔明那是調配在一起的，後者香氣極為強勁，有時甚至稱得上是濃烈刺激。當葡萄酒裡摻有格烏茲塔明那葡萄品種的時候，它的氣味會顯得頗為辛香，非常容易辨認出來。

其實，還有許多值得一提的葡萄品種，但是我們在此無法逐一詳述。這些葡萄品種不僅讓葡萄酒的香氣表現富有個性與原產地的風味特徵，也造就了許多優質的酒款。在白葡萄酒的部分有：波爾多的榭密雍（Sémillon）與蜜思卡岱勒（Muscadelle）；羅亞爾河流域葡萄酒產區蜜思卡得（Muscadet）的「香瓜種」（Melon），以及都漢（Touraine）與梭密爾（Saumur）產區的白梢楠（Chenin Blanc）葡萄品種；匈牙利托凱甜酒（Tokay）的 Furmint 葡萄；希臘阿提卡（Attique）的 Malvoisie 葡萄以及 Savatiano 品種；希臘島嶼產區的 Athiri 葡萄；夏朗特地方（Charentes）的白于尼（Ugni Blanc），當地將此葡萄品種稱為

Saint-Émilion），這是一種用來釀製干邑（Cognac）葡萄蒸餾烈酒的葡萄。至於其他值得一提的紅葡萄，則有法國北隆河谷地艾米達吉（Hermitage）產區的希哈葡萄；法國西南產區卡歐（Cahors）或南美洲烏拉圭的馬爾貝克（Malbec）；西班牙的格那希（Grenache）以及田帕尼優（Tempranillo）；義大利中部的山吉歐維列（Sangiovese）以及北部巴羅婁（Barolo）一帶的內比歐露（Nebbiolo）；南非的皮諾塔吉（Pinotage）；美國加州的金芬黛（Zinfendel）。除此之外，不容忽略的葡萄品種還有數十種之多，它們雖然較不為人所熟知，但是卻個性十足，品嘗到這些品種的酒款時，甚至會讓人覺得感動不已。我們必須時常惦記這些引人入勝的葡萄品種，別讓它們從這個世界上消失。

美洲釀酒葡萄及其混種葡萄的原始香氣

在南美洲祕魯的葡萄園裡，種植著一種屬於美洲原生葡萄品種的葡萄品系，名為「協和葡萄」（Cépage Concorde）。協和葡萄在炎熱的陽光下逐漸熟成時，會散發出特殊的氣味，數十公尺外都聞得到，其氣味之強烈，頗讓人感到訝異。有些人會把協和葡萄的氣味描述成「狐騷味」，但是

比較恰當的用詞應該是「帶有覆盆子氣味」，或者說「帶有覆盆子果醬的氣味」。許多美國的原生葡萄品種，尤其是 Vitis Labrusca 這種葡萄品系所釀成的酒款，皆帶有這種強勁濃烈的氣味，烏拉圭、祕魯以及美國東岸，都廣泛栽植這類葡萄品種。早在 1920 年，就已經有研究者發現美洲葡萄品種特殊的氣味與「氨基苯甲酸甲酯」這種物質有關，晚近的相關研究證實了此一結果，並且還發現造成這種風味的其他分子。

會造成葡萄品種裡「狐騷味」的那些氣味分子，在美洲葡萄品種 Vitis Labrusca 及其混種葡萄中的含量特別多。法國在至少六十年前就已經禁止栽種這些美洲品種的釀酒葡萄。不過，這些風味也存在於多種歐洲原生品種的 Vitis Vinifera 釀酒葡萄中。譬如在黑皮諾葡萄裡，就含有微量的此類氣味分子，它們的濃度雖然低於感知門檻，但是仍然可能會影響酒款的香氣表現。以黑皮諾品種釀成的葡萄酒裡，有時會出現草莓果實、草莓果醬的香氣，或者是煮熟的覆盆子氣味，這些氣味都與「氨基苯甲酸甲酯」有關。當這種氣味分子的濃度太高，以致於氣味濃烈嗆鼻時，可能

「混種葡萄」的不同氣味成分	氣味特點	感知門檻（微克／公升）	含量（微克／公升）		
			美洲品種	混種品種	歐洲品種
氨基苯甲酸甲酯	狐騷味	300	> 3000	100-200	極微
氨基苯甲酸乙酯	狐騷味				
2, 3- 硫醇 - 丙酸乙酯	硫磺氣味，介於動物皮毛與果味之間	200			
2- 胺基苯乙酮					
N-[N- 羥基 N- 甲基 -4- 丁胺] 甘氨酸		2			
4-羥基 -2,5- 二甲基 -3- 呋喃（呋喃酮）	介於草莓與焦糖氣味之間	30-300	≤ 10000		極微
4- 甲氧基 -2,5- 二甲基 -3- （呋喃）					

較不符合歐洲消費者的喜好，然而，對於美國東岸以及祕魯葡萄酒產區的人們而言，這種特殊的風味卻是他們企求的目標。

發酵過程產生的香氣——釀造香氣

葡萄酒在經歷酒精發酵的過程中，除了產生酒精（乙醇）之外，還會形成大量的酸、多元醇此類非揮發性分子，以及揮發性物質。它們都會影響葡萄酒的香氣表現。所有使用酵母發酵的酒精飲料，包括葡萄酒、啤酒、蘋果酒（Cidre）、清酒，皆會形成此類足以影響氣味的物質，它們的性質取決於酵母品種以及發酵條件，包括溫度高低、透氣程度、含氮量、酵母沉澱物或懸浮物的多寡。在酒精發酵進入最後階段時，釀造香氣尤其顯著，即便只是單純的糖水，在經過酵母發酵之後，也會產生此類帶有氣味的物質，因而散發出類似葡萄酒的香氣。在發酵結束的幾個月內，這些酒香便會消失殆盡，尤其是當溫度偏高時，香氣散佚的速度更快。實驗結果顯示，當葡萄酒的溫度提高 7℃，則釀造香氣散佚的速度大約增快一倍。

醇類物質

每公升葡萄酒除了含有 100～120 公克的乙醇之外，在酒精發酵的過程中，酵母還會製造出二十餘種「次要醇類」，謂之「次要」，是由於它們在葡萄酒中的體積份量比乙醇少，此外，由於這些次要醇類物質都擁有兩個以上的碳原子，因此，又被稱為「高級醇」[13]。它們聞起來有脂腴味，如果濃度稍高的話，則會讓葡萄酒出現不好聞的臭油味。除了乙醇與次要醇類之外，在酵母發酵的過程中，還會產生帶有玫瑰宜人香氣的色醇，以及帶有蕈菇氣息的「1-辛烯-3-醇」；這兩種物質在葡萄蒸餾烈酒中扮演重要的角色，因為蒸餾程序會提高這兩種醇類物質的濃度。

發酵產生的酸

葡萄酒中含量最多的酸，莫過於乳酸、醋酸與琥珀酸，除此之外，在發酵過程中 [14] 還會形成多種微量的酸性物質，它們其中有些未經轉化時，便會影響葡萄酒的味道與香氣，另外有些則是在經過轉化後，對酒款的風味表現產生影響。葡萄皮裡所含的脂質與果粉轉化而成的各種脂肪酸，甚至是由酵母分解而成的酸性物質，都有可能對葡萄酒的風味產生影響，端視酵母以及細菌對這些酸性物質的作用而定，有時會促進這些物質的氣味散發，有時這些酸性物質的氣味則會被抑制。當葡萄酒中的脂肪酸濃度達到每公升數毫克時，就算含量偏高，這時會出現皂味。

發酵產生的酯

葡萄酒裡的醇類與酸性物質作用產生的酯，通常都有揮發性，而且帶有氣味，其中量最豐的，就是乙酸乙酯，這是一種聞起來帶有明顯「醋酸氣味」的物質。所有葡萄酒以及經過發酵的飲料，都含有濃度不一的乙酸乙酯，當每公升酒液含有 50～60 毫克的乙酸乙酯時，能夠提升葡萄酒香氣的複雜度，當其含量增加到 80～100 毫克時，會讓葡萄酒的口感顯得堅硬；而當乙酸乙酯的濃度高達每公升 120～150 毫克時，則會產生令人不悅的刺激風味。當酒中的乙酸乙酯含量提高時，可能是由於遭到醋酸感染，也可能是酒液中某些酵母作用造成的結果，這類酵母甚至在葡萄汁尚未進入發酵程序之前，就已經開始製造乙酸乙酯。

乙酯與乙酸鹽為替葡萄酒帶來花香與「醚味」此類釀造香氣。利用特別能夠產生香氣，卻又不至於製造過量乙酸乙酯的「酯香型酵母品種」，將經過沉澱去渣處理後的澄澈葡萄汁進行低溫發酵時，乙酯與乙酸鹽的氣味聞起來特別宜人。不過，這些香氣會由於化學的水解作用以及自然發

生的酵素水解作用而逐漸消失。當葡萄酒貯存的溫度偏高，或者酒中含有果實發霉所遺留的酯酶的時候，會加快這些香氣消失的速度。在葡萄酒釀製完畢的一至三年後，乙酯與乙酸鹽所帶來的花香與醚味就幾乎無影無蹤了。

發酵產生的其他香氣

除了上述的醇類、酸以及酯類物質以外，發酵過程還會產生多種醛類、酮類以及酒精與醛類發生作用所製造出來的各種乙縮醛，譬如帶有花香的二乙氧基乙烷就是一種乙縮醛。在利用氧化培養法釀製的葡萄酒裡，譬如西班牙的雪利酒（Jerez），此類化合物的含量就頗高。另外，酒精與酸性物質發生「內酯化作用」所形成的各種內酯也與葡萄酒的香氣表現有關。譬如索甸（Sauternes）與托凱此類貴腐甜白酒，以及侏羅地區利用黴菌酵母，以「浮花酵母黴菌培養法」製造的黃酒，都帶有堅果風味，它們這項共同的風味特點，便與酒中含量僅達每公升 1 毫克的丁內酯或糖內酯這兩種內酯關係密切。

酵母在作用時，會產生大量的硫化物，這些物質或多或少都具有一定程度的揮發性。這些硫化物中的硫成分，一方面是從葡萄果實裡含硫的胺基酸分解而來，另一方面也是由於釀造過程中的某些處理程序，使用含硫的添加物所致。這些硫化物的感知門檻普遍偏低，每公升溶液僅需含有百萬分之幾公克，甚至是十億萬分之幾公克，硫化物的氣味就已經非常強烈。它們聞起來通常都不討喜，這類氣味可以統稱為「閉鎖氣味」，在瑞士，人們會說「像是在啤酒杯裡聞到的氣味」。然而，硫化物的風味也會讓人聯想到燒烤、蘑菇、橡膠、蘆筍、水煮高麗菜、榅桲、馬鈴薯，甚至動物皮毛味。以上列舉的數種氣味，差異頗大，這是由於影響葡萄酒整體風味表現的因素，既包括酒中各項成分的濃度，也取決於各成分的性質與

其間的交互影響。當葡萄酒裡含有酵母沉澱物的時候，會由於耗氧而使葡萄酒處於缺氧，也就是閉鎖的狀態。這個效應經常是造成葡萄酒帶有橡膠味的原因。在培養白葡萄酒時，酵母沉澱物很有可能妨礙乳酸發酵的進行，破壞白葡萄酒應有的風味表現。我們可以藉由透氧的操作，達到消除閉鎖氣味的目的。同樣的，甫釀製完畢的年輕酒款，以及在瓶中貯藏多年的老酒，也可能發生閉鎖的現象。在遭遇這類情況時，可以先把酒倒進品酒杯中，讓它與空氣接觸。藉由透氧來消除由於缺氧所產生的異味。如果在葡萄酒裡投入銅片或銀片，可以加速閉鎖狀態的解除。

釀造香氣的性質，大幅取決於酵母本身的特性以及發酵過程的各項條件。

酵母屬於單細胞真菌，目前已知可用來發酵的酵母種類約有三十餘種。有些類別的種類數量較多，譬如「能夠轉化（分解）糖分的橢圓形真菌」、「橢圓糖真菌」，這才是真正的、唯一的葡萄酒酵母，其他菌種在葡萄酒中僅扮演無足輕重的角色。根據長久以來釀造葡萄酒的經驗，人們已經能夠掌握為數不少的酵母菌株，它們在發酵的過程中，會製造出不同的副產品，產生不同的香氣。晚近的釀酒多半會採用活性乾酵母，這是篩選各個不同產區的葡萄酒酵母之後，經過乾燥處理所製成的葡萄酒酵母配方。在實務上，我們很少使用原生酵母菌株釀酒，而且試圖抑制葡萄汁裡的原生菌種作用，因為葡萄酒產區當地酵母，通常都不能讓該地的葡萄果實發揮潛質，甚至很有可能破壞它應有的風味個性。人工酵母配方可以使葡萄酒的釀造香氣更濃烈集中，在年輕的酒款裡，釀造香氣總是非常強勁，甚至凌駕原始風味之上，讓人不易辨別葡萄品種的個性。有些人對於這種失去原貌的葡萄酒，難免會不屑一顧、嗤之以鼻，稱之為「科技葡萄酒」，字裡行間不無戲謔嘲弄

之意。科技本身無關好壞對錯，重點在於人們如何適當運用它。誠然，科技偶爾會被濫用，但是，這個情況通常都不會持續太久。況且，經過選育的酵母菌種可以幫助釋出原始香氣，展現葡萄品種的風味特徵，卻又不至於粉飾缺陷，遮掩該批葡萄果實收成可能具有的瑕疵。

酵母對於發酵作用的環境條件非常敏感，尤以溫度與透氣兩項因素影響最大。以白葡萄酒的釀造來說，硫處理、葡萄汁進入發酵之前的沉澱與除渣，還有低溫發酵，這些釀造條件都會降低葡萄酒裡的「高級醇」；反之，浸皮與淋汁萃取，以及發酵過程中的透氣處理，卻會提高酒液中的「高級醇」含量。當發酵溫度控制在 18 至 25℃ 之間的相對低溫時，將能促進酯質的形成。就現況而言，白葡萄酒的製程普遍都顧慮到上述的諸項條件，並採取低溫發酵，這確實可喜可賀。在釀造過程中精確估算、把握時機，作出恰當的決定，可以有效降低「高級醇」的含量，提升酯類化合物的濃度，藉此大幅增進葡萄酒的風味表現。由此看來，釀酒者擁有某種程度的操作空間彈性，他可以透過釀造過程中的諸項條件，作為控制酵母運作的手段，將該款葡萄酒最好的的風味潛質表現出來。

根據我們長久以來的觀察，已經發酵完畢，但仍含有殘存糖分的葡萄酒「重又發酵」時，會使香氣更為濃郁集中，並產生原本沒有的風味，使葡萄酒風味的整體表現顯得更豐富完整。某些釀造工法就是從「再次發酵」，或者也可稱為「二次發酵」的原理發展出來的。譬如香檳與氣泡酒的釀造過程，便經過瓶中再次發酵的處理程序，一方面藉此製造碳酸，讓葡萄酒發泡，二方面則使酒香能有更細膩的表現。義大利托斯卡尼有一種名為「Governo」的釀造工法，也是相同的概念：酒農將採收回來的葡萄一部分保留下來，置於網

上，讓葡萄果實逐漸凝縮，風味也會繼續熟成。到了採收季結束後的隔年三月，這些葡萄便會在揀選擇優，經過破皮之後，加到初步釀製完畢的新酒當中，讓葡萄酒二次發酵之後，才予以裝瓶，以俾賦予葡萄酒發泡的口感，並加強果味表現。再次發酵所產生的釀造香氣，雖然散佚得快，但是或多或少都能讓此類酒款在剛裝瓶時，更添幾許宜人的香氣，諸如：酵素、新鮮酵母，或者乾燥酵母的風味，這些氣味讓人聯想到「硫胺素」也就是維生素 B1 氣味，這類氣味也很類似發酵的麵團、小麥或麵包的氣味。

葡萄酒在進行乳酸發酵時，則是仰賴細菌的作用。這些細菌與酒精發酵的酵母一樣，也會製造揮發性物質，影響葡萄酒的風味表現。譬如，乳酸發酵會產生每公升約達數十毫克的乳酸乙酯，這是一種氣味細緻芬芳的化合物，此外，也會產生丙酸以及丁酸乙酯，這些物質是造成葡萄酒在經過乳酸發酵之後，風味出現深刻改變的重要原因。對於那些極具潛能的偉大酒款而言，乳酸發酵不僅能夠柔化酒質結構，也能為葡萄酒帶來細膩的香氣表現。乳酸發酵的程序可以強化、突顯葡萄酒應有的風味表現，我們有充分的理由將之視為貯藏型葡萄酒風味熟成的第一階段。關於乳酸發酵的論爭，曾經沸沸揚揚地持續了幾十年，各個學派或個人的觀點及立場皆不盡相同，甚至針鋒相對。然而，如今世界各地釀產的紅葡萄酒，皆少不了乳酸發酵這道程序。乳酸發酵所產生的雙乙醯帶有好聞的新鮮奶油香氣，它在葡萄酒中的濃度偶爾會達到每公升 2 毫克，甚至更高。不過，當葡萄品種香氣的表現過於薄弱時，就會被發酵香氣壓過，出現葡萄酒中不應該出現的乳製品氣味，包括：發酸的氣味、酸奶、以及從優酪到藍紋乳酪等各式乳酪的氣味。

培養過程產生的香氣──窖藏香氣

葡萄酒的總體品質，首先取決於來自葡萄果實的原始香氣，接著，則體現在品種香氣與釀造香氣朝向窖藏香氣發展的變化過程裡。葡萄酒在這個階段的香氣轉變，是釀酒學裡最令人大開眼界的，同時也是人們最無從掌握的現象。在為期數週乃至好幾個月的培養過程裡，葡萄酒中的品種香氣以及釀造香氣，會在密封酒槽的缺氧環境下，以及同樣缺氧的玻璃瓶中，發展為窖藏香氣；或者，也可以使用橡木桶進行培養，葡萄酒將能透過木材的毛細孔呼吸，或者藉由桶中酒液的液面與空氣接觸。甚至，有些酒款的窖藏香氣是來自於「曝氣培養」的操作，例如班努斯、葡萄牙的波特酒、西班牙的雪利酒、匈牙利的托凱酒……此類帶有老酒風味的「天然甜葡萄酒」[15]。窖藏香氣與葡萄酒果實裡固有的風味成分轉化有關，也與葡萄酒進行第二階段乳酸發酵時，盛裝容器的特性有關。譬如，使用橡木桶培養、貯藏葡萄酒，酒液的風味發展比較容易受到外在的環境條件影響。

葡萄酒在發酵時，每公升的酒液會釋出體積約達 50 公升的二氧化碳氣體，隨著二氧化碳的釋出，葡萄酒開始出現顯著的蒸散，而在後續的操作過程中，每當酒液暴露在空氣中的時候，葡萄酒的蒸發量也會增加。紅葡萄酒中的二氧化碳含量太高，並不是一件好事，對於單寧強勁的酒款而言，更是如此。葡萄酒在發酵完畢之後，溶解在酒液裡的碳酸含量約達每公升 2 公克，到了裝瓶時，則降至每公升 200～500 毫克不等。降低酒液裡的碳酸量是必要的處理，但是，當碳酸汽化為二氧化碳散逸到空氣中的同時，卻會挾著酒精蒸氣以及最具揮發性的物質離開酒液。我們曾經嘗試將這些隨著二氧化碳

蒸散到空氣中的物質收集起來，期能將蒸散的酒精以及芬芳物質，回注到葡萄酒中，重現其結構與口感方面應有的原初表現。我們當初的作法是，將葡萄酒釋出的二氧化碳通入零下 20℃ 的冷凝管中，藉此收集遇冷凝結的揮發性物質。然而，試驗結果卻非常令人失望，因為我們所收集到的物質，氣味雖然很濃烈強勁，但是並不是好聞的味道，聞起來相當嗆鼻。這些揮發性物質在葡萄酒或蒸餾烈酒中，通常不會大量殘留，而在甫釀製完畢的酒款裡，往往帶有少許此類灼熱、刺激的氣味。釀酒者會刻意讓這些物質自行揮發，因為葡萄酒裡本來就不應該出現這種氣味。同樣的，在培養葡萄酒的過程中，最初幾次換桶的動作，乳酸發酵的氣味也會由於酒液的翻動，以及與空氣接觸而蒸散出來，這個現象有助於彰顯葡萄品種本身賦予葡萄酒的原始香氣。

年輕的白葡萄酒，以及經過酒槽培養的紅葡萄酒，會散發出較集中的培養香氣，不過，這類香氣的表現頗為內斂，因此人們對於這類風味特性不甚熟悉。然而，在某些「特別」的酒款中，像是「自然甜葡萄酒」、「葡萄酒利口酒」，我們便不難列舉出典型的培養香氣包括哪些。其實，我們已經能夠將所有葡萄酒共有的培養香氣，歸納為一份包括數種香氣的名單，這些氣味通常都頗討人喜歡。當葡萄酒在橡木桶中進行培養時，會產生一種名為喃甲基硫醇的硫化物，它帶有類似烘焙咖啡豆的氣味。然而，這種氣味並不是來自於木頭本身，因為在不鏽鋼酒槽或者水泥製的酒槽中進行培養的葡萄酒，最終也可能發展出這樣的風味。它的香氣指數可以高達 50～100，簡言之，喃甲基硫醇在葡萄酒中的濃度，有時可以達到感知門檻對應濃度的五十至一百倍之多。倘若使用全新的橡木桶培養葡萄酒，那麼，該物質的濃度甚至會再增強五至十倍。此外，所有的葡萄

酒都含有乙基苯酚以及乙烯苯酚，這些物質在葡萄酒的培養過程中，會發展出皮革、馬鬃一類的動物氣味，也就是化學家所謂的「酚化」[16] 氣味。它們的「鑑別門檻」以及「偏好感受上限」會由於不同的酒款、品酒者以及養成與訓練背景，而有極大的差異。負責釀酒的技術人員，通常不樂見葡萄酒中出現動物風味，他們深諳造成這類風味的物質及其成因。然而，近來有些消費者不僅能夠接受酒中出現適量的動物風味，甚至對此大有好感。乙基苯酚以及乙烯苯酚在葡萄果實裡的含量微乎其微，葡萄酒裡的這些物質部分來自於橡木桶，而最主要還是來自於酵母的作用，酵母會將原本無氣味的酚類物質，轉變為乙基苯酚與乙烯苯酚，在紅葡萄酒與白葡萄酒裡，這個轉化的機制不盡相同。以實際情況而論，紅葡萄酒中以乙基苯酚為主，而白葡萄酒中的乙烯苯酚含量較多。一種名為 Brettanomyces 的酵母經常在這個酚類物質的轉化作用裡扮演重要的角色，因此，有人將葡萄酒中出現的這類動物氣味稱為「Brett 氣味」。雖然這個字眼會讓行外人聽得一頭霧水，但是某些評論家卻頗青睞這個表達法，也因此，「Brett 氣味」這個說法屢見不鮮。

葡萄酒在培養過程中的香氣變化，大幅取決於與氧氣接觸的程度與頻率，亦即培養程序會使葡萄酒處於缺氧，或者會替葡萄酒營造氧化的環境條件。此外，不同型態的葡萄酒在培養過程中，所需添加的二氧化硫劑量差異極大，使用過量或用量不足時，皆會破壞酒款應有的風味表現。品質頂尖的偉大酒款，不論是屬於何種風格的酒款，其口感結構均衡的表現往往得來不易，這樣的品質非常仰賴酒庫總管在進行培養的過程中，適時作出恰當的決定。酒庫總管培養葡萄酒，就好比是父母教養小孩時扮演的角色一樣，必須想方設法激發孩子的個性與潛質。

葡萄酒在橡木桶中的培養

橡木桶在傳統上被認為是高盧人發明的。兩千年來，它不僅是葡萄酒的釀造器具，也被用來作為運輸葡萄酒的容器。一直到相當晚近，約莫只有三、四十年的光景，釀酒師們莫不絞盡腦汁，使出萬般手段，諸如塗膠、燙煮、浸濾等方法，期盼能夠減少或者消除橡木桶的「木頭味」，讓盛裝在其中進行培養的葡萄酒，能夠有更突出的果香表現。現今在運輸葡萄酒時所使用的容器已不再是橡木桶，而是金屬酒槽或玻璃瓶，有意思的是，恰在橡木桶功成身退的今日，人們反而傾心於葡萄酒裡的木頭味，彷彿舊時代使用木桶運酒而在酒裡殘留的氣味，已成了釀酒者心目中，葡萄酒不可或缺的風味。然而，葡萄酒的總體品質表現，與是否帶有木頭風味，或者是否經過橡木桶培養，卻一點兒關係也沒有。某些品質非常卓越的偉大酒款，在培養的過程中，完全沒有接觸到木頭，也不曾被貯存於木造容器中。最後我們要提醒各位，用來釀製葡萄酒的橡木桶年產量約五十萬個，其總容積為 10 億公升，但是全球葡萄酒年產量卻高達 2,500 億公升，是前者的二百五十倍，兩者的比例相差十分懸殊。晚近興起的某些釀酒新方法，譬如將木塊泡在酒裡，或者添加木片、木屑或者單寧等作法，能夠讓葡萄酒帶有濃重的木頭味。許多葡萄酒生產國允許此類作法，但是，法國對於 VQPRD 層級以上的酒款有所規範，明文禁止以上所提到的取巧作法。

當葡萄酒與木頭接觸時，通常會自木材裡大量溶解出許多物質。尤其是釀酒用的橡木桶，容積約僅在 225 公升上下，而且每三至五年就會更新一次，算是相當頻繁。葡萄酒從橡木桶裡只會溶解出少量的單寧，幾乎微不足道，每公升的紅葡萄酒裡，來自木桶的單寧僅有 100 ～ 200 毫克，而從葡萄果皮萃取出的單寧卻可高達 4 ～ 5 公克。

葡萄酒與桶壁接觸而溶解出的物質，多為帶有香氣的揮發性化合物，它們的性質與含量，會隨著橡木品種、木料原產地、製桶前乾燥及熟成條件、製桶時的加熱烘烤方式等條件而有所不同。此處提到的加熱烘烤，是傳統製桶技法中，將木片彎曲定型的必要手段。現今製造橡木桶的原料，幾乎只採用歐洲品種的橡木，譬如：「夏橡」及「盧浮橡」；另外，較為罕見的是使用美洲品種的橡木製桶，也就是所謂的「白橡木」。根據我們的觀察，使用橡木桶培養葡萄酒，對風味造成的影響，主要可以從兩個方面來探討：其一，歐洲品種與美洲品種橡木之間的固有差異；其次則是橡木桶的烘焙程度。就培養葡萄酒的用途而言，通常不會採用其他木料製作酒桶，但是，義大利艾米里亞-羅馬涅（Emilie-Romagne）所出產的知名葡萄酒醋，則會使用栗子樹、金合歡木，或者各種果樹的木材製作木桶，培養風味絕倫的葡萄酒醋。木材會釋放具有揮發性的化合物到葡萄酒中，目前已知的此類物質達數十種。它們為葡萄酒帶來燒烤、烘焙、香草、焦糖、辛香料氣息，這些風味在強度方面的相對差異有時非常懸殊。某些較不理想的狀況是，這些來自橡木桶的風味，凌駕葡萄品種以及產地的風味。年輕新酒的風味以及橡木桶賦予的風味，兩者之間的差異極大，可以說完全沒有共通之處，但是，隨著光陰荏苒，這兩類風味在時間的淬煉之下，就不再顯得如此格格不入。有許多品質非常卓越的偉大酒款，雖然在培養時使用百分之百的新橡木桶，但是在經過數年的陳放之後，酒中僅帶有一絲隱微的木材風味，葡萄酒自己原本的風味個性因而得以展現出來，不至於被外來的風味壓垮。經歷桶中培養程序而遺留在酒裡的木質香氣，不應該蓋過、取代酒中的其他風味，更不應該成為一款葡萄酒香氣的全部，否則，便不免留下明顯的斧鑿痕跡，顯得過於雕琢，失去葡萄酒應有的靈活自然原貌。即使

是當葡萄酒已青春不再，年輕的果味散佚一空之後，也不應該讓人覺得它喝起來就像是不折不扣的木頭萃取液。新橡木桶在葡萄酒裡所扮演的角色是「提味」，如同烹調食物時使用調味料一樣，它不應該壓過食材本身的風味特性。經歷桶中培養的葡萄酒，能夠藉由與桶壁木材的接觸，使風味愈形豐富完整，然而，葡萄酒裡的木質香氣不應該表現得特別突兀，而應該作為含蓄內斂的風味背景。其實，關於新橡木桶的使用以及葡萄酒中的木質香氣，各國的習慣作法以及口味喜好皆有極大的差異。某些地區的人們特別喜歡帶有木材風味的紅葡萄酒，他們對木質香氣的偏好，甚至延伸到白葡萄酒，這使得他們在釀酒時，會特別著意於經營這類氣味表現。最顯著的例子包括西班牙境內的某些葡萄酒產區，以及美國加州、澳洲、南非與智利。此外，有許多本身不是葡萄酒生產國的消費國家，也展現出偏好帶有木材味葡萄酒的消費傾向，最典型的例子便是北歐國家，從比利時開始，一路往北，經過英國直達芬蘭，這整個地區的人們，普遍偏愛帶有木質香氣的葡萄酒。在大西洋彼岸的加拿大與美國亦復如是。相反的，德國、奧地利、瑞士，以及更南邊的義大利，這些國家的消費者卻比較青睞果味充沛的年輕酒款，並不特別欣賞葡萄酒中的木質氣味。

培養過程產生的閉鎖氣味

根據觀察，在進行培養程序的最初幾年裡，若能夠將酒液貯藏在密封的容器內，嚴格限制葡萄酒與空氣接觸，那麼，將大幅增進窖藏香氣的發展。在木桶或酒槽裡，葡萄酒的香氣表現固然已能達到一定的水準，但是，待葡萄酒裝瓶之後，酒液處於相對來說更為密閉的環境中，窖藏香氣在這個階段才會到達顛峰。以酒庫總管的表達法來形容這個情況，可以說，盛裝在橡木桶中的葡萄酒仍然能夠「呼吸」，

它會透過桶壁接觸到外界的空氣。不過，玻璃瓶與軟木塞卻可以構成氣密，因為軟木塞底部與酒液接觸而膨脹，在玻璃瓶頸內形成完整而有效的封鎖，以致於每年通過瓶頸進入酒瓶的氧氣微乎其微，甚至少到無法計量。晚近出現的新式合成瓶塞，以及螺旋瓶蓋，也能維持至少五到十年以上的良好密封效果。葡萄酒在這樣的密閉環境中發展出的窖藏香氣，也就被稱為「閉鎖香氣」。從化學的角度來看，「閉鎖」就是氧化的逆作用。

亞硫酸具有防止氧化的功能，當葡萄酒含有微量的亞硫酸時，能夠確保酒液處於缺氧狀態，幫助閉鎖香氣的形成。雖然在釀酒過程中添加亞硫酸的作法招致許多非議，但是，這項操作能夠有效提升葡萄酒的風味表現，卻也是不爭的事實。當然，此一作法是好是壞，取決於添加劑量是否拿捏得恰到好處。倘若操作得當，亞硫酸可以消除酒中醛類物質的氣味，釋放並修飾原本被壓抑的葡萄品種香氣。此外，在完熟葡萄果實的浸皮萃取階段，每公升注入數厘克[17]的二氧化硫氣體，將有助於釋出果皮裡的香氣。

當葡萄酒的閉鎖香氣太過濃烈時，酒香可能就不會顯得那麼好聞。這些氣味經常被描述為「封閉味」、「玻璃瓶味」，因為這個現象是由於葡萄酒被密封在玻璃瓶中造成的，而也有人稱之為「光害的氣味」、「陽光的氣味」，因為光線的光化學作用會加強此一風味缺陷[18]。這種氣味聞起來有一種不純淨的感覺，類似帶有些許蒜腥的微弱臭味，有時則讓人覺得像汗臭味。這些氣味的成因是由於葡萄酒中出現含有硫還原物的衍生物，或者含有硫醇基的衍生物，譬如乙硫醇即為此類物質。然而，在表現正常的閉鎖香氣中，這物質也普遍存在，只不過濃度非常低；而當葡萄酒中具有揮發性的硫醇族衍生物濃度到達每公升數分之幾毫克，也就是濃度相對偏高時，便會出現較不好聞的封閉氣味。

培養過程產生的氧化氣味

葡萄酒在窖藏過程中出現氧化氣味的原因，與上述的閉鎖氣味恰恰相反。某些型態的葡萄酒自釀造之初，就持續暴露在空氣中，並與空氣中的氧作用，產生大量的乙醛以及其他類似的物質。這些化合物帶有蘋果、榅桲、杏仁、核桃等氣味，它們會完全蓋過葡萄酒裡的其他所有風味，包括原始香氣與釀造香氣。這也是為什麼在釀造以氧化方式培養的葡萄酒時，幾乎都採用風味中性的葡萄品種，譬如用來釀造雪利酒的帕羅米諾葡萄（Palomino）便是一例。

談到氧化氣味這個主題，蜜思嘉葡萄族系的諸多品種，算是相當特別的例子。在釀造的時候，為了在蜜思嘉品種酒款裡保存更多來自於葡萄果實的香氣，也就是原始香氣，釀造者會避免讓葡萄汁與氧氣接觸，盡量縮短發酵時間，或者透過添加酒精的手段，中止酵母的發酵作用。藉由這項操作手法，也能讓葡萄酒的酒精含量稍高，達到抗氧的效果，幫助保存蜜思嘉葡萄品種風味。蜜思嘉品種酒款在裝瓶前的每一個釀造程序裡，都必須嚴防酒液氧化，只有在氣候炎熱的產區所採收的蜜思嘉葡萄，由於萜烯族化合物的含量特別豐富，才能容許發生輕微的氧化作用。換言之，這些產區的蜜思嘉葡萄品種香氣特別強勁，所以比較能夠承受酒液發展出氧化風味，或者發生「馬德拉化」的現象。

天然甜葡萄酒的窖藏香氣

雖然就產量而言，天然甜葡萄酒算是相當不起眼的種類，但是它們的香氣表現，不論是原始香氣、釀造香氣或窖藏香氣，卻令人印象深刻。而且隨著產地來源、葡萄品種、培養方式

與陳放時間的差異，它們的風味也會出現多采
多姿的變化。我們在此暫時先不討論蜜思嘉葡
萄品種釀成的天然甜葡萄酒。姑且就其他葡萄
品種所釀成的天然甜葡萄酒而言，酒中通常含
有糖內酯以及呋喃酮，這兩種化合物是在相當
晚近的研究中發現的，前者是一種內酯，帶有咖
哩的氣味，後者則讓葡萄酒聞起來有焦糖香氣。
這兩種物質造就了此類葡萄酒多變的香氣表現，
從年輕的新鮮果香，到老酒裡的陳舊風味，皆與
這兩種物質脫離不了關係。在其他類型的許多
葡萄酒中，也可以找到含量極微的糖內酯與呋
喃酮，它們在這些酒款中的功能是提升香氣的
豐厚程度。然而巧妙的是，這些物質在葡萄酒
中的含量皆未超過感知門檻，但是卻能夠發揮
明顯的作用，使香氣表現更為紮實飽滿。

　　葡萄酒中的多酚與單寧在陳年過程中的轉
變，也是窖藏香氣的根源之一，至少對於單寧
含量豐富的酒款而言確實如此。單寧是葡萄酒
構成成分中，會隨著時間、陳年歷程而發生變
化的重要部份，而且，它還會發展出某些香氣。
以卡本內 - 蘇維濃葡萄品種釀製的酒款為例，在
經過陳年之後，其香氣表現便與單寧成分有關，
這是由於單寧衍生物帶有氣味的緣故。因此，經
過陳年的卡本內 - 蘇維濃品種酒款裡的單寧，對
於老酒風味的影響層面，並不僅止於口腔澀感
的改變，而兼及於酒款的窖藏香氣。

葡萄酒可能產生的氣味缺陷

　　葡萄酒的保存時間可以長得驚人，只要「照
顧」得當，它可以年復一年地陳放下去，而且還
會漸漸發展出老酒的風味變化。然而，它的脆弱
程度有時也令人咋舌，葡萄酒怕熱、怕光、怕與
空氣接觸、怕被隨意棄置，若是貯存不當，很容
易造成葡萄酒變質。只要稍有閃失，哪怕是微不

足道的小疏失，或者環境條件的變化，都會讓葡
萄酒得來不易的細膩、宜人風味，在頃刻之間消
失殆盡。不難體會，當一瓶葡萄酒在諸多風險的
環伺之下，安然度過許多年頭，最後得以在酒杯
裡，展現自己最美好的風采，是多麼值得慶幸的
一件事。時至今日，縱使葡萄酒的釀造技術已經
漸臻完善，而許多相關研究也亦步亦趨地跟進，
但是，從描述氣味缺陷的語彙之豐富程度來看，
我們不難猜想得到，葡萄酒裡出現風味意外的狀
況，其實並不罕見。在進行評論時，指出酒款的風
味缺陷，通常會比描述優點來得容易，我們只需
要掌握一些簡單的原則，就足以具體指出一款葡
萄酒的缺失。我們不久前在一個法規品評的場合
裡，碰到一位擔任評審的品評員，不知道他是出
於無心，還是有意炫燿或者捉弄同僚，他在品評
這些申請審核標示產區名稱的酒款時，動輒拋出
「吡嗪族化合物」、「乙基苯酚」、「氯苯甲醚」、
「硫醇族化合物」這類字眼。不過，這些看來晦澀
的術語，其實卻能發揮作用，幫助他具體地傳達
自己對一款葡萄酒品質特徵的觀察結果。認識葡
萄酒的風味缺陷並非難事，這將能幫助我們在品
評時，清楚地指認出葡萄酒的風味缺失。

　　我們將利用以下的篇幅，描述葡萄酒在釀
造過程中，可能出現的風味缺陷。它們依序為
「氧化造成的缺陷」、「閉鎖造成的缺陷」，
以及「其他偶發的氣味缺陷」。

氧化造成的缺陷

　　前文曾經提到「氧氣是葡萄酒的大敵」；當
酒液與氧氣接觸過於頻繁時，的確會對葡萄酒的
風味帶來負面影響。氧化的過程可以分為兩個階
段：首先是溶氧過程，其次是氧化作用。溶氧最
多僅需幾分鐘的時間，在釀造過程的某些處理步

驟，酒液會與空氣接觸，此時，空氣中的氧便會很快地溶入葡萄酒裡。不過，氧化作用所需的時間卻長得多，約莫經過數週乃至數個月之後，溶於酒液裡的氧，才會開始與酒裡可氧化的物質進行化合作用。只要葡萄酒裡含有氧氣，而且氧化作用正在進行，葡萄酒的香氣就會持續變化，直到酒液裡的氧耗盡，再次回到缺氧狀態時，酒香的變化才會重新穩定下來，達到新的平衡。葡萄酒中的亞硫酸以及單寧都會加速氧氣消散，幫助酒液重回缺氧狀態。

有一些形容詞就是用來描述暫時受到輕度氧化的葡萄酒風味表現。葡萄酒在經過換桶程序、裝瓶前的過濾，或者長程運輸之後，風味變得薄弱，口感粗糙而缺乏果味，我們會把這種情況說成是「葡萄酒被累到了」、「葡萄酒被搖暈了」、「葡萄酒被壓扁了」，總之，用技術性的字眼來說，不過就是「透氧」所造成的現象罷了。在靜置一段時日之後，被累壞、搖暈、壓扁的葡萄酒幾乎都還是能夠恢復原本的活力。

當葡萄酒經過劇烈翻攪，以致於接觸太多空氣時，酒中的自由醛含量便會激增，使葡萄酒帶有果實被擠爛、壓爛、碰傷的味道。因此，遭到氧化而產生這種風味缺陷的葡萄酒，也被人們稱為「被擠爛的葡萄酒」。以幫浦汲取輸送酒液，或者在裝瓶時操作不當，都有可能使葡萄酒由於接觸太多空氣而造成醛類物質的釋出，使葡萄酒帶有明顯的苦杏仁味。「被擠爛的葡萄酒」的氧化程度比「被累壞的葡萄酒」嚴重一些，然而，最慘的是「被風吹的葡萄酒」——當我們這樣描述葡萄酒的時候，指的不僅是接觸過量空氣產生氧化而已，甚至還發生一部分酒液遭到蒸發的情況。葡萄酒與空氣接觸之後，並不會立刻出現氧化特徵，然而，在經過數天以後，便能察覺出酒中帶有氧化的風味缺陷。

倘若使用沾染黴菌的葡萄果實釀酒，不論葡萄發霉的程度有多麼輕微，皆會使新釀成的葡萄酒對空氣特別敏感，尤其容易產生「濁味」。這個說法是來自於葡萄酒中的多酚被酵素氧化分解之後，會使酒液顯得混濁不清的緣故。這時，葡萄酒通常會發展出「苯醌」的氣味，聞起來就像是已經氧化的隔夜啤酒一樣。至於在冰天雪地裡運送葡萄酒卻沒有注意溫控，導致酒液過度冷卻，甚至結凍的話，葡萄酒裡便會出現「凍霜味」，這也是氧化現象所造成的風味缺陷。

當葡萄酒長時間暴露在空氣中，與氧氣的作用時間增長，以致於氧化所造成的風味缺陷沒有辦法完全恢復或者調整回來，這種情況便不能稱為「透氧」，而是「過度氧化」。我們在上文提到，「透氧」會讓葡萄酒「累壞」、「搖暈」、「壓扁」，但是在靜置一段時日之後，它便會「康復」；然而，「過度氧化」的葡萄酒卻像是染上某種無法治癒的慢性病一樣，隨著氧化嚴重程度以及葡萄酒品質特性的差異，過度氧化的風味表現形式也會有所不同：在酸度偏低的酒款中，過度氧化偶爾會產生類似「煮熟」的氣味；而當酸度稍高的酒款過度氧化時，則帶有燒炙的氣味，甚至出現陳舊、老化的風味。長時間接觸空氣的葡萄酒容易發生「醛化作用」，但是葡萄酒裡若含有豐富的自由醛，並不總是意謂著該款酒曾經遭到劇烈的氧化。譬如 Fino 雪利酒無與倫比的特殊氣味，雖然與酒中含有大量的醛類物質有關，但是這些醛類物質並不是氧化作用的產物。因為雪利酒在釀造過程中，酒液表面浮有一層黴花，降低了酒液與空氣的接觸機會，換言之，這些醛類物質是缺氧條件下形成的產物。

至於「被馬德拉化的葡萄酒」、「帶有馬德拉風味的葡萄酒」，則多半是由於在陳年過程中接觸空氣而造成風味走樣，或者是葡萄酒陳放太久

而顯得風味老化。這種情況可能是由於葡萄酒在木桶中發生氧化的意外，也可能是使用密合度不佳的劣質玻璃瓶貯酒而造成的酒液變質。這些過度氧化的葡萄酒，雖然氣味聞起來像馬德拉葡萄酒，但是，它們卻不具備馬德拉應有的品質表現，此外，過度氧化也使得這些葡萄酒的外觀泛黃，甚至出現泛棕的跡象，嘗起來乾澀無味，乏善可陳。我們也會把這種風味比擬為「黃酒的味道」，不過，侏羅地區生產的黃酒是一種珍稀的特殊酒款，遭到過度氧化以致於風味走樣的葡萄酒不能與之相提並論。

雖然「陳舊的、老化的風味」在許多情況下，都是帶有貶義的描述用語，但是，當它並不是用來形容原本應該展現新鮮風味卻顯露老態的酒款時，「陳舊」、「老化」的西班牙語原文「Rancio」（陳酒）這個單詞，其實對於某些類型的酒款而言，卻是正面的肯定。譬如，有些酒款就是屬於陳酒型態的葡萄酒，它們通常都是酒精強化葡萄酒。這種類型的酒款在釀造時，會被刻意暴露在空氣中，讓氧氣把酒催老。它們通常被貯藏在木桶或短頸大腹的玻璃瓶裡面，然後移至室外，任憑葡萄酒在日夜交替、春去秋來的劇烈環境條件變化之下，逐漸老邁。以木桶貯放、培養這些葡萄酒，更有助於陳舊、老化的風味產生。此外，在干邑葡萄蒸餾烈酒以及雅馬邑葡萄蒸餾烈酒的領域裡，「陳酒」這個字傳達的是烈酒在橡木桶中經歷長期培養所發展出的宜人氣味。

閉鎖造成的缺陷

從化學的角度來解釋，閉鎖是氧化的逆作用，它是密閉不透氣所造成的現象。葡萄酒的缺氧程度，或者說酒液發生氧化或閉鎖的可能性，可以藉由測量酒液裡氧氣的內壓與外壓來推估。在含氧量極低的環境條件下，葡萄酒能夠發展出最濃郁宜人的窖藏香氣，我們可以將這種氣味稱為「玻

微氧處理

微氧處理是一項非常專門的技術，它最初是用來對付某些單寧表現特別堅硬的葡萄品種酒款，譬如使用塔那（le tannat）葡萄品種所釀製的酒款就格外緊澀。這類葡萄酒在酒槽或木桶裡進行培養時，便可以注入定量的少許氧氣到酒液裡，讓葡萄酒能夠在傳統釀造程序的換桶操作之外，獲得更多透氧的機會，有時候，微氧處理甚至可以取代換桶這道手續，成為葡萄酒獲得氧氣的主要來源。微氧處理手法的盛行，讓當今剛裝瓶的新釀成酒款風貌產生相當大的改變，它讓剛釀畢的葡萄酒也能在短時間內展現豐富的滋味，顯得特別討喜，不像昔日年輕酒款那樣嚴肅生硬。此外，在葡萄酒裡注入微量的氧氣，也能促進酒液裡揮發性物質的氧化，像是蜜思嘉葡萄中的萜烯族化合物、白蘇維濃與梅洛葡萄裡的硫醇族化合物）等。不過，微氧處理技術的普遍，卻也造成葡萄酒的「平庸化」與「標準化」，因為釀酒者過分倚仗這項新技術，認為利用微氧處理手法能夠易如反掌地柔化酒中的單寧，所以便肆無忌憚地進行萃取，結果，大家釀出來的葡萄酒的單寧含量往往偏高，整體口感反而顯得非常粗獷，一付非氧化不行，必須柔化一番而後快的模樣。其實，以今日的技術水準而言，直接釀造出口感均衡的葡萄酒不再是一件難事。如果釀酒者能夠以釀造出均衡的好酒為首要目標，不僅比較容易在酒中保留葡萄品種的風味個性，釀出果味豐沛的葡萄酒，而且對消費者來說，葡萄酒也不至於太澀、太硬、太粗獷，而顯得難以親近。

璃瓶陳的窖藏香氣」或者「玻璃賦予的香氣」，因為在配合使用軟木塞封瓶的條件下，葡萄酒幾乎能夠被完全密封在玻璃瓶中，形成「準氣密」，也就是不完全閉鎖，也不會過度氧化的環境條件，而這是產生閉鎖香氣的基本要求。

但是，當閉鎖的情況太嚴重時，葡萄酒便會

出現不是很好聞的氣味，甚至幾乎可以說是出現臭味。若葡萄酒在釀造的過程中，太早進入缺氧階段，或者受到閉鎖效應的影響，聞起來都會顯得「封閉無香」或者「悶臭的閉鎖氣味」。

此外，當葡萄酒盛裝在透明無色玻璃瓶中，並且受到陽光、熾光、螢光、紫外線照射，或者只是暴露在漫射的自然光線下，都有可能產生「光害的味道」，這也算是一種閉鎖的風味缺陷。啤酒遇光線直射時，也會產生相同的變質現象。閉鎖氣味的出現與硫的衍生物有關，我們現今已能確定的此類物質多達五十餘種。它們在葡萄酒中的含量雖然每公升僅達數微克之譜，但是這些物質的感知門檻更低，特別容易被聞出來，而且多屬不討喜的氣味。

有不少詞彙可以用來描述這些不討喜的閉鎖氣味，諸如「硫磺味」、「硫化物的氣味」、「孵過的蛋腥味」、「腐壞的蛋臭味」，以及「硫磺泉的氣味」。我們也可以根據這種氣味的形成背景，將之稱為「酵母沉澱物的風味」，因為年輕的酒款與發酵之後所產生的酵母沉澱物擱在一起的時間太長，尤其容易出現這種氣味缺陷。有些剛釀製完成的葡萄酒香氣濃郁、果香豐沛，而有些新酒卻風味閉塞，或者帶有硫化物的氣味；雖然同樣都是新酒，但是只要貯藏條件上出現某些細微差別，兩者的風味表現便有可能出現極為明顯的差異。倘使在釀酒過程中出現嚴重的閉鎖現象，導致葡萄酒的香氣表現不佳時，多半可以利用換桶以及透氣的操作程序，校正香氣閉鎖的缺陷，讓不好聞的氣味散掉。

發生閉鎖現象而造成的風味缺陷，最糟糕的情況可以讓一款葡萄酒嚴重走味，產生明顯的風味變質，完全難以入口，帶有蒜臭味、腐爛惡臭味，讓人不禁掩鼻。

葡萄酒的保存與貯藏是一項非常仰賴專業能力素養的工作，不僅需要長年品評追蹤，還必須不斷介入控管酒質的發展。所謂「自然放任」、「無為而治」的哲學，在此是行不通的。倘若葡萄酒發生前述的風味缺陷，不論是氧化作用造成的，還是閉鎖現象所導致的，都是輕忽大意、照顧不周的結果，負責保存、貯藏葡萄酒的人將難辭其咎。

偶發的氣味缺陷

許多人都聽過一則軼聞，故事裡講述的是兩位品酒者在品嘗同一甕酒的時候，其中一位說葡萄酒隱約飄出些許皮革氣息，而另一位則聲稱他在酒中嘗出鐵味。這兩個人的看法雖然頗有出入，但是，他們都沒有說錯，因為他們後來在甕底赫然發現一支裝在皮套裡的鑰匙。這個故事很明顯地是在向技藝超群的品酒者致敬，早在十七世紀初的《唐吉訶德》裡，便已經出現關於這則軼聞的記載！

葡萄樹、葡萄果實與葡萄酒吸收周圍環境氣味的能力相當驚人，而且這些被吸附的外來氣味還會在酒杯裡如實重現。酒杯裡之所以會出現難聞的異味，泰半與發霉脫離不了關係。這裡所謂的「異味」，雖然專指「氣味」而言，但是其實也牽涉「味道」的層面，因為某些風味缺陷是由揮發性較低的物質造成的，它們不見得聞得出來，不會表現在葡萄酒的外部氣味裡，但是，當酒液入口之後，這些氣味缺陷就會在內部氣味表現出來。

黴菌可能會侵襲葡萄果實，也可能會沾附在釀酒過程中所使用的器具或貯酒容器內。由於黴菌菌種及其型態結構的差異性，當葡萄酒受到不同的黴菌感染時，酒中出現的風味缺陷也不盡相同。為了方便起見，我們可以將這些風味缺陷統整為以下幾個範疇：

霉味

在處理木料時，會使用氯酚，或者較罕用的溴酚來抗霉、防蛀。在相當晚近的研究中，我們發現當黴菌在潮濕不通風的環境中作用時，會將氯化酚與溴化酚轉化為氣味濃烈的「氯苯甲醚」以及「溴苯甲醚」，這些衍生物質聞起來帶有明顯的霉味。它們可能會在葡萄酒進行換桶作業時，使酒液染上霉味，或者透過軟木塞進入玻璃酒瓶當中，後者雖然更為罕見，但是並非不可能發生。這些物質的氣味極為強勁，感知門檻僅達每公升數十億分之一公克。為了避免霉味的產生，有必要妥善規劃貯酒庫的通風系統，倘若釀酒空間已經遭到感染，而且情況嚴重的話，則很可能必須拆除重建。這裡所述的霉味，其實聞起來與「軟木塞味」並無二致，只有透過精密的色譜分析，才能看出兩者之間的差異。

軟木塞味

軟木塞味是霉味一種很典型的表現形式，現今大約有 2% ～ 5% 的軟木塞會受到感染。當軟木的樹皮[19]在儲存期間，或者在處理軟木原料的過程中產生三氯苯甲醚的時候，便會出現這種氣味。這項風味缺陷可以藉由多種複雜的技術加以預防或消除。

軟木樹皮味

與軟木塞味不同的是，葡萄酒中的軟木樹皮味來自於健康的樹皮本身，即使是品質優良、未受污染的軟木原料，也有可能出現這種氣味，這是「自然」現象。軟木樹皮的氣味在葡萄酒中算是相當罕見的一種氣味缺陷。

蕈菇味

造成這種氣味的化合物有相當多種，有些是已知的物質，例如「1- 辛烯 -3- 醇」，其他則是仍有待研究的化合物。在葡萄果實發霉的過程中，會出現所謂的「碘化氣味」及「酚化氣味」。這些氣味並不討喜，經常被通稱為「化學風味」，但是，這個說法過於籠統，應當避免使用這樣的字眼描述此種風味特徵。

土壤味

葡萄酒中出現泥土味的案例並不罕見，這項風味缺陷由來已久，而且廣為人知。研究證實，酒中的泥土味來自於鏈黴菌產生的 géosmine 這種揮發性物質。當葡萄果實遭到黴菌侵襲之後，便容易出現這種風味缺陷。

腐朽的木以及壞掉的軟木塞味

這兩種風味缺陷其實是不同的東西，然而卻經常被相提並論。它們的共通點在於，當葡萄酒出現這兩種氣味缺陷的時候，不僅聞起來帶有木頭味、軟木塞味，甚至有老舊木桶的氣味，而且整體表現顯得乾癟，風味不夠豐潤飽滿。

陳舊、老化的潮濕悶臭味

這種氣味可以說是在葡萄酒裡可能出現的所有缺陷當中，最不好聞的一類。

帶有植物生青風味的霉味

這是一種揮之不去的頑固霉味，聞起來讓人聯想到艾蒿的刺激氣味。

有些口耳相傳的奇聞軼事，將葡萄酒裡帶有松脂氣味的原因解釋成是由於葡萄酒吸收到松木木片的氣味所致；至於酒中若出現瀝青、焦油氣味，則被這些人說成是葡萄園旁的馬路在採收前夕剛鋪好柏油的緣故。以上這些說法，我們不置可否，也不打算在這裡列出一長串的氣味缺陷的名單及其肇因，因為這樣讀起來非常枯燥乏味。況且，在葡萄酒裡可能出現的風味缺陷當中，其實有某些令人匪夷所思的怪味道，非常難遇得上，我們沒有必要用這些極為罕見的、應該留給專業人士煩惱的問題，來嚇唬業餘的葡萄酒同好們。

譯註：

1 皮卡丹（Picardan）是位於南隆河教皇新堡（Châteauneuf-du-Pape）產區的白葡萄品種名稱，但是在這裡卻是指法國南部生產的葡萄汁加烈酒（Mistelle，參註 3）它是使用克雷耶特（Clairette）白葡萄以及卡利濃（Carignan）紅葡萄兩種品種釀成，卡利濃葡萄甚至一度因此得名「黑皮卡丹」（Picardan Noir）。皮卡丹葡萄品種與名為皮卡丹的葡萄汁加烈酒，完全是不同的事物。Michel Dovaz, *2000 mots du Vin*. Paris : Hachette, 2004. p.217.

2 葡萄酒利口酒（VDL, Vin de Liqueur）的製作方式是將由葡萄酒蒸餾而得的酒精，加入正在發酵的葡萄酒中，讓葡萄酒的終端酒精濃度達到 15~22%。這個範疇的酒款種類包括：侏羅馬西凡香甜酒（Macvin du Jura）、西班牙雪利酒、葡萄牙波特酒、義大利瑪薩拉葡萄酒。Michel Dovaz, *2000 mots du Vin*. Paris : Hachette, 2004. p.284~285.

3 「葡萄汁加烈酒」（Mistelle）與「葡萄酒利口酒」的差別在於，前者是將酒精濃度 95% 的葡萄蒸餾烈酒，加入尚未發酵或發酵極淺的葡萄汁裡所得到的「加烈葡萄汁」，其終端酒精濃度為 15~16%。Michel Dovaz, *2000 mots du Vin*. Paris : Hachette, 2004. p 191.

4 原書註：《葡萄酒成分與分析：理解之途》（*Analyse et Composition des Vins*, Comprendre le vin. J. Blouin et J. Cruege, Éditions Dunod, 2003.）

5 《葡萄品種百科詞典》（*Dictionnaire Encyclopédique des Cépages*. Paris : Hachette, 2000.）

6 原書註：TDN=1,1,6-triméthyl 1,2 dihydronaphtalène。

7 欄中以斜線區分的前後兩個數字，分別代表該物質於葡萄酒中的含量最小值與最大值。

8 嗅覺單位數（Nombre d'unités Olfactives）的計算方式為物質含量除以感知門檻，其數值大於 1 時，表示該物質足以被感知，數字越大，氣味越強；其數值小於 1 時，則代表物質含量未達足以感知的濃度。

9 該葡萄品種在波爾多右岸玻美侯（Pomerol）與聖愛美濃（Saint-Émilion）被稱為「Bouchet」。

10 吡嗪族化合物的感知門檻非常低，約為每公升十億分之數公克。此類物質在卡本內‧蘇維濃葡萄品種裡的含量尤豐；當葡萄果實熟度不足時，特別容易讓該品種酒款帶有明顯的植蔬與青椒氣味。這類氣味固然與葡萄品種本身有關，然而並非不能避免，因此可以將之稱為「偽原始香氣」（arôme pseudo-variétal）。Jacques Blouin, *Le dictionnaire de la vigne et du vin*. Paris : Dunod, 2007. P.247.

11 其他類似的例子還有「Merloter」（衍生自梅洛葡萄品種的名字）、「Pinoter」（衍生自黑皮諾葡萄品種名稱）、「Muscater」（衍生自蜜思嘉葡萄品種名稱）、「Sauvignonner」（衍生自白蘇維濃葡萄種名稱）、「Bretonner」（衍生自羅亞爾河地區方言對卡本內-弗朗品種的稱呼——Breton）、「Carignaner」（衍生自卡利濃葡萄品種的名稱）、「Graenacher」（衍生自格那希葡萄品種的名稱）、「Meursaulter」（衍生自布根地柏恩丘的產酒村莊梅索）、「Morgonner」（衍生自薄酒來的摩恭酒村莊摩恭）、「Bourguignonner」（衍生自法語布根地一詞

的形容詞形式）。Martine Coutier, *Dictionnaire de la langue du vin*. Paris : CNRS Éditions, 2007.

12 另外三個是灰皮諾（Pinot Gris）、格烏茲塔明那（Gewurztraminer）以及蜜思嘉（Muscat d'Alsace）。這四個品種在阿爾薩斯被稱為「尊貴品種」（Nobles）。

13 「高級醇」（Alcools Supérieurs）又稱「長鏈脂肪醇」。

14 此處的「發酵」指酒精發酵與乳酸發酵。

15 並非所有的波特酒、雪利酒都是此類經過「曝氣培養」的酒款。

16 酚化，原文作「phénolé」。常用在「Vin Phénolé」（被酚化的葡萄酒）詞組中，意思是「（紅）葡萄酒由於受到brettanomyces 酵母菌的感染，以致酒中『四-乙基苯酚』（éthyl-4-phénol）與『四-乙基癒創木酚』（éthyl-4-gaiacol）的含量過多。葡萄酒因此帶有動物、皮革、墨水、汗水與馬廄的氣味。」

17 一厘克（Centigramme）等於百分之一公克。

18 由此可知，閉鎖氣味是窖藏香氣的一種，不是風味缺陷。但是，當閉鎖氣味太過濃烈時，則可能成為葡萄酒的風味缺陷。

19 軟木是以栓皮橡樹（Quercus suber）的樹皮製成。

CHAPITRE 7

風味結構的均衡

葡萄酒結構與風味的關係

一款葡萄酒的優點或缺陷，都與它的結構成分脫離不了關係。欲探討酒中所含物質的特性，就必須先認清葡萄酒在本質上是一種用葡萄果實發酵而成的飲料。

葡萄酒中所含的物質大致可以分為兩類。其中一類包括糖分、鹽類、酚類化合物以及固有酸，它們的味道皆不相同，在葡萄酒中會產生互相加強、襯托的作用，或者相反地，會抑制、減弱彼此的味道表現。如果不考慮糖分的話，上述這些物質在葡萄酒中的含量，約達每公升 20 ～ 30 公克，而葡萄酒的風味表現，便是由這些味道殊異的各種化合物，依循某種代數關係交互影響所達到的總合。此外，這些不同的味道會彼此交融在一起，呈現出具有某種程度和諧感的形體與份量，葡萄酒風味的結構與骨架於焉形成。架構或骨幹可以說是一款葡萄酒風味品質的磐石，如此舉足輕重的風味架構基礎，卻端賴含量僅達每公升數公克，甚至不足一公克的風味物質。我們對於這類化合物的研究，至今已經獲得長足的進展。

葡萄酒中的另一類成分則是數以百計的揮發性物質，它們的揮發強度不一，當酒液盛在杯中或者入口之後，這些揮發性物質相當容易從酒液裡飄散出來。酒精即屬此類物質，它在葡萄酒中的含量，每公升約達 90 ～ 120 克。葡萄酒中的揮發性物質與上述構成葡萄酒味道骨幹的那類物質，兩者有某種相似之處：當不同的物質相遇時，它們的風味表現可能會累加、互相襯托與強化，但也不無可能發生相互遮蔽、削弱的現象。當眾多的揮發性物質混合在一起時，它們會呈現出一番新的氣味樣貌，而不是各項物質本身氣味的簡單加總。葡萄酒裡大多數的揮發性物質含量皆微乎其微，多則數毫克，少則千分之幾毫克，甚至只有百萬分之幾毫克而已。葡萄酒中種類繁多的揮發性物質，有時總量僅達一、兩公克之譜。由於這類物質非常多樣，但是含量卻少得很，因此，進行分析並不容易。雖然我們每年在實驗室裡的研究，可以讓我們多認識一千數百餘種揮發性物質，但是，這些成果卻沒有辦法幫助更精準地掌握葡萄酒中揮發性物質，在組成比例上的細微差別，或是對酒香的整體表現會產生什麼具體影響。相較於前述那些構成葡萄酒味道架構的物質而言，此處提及的揮發性物質對葡萄酒性質與品質的影響更鉅，尤其是酒款的個性表現，皆有賴酒中揮發性物質才得以形塑。

味道感受與口腔觸感是不同的概念。我們再次強調，並不是味蕾所接收到的一切刺激都可以劃入味道的範疇，所謂口腔觸感，指的是味覺刺激以外的其他所有口腔感覺的總稱。味道與口感是支撐一款葡萄酒在嗅覺方面表現所需的基本元素。概括說來，葡萄酒是由兩個部分組成的：其一為能夠刺激味蕾，帶來味覺感受的元素；其二為能夠刺激嗅覺，讓人聞到香氣的那些物質。然而，味覺與嗅覺是相輔相成，不可分割的。它們互依共生，難分彼此，其間的關係甚至可以說是錯綜複雜。味道與口感具有突顯香氣表現的功能，而香氣也會強化口感與味覺感受。

當我們探討葡萄酒的均衡概念時，首先必須考慮味覺元素與嗅覺元素兩者之間的關係。前者包括口感與味道，是廣義的味覺元素；後者則為葡萄酒的香氣表現。從味覺與嗅覺的角度切入，是研究均衡類型、進行風味分析的重要途徑。此處使用的「均衡」一詞，可以有兩種解釋，其中一個是「不同事物之間，甚至是相反的事物之間，藉由彼此協調、平均分配而獲致的和諧性」；第二種解釋方式更為精闢：「一件事物的不同組成部分，達到某個得以突顯彼此價值的恰當比例。」在一款成功的葡萄酒當中，味覺元素與嗅覺元素兩大群組，必然能夠將彼此之間的關係，以恰如其分的方式展現出來，而各項結構成分，也會以有利於酒款風味表現的方式組織在一起。這種協調的比例關係可以使葡萄酒的各個部分統合起來，成為均衡和諧、勻稱有致的整體。如今，均衡的概念已經非常普遍，並成為分析、評判葡萄酒品質的基本要素與必要條件。我們在此舉出一些味道口感與氣味表現失衡的反例，讓讀者能夠藉由這些風味失衡的例子，更清楚而具體地認識均衡的概念：

一、白葡萄酒缺乏酸度時，會造成香氣表現平板呆滯，缺乏清新的活力；

二、當葡萄酒的甜味感過於強勁時，酒款會顯得軟甜卻澆薄無味；

三、紅葡萄酒的單寧表現太過突出，往往會使果香或果味隱而不彰；

四、某些葡萄酒的香氣馥郁飽滿，酒質結構卻失之羸弱無力，因而顯得纖細瘦弱、缺乏協調感。

五、相反地，有些葡萄酒的酒體壯滿，香氣表現卻稀薄不堪，這樣也會產生不夠均衡和諧的感受。

以上第五個例子所描述的香氣貧乏，可能是由於使用中性葡萄品種的緣故，也可能是單位面積產量太高，或者炎熱的天候條件導致葡萄果實過熟所造成的結果。葡萄酒裡的「果香」與「單寧」經常處於某種拉鋸情勢，這是眾所皆知的事實，但是許多人卻刻意置若罔聞。在葡萄酒釀製過程中的澄清程序，不僅是為了讓酒液更顯清澈，這項操作的另一個目的在於幫助葡萄酒釋出年輕的果香，而這新鮮的果味是葡萄酒經過陳年熟化之後所產生窖藏香氣的始源。在釀酒時盡其所能地經營葡萄酒中的果味，確實是明智之舉，但是這番努力卻很可能由於酒中的單寧含量過多，而落得白忙一場。有許多時興的酒款，掀起了一陣特殊的品味風尚，不過，它們的通病似乎都是忽略風味感知的永恆定理，將味覺與嗅覺的均衡法則棄之不顧。這些盛極一時、大紅大紫的風雲酒款，終將在時間的浪濤裡消沉、褪色。

尚·黎貝侯·蓋雍針對味道與氣味之間的關係，曾經提出一段相當精闢的說明：

我們不妨以形象化的方式，把葡萄酒比擬為水果。葡萄酒必須具備某種濃稠度或堅實感，或

者說是質地，這是讓葡萄酒裡芬芳物質得以展現宜人香氣的重要前提。簡言之，質地會影響風味感知。正如同水果一樣，質地完好是良好品質表現的基本條件。水果的質地對於品質的影響，並不僅止於果實形體本身而已，而是涵蓋口腔觸感、味道與香氣表現各方面的整體表現。果實的質地也會透過味道與氣味的呈現方式，深深地影響整體品質的表現。

況且，上述的道理也是飲饌藝術的通則：一道菜餚除了味道本身要和諧之外，入口之後，在齒頰之間散發出的香氣也應該予人協調之感。不過，味道的和諧以及口中香氣的和諧，兩者皆無法獨自構成完整的和諧感，因為和諧感是一個整體，兩方面元素不可偏廢；倘若一道菜裡少放了鹽，即使聞起來很香，但是在品嘗的時候，整體風味表現卻會明顯遜色許多。

同樣的，尚・黎貝侯・蓋雍對於和諧感的定義，也把葡萄酒味道骨幹元素以及揮發性物質構成的風味特徵兩方面納入考量。他指出：

偉大酒款的特徵是風味架構完整，味道與氣味強勁而細膩，整體表現濃郁宜人。它含有豐富的風味物質，而且味道濃度與氣味濃度之間的比例關係恰當、協調，有利於展現葡萄酒的風味個性。

十九世紀下半葉，人們對葡萄酒的構成成分所知相當有限。在那個年代，大家普遍相信葡萄酒裡含有一種名為「œnanthine」[1]的物質，一款酒的品質高低，是由它決定的。然而，這個成分只不過是人們以為確有其物的假想物質而已。

後來有許多人主張，葡萄酒裡的甘油，才是決定一款酒品質層次的關鍵因素，因為它能夠讓葡萄酒展現出非常討人喜愛的「香甜」與「油滑」。這個觀點雖然已經過時，但仍然有人喜歡把它掛在嘴邊！而我們寫作這本書的宗旨之一，即在於說明一款葡萄酒的風味特性，在絕大多數的情況下，都不是由單一物質造成的，或者說，一種物質在葡萄酒中的含量多寡，與酒款呈現的特性沒有直接關係，而是與酒中各項成分之間的比例以及整體和諧表現有關。我們可能會以為葡萄酒的和諧表現是自然而就、不假外求的現象，認為這項品質特徵是葡萄果實本身的內蘊。然而，葡萄酒的風味和諧感其實與人為經營不無關係。唯有仰賴純熟的釀造與培養技藝，才能使葡萄酒中各成分之間達到良好的均衡狀態，製作出味道與口感十足，且香氣逼人的和諧酒款。

一款風味和諧的葡萄酒會讓人愛不釋手，而缺乏和諧感的葡萄酒則可能難以入口。既然和諧表現如此重要，我們是否能夠用量化的方式加以評估呢？或許，我們未來有能力對葡萄酒中的物質，進行完整而深入的分析，並掌握每一種成分對感官的影響，即便如此，我們也無法藉此評判一款葡萄酒的風味表現是否和諧，或者透過分析數據來衡量一款酒的和諧程度高低。誠然，透過化驗分析方法的確可以精準地呈現葡萄酒某些特定成分與風味之間的關係，尤其是風味缺陷的部分更是如此。不過，在釀酒技術進步，而且葡萄酒風味缺陷日漸罕見的今天，分析途徑其實無用武之地。況且，化驗分析並非萬能，它也會有窒礙難行的時候。一方面，葡萄酒含有我們至今仍然未知的物質，這增加了分析的困難；再則，對葡萄酒風味表現影響甚鉅的成分，不僅非常複雜，而且在含量極低的情況下，便足以造成風味改變。換句話說，在品評中可以察覺的這些物質，卻不見得能夠在實驗室裡分析出來。此外，葡萄酒裡的某些物質成分不易製

備為足供化驗的樣本，尤其是那些會為葡萄酒帶來肥腴油滑質地，並產生特殊氣味的成分。最後，同一種物質的不同理化結構、縮合程度以及分子形式，皆會對葡萄酒的味道與氣味產生影響，這也是化驗方法在實際操作上難以滿足研究需求的部分。

弔詭的是，隨著化驗分析技術日新月異，我們與葡萄酒的距離卻彷彿愈來愈遠，半個世紀以來，所有關於酒中物質與風味表現的研究益趨複雜。在 1956 年時，分析葡萄酒學的創始者保羅·尚慕（Paul Jaulmes）推估葡萄酒裡的已知物質約有 150 種，並於 1965 年成功地製備了其中 125 種物質的研究樣本。根據巴斯卡·黎貝侯-蓋雍（Pascal Ribéreau-Gayon）的觀察，「這份清單在最近幾年還不斷擴充，如今要列舉葡萄酒中的化學物質，別說 250 種，要列出 300 種成分都是輕而易舉的事。」德拉沃特（Drawert）在稍晚的一項研究裡，把葡萄酒裡已經證實存在的成分，以及推估可能存在的物質，統整為一份長達好幾百項的清單，如今，這份清單應該早已擴充到數千項的規模了。澳洲的一個研究團隊已經透過分析指出，單就夏多內（Chardonnay）葡萄品種釀成的白酒而言，其中所含的揮發性化合物就多達 180 種。根據一份相當早期，於 1988 年完成的彙整資料記載，能夠刺激嗅覺的揮發性物質種類繁多，包括 111 種碳氫化合物、98 種醇類物質、91 種羰基化合物、87 種酸、316 種酯類、23 種內酯、25 種鹼、21 種硫化物、29 種酚類物質、20 種呋喃、31 種氧化物，以及其他 22 種各式化合物！一言以蔽之，我們對葡萄酒的知識愈是進步，就愈不得不接受原本的認識與解釋被不斷推翻或改寫的命運。我們最近把葡萄酒裡特別重要的氣味物質彙整為一份約涵蓋三百種化合物的清單，以氣味特徵來看，這些物質可以分為七大類，從化學結構的角度出發，則可以分為十個群組。

就我們目前所知而言，評判一款葡萄酒品質特性，最簡單有效、穩定可靠的方式，應該是透過品評操作，而不是訴諸化驗分析。然而，我們這樣說的用意絕對不是貶低化驗技術在葡萄酒釀造過程中所扮演角色的重要性。藉助於分析技術，我們才得以預測葡萄酒的發展走勢，並根據分析結果，採取必要措施，使葡萄酒的品質特性與潛能內蘊能夠發揮得淋漓盡致。化驗分析的這項優勢，是品評未逮之處。透過實際品嘗葡萄酒，我們只能判斷、掌握、闡釋葡萄酒在當下的特性表現，但是對於控制、引導它未來的發展，或者幫助展現酒款的品質潛能，卻無能為力。

品酒者應該要懂得善用自己在葡萄酒學領域的知識，將葡萄酒的風味與造成這種感官印象的化學結構或物質聯繫起來，從較高的角度通盤考慮結構元素、基本品質特點與風味缺陷，對酒款的整體表現帶來什麼樣的影響。在進行品評活動時，若能從化學物質的角度來思考葡萄酒的風味架構與優缺點，將更容易解釋酒款風味與個性特點的根源，推估酒款未來可能出現的風味變化與走向。一位內行的品評員，必須熟悉、牢記葡萄酒風味表現以及結構成分之間的對應關係，也就是說，透過品評接收的感官刺激，以及透過分析得知的組成物質，兩者之間的有機聯繫必須建立起來。

針對那些構成葡萄酒味道骨幹的物質進行分析，可以稱為「酒質分析」；而針對葡萄酒氣味的分析，則可以簡稱為「氣味成分分析」。如果說酒質分析所運用的語彙較為單純，偏向使用味道物質本身的名稱來轉述，那麼，在描述氣味成分分析結果時，所採用的方式則較為複雜。

我們可以配合化驗分析作為評估風味強度與和諧程度的參考。除了某些風味缺陷可以藉此準確估算之外，許多氣味表現上的缺失仍然難以從分析數據結果看出蹊蹺。

葡萄酒裡的膠質似乎不會直接影響風味感受。然而，我們在最近的一份研究裡已經證實，酚類物質的結構與分子規模大小，都會影響葡萄酒的風味表現，此外，多糖有時候也會在其中發揮作用，這些現象都與膠質成分脫離不了關係。另外一個例子是，在年輕的甜型白葡萄酒裡，膠漿物質似乎有使葡萄酒嘗起來更為豐厚脂腴、黏稠油滑的作用。

風味的互動關係與均衡

葡萄酒的風味表現，在很大的程度上取決於各種味道之間的均衡，包括甜味、酸味與苦味等三個方面。這些味道之間獲致某種和諧關係，是決定酒款品質的要素之一。所謂和諧，就是所有共存的元素維持某種均勢，不會發生任何一種因素凌駕或壓抑其他因素的現象。這個原則在含有殘存糖與還原糖[2]的甜型白葡萄酒以及超甜型白葡萄酒裡都是成立的。對於干型（不甜）白葡萄酒與不含可發酵的殘存糖分的紅葡萄酒，這項均衡原則更加重要。我們不免要問，當葡萄酒不含糖的時候，均衡結構中的甜味從何而來呢？經驗顯示，造成葡萄酒帶有甜味的主要成分，其實是酒精。

波爾多葡萄酒學派團體在過去幾十年來的教學活動中，不遺餘力地倡導上述的均衡理念，並且利用一系列設計得當的術科教材以及實際操作所得到的結論，發揚此一主張。當初葡萄酒界首度出現均衡觀念的時候，這個主張顯得相當新穎，不過，由於這項主張的內容非常直觀而且容易理解，人們很快地就把它視為一條不證自明的金科玉律。到了 1949 年，這項簡明易懂的新理念與既有的葡萄酒結構概念分庭抗禮，接著，甚至成為評判葡萄酒品質的新標準。往後數十年至今，關於葡萄酒均衡架構的信念盛行不墜，孕育出葡萄酒鑑賞的新法則，並促使全球釀酒工藝技術產生重大興革，這個結果令人感到快慰。在發生這場葡萄酒釀造工法革命之後，我們便向舊時代揮別，投向新時代的懷抱：葡萄酒裡不再出現那種為了延長葡萄酒的壽命，因而含量高得驚人的固有酸。在新的思維之下，葡萄酒嘗起來不應該堅硬咬口，而應該表現出柔軟豐厚的口感，這便標誌著葡萄酒低總酸量的時代已經來臨。這或許是酒神（Bacchus）與諾亞（Noé）時代以降，發生在葡萄酒上唯一堪稱劇變的事件。低總酸量是當今全球葡萄酒的共同特徵，不論釀酒人有心或是無意，不論酒的品質良莠，都無法自外於這個潮流。

我們剛才提到酒精帶有甜味，這雖然是千真萬確的事實，但是還真得花一番功夫，才能讓人信服。不論如何，總是有人對這個說法抱持保留的態度。酒精所造成的甜，可以用法語單詞「Doux」或是「Douceur」來描述，這是一種「軟甜」的感覺，與冰糖的甜味不盡相同。相較於蔗糖的甜味，酒精的甜味比較不純粹，不是我們普遍認識的那種甜味。當清水裡含有微量的乙醇時，水喝起來會帶有足以辨認得出來的微弱甜韻，而當我們調製出與葡萄酒酒精濃度相當的乙醇溶液時，該溶液則會出現明顯的甜味。讓我們說得更清楚些，在酒精含量為 4° 的乙醇水溶液中，每公升含有 32 公克的酒精，在此濃度之下，我們還不見得嘗得出酒精的特殊味道，但卻已經能夠明顯感覺到甜味。我們可以用法語的「Douceâtre」以及「Doucereux」兩個形容詞，

來描述這種微甜、但卻又予人某種似有若無、平淡乏味的感受。當溶液裡的乙醇濃度提高時，酒精會在口腔黏膜上造成些許灼熱感，使原本的甜味不再只是單純的甜味，而出現程度不一的改變。我們可以做個簡單的實驗：準備三種溶液樣本，皆用一公升的清水配上 20 公克的蔗糖調製作為基底，然後，一號溶液不添加任何酒精，二號溶液為酒精濃度 4°C 的溶液，三號則含有 80 公克的酒精，為濃度 10°C 的溶液。在經過品嘗並比較三者的味道之後，不難發現，在含有酒精的溶液中，糖的味道明顯地獲得提升，在二號溶液裡，蔗糖在適的酒精陪襯下，出現甜味感倍增的現象。附帶一提，在三號溶液裡，即使有 20 公克的蔗糖，仍無法掩蓋 10°C 酒精帶來的溫熱感。凡是操作這組實驗，親身見證過的人，都會知道酒精成分強化甜味的功能不容小覷。葡萄酒入口之後的第一風味印象，通常都帶有甜潤感，這項風味特徵便應歸因於酒精成分。

　　甜味與苦味會互相遮掩，甜味與酸味之間也會發生類似的情形，這是味道之間的互涉、競爭與補償現象。甜與苦、甜與酸之間會互相減弱、壓抑，但是這並不意謂它們會彼此抵消歸零，換句話說，當我們混合兩種會削弱彼此風味強度的物質時，並不會因此調配出沒有味道的溶液。這兩種味道雖然都會受到對方的影響而減弱，但是它們在溶液裡是同時存在的：如果在糖水裡添加酸味，那麼，糖水嘗起來就不會那麼甜，而在帶有酸味的溶液裡加糖，也會減弱它的酸味。但是，在這混合液裡，我們仍然能夠分辨出酸味與甜味，在品嘗的時候，只要把注意力輪番集中在這兩種味道上，就會發現它們共存卻不會彼此混淆。這個現象並不難理解，我們不打算贅言敘述。許多法國人習慣在草莓、水果沙拉拼盤，以及鮮榨檸檬汁裡面加糖，讓酸味顯得溫和些。至於酸味與甜味達到均衡時的比例關係，大致上是可以估算出來的。譬如，在一公升的溶液裡若含有 0.8 公克的酒石酸，那麼，約莫 20 公克蔗糖所帶來的甜味，便足以均衡前者所造成的酸味。這個份量比例是酒石酸的酸味與蔗糖甜味的均衡點：倘若多一分酸，則酸味主導；如果多一分糖，則甜味主導。另一個例子是，市面上用果汁調成的罐裝飲料，有時會添加檸檬酸，讓酸味發揮均衡甜味的功能。

　　均衡結構裡各項物質成分的比例關係不止一種。以酸味與甜味的均衡點為例，它的位置取決於個人對這兩種味道的敏感度。對於均衡感的評判與偏好，或者說「對於均衡感的認定」[3]，除了會受到感官敏銳度的影響之外，還牽涉後天習得的品味與生活習慣。萊格里斯（Max Léglise）曾經作出以下的評述：

　　日耳曼語系國家以及北歐地區人們所偏好的酸甜均衡，傾向於甜味主導，如果甜味沒有明顯地凌駕酸味之上，就會被認為不夠均衡（這裡應該把美國人也列進去，他們也相當嗜甜）。此外，女性與都會地區的消費者，也有同樣的口味喜好。至於法國鄉下地方的人們，則比較耐酸，符合他們標準的酸甜均衡，酸味往往略勝一籌。

　　回到葡萄酒上，法國生產的干型（不甜）香檳，其實普遍都含有糖分，其濃度約達每公升 15 公克。這些糖分的作用在於柔化「北方型態葡萄酒」裡豐厚強勁的酸味。至於位處南歐的西班牙所生產的優質氣泡酒（Cava），則由於酸度較低，因此，在釀造時也會相對地添加較少的糖分，或者保留較少的糖分在酒液裡。

　　如果要用糖分來均衡苦味的話，每公升的蔗糖含量需高達 20 ～ 40 公克，其甜味才足以消除僅僅 10 毫克的硫酸奎寧所造成不甚宜人的

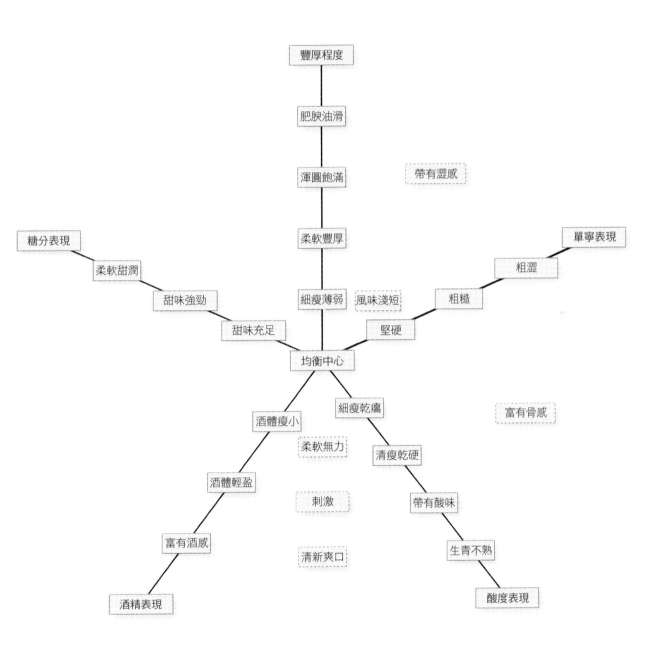

〈 葡萄酒「均衡－主導」關係的描述語彙示例 〉

苦味。所以，人們在喝茶或咖啡的時候，才會有加糖的習慣，以緩和飲料中咖啡因與單寧的苦味。

我們可以再舉另一個足以說明甜苦均衡關係的例子：有些苦艾酒（Vermouth）的含糖量極高，其功能也在於緩和製酒原料蒿屬植物金雞納樹的奎寧苦韻以及酒中其他各種苦味物質。糖的存在並不會讓苦味消失，而是使苦味的整體表現能夠獲得修飾，不再顯得那麼令人排斥。此外，苦韻也可以增添甜品的風味，讓甜味表現富有層次感。

糖分對單寧的澀感同樣也會發揮緩和的作用，葡萄酒裡的糖分能夠延遲苦味與澀感出現的時間，當糖分濃度提高時，延緩的效果更為顯著。這個現象被稱為「糖效應」或者「糖作用」。不妨做個簡單的實驗：單寧濃度為每公升 1 公克的溶液，一入口時便會立刻出現明顯的澀感；在相同濃度的單寧溶液裡添加 20 公克的蔗糖，待之完全溶解之後品嘗，則會發現澀感延後兩至三秒才出現，不過，尾韻的澀感並沒有減弱的跡象；如果再追加蔗糖的份量至每公升 40 公克，則可以發現溶液在入口之後，單寧澀感被遮掩長達五至六秒之久，而且澀感的表現明顯削弱許多。反觀酒精，非但不會校正單寧的澀感，甚至會突顯尾韻的粗糙感。許多現代風格的紅葡萄酒，不僅單寧豐厚，酒感也頗強勁，如今在酒裡都會保留數公克的殘存糖。雖然這些糖分帶來的甜味很隱微，無法直接辨認出來，但是，它們卻能為葡萄酒帶來些許柔軟甜潤，均衡單寧與酒精造成的強勁、粗糙口感。

少量的糖會減弱鹽巴的鹹味；相反的，少許的鹽卻會增強甜味，這個道理不僅為人熟知，而且被廣泛應用在糕點烘焙上。我們不應忽視鹹味在葡萄酒裡發揮的作用，葡萄酒裡含量最多的鹹味物質是酒石酸氫鉀，隨著葡萄酒裡的酒石酸含量以及酒液酸鹼值的不同，它在葡萄酒裡的濃度約達每公升 3 ～ 5 公克。酒石酸氫鉀在初嘗之下似乎只有酸味，而不帶鹹味。然而，在與「非鹽化的酒石酸」調配而成的溶液相較之下，不難發現後者的味道相當刺激、堅硬，而酒石酸氫鉀溶液卻稍帶鹹味，因而顯得較有風味，而且頗為清新爽口。

品嘗甜、鹹、酸、苦四種基本味道的溶液時，我們幾乎會毫不遲疑地指出甜味是四種味道中最討人喜歡的。其實，打從呱呱墜地以來，我們就只喜歡嘗起來柔軟甜潤、香甜宜人、味甜如蜜的東西，雖然大多數人都沒有這樣的自覺，但是，我們確實是發自內心地喜歡甜味。在法語裡，人們這種習而不察的嗜甜天性被戲稱為「甜癮」，或者說「酗糖」、「嗑糖」。相對說來，人們並不會無條件地喜愛鹹味、酸味或苦味；只有當這三種味道表現節制有度，甚至相當微弱的時候，或者是被甜味緩和、均衡之後，才比較容易讓人接受或產生好感。不過，鹹、酸、苦都是構成味道份量感不可或缺的元素，人們雖然有嗜甜的天性，但是，如果鹹、酸、苦味能夠有適度的甜味予以調和，彼此融為一體的話，將更討人喜歡。反觀純粹的白糖溶液，相較於匯集了多種不同味道的糖水而言，純糖溶液嘗起來便顯得平淡乏味。簡而言之，人們欣賞具有一定複雜度的風味表現，如果酸味太強或者苦味太甚，都不見得會讓人退避三舍，因為只要有適度的甜味作為保護傘，我們就可以盡情享受，徜徉在均衡和諧的整體風味裡。至於鹹味與甜味的關係則有所不同，鹹味會突顯糖分可能造成的那種甜膩平板口感。

另一個重要的概念是「味道刺激的累加作用」，這個現象會發生在那些較容易令人感到不

悅的味道上。茲舉數例：苦味與澀感會加強酸味的感知，使酸味表現顯得過於強勁；酸味雖然能夠遮蓋苦味，但是，苦味卻會在餘韻裡變本加厲地突顯出來；酸味的存在必然會提高澀感的強度，屢試不爽；至於鹹味，則會加強酸味與苦味，使口感粗糙的情況雪上加霜。此處所述的味道刺激累加作用，也會發生在重複品嚐的過程中，當我們在實驗室裡調配出酸味溶液、苦味溶液以及酸苦混合溶液，並重複品嚐數次之後，會發現風味潛伏期縮短了，而且這些味道的強度也提高了。

以上這些味道均衡的概念，是解釋葡萄酒風味的基礎，更準確地說，是定義「葡萄酒味道骨幹」或「酒質結構」的依據。這套概念也可以用來解釋所有飲品與食品的味道均衡架構。我們可以用以下的簡式扼要地把甜、酸、苦味之間的互動與均衡關係表示出來：（「⇌」代表均衡的意思）

甜味 ⇌ 酸味

甜味 ⇌ 苦味

甜味 ⇌ 酸味＋苦味

上列三個簡式是理解所有葡萄酒味道均衡結構的關鍵。我們在式子裡省略了鹹味的影響，因為葡萄酒裡的鹽分含量極少，而且相較於其他有味道的物質成分而言，鹽類含量是相對穩定的。根據葡萄酒古法釀造程序，在操作蛋白澄清時，允許使用食鹽，以俾增進澄清效果，此舉會導致酒中的含鹽量提高。不過，容許鹽分的存在並不意謂鹽分能夠為葡萄酒的風味帶來正面影響。我們透過實驗發現，當葡萄酒裡的含鹽量提高到達足以嘗出鹹味的程度時，葡萄酒的風味總是顯得非常堅硬、粗糙。

白葡萄酒的風味均衡

由於白葡萄酒裡的單寧含量極微，甚至完全沒有單寧，因此，相較於紅葡萄酒來說，白葡萄酒的風味均衡模型較為簡單。白葡萄酒的酒質結構僅取決於兩種味道向度的物質，一類是會帶來甜味的成分，另一類則是具有酸味的成分。前述的簡式「甜味 ⇌ 酸味」便是白葡萄酒味道結構的基礎模式。在干型（不甜）白葡萄酒裡，與酸味抗衡的甜味完全仰仗酒精，而在有甜味的白葡萄酒中，酒精與酒液裡的殘存糖同為甜味元素，具有平衡酸味的功能。我們在前文已經述及，雖然許多人依舊相信葡萄酒裡的甘油能夠帶甘甜的口感，但是，擺在眼前的事實是，甘油成分對於葡萄酒甜味的影響無足輕重。正是由於白葡萄酒的風味結構如此簡單明瞭，因此，對於初學者來說，白葡萄酒的品評比較容易

葡萄酒含糖量多寡與稱呼方式

根據歐盟有關當局的建議，並參酌既有的習慣用法，我們可以將不同含糖量的葡萄酒劃分為以下幾種類別：

含糖量 S （單位：公克／公升）	該類型葡萄酒的 稱呼方式
S < 4	sec 干型
4 < S <12	demi-sec 半干型
12 < S <45	demi-doux 半甜型
45 < S <100	Doux 甜型
100 < S	extra-doux 特甜型

在索甸（Sauternes）、蒙巴季亞克（Monbazillac）等甜白酒的原產地，人們普遍使用「moelleux」（甜型）以及「liquoreux」（超甜型）來描述不同類型的甜白酒，縱使它們不是相關法規所規範的標準用語。至於上表出現「doux」一字，雖然也是「甜型葡萄酒」的意思，但是在甜白酒產區當地卻是帶有貶義的說法。

上手，而紅葡萄酒卻宛如迷宮一般，往往讓不諳此道的人深陷在錯綜複雜的風味羅網裡。有鑑於此，一般會建議學習品評的新手先從白葡萄酒開始，由簡而繁、循序漸進，方能收事半功倍之效。

白葡萄酒在入口之後，往往能夠讓人立即辨認出，它所呈現的結構形式比紅葡萄酒的架構簡單，尤以干型（不甜）白葡萄酒為然：白葡萄酒的風味元素中，少了苦味與澀感兩個風味向度。此外，白葡萄酒酒質結構與氣味結構之間的聯繫較為單純，相當容易掌握，不若紅葡萄酒那樣，尾韻的香氣表現經常被持續的單寧澀感包覆，因而顯得隱晦不彰。

那些在釀造過程中經歷短暫浸皮萃取的粉紅酒，其味道架構較接近白葡萄酒，而與紅葡萄酒的酒質結構差異較大。粉紅酒與白酒在風味方面的表現，都不若紅葡萄酒那樣複雜。

我們有必要區辨不同甜度的白葡萄酒。首先是不甜的「干型」白葡萄酒，酒液裡沒有糖分殘留，或者更準確地說，每公升最多僅含 1 ～ 4 公克的糖而已。其次是發酵不完的白葡萄酒，由於酵母作用被迫中止，酒液裡來自葡萄果實的糖分尚未完全轉化為酒精，因而留在葡萄酒裡，而且份量頗為可觀。另外，比較罕見的情況是，葡萄汁在發酵時添加了未經發酵而飽含糖分的果汁，使最終釀成的葡萄酒獲得額外的糖分，並且嘗得出明顯的甜味。上述這些帶有甜味的白葡萄酒，在銷售時會冠以「微甜」、「甜」或是「超甜」的字樣。至於「天然甜葡萄酒」、「葡萄酒利口酒」以及「葡萄汁加烈酒」的情況則有所不同，這些類型的甜酒在釀造時是藉由另外添加蒸餾而得的烈酒中止發酵的。

干型白葡萄酒

在干白酒中，由於甜味的表現皆來自於酒精成分，因此，它的酒質結構均衡模式可以寫成「酒精度⇌酸度」。不過，不同於蔗糖與酒石酸之間達到均衡時的濃度比例關係，酒精與酸度達到均衡時，酒精度數與酸度總值之間的關係無法以數字精確地呈現，因為兩者的均衡消長不呈線性比例。再則，影響酒精與酸度均衡的其他因素繁多，加上每個人對均衡感的認知與不同品味造成的差異，皆使得酒精與酸度均衡關係的量化描述顯得困難重重。

酒精並不總是能夠發揮均衡酸度的功能。酒精可能帶來的風味相當複雜多元，它既能夠賦予葡萄酒勁道，又可以構成與濃烈口感針鋒相對的軟甜感；當酒精濃度偏高時，則會出現刺激效應，產生灼熱的口感，與酒精本身的甜味效應發生牴觸。簡言之，此時酒精的刺激口感會凌駕它本身的軟甜口感之上。此外，在葡萄酒中的酸性物質含量與酒精濃度旗鼓相當，「度數等值」的情況下，酸味表現會隨著與鹼性物質的比值，也就是酒液的酸鹼值而有程度不一的改變。最後，酸性物質本身的特性也會影響酸味的表現。一款干白酒的酸味是否容易讓人接受，關鍵在於構成酸味的成分是何種物質，譬如蘋果酸或酒石酸會帶來不同的酸味感。經歷乳酸發酵處理程序的白葡萄酒，由於酒液裡所含的蘋果酸被轉化為乳酸，因此，相較於酸度含量相同，但仍保有蘋果酸成分的酒款而言，前者的酸味表現會顯得較為溫和 [4]。

五十年來，波爾多白葡萄酒的釀造正是由於循著這條線索，不斷追尋探究不同形式的酸度均衡，因而經歷數次轉折。五〇年代，榭密雍（Sémillon）品種白葡萄酒每公升的總酸量僅達 3.5 公克，低酸的結構使得葡萄酒嘗起來柔軟無力、缺乏勁道，失去應有的清新爽口的風味表現。而且，在總酸量偏低的情況下，縱使葡萄酒裡並不含糖，也經常被描述為「偏甜」，或者「帶

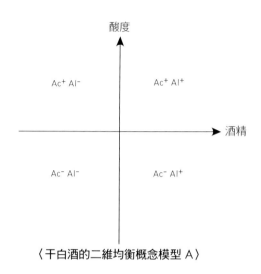

〈干白酒的二維均衡概念模型 A〉

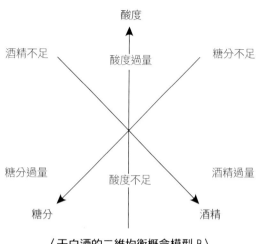

〈干白酒的二維均衡概念模型 B〉

有甜味」。後來，由於種植與釀造在許多方面的作法有所調整，包括「採用白蘇維濃葡萄品種混釀」、「葡萄園施肥成效提升」、「提早採收」、「加硫處理應用得當」、「葡萄汁進入發酵之前的沉澱去渣處理程序」等，榭密雍品種白葡萄酒的總酸含量在七〇年代初期，普遍提高到每公升 5 ～ 5.5 公克。一直到近十年來，以榭密雍與白蘇維濃葡萄品種混釀而成的波爾多白酒，又回復到五〇年代的低酸型態，每公升酒液裡的總酸含量，不會超過 3.5 ～ 4 公克，有時甚至更少。這個趨勢使葡萄酒的架構顯得柔軟而且嘗起來不甜，不會像五〇年代的波爾多白酒那樣偏甜、不夠爽口。促成這項演變的因素有二，一方面是由於消費者口味偏好造成市場變化，另一方面則是由於技術層面的演進，包括有效提升並掌握葡萄果實成熟度，改良短暫浸皮萃取技術，這些做法恰能跟上變化腳步，滿足消費需求。這些能夠幫助均衡白葡萄酒酒質結構，而且效果令人驚歎不已的新技術，不是波爾多的專利，而是整個葡萄酒世界共享的資源。這些新研發的白葡萄酒釀造技術與工法，是為了調校酒質結構而生，認真追究起來，其實葡萄酒釀造業的這些變化，是對全球白葡萄酒消費者品味差異的一

種回應。要知道，人們對白葡萄酒風味結構均衡的認知與偏好，原本就比紅葡萄酒品味差異的程度更為懸殊。此外，生產者與消費者的步調不總是一致的，因此，白葡萄酒的均衡標準，往往變動不居，永無定止之日。

　　根據布根地白葡萄酒專家萊格里斯給我們的啟發，我們可以利用上圖左〈干白酒的二維均衡概念模型 A〉來呈現白葡萄酒均衡結構的不同型態。圖中的兩條軸線代表兩個維度，縱軸為「酸度」，橫軸為「酒精」，兩軸垂直相交，將平面劃分為四個象限，代表干白酒的四種均衡類型，四種均衡形式各有不同的風味特徵。

第一象限（Al⁺ Ac⁺）：這類干白酒的特徵包括「帶有溫熱感」、「富有酒感」、「酸度刺激」，以及「堅硬」；

第二象限（Al⁻ Ac⁺）：「輕盈」、「空虛瘦弱」、「細瘦乾癟」、「帶有刺激的酸味」，以及「生青不熟」；

第三象限（Al⁻ Ac⁻）：「酒體瘦小」、「平板」、「由於缺酸而顯得細瘦薄弱」，或者「微甜卻平淡乏味」；

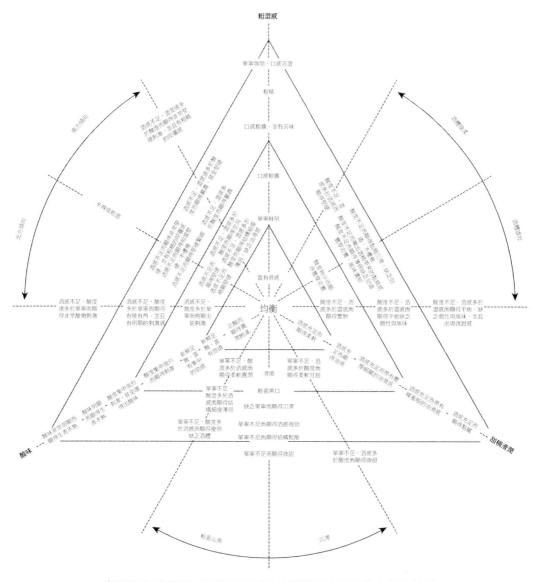

〈維德爾三角模型：紅葡萄酒均衡結構描述語彙的圖像化定義方法〉

第四象限（Al⁺Ac⁻）：「富有酒感」，從「柔軟豐厚」到「甜潤」、「黏稠油滑」，乃至「沉滯厚重」都有可能。

　　藉由均衡中心的概念，我們將這四個象限的均衡特徵放在十字平面當中理解，並製成〈干白酒的二維均衡概念模型A〉

甜型白葡萄酒

　　甜型白葡萄酒、超甜型白葡萄酒、帶有甜味的粉紅酒，以及天然甜葡萄酒，它們在甜味與酸

〈干白酒風味均衡的描述詞彙〉

味之間的均衡問題更為複雜。

就甜白酒而言，「甜味⟺酸味」這道簡式可以改寫為：「酒精度＋糖分⟺酸度」，其中牽涉三項結構元素，呈現出甜白酒的三維均衡關係。除了甜味與酸味之間必須達到均衡之外，式子左方的酒精與糖分之間，也是互相抗衡的，我們可以用另一個簡式將之表示為「酒精度⟺糖分」。當一款葡萄酒的糖分愈豐厚，那麼，酒中就必須含有愈多的酒精，方能均衡糖分，使葡萄酒的風味表現獲致和諧。糖分所造成的平板甜味，需仰賴酒精所帶來的溫熱感和酒感予以均衡。酒體瘦小、品質平庸的甜白酒可能會顯得太甜膩，這個結構失衡的現象，極有可能是由於酒精度數不夠所導致。在甜味缺乏抗衡因子的情況下，甜味便會凌駕一切。現在讓我們回過頭來探討白酒裡的甜酸均衡問題。首先，干白酒不含單寧，所以，相較於含有單寧的紅葡萄酒而言，白葡萄酒能夠在酸度含量較高的情況下，維繫均衡感。其次，在某些被稱為「微甜白葡萄酒」的酒款裡，由於每公升約含有 3 ～ 5 公克的微量糖分，因此，它們的遮酸能力較干型白酒更勝一籌。某些完全不含糖分的干白酒帶有頗為強勁的酸味，相同的酸度在微甜的白酒中，則不顯得酸。最後，超甜型白葡萄酒的遮酸能力更強，能夠在總酸量頗高的情況下，讓葡萄酒的風味表現完全不顯得失衡，以索甸產區的貴腐型甜白酒為例，酒液裡的總酸含量動輒高達每公升 4.5 ～ 5 公克。對於這種超甜型的白葡萄酒而言，酸度不足或者甜味表現過於強勁，都會使葡萄酒嘗起來「癱軟無力」、「膩如糖漿」，而且「缺乏清新爽口的勁道」。

一款甜型的白葡萄酒，嘗起來應該要予人一種像是咬破葡萄果粒，甜滋滋的汁液頓時迸發四濺的感覺。甜稠滑潤的風味能夠緩和刺激的酸味，將之轉化成新鮮沁爽的口感，彷彿把尖銳、有稜有角的酸味磨得豐澤圓亮，又恰似為刻劃銳利的線條打上了一層柔焦。微酸爽口的味道也能校正甜味所造成的沉滯與甜膩黏稠感。當甜白酒中的酸味與甜味之間達到和諧時，酒香表現也會得到襯托，一如我們在本章開門見山就強調過的，葡萄酒的風味均衡涉及味覺與嗅覺兩個層面。酒質的和諧感只涵蓋味道與口腔觸感方面的協調性，不足以代表整體的均衡協調，它還需要配合葡萄酒在氣味方面的和諧感，才能達到全方面的、完整的風味協調表現。馥郁濃烈、果香撲鼻的非窖藏香氣，或者繁複細膩、耐人尋味的窖藏香氣，都具有遮瑕的作用，能夠掩藏酒質結構上的味道缺陷；香氣貧乏的酒款則無這般效果，其味道方面的瑕疵，會由於香氣不足而明顯暴露出來。

有些珍稀罕見的偉大白酒酒款，縱使酸度的表現偶爾會非常兩極化——要不就是酸度強勁豐沛，要不就是缺酸到乏勁無力的程度——然而，由於它們的香氣源源不絕，因此能夠使整體的風味表現顯得相當和諧。濃郁飽滿的香氣確實能夠彌補味道結構方面的不足之處。某些芳香系釀酒葡萄品種的酒款，雖然單從酒質結構方面來說，還不足以稱得上是均衡的葡萄酒，然而，一旦將它們的香氣表現納入考量，這些芳香型的酒款卻能夠展現出渾然天成、獨樹一幟的協調性。加拿大的冰酒也是一個很典型的範例：甜味稠膩、香氣濃鬱，有時還帶有強勁的酸味，但是，它的整體表現卻不失和諧，在傳統均衡標準之外另闢蹊徑，成功地開創出自己獨特的協調感。相反的，無論一款酒在味道結構方面是否健全、均衡，倘使它的香氣表現缺乏個性，或者散漫無香，那麼，別說這款酒要如何才能變得討喜宜人，就連要達到至少能夠讓人接受的程度都很不容易了，這是因為它的均衡結構已經明顯缺了一角。

紅葡萄酒的風味均衡

紅葡萄酒在釀造的過程中，由於歷經浸皮萃取的程序，酒液含有從果皮以及果籽表面溶解出來的物質，因此，或多或少都帶有苦澀的風味。相較於僅以果肉部分榨汁進行發酵而成的白葡萄酒而言，這是紅葡萄酒在酒質結構上的特殊之處。於是，與紅葡萄酒裡各種甜味[5]抗衡的酒質結構因子，便不僅止於酸味，而是酸、苦、澀三者的總和。我們可以用下列簡式來代表紅葡萄酒味道元素的互動與均衡關係：

甜味 ⇌ 酸味 ＋ 苦味

在課堂上，為了教學目的，我們會讓學生操作以下的實驗，以便清楚地呈現這些風味元素之間的均衡關係，並說明酒精在甜味表現上扮演舉足輕重的角色。這項操作是品評教學裡的重要習題之一。

我們取一款在表現方面堪稱均衡的紅葡萄酒，在實驗室裡進行分餾，酒液的份量不拘，但是要事先紀錄下來。加熱酒液的方法有數種，可以用圓底燒瓶盛裝葡萄酒，直接置於爐火上加熱；或者更理想的作法是使用蒸氣裝置，讓注滿蒸氣的玻璃管通過酒液，達到加熱的效果；另外，也可以運用真空管分餾法進行蒸餾的步驟。酒液加熱之後所釋放出的揮發性物質，在經過冷卻器的時候，遇冷凝結，我們在冷卻器裡收集到的液體中，含有水分、酒精以及揮發性的氣味物質；遺留在加熱器皿裡的殘餘酒液，則由於水分減少而濃縮，其中的酒精成分已經揮發殆盡，揮發性的氣味物質也已經脫離。根據早期化學家的用語來說，利用蒸餾程序收集到的冷凝液體，以及留在加熱器皿裡的殘餘液體，兩者統稱為「蒸餾液」，前者是「凝集液」，後者是「殘存液」。在蒸餾液完全冷卻之後，我們從分餾器中取出這兩種液體，以蒸餾水分別把殘存液與凝集液調配為葡萄酒尚未進行蒸餾之前的原始體積份量。於是，經過稀釋得到的凝集液宛如原始酒款的酒精與揮發性物質的抽出部，它的酒精成分來自於原始的基底酒液，而且揮發性氣味物質以及酒精的濃度皆與原始酒款相同；而經過稀釋的殘存液，則保有原始酒液中的非揮發性物質，包括固有酸與單寧等，這個經過兌水調配而成的蒸餾液可以視為酒精成分被抽離，但是其餘酒質固有結構元素成分以及濃度比例維持不變的基酒對照樣本。在品嘗這兩種蒸餾液調配而成的樣本時，我們會驚訝地發現它們之間簡直是天壤之別，風味表現呈現兩個極端，而且與口感均衡的原始酒款毫無相似之處。凝集液調配而成的樣本，嘗起來軟甜滑潤，甜膩之中混有酒精的溫熱感與酒感，或多或少顯得平板乏味；相反地，殘存液調配而成的樣本則擁有極為強勁的酸度，呈現出生青不熟的風味，而且口感堅硬異常，難以入口。在上述的實驗裡，我們僅需透過簡單的分餾操作，便可以把干型紅葡萄酒裡的酸、苦、澀風味物質與造成甜味的物質各自分離出來，清楚而具體地呈現均衡概念的意義。我們於焉得以明瞭一款結構均衡的紅葡萄酒之所以風味宜人，是由於它的酸度與苦韻能夠獲得酒精成分的均衡。而那些「無酒精葡萄酒」則由於酒精含量極低，嘗起來會有一種缺乏甜味感的堅硬口感。

我們也可以透過相同的實驗，分餾干型白葡萄酒。我們將看到，當白葡萄酒的酸度失去了酒精成分的均衡時，赤裸裸的酸度嘗起來將多麼刺激咬口。

在品嘗一款缺乏酒精、酒感不足以致酸度與苦韻成為主導元素的紅葡萄酒時，該酒款的風味容易讓人聯想到分餾剩下的殘存液風味，嘗起來堅硬、粗糙、苦澀。相反地，如果酸度與單寧的強度不夠，嘗起來則將有如凝集液那般

柔軟乏勁、沉滯厚重。分餾實驗裡的「凝集液」與「殘存液」，足以代表均衡概念簡式裡左右兩側的內容，一邊是甜味，一邊則是酸味與苦味的綜合。每當在品嘗葡萄酒時，便可以利用這一組對立的概念，檢驗該酒款是偏向「殘存液」的性格，顯得細瘦乾癟、酸澀刺激、粗獷苦澀，還是帶有「凝集液」的特徵，嘗起來富有酒感、柔滑順口，甚至稍嫌疲軟乏力；抑或是兩者取得均衡，呈現出協調的酒質結構。凡是想要深入理解葡萄酒味道元素之間協調關係，都應該試著操作上述的分餾實驗，它的結果不僅讓人覺得彷彿接受了一場震撼教育，眼界大開，而且總是讓人對均衡概念的真諦有一番思索與體認。我們甚至認為，所有打算在公共場域發表葡萄酒評論的人士，都必須把這項實驗列為必作的功課，因為，只要曾經體驗過葡萄酒在沒有酒精成分均衡的情況下，酸嗆緊澀的刺激風味表現有多麼驚人之後，那麼必定難以忘懷這種感覺。這項操作有助於建立準確而具體的均衡認知，日後在判斷均衡表現時，將更容易作到客觀。

在此可以提出一個有意思的觀點：在所有的飲品中，紅葡萄酒的酸度可謂名列前矛，單寧含量非常高，酒精的濃度也不遑多讓。從上述的分餾實驗，我們不難理解，紅葡萄酒若非含有相對於其他釀造酒而言，更為豐厚的酒精成分的話，很可能就沒有辦法構成均衡協調的口感，而無法成為堪喝，更甭說是宜人的飲品了。

法國布列塔尼一帶出產的蘋果酒，嘗起來普遍比葡萄酒來得輕盈沁爽，有些蘋果酒裡含有微量的糖分，能夠均衡某些蘋果品種的酸味，而酒中的二氧化碳則賦予清新的碳酸口感，是種頗為解渴的飲料。啤酒的酸度遠低於葡萄酒，酒精濃度也低得多；在啤酒裡，與酒精甜味抗衡的是碳酸的酸味以及啤酒花的苦韻，而由於酒精度較低，因此整體風味達到均衡時，並不會顯

得沉滯厚重。反觀葡萄酒的味道均衡架構，由於釀酒葡萄的糖分含量頗高，致使果汁在發酵之後的酒精濃度以及甜味感皆很可觀，因此，一款均衡的葡萄酒必須具備足夠的酸度，方能與甜味表現抗衡，創造出宜人的口感。所有的飲料都遵循這一套簡單的甜、酸、苦均衡原則，如果相較於蘋果酒、啤酒而言，葡萄酒稱不上是清淡爽口的解渴飲料，其根本原因也可以從此處的均衡概念看出端倪。

相較於白葡萄酒的酒質均衡結構，紅葡萄

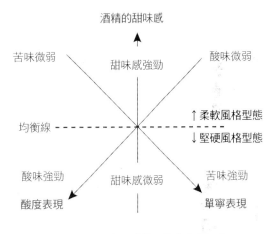

〈紅葡萄酒味道結構三維均衡圖示〉

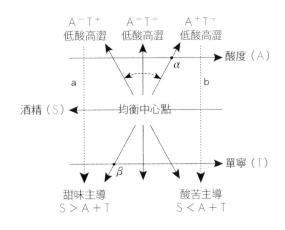

〈紅葡萄酒味道結構三元素浮動的多重均衡圖示〉

185

酒的三維結構比較不容易用平面圖像的形式表達。紅葡萄酒的均衡結構圖有許多不同的版本，反映了人們試圖克服此一瓶頸所付出的努力，以及他們對待此一課題的積極態度。葡萄酒學界重視此一課題的原因在於，一旦能夠設計出完善的結構圖，成功地以圖像呈現紅葡萄酒的均衡結構，而且每一款葡萄酒都能夠在平面圖上找到自己的定位，那麼，我們便可以運用學科知識、實作經驗以及邏輯思辨，為結構圖上的各個位置找到恰當的描述字眼，建立一套系統化的語彙，傳述葡萄酒在酒質結構層面上的風味特徵。在第一個結構圖裡，我們約略可以看出三個維度拉出了一個三角形，攔腰劃過的虛線代表均衡所在的位置。這條虛線上方的半個平面，所對應的葡萄酒屬於柔軟豐厚的類型，酒精的甜味感較為強勁；虛線下方則代表整體表現趨於堅硬的葡萄酒。這半個平面又可區分為左右兩個部分，左半部表示酸度過剩而造成酒質結構趨於堅硬，右半部則是由於單寧過剩而帶來

的苦澀、堅硬口感。當然，這個二分法並不排除一款質地堅硬的葡萄酒，有可能同時展現出酸度太強與澀感太甚的特性。至於第二個結構圖傳達的概念，則是酒質結構達到均衡的條件並非只有一種組合方式，而是有多種可能。在某個固定的酒精濃度之下，可以由相對的「高酸低澀」構成足以與酒精抗衡的因子，達到味道結構的均衡，也可以由「低酸高澀」（$A^{-}T^{+}$）獲致類似的均衡效果。除了「高酸低澀」以及「低酸高澀」兩種較為極端的情況之外，還有不少介於兩者之間的均衡型態。在結構圖上以給定的酒精度作為均衡中心，並以此作為軸心，以「高酸低澀」以及「低酸高澀」所夾的銳角為擺盪範圍，便可以得到多組酸澀比例差距較小的可能均衡比例，它們都足以構成葡萄酒酒質結構的均衡。

　　紅葡萄酒味道結構三項元素之間的浮動關係，以及均衡結構擁有多種可能的組合比例，這樣的闡釋觀點對於釀酒的實務層面具有一定程度的指導意義。以上的觀點清楚地指出，不同種類的葡萄酒就有不同的均衡形式。倘使要釀造一款以果味與清爽酸度主導，在釀製完成的一年之內就應開瓶品嚐的新酒，那麼，根據結構模型來推論，就應該採取「高酸低澀」的均衡模式。也就是說，在釀造時應該縮短浸皮萃取的時間，降低酒中單寧的含量，以期達到加強酸度表現的效果，如此便能塑造合乎其酒質特性的均衡架構。

　　相反地，耐久放的貯藏型葡萄酒，則適合「低酸高澀」的均衡型態。這類酒款在釀造的過程中，必須經歷長時間的桶中培養與熟成，裝瓶之後尚需在玻璃瓶中陳放一段相當長的歲月，因此，就技術層面而言，相當著重浸皮萃取，以便獲得豐厚強勁的單寧。某些葡萄品種以高品質的單寧著稱，這些品種酒裡的高單寧，幾乎與耐

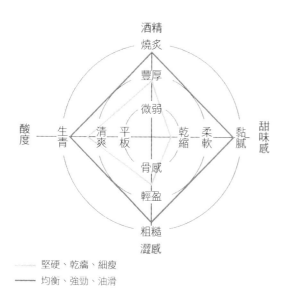

〈紅葡萄酒的均衡結構〉[7]

資料來源：Sentosphére

柔軟度指數與各種可能的均衡模式

想以量化手段描述葡萄酒酒質結構的均衡程度，首先必須設法以數字表示酒精、酸度與單寧這些結構因素[8]。酒精可以直接以單位體積濃度（% vol.）的數值表示，也就是酒精容積比度數；總酸度可以藉由酒液裡的硫酸含量（單位：公克／公升）表示；單寧則可以用多酚總量指數代表，其數值可以透過以下算式得出：每公升葡萄酒所含的單寧量（公克數）＝多酚總量指數／16。式子裡的定值 16 代表的是「馬氏單寧總量指數」（IPT en « tanins Masqueliers »），亦即酒液所含萃取自果實的單寧指數。

我們必須先作說明，以下提出的柔軟度指數計算公式，完全不是依據嚴謹的數學邏輯求得的，但是它卻能清楚呈現葡萄酒架構均衡因子之間的消長關係，是幫助掌握相關問題的有效工具。黎貝侯－蓋雍與培諾構想出的柔軟度指數計算公式如下：

柔軟度指數＝酒精容積比度數－（總酸量公克數＋單寧量公克數）

$$IS = TAV - (AT + Tn)$$

如果柔軟度指數超過 5 或 6 以上，該款酒便是屬於「柔軟風格型態」的葡萄酒；倘若得出的數值小於 4 的話，則是屬於「堅硬風格型態」。

【範例】

	酒精度數（TAV）（容積比）	總酸量（AT）（公克／公升）	單寧（Tn）（公克／公升）	柔軟度指數（IS）
A	11	2.8	2.2	6.0
B	12	3.2	2.8	6.0
C	13	3.6	3.4	6.0
D	14	4.0	4.0	6.0
E	12.5	3.6	2.8	6.1
F	12.5	3.2	3.2	6.1
G	12.5	2.8	3.8	6.0

範例中所列舉的七款酒，其柔軟度指數皆為 6，都屬於柔軟風格型態的葡萄酒。

※ 就 A、B、C、D 四個酒款來說，A 與 D 雖然都堪稱均衡，但是 A 是一款瘦小、平板、無力的葡萄酒，D 卻壯碩、粗糙、黏稠。至於 B 與 C 兩款酒，其比例架構或許比較接近古典均衡。

※ 而從 E、F、G 則可以看出，一款柔軟的葡萄酒既

可以是「高酸低澀」的組成型態，也可以是「低酸高澀」的比例組成。

從以上的分析結果可以看出，均衡的葡萄酒並不是只有一種固定的成分比例或者架構組織，均衡的表現可以有數種不同的可能性。均衡模式的多樣性帶給釀酒人最重要的啟示之一或許就是：他大可以讓葡萄酒裡的甜味、酸味、澀感其中一項成為風味架構的主導因子，也可以讓三者的表現都不特別強勁，不論這些結構成分之間如何配比，都不妨礙葡萄酒結構達到某種特定的均衡狀態。

由上看來，葡萄酒的均衡架構似乎唾手可得，然而我們必須提醒大家，單寧、酸度與酒精等三項結構因子所構成的協調性、和諧感，並不僅取決於它們的份量，還必須考慮其他諸多因素，包括非量化的因素，譬如單寧的品質，以及其他量化因素，像是碳酸、揮發酸、乙酸乙酯、二氧化硫與硫酸鹽的濃度。此外，葡萄酒香氣的總體表現，也會影響品酒者對該酒款均衡性的判斷與評價。也就是說，酒質結構的均衡除了有賴甜、酸、苦三種味道的互補與折衝之外，均衡成立的條件還包括香氣表現與口感味道之間的協調一致性，如此才能呈現出完整無缺的均衡架構。我們在前文也提過這個「味覺與嗅覺均衡法則」。若是一款葡萄酒的澀感顯著，卻沒有豐厚濃郁的香氣陪襯，那麼該酒款嚐起來便會如同單寧萃取液一般，完全稱不上是風味均衡的葡萄酒——這是個相當典型的葡萄酒缺陷，因為妄想用「小」葡萄釀出「大」酒[9]，總是不乏其人。

以上關於柔軟度指數的思索，足以幫助釀造出擁有最佳均衡度表現的葡萄酒。甜、酸、澀其中一項酒質結構因子，在一款均衡協調的葡萄酒當中，可以是主導元素，不過，倘若這三項風味因子在一款葡萄酒中都不具有主導地位的話，也不至於妨礙酒款均衡和諧的表現。釀酒者應該根據一款葡萄酒的類型特徵，決定它應有的均衡模式，才能充分顯現酒質的細緻度與新鮮豐沛的果味。尚・黎貝侯 · 蓋雍教授有時會用「嚐得出果實所造就兼具強勁與細膩的葡萄酒質地」來形容果味豐盈飽滿，會讓人聯想到葡萄果實的酒款。我們想不出比這個更傳神的表達法，來形容一款均衡的好酒應有的風味特性；不論什麼類型的紅葡萄酒，要獲致整體的和諧感，就不能讓強勁的單寧扼殺葡萄果實的原始香氣與果味[10]。

久貯劃上等號；不過，豐厚的單寧需要含蓄的酸度搭配，否則，酒質結構就不容易取得均衡。我們在此可以簡短地總結前述基本法則的幾項重要內容：

一款紅葡萄酒中的單寧愈少，能容納的酸度就愈多，而且酸度也是替低單寧酒款帶來清爽口感的重要因子。紅酒裡豐厚的單寧成分是陳年發展與久貯不壞的必要條件，但是，單寧含量愈高，酸度就應愈低。當紅葡萄酒裡的單寧與酸度雙雙飆高，嘗起來就會異常堅硬，而且澀口難耐。

我們曾經試過許多不同的方法，希望更清楚地瞭解造成葡萄酒風味柔軟豐厚以及口感黏稠油滑的各種因素之間的關係，並且希望能夠更進一步以量化的方式呈現出來。我們最後提出「柔軟度指數」的概念，便是這項努力的成果。

根據柔軟度指數計算公式，可以看出當一款葡萄酒的架構屬於柔軟型態時，其酒精、酸度與單寧之間的關係，跟前文述及的均衡條件相符。我們不厭其煩地一再強調這套概念，因為它確實是非常重要的基礎。如果一位專業人士選擇對這些重要的均衡法則視若無睹的話，很難在品評方面有所長進與斬獲。

當一款葡萄酒的酒精度偏高時，可以容納較多的酸，而不至於失衡；酸、苦、澀這三種風味元素相遇時，會產生互相加強、累加的效果；以葡萄酒而論，最堅硬的口感表現是來自於高酸高澀的結構組成，當一款酒擁有非常豐厚的單寧時，若能同時有低酸度與高酒精濃度的配合，那麼，將可發揮緩和單寧澀感的作用，該酒款的風味表現可望顯得較為宜人。

我們從以上的均衡概念還可以隱約看出，酒精度偏高似乎有助於達到均衡。的確，酒精含量可以視為葡萄酒品質的一項指標，但是，其原因不在於酒精本身的風味是個優點，而是由於較充裕的酒精成分能夠讓葡萄酒更容易獲致均衡架構。況且，高酒精度的干型紅葡萄酒也意謂著釀酒葡萄果實擁有較好的成熟度，風味也應該更飽滿紮實，這也有助於葡萄酒整體風味的均衡。葡萄酒在釀造傳統上有一道「添糖」的程序，這個調校、改善酒質結構的作法由來已久，其目的在於加強酒感表現，使葡萄酒展現出柔軟豐盈的體態。我們在此可以一提貯藏型葡萄酒的「添糖釀造手法」：以單寧強勁的葡萄品種釀製耐久貯的酒款時，配合添糖的操作程序來提高酒精含量，可以達到調整、修正酒質均衡架構的效果。然而，成熟度不足而酸度偏高的葡萄果實，卻不應該藉由加糖的作法，作為提升酒質表現的手段。很可惜也很令人擔憂的是，這個觀念還不夠普及，仍有某些人抱持偏差的觀念，以為採收進來的葡萄果實不夠成熟時，只需要補足糖分便可了事，他們忽略了這些熟度不足的葡萄在風味方面也有缺陷的事實。如今，還有一些葡萄酒的情況卻是走上另一個極端：酒感表現極度強勁，酒體非常飽和紮實，藉以抗衡同樣非常強勁強的澀感。這類酒精度偏高，單寧含量也明顯較多的酒款，雖然符合酒質結構修正的原則，也能夠達到一定程度的「甜澀互補」效果，然而，這樣的作法未免太過偏激。

氣味的均衡

一款偉大的葡萄酒在年輕時的香氣表現，乃至經過陳年之後的窖藏香氣，都會展現一定的複雜度，我們不見得能夠利用文字描述它繁複的氣味表現。不過，一位訓練有素的品評員，卻可以透過專注地嗅聞，從葡萄酒杯裡嗅出各種不同的花香、果香，並辨認出脂腴、酸、酒醚與辛香等各種風味特點。葡萄酒的窖藏香氣裡通常會有一種主導氣味，就像是香水總會有主

要香調。當數種協調的氣味混合在一起的時候，聞起來的感官印象會有所不同，然而，我們對各種氣味之間的關係與互動法則，所知甚為有限。

在做混香調配的實驗時，我們發現少數氣味在與其他氣味混合之後，仍能表現出自己的氣味特徵，彷彿它們是整個氣味混合體中的主導氣味一般；然而，絕大多數的氣味在經過混調之後，卻會消失在混合出來的氣味裡，我們很難分辨出這團氣味有哪些組成因子。由於氣味之間往往會互相遮掩，而且有些氣味經過調配之後，在混合體中的分子濃度低於感知門檻，所以才會聞不出來。氣味是一個複雜的整體，它很難用分析的方式來理解，因為我們目前僅認識其中一部分氣味因子，但是，氣味表現卻是所有氣味因子共同塑造出來的氣味刺激與感官特徵。我們必須悉數掌握，否則便談不上是分析。其實，當數種氣味調和為一個和諧的氣味整體時，它予人的觀感是仿若構成了一種新的氣味，在嗅聞時，很難再次分辨出它是由哪些氣味混合而成的。雖然有些從事氣味分析的專業人士，譬如香水調配師，能夠在混香中分辨數種基底香氣，但是，他們也都心照不宣，要在一種混合香氣中，正確地分辨三至五種以上的組成因子，幾乎可以說是不可能的任務。

雖然各種氣味之間的關係頗為複雜，它們在混合之後的特性也不易捉摸，但是，我們在經過實驗之後，可以歸結出以下幾項規則。第一點是「氣味累加」原則：在混合氣味溶液的過程中，每種溶液的氣味強度會逐次累積，也就是說，調製後的混合液，聞起來會比尚未經過調配的各個溶液的氣味更為強勁。最好的範例或許是調配數種濃度低於感知門檻的氣味物質溶液，它們在尚未混合之前，每一個樣本都是聞不出氣味的無臭溶液，不過，一旦把它們倒在一起，這個混合多種氣味物質的溶液便會散發出明顯的氣味。這便是氣味強度累加原則。另一項原則是「氣味協同」現象，我們發現，氣味之間會有互相襯托的作用。譬如，屬於芳香型釀酒葡萄品種的蜜思嘉葡萄（Muscat），其中所含的萜烯族化合物就是一個很好的例子。我們首先調製帶甜帶酸的溶液，模擬未發酵葡萄汁的環境條件，以此溶液為溶劑，將芳樟醇溶於其中，當它的濃度超過每公升 50 ～ 100 微克時，便會出現花香；接著，我們重複相同的操作，發現香葉醇需超過 130 微克才聞得出它的氣味；而橙花醇與松油醇則各需 400 微克：至於芳樟醇的氧化物則高達 1 ～ 5 毫克，也就是 1,000 ～ 5,000 微克。最後將這五種溶液全部混在一起時，我們發現混合液的氣味感知門檻比五種氣味物質溶液分開計算的感知門檻平均值還低，依據不同的芳樟醇調配比例，大約每公升的混合液僅需 200 ～ 250 微克的萜烯族化合物，就可以在其中嗅出它們的氣味[11]。由此可見，同一族的化合物之間，不僅有氣味累加的效果，還有「協同」的現象，能夠發揮降低感知門檻的作用。

除了上述的「累加」與「協同」原則之外，我們還歸納出氣味之間的第三種互動關係：「氣味遮蔽」現象。混合液裡的不同氣味物質，可以有兩種截然不同的情形。第一種情況是，兩種氣味不同，但是強勁程度相似的物質被混調在一起，我們可以在該混合液裡輪番嗅出兩種物質的不同氣味。也就是說，在嗅聞時將注意力集中在不同的氣味上，就能分辨出兩種氣味在混合溶液裡共存，彼此不會互相融容。

相反地，第二種情況則是氣味之間發生互相遮蔽、彼此掩蓋的情形。一種氣味之所以會凌駕另一種氣味，不外乎是比例問題：當一種氣味物質在混合液裡的濃度明顯較高時，即有可能

掩蓋溶液裡其他濃度較低的物質的氣味表現；倘若溶液裡有兩種氣味物質，縱使它們的濃度相去不遠，但是如果其中一種物質的單位強度高於另一種物質，那麼，前者所表現出較為強勁集中的氣味，便有可能壓抑後者相對微弱的的氣味表現，造成氣味遮蔽現象。實驗結果證明，一種氣味物質的鑑別門檻會由於混合液裡同時存在另一種氣味物質，而遭到極大的影響。簡言之，某物質的氣味在另一種氣味物質的影響之下，雖然依舊聞得到，但是卻會顯得模糊難辨。

接下來，我們要以乙酸乙酯為實例，說明以上提到的氣味遮蔽現象。顧名思義，乙酸乙酯是一種酯類物質，當葡萄酒發生「醋酸化」的變質情形時，酒中便會出現這種物質，造成風味缺陷。每公升的水溶液裡，僅需含有 30 毫克的乙酸乙酯，就足以聞到醋酸的氣味；在酒精濃度 10°C 的溶液中，乙酸乙酯的感覺門檻則會提高到每公升 40 毫克，也就是比較不容易聞得出來。酒精本身的氣味會遮掩其他氣味，由此不難理解為什麼酒精濃度太高的酒款，其香氣表現可能會顯得不夠濃郁明晰。如果在乙酸乙酯溶液中加入其他帶有濃烈氣味的酯類物質，則該溶液必須含有超過每公升 150 毫克的乙酸乙酯，才能聞得出乙酸乙酯所帶來的類似醋酸的嗆鼻氣味。在葡萄酒裡，乙酸乙酯的感知門檻更高達每公升 160 ～ 180 毫克，因為當氣味混合體的成分愈複雜，組成因子的氣味愈強勁，那麼，乙酸乙酯的特殊氣味就愈隱晦不彰，愈不容易被感知。這個現象與前文提到萜烯族化合物的氣味協同關係很不一樣。

葡萄酒裡的各種氣味能夠渾然天成地融為一個和諧的整體，間接說明了企圖以人為的方式提升、增添葡萄酒自然而就的香氣表現，其實是非常困難的。況且，這樣的作法不僅悖離常規，而且經常徒勞無功，只是白忙一場。

我們在前文已經述及，品嘗葡萄酒時，嗅覺感受會影響味覺印象；這兩種感官具有相輔相成、互依共生的關係，因此可以統稱為「味－嗅覺共同感知」或者「味－嗅覺互涉關係」。氣味物質對味道與口感的影響是確實存在的；如果我們運用特殊的技術，把一款葡萄酒裡所有的氣味物質萃取、溶解出來，即使該酒款的酒質基礎結構沒有遭到破壞，味道成分也都完好如初地保留在酒液裡，但是氣味物質被析離之後的殘存酒液，嘗起來卻立刻變得乾瘦薄弱。

如果氣味會影響味道的感知與判斷，那麼，味覺因子影響嗅覺也就不足為怪了。尚 - 諾埃·布瓦德宏（Jean-Noël Boidron）曾經作過示範，讓學生們比較含有 300 毫克異戊醇的水溶液，以及使用經過真空蒸餾法去除所有氣味物質的葡萄酒作為溶劑，所調配出來的異戊醇葡萄酒溶液；結果顯示，後者的異戊醇氣味較弱。這便足以說明，當溶液裡含有味道成分時，即使它們沒有氣味，但是仍會壓抑其他氣味物質的表現。此外，糖分有具有類似的作用，如果溶液裡的含糖量太高，往往會減弱該溶液裡其他物質的氣味強度。這個現象僅有少數的例外：某些萜烯族化合物在溶液裡的糖分襯托之下，散發出來的氣味反而更加顯著。

關於氣味均衡的課題，我們還可以再舉一個例子，說明在前文已經述及的觀念：葡萄酒的果香表現與單寧結構之間，存在對立、互斥的關係。每位釀酒人都應該將這條金科玉律銘記在心。我們可以藉由一項實驗看到這個現象：使用同一批紅葡萄，依據白酒、粉紅酒以及紅酒等不同的釀造程序與工法，製出四款葡萄酒作為比較的樣本，以便從不同的樣本中，看出浸皮萃取的程度差異如何影響葡萄酒的果香表現。除了

白酒和粉紅酒之外，我們製備了一款清淡型的紅葡萄酒以及一款經過長時間浸皮萃取，口感較為飽滿的紅葡萄酒。結果，在品嘗這四個樣本時，我們發現，白酒的香氣是最豐沛的，散發出明快濃郁的果香，而那些或多或少經過浸皮程序的樣本，從粉紅酒到清淡型的紅葡萄酒，果香表現則每況愈下；至於酒體飽滿、富含單寧的紅酒樣本，其香氣表現則較為沉滯厚重，酒醚的氣味也較不顯著。近來有相關研究證實芬芳物質與無氣味的巨型分子之間，的確存在這種彼此對立、互相排斥的關係。在釀造葡萄酒的過程裡，必須將上述的「氣味遮蔽」現象與「氣味協同」關係惦記在心，因為當單寧含量太豐、酒精濃度太高，或者發生萃取過度的情形時，多少都會扼殺細緻脆弱的果實香氣。

從上述的均衡原理出發，可以演繹出果香與非果香之間的平衡概念：葡萄果實所賦予酒液的果香，以及浸皮程序萃取出的酚類化合物所帶來的木質氣味，亦即單寧的氣味，兩者之間裡應存在某種均衡關係。當一款紅葡萄酒的體質架構不會過於壯滿豐厚，而單寧的表現也較含蓄內斂時，將有助於完好呈現來自葡萄果實的原始香氣，使果香表現更加討喜宜人。在此只有一個簡單明確的道理：「單寧成分會抑制果香表現。」「一款紅酒的風味見長於豐厚的果味，還是充滿果皮、果梗、果籽的氣味與味道，散發出明顯的木質風味」這個問題的關鍵，至此可以歸結到單寧成分的濃度上，而這便與葡萄酒的釀造與萃取方式有直接的關係。

從單寧成分濃度的邏輯來看，可以依據原始香氣與酚類物質之間的關係，區分出三種不同比例型態的紅葡萄酒：原始香氣主導型、酚類成分主導型，以及理想的均衡型。第一種以葡萄品種風味特性主導的酒款類型，其酒體架構並不壯碩，相當適合裝瓶後及早飲用，沒有陳年的必要。第二種以酚類物質主導的酒款則非常耐久貯，在陳年之後，甚至仍有明顯的苦味與澀感，屬於老派風格的葡萄酒。第三種是兼顧酒質結構與氣味表現的理想均衡形式，雖然這種葡萄酒比較不容易釀成，但是它的均衡比例形式，既能擁有充足的單寧支撐風味表現，也能提供陳年所需的骨幹架構，同時又能保有鮮沁宜人的品種香氣。

至於橡木桶賦予葡萄酒的木質風味，以及經過桶中培養所釋放出來的香草氣息，是許多偉大的優質酒款在陳放之後的窖藏香氣特徵。有些業餘的葡萄酒愛好者會因此誤以為所有的老酒都具備此一風味特點。以葡萄酒界的現況而論，人們普遍認為，橡木桶培養所帶來的木質氣味與香草氣息以含蓄內斂為佳，它們應該發揮提升葡萄酒香氣複雜度的功能，但也應以此為限，不能讓「木材」與「香草」的氣味喧賓奪主，成為一款葡萄酒的主導氣味。橡木桶中的培養程序，會替葡萄酒的風味發展帶來正面效果，然而過猶不及，倘若這些風味特徵壓過葡萄品種本身的個性表現，葡萄酒便會失去本性，應有的風味遭到扭曲，而且可能有失衡之虞。

最後，我們要用以下這一段話，總結均衡概念的所有原則：「一款優質葡萄酒裡的所有元素，應該共同構成和諧的整體；葡萄酒的品質表現與水準層次，取決於酒質骨幹與香氣表現之間的微妙均衡。」

譯註：

1 根 據《 利 氏 法 語 辭 典 》（*Dictionnaire de la langue française « Littré »*, 1863~1877）的定義「oenanthine」這個化學術語，是指從波爾多葡萄酒分離出來的一種黏稠物質；波爾多左岸梅多克產區酒款的香氣與豐厚感，皆與之有關。

2 在發酵完畢之後，干型葡萄酒中的可發酵糖分（葡萄糖與果糖）殘存量約為每公升 0.1 ～ 0.5 公克，還原糖的含量則稍高，約為每公升 0.5 ～ 1 公克以上，有時可高達 3 公克。（Jacques Blouin, *Le dictionnaire de la vigne et du vin*. Paris : Dunod, 2007. P.278.）

3 該表達法引述自萊格里斯。

4 葡萄果實的主要酸成分有三種：酒石酸、蘋果酸與檸檬酸；數種次要的酸（譬如葡萄糖酸），其含量可能也頗為可觀。至於葡萄汁經過發酵之後，則會產生另外三種主要的酸性物質，包括乳酸、醋酸與琥珀酸，外加種類繁多的微量酸。葡萄酒中沒有被鹼（主要是鉀鹽）中和的酸性物質，即為葡萄酒總酸度的構成因子。（Jacques Blouin, *Le dictionnaire de la vigne et du vin*. Paris : Dunod, 2007. P.9.）

5 這裡不專指糖分造成的甜味感，而是包括酒精、甘油等其他物質所帶米的甜味印象。也就是說，這裡所指的「各種甜味」，是廣義的「柔軟甜潤的口感」，包括「酒精的甜味感」以及「甘油的甜味感」。

6 茲解釋本圖表的閱讀方法。給定一個酒精度數，並據此假設一個均衡中心。以酒精的度數或者說是甜味感作為均衡中心的原因，是由於在上述的均衡簡式當中，酒精（甜味）單獨位於簡式的一側，一旦酒精的甜味強度確定，式子另一側應有的加總強度才得以確定。穿越此均衡中心點的直線，分別與代表酸度的 A 軸、代表單寧的 T 軸相交於 α 及 β 兩點。「α」代表的是較多的酸度（A＋），「β」代表的是稍少的單寧（T－），該條軸線概括了「稍多的酸度與稍少的單寧，兩者的總合可以與給定的酒精度達到均衡」的酒款類型。通過均衡中心的「A－T＋」與「A＝T＝」兩條線，代表的是單寧與酸度共同與酒精的甜味抗衡，尚有其他可能的組成比例。圖表中的兩條虛線分別命名為 a 軸與 b 軸，代表的是酒精甜潤感過多或者不足的兩個極端，代表的是味道結構失衡的位置。a 軸表示酒精的甜味感主導，b 軸表示酒精的甜味感不足，以致於酸味與苦味成為酒款的主導架構。

7 這份圖表可以與下文〈柔軟度指數與各種可能的均衡模式〉對照閱讀，圖表裡深色線索代表的酒款，其柔軟度指數大於淺色線索代表酒款的柔軟度指數。

8 味道與口感是不同的概念，干型紅葡萄酒的三種味道結構因素為「甜－酸－苦」，這三種味道，它們分別對應的成分是「酒精（可能包括微量的殘存糖）－酸味物質－單寧」。在探討「柔軟度指數」時，是綜觀味道本身與構成味道以及口感的物質，也就是專門探討與氣味面向相對的，專屬味覺層面的「風味範疇」，亦即「口感與味道架構」，或者「（酒質）味道骨幹」。

9 所謂的「小葡萄」，就是品質不夠卓越的葡萄果實，所謂的「大酒」或者「偉大酒款」（grand vin），指的是品質卓越的頂尖酒款。「小葡萄」缺乏成就偉大酒款所需的潛質，但是卻可以釀出無須陳年、輕盈爽口的早飲型或即飲型酒款，只要處理得當，「小葡萄」也可以釀出「好酒」（bon vin），但是不應該存有使用品質低落的原料釀製「偉大酒款」的野心。此處提到「仿若單寧萃取液的葡萄酒」，是由於採取釀造偉大酒款的方式，對體質不佳的葡萄果實進行深度萃取以及釀造窖藏型頂尖酒款的處理程序，導致無法呈現以「小葡萄」釀成酒款該有的清新爽口特性，又無法釀出真正的頂尖酒款，因此顯得高不成、低不就。

10 單寧與果味在葡萄酒裡是相對的因素，兩者之間的關係類似於「零和」。高單寧的結構必然犧牲果味，然而，某些葡萄酒依然能夠兼顧酒質結構的單寧成分，與氣味部分的果香表現。

11 此處的計算方式是：X＝[50(芳樟醇) ＋ 400(橙花醇) ＋130(香葉醇) ＋ 400(松油醇) ＋ 1000~5000(萜烯醇的氧化物)]/5。由此可得：396 微克≦ X ≦ 1196 微克。假設混合液的氣味感知門檻為 Y，根據文中所述的實驗結果：200 微克≦ Y ≦ 250 微克。因此，Y<X。

CHAPITRE 8

葡萄酒語彙

我們已經利用前面的章節探究如何感知葡萄酒風味的各個面向，也陳述了品評技巧的相關細節。在這一章裡，我們將更仔細地探討如何以簡明易懂的方式，將葡萄酒的感官特徵表達出來。這項工作頗為艱鉅，卻也非常引人入勝，因為無形、抽象的感官刺激，縱使難以言傳，然而，經過我們不斷地琢磨、推敲，便能藉由具體、有形的語言文字，達到傳遞、描述感受的目的，並且使語言工具傳遞感受訊息的功能漸臻完善。我們可以從幾個簡單的概念切入這個議題。在進入本文之前，還是老話一句與各位讀者共勉：「見識得多，就更能夠領會；見識得多，就更懂得欣賞。」

語言表達在品評活動中的侷限性

正如我們在前文所見，一般的飲酒與品評是非常不同的，且兩者的差異不止一端。其中一項明顯的差別在於：喝酒的動作只是普通的「消費」行為，飲酒者大可以默默地喝，不發一語；然而，品評活動卻與之大相逕庭，品酒者有必要開口說話，針對所品嘗的酒款發表評論，有所生產的品評與評論活動，才稱得上是「品評」。葡萄酒一入口就急著將酒吞下去的人，我們又怎麼能夠奢望他對酒的風味提出一番評論呢？這種飲酒人很少會去注意酒帶給他的感覺，他可能也不認為

這樣做有什麼好處，在喝酒時最多只能勉強說出「好喝」或「難喝」而已。但是，反觀一位品酒者，他會試著表達感受，並且將自己的想法組織起來。對他來說，品嘗一款葡萄酒是為了更認識它，是為了能夠談論它。也是因為這樣，品酒者的存在意義，並不僅僅在於他擁有儀器般的敏銳感官，或是他辨認氣味與味道的出眾才能，也不只是由於他懂得欣賞和諧的風味表現；他的價值也來自於描述感覺印象的能力與素養。想當然耳，品酒者的味蕾必須經過充分訓練，他的感官要精確、敏銳，最好還能擁有絕佳的記憶力。此外，他還必須懂得如何妥善規劃並落實品評前置作業，讓自己能夠在適合品酒的環境與身心條件下品嘗、評析葡萄酒。不過，這些只是最基本的要求，一位品評員還必須要有清楚將自己的感覺用文字轉譯出來的能耐。因此，他必須廣泛涉獵與味覺相關的描述語彙，而且用字遣詞還要能得心應手、揮灑自如，藉以表達感官刺激與反應，並使評析的字句一針見血、擲地有聲。品評員向來為人所津津樂道的，就是他們談論葡萄酒的方式——清楚明白、肯綮持重、言之有物。不過，偶爾會遇到雄辯型的品評員，他可以在你面前口沫橫飛地把一款酒說得天花亂墜，但是實際上卻沒有像他表現出來的那般高超品評能力，小心別被這種人要得團團轉！

以一種用語精準、字字計較的方式談論葡萄酒，並不是一件容易做到的事。在實際感受與敘述表達之間，文字與意義之間，總會出現模糊地帶，而品評活動帶有主觀因素，自然沒有辦法完全消弭感覺與文字之間的落差。的確，我們在品評時可能會因為詞窮而苦惱，也會由於沒有合適貼切的語詞，只能屈就於拐彎抹角的方式來表達而感到遺憾。然而，與味覺、嗅覺相關的語彙其實浩如煙海，嫌它們太多太雜都來不及了，怎麼會有詞窮的困擾呢？我們參考了數十本法語、西班牙語、葡萄牙語、義大利語以及英語寫成的相關著作，這份書單還稱不上是完整的資料，我們從中挑選出的詞彙數量就已經突破七千個。在經過更進一步的整理，刪除明顯是同義詞的語彙之後，剩下的詞彙數量仍多達五千餘個，這個數字還不包括像是「些微」、「很多」、「非常」此類修飾語。最後，我們大刀闊斧地刪掉許多語意相近的單詞，最後剩下 1,370 個字彙，其中描述酒液外觀的字有 128 個，關於葡萄酒香氣表現的有 504 個，形容口感與味道的則有 144 個，有 455 個字是用來表達葡萄酒的享樂面向與喜好評價，易言之就是表達對於葡萄酒風味的觀感與個人偏好的字眼，諸如「特性模糊、風格不彰」、「精雕細琢、表現細膩」等，此外，還有 139 個字是帶有技術性色彩的語彙，譬如「混攪不純」、「半干型」（微甜）。當然，我們對多采多姿，令人目不暇給的葡萄酒語彙可能會讚嘆不已，然而，這份表列卻也頗為冗長，可能會讓人不知從何下手。這些詞彙雖然有時不免予人咬文嚼字之感，但是葡萄酒的描述語言卻蔚為風尚，往往令人興起一股想要一探究竟的好奇心。

品評語言的體裁與風格

一直到相當晚近，人們都還經常使用雜七雜八、拙劣、不值一顧的詞語來形容葡萄酒。不過，我們在此可以引述一些優良示範，這些描述方式都有清楚的定義，堪為借鏡。譬如戈特（Nobert Got）在 1955 年整理出一份 250 個單詞的語彙表，稍晚則有賈克·勒瑪儂（Jacques Le Magnen）於 1962 年提出的 150 個語彙[1]，以及法國 Féret 出版社於同年編纂出版的《葡萄酒辭典》[2]（*Dictionnaire du vin*）一書，收錄相關詞條約 450 個。此外，維德爾（André Vedel）與他的研究團隊，於 1972 年製作了一份收錄九百餘字的詞彙表，除了化學物質名稱以及一般術語之外，專門用來描述葡萄酒風味特徵的語彙計約 470 個。葡萄酒語彙的版圖似乎並未就此底定，葡萄酒評論界與出版界也亦步亦趨，相關報章雜誌接二連三地推出各式各樣的風味語彙。在這一章裡，我們將挑出最常見、最有用，語意內涵最清楚明白，而且廣泛適用於各種類型葡萄酒的風味描述語彙，介紹給讀者認識。至於某些罕見的、地方色彩濃厚的，有特殊指涉的專門詞彙，則暫且不作介紹。我們在文中刻意忽略的這類語彙，其中也包括許多化學物質的名稱。誠然，唯有明確指出葡萄酒裡含有哪些化合物，才能夠清楚解釋酒質的組成成分，但是，除了極少數眾所周知的例子之外，其實用化學物質的名稱來描述、傳達葡萄酒帶來的感官刺激與風味印象，並不是最理想的作法。萊格里斯（Max Léglise）打了一個有趣的比方，他說，一款葡萄酒「散發出宜人的乙酸異戊酯、α-紫羅蘭酮、甘草酸與苯甲醛合氰化氫的氣味」，不像是一位品評員描述葡萄酒的方式，「他會直接說：『葡萄酒帶有水果糖般酸酸甜甜的滋味、紫羅蘭花香、甘草與櫻桃香氣。』」既然後者更具體直接，而且又能傳神地將前述那些化合物的氣味形容出來，讓人仿若身歷其境，猶如親嘗一般，那麼，我們又何必捨近求遠、自討苦吃呢？

品質卓越的偉大酒款令人嚮往的原因之一，就是它能夠讓聚在一起品嘗它的人共享美酒帶來

的酣暢，放懷談天說地，很快地營造出和諧歡愉的氣氛。至於在用餐時品評葡萄酒，也很少形單影隻地獨飲，況且，在品賞偉大的葡萄酒時，怎能默默地喝呢？如果在佐餐品評的場合裡，獨自坐在一角吃喝，不搭理其他人，那麼，別說這是對同桌用餐的人失禮，甚至可以說是到了褻瀆葡萄酒的地步。我們必須銘記在心：在品賞優質、偉大的頂尖酒款時，緘口不談它難能可貴的卓越品質與引人入勝的風味表現，就是對它不敬。在品評的整個過程裡，都應該專心致志於描述葡萄酒帶來的感受，直到吞下酒液之後，在口中殘留的風味變化，也應該試著敘述一番才是。此外，我們也可以把以往品嘗過的其他年份或者其他不同的酒款作一比較。在品評時，既然有那麼多需要開口說話的時候，在場共飲的所有人當然就會有許多交流意見、互相切磋，展現個人豐富知識經驗的機會。人生難得有其他什麼令人感到萬分愉快的逍遙事，能夠像圍著酒瓶，把酒言歡那樣，讓平時寡語少言的人，也滔滔不絕地高談闊論起來。基本上，品酒的條件真的很簡單，它只要求你在品評的當下，盡量聚精會神地去感受葡萄酒，然後花些心思將自己的感覺與想法表達出來，如此爾爾，並沒有苛求什麼。有些人在品評時不知道要說些什麼才好，或者語焉不詳，這很可能是由於精神渙散或思慮不周所致。要知道，當我們專心去感受一件事物時，自然就有辦法將它清楚地陳述出來。

從古至今，葡萄酒在文學裡總佔有一席之地，各個時代的文學巨擘都為後世留下許多酒香四溢、令人愛不釋手的優美篇章。然而，我們在此必須公開指責某些當代文學作品，它們打著葡萄酒文學的旗號，以華麗的文采與討喜的風格到處招搖撞騙，但是內容卻空洞得很，說穿了就只是漫無章法的大雜燴，其內容不外乎是品酒的經驗紀錄、葡萄園的介紹、關於酒界的逸聞，然後

東拉西扯一些美食評論文章罷了。這類型的文學作品，有某些尚能提供豐富而正確的知識，對於剛入門的葡萄酒愛好者來說，也算是個福音。而且，其中不乏令人拍案叫絕的描寫方式，文質兼具，令人激賞。不過，我們也看到有位專欄作家如此描述某些葡萄酒：「可笑、滑稽、輕佻、調皮、迂腐、冥頑不靈」。這一串言不及義的文字只是冰山一角而已，我們可以不費吹灰之力地舉出一堆此類讓人不知所云的描述用語。這位專欄作家用來形容葡萄酒的字眼，恰是我們對他的觀感。

路易・歐希瑟（Louis Orizet, 1913～1998）[3] 曾經舉例說明，由於風味範疇本身的差異，以及每位品酒者表達感受的方式不同，造就了葡萄酒語彙的多樣性。其實，不同性質的品評就有不同的品評方向與重點，評述語言的風格也會有所不同。譬如，以分析為目的的品評，或者以比較、鑑別、分類，乃至以描述為工作目標的品評活動，描述語言的文字風格都不會一樣。這些不同類型的品評活動所使用的評述文字體裁，從電報式的文體、技術性、科學語體到詩性風格不一而足。路易・歐希瑟說：「化學家致力於找出葡萄酒在分析層面上的缺陷；官方認證單位與品管機構的品評員，則關心酒款是否有不符合法規要求的品質瑕疵；釀酒師在乎葡萄酒的結構是否達到均衡；葡萄酒農關注的則是酒款是否能展現園區賦予的風味個性；葡萄酒商對於一款葡萄酒的描述，則從商業利益的角度出發。每個人都是以自己職業的身分出發，從專業的眼光角度，或者說是某種預設立場，來審視、評論葡萄酒，也正是由於如此，每個專家的評論都必然有其盲點，皆有可能受到自己的職業病影響，而作出偏頗的判斷。」

我們在此不打算以標新立異的方式帶出這套葡萄酒語彙，而是希望以品評程序的邏輯，依序介紹如何用字遣詞，描述酒液外觀、香氣表現、味道與觸感，以及整體印象。在文中，我們將盡

可能區別質性描述、量化描述,以及表達喜好與評價等不同性質的語彙。

唯有利用具體的語言來表達抽象的感官刺激訊息,無論是口頭敘述還是書面文字,才稱得上是完整的刺激反應。品評員已經掌握一套語彙系統,作為表述感受的工具,然而,倘若大眾不明瞭品評員用來描述葡萄酒的這套語彙的意涵為何,那麼,這套語彙也就失去存在的價值了。眾所週知,形容葡萄酒的詞語數量繁多,非常不容易完全通曉,然而,我們將試著以深入淺出的方式,帶領各位讀者窺其堂奧。

首先,我們先從晚近關於葡萄酒語彙語義分析的研究成果,作為探討此一課題的切入點。

語義學與品評學

這兩門學科雖然乍看之下南轅北轍,但是葡萄酒品評語彙的研究,卻不能不藉助語義分析的途徑。試想,若是沒有這一門「研究語言單位的組織與意義」的學問作為輔助工具,品評語言會淪落到哪步田地呢?很可能會顯得隔靴搔癢、廢話連篇吧!我們可以透過瞭解近來一些利用篇章分析技巧的語義研究內容,幫助精進品評語言,避免言不及義的弊端發生。

斐德烈·布洛歇(Frédéric Brochet)於2000年發表一篇學術論文[4],他分析了媒體記者、業餘葡萄酒愛好者以及專業人士撰寫的一萬八千份品酒紀錄,並歸納出五種品評語言範疇。他把品酒紀錄文字裡出現的字彙、語句逐一記錄下來,並根據語義內容將類似的用語合併,經過統計之後,便得到一份簡單明瞭、足供品酒者參考的語彙清單。然而,就我們的觀察,這些語彙泰半為技術性的用語(譬如「亮紅色」、「深紅色」)、個人偏好的用語(包括褒義或貶義),或是綜合評論用語(諸如「溫和」、「嚴謹」以及葡萄酒的

「質地」)。它們沒有辦法幫助我們描述葡萄酒裡的果香屬於紅色果實類型或是黃色果實類型,也不能清楚區辨「帶有澀感」與「富含單寧」兩者之間的差別。這與我們慣用於區辨葡萄酒風味特性的描述語彙,仍有一段距離。

稍早於1999年時,希爾薇·諾曼(Sylvie Normand)針對描述香檳風味的語彙作過一項類似的研究[5]。她取得兩批品評記錄單,第一批有四百份,總計約一萬八千字,經過整理之後,可以簡化為1,371個項目,每個項目有一個具有代表性的單詞。然而,這1,371個語彙當中,只有九個項目在這四百份品評表裡累計出現超過一百次,僅佔0.66%而已。換言之,她所歸納出來的這一千多個語彙,其實並不具有代表性。更別提這九個單字裡有八個是屬於無關痛癢的詞語,諸如:「氣味」、「口感」、「葡萄酒」、「香氣」、「優雅」、「香檳」、「漂亮」、「果味」等。第二批作為語義分析研究素材的品評紀錄單,則有八十份,是由十位品評員針對八款香檳進行品評所留下的書面資料。這些筆記的總字數約達兩萬字,在經過語義與詞形的歸納與彙整處理之後,得到1,108個項目,其中在原始資料裡使用次數超過一百次的只有六個而已:「葡萄酒」、「發現」、「使用」、「口感」、「鼻息氣味」、「風味」。不難看出,這些統計結果仍不能幫助我們找出最常用的葡萄酒品評語彙有哪些。語義學者的這項研究發現,可能會讓人感到相當詫異,甚至無所適從。不過,這對於許多品酒者卻像是一記當頭棒喝,警惕大家在描述葡萄酒時要謹慎為之,一字一句都不可輕忽怠慢,必須做到清晰、具體、淺白易懂。

我們仿照上述的作法,分析了《阿歇特葡萄酒指南》(Guide Hachette)裡的評述文字,試圖從這份知名的指南書描述數十款來自四個不同產區酒款所使用的詞語,歸納出這些葡萄酒產區風

味特徵的敘述用語。為突顯群組之間的差異，我們刻意挑選四個在釀造型態、主要葡萄品種方面皆有顯著差異的四個葡萄酒產區作為分析研究對象：薄酒來（Beaujolais）產區的加美（Gamay）葡萄品種酒；安茹（Anjou）產區的卡本內-弗朗（Cabernet Franc）品種主導酒款；馬第宏（Madiran）產區的塔那（Tannat）葡萄品種主導酒款；以及由梅洛（Merlot）葡萄品種主導的玻美侯（Pomerol）產區酒款。我們首先根據品評經驗，訂出足以概括數十款酒描述文字的最少語彙，盡量簡化類別項目，譬如利用「紅色果實風味」一詞來概括葡萄酒的多種果香特徵，而「粗獷」、「粗糙」、「骨感」、「苦澀」等多個具有同質性的詞彙，則可以統合為「富含單寧」

這個項目。於是，我們在進行統計之前，可以先把每一款酒的描述文字簡化成五至七個字的短評。以比例來說，嗅覺範疇語彙約佔48%，味覺則佔40%，個人偏好的表達佔12%。在分析的過程中，我們發現在四個產區的葡萄酒描述文字裡，有某些風味特徵範疇被引述得尤其頻繁，譬如「紅色果味」（36%）、「深色果味」（26%）、「單寧澀感」（19%）、「結構強勁」（24%），以及「軟甜」（29%）；相對的，「動物氣味」（2%）與「結構均衡」（8%）則較乏人問津。

透過我們歸納出的幾項共通範疇，針對上述四個產區葡萄酒的描述文字進行比較之後，我們已經可以看出四個產區的典型風味特性。薄酒來

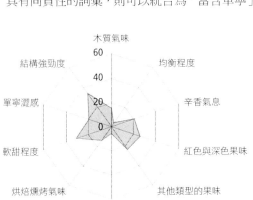
〈馬第宏產區葡萄酒〉

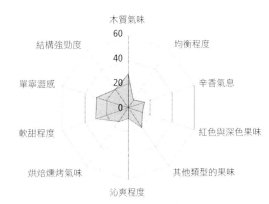
〈玻美侯產區葡萄酒〉

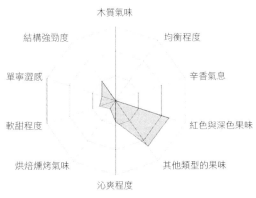
〈薄酒來產區葡萄酒〉

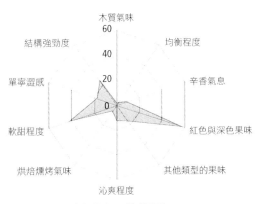
〈安茹產區葡萄酒〉

與安茹的葡萄酒,相對於馬第宏與玻美侯產區的酒款而言,帶有豐沛鮮明的果味;後兩個產區的葡萄酒則擁有較紮實的單寧澀感與更為強勁的酒體架構。基於兩組產區內在的共通性,作出這樣的初步劃分之後,我們還可以比較同一組葡萄酒產區酒款的風味在其他項目上有何差異,進而區別薄酒來與安茹之間的差別,以及馬第宏與玻美侯之間的不同之處。

綜觀之,我們以不到五百個字作為基礎,歸納出一些足以概括葡萄酒風味特徵的語彙群組,尚無須使用「很」、「非常」、「些許」此類程度修飾語,便已經能夠清楚地指出各個產區的風味特性。舉例來說,「木質氣味」這個詞語在不同產區酒款的描述文字裡,出現的頻率不一,我們可以藉此區別產區之間的差異性:在馬第宏產區酒款的品評文字中,有 16% 的詞語可以劃歸「木質氣味」範疇,玻美侯產區更高達 28%,至於安茹與薄酒來兩個產區的酒款,則分別只有 1% 與 0%。這項詞語統計分析結果,反映的恰是這四個

產區的紅葡萄酒,在培養程序操作上的差異。

此外,我們在統計數據中也可以觀察到另一個有趣的現象,薄酒來與安茹酒款的描述文字,明顯表現出果味主導的傾向,這項風味特性其實正來自於它們的葡萄品種個性、釀造特點以及銷售策略。

根據以上的統計結果,可以看出所列出的四個葡萄酒產區之間確實存在某些差異,然而,這畢竟只是統計結果,它顯示產區之間的相對差異,但並不能代表某個特定產區所有酒款的絕對性質。舉例來說,一款薄酒來產區的紅葡萄酒,普遍比一款來自於馬第宏產區的紅葡萄酒更富有果味,但是,「紅色果實風味」不是薄酒來產區酒款風味特徵的代名詞,正如「單寧澀感」不能與馬第宏或者玻美侯產區的紅葡萄酒風味劃上等號一般。對葡萄酒產區或葡萄品種風味個性的描述,不可能作到百分之百的精確、絕對,再怎麼細膩精準的形容,都也只能是概括的敘述。試圖詳細描述特定產區葡萄酒的風味特性,做得好的

〈四個示例產區酒款風味特徵描述用語出現頻率一覽表〉

	馬第宏	薄酒來	玻美侯	安茹	平均使用次數
紅色與深色果味	26	47	13	57	36
其他類型的果味	23	46	20	16	26
木質氣味	16	0	28	1	11
烘焙燻烤氣味	14	8	14	6	11
辛香氣息	21	0	15	9	11
動物氣味	1	0	6	3	2
單寧澀感	19	12	29	18	19
均衡	4	18	8	3	8
結構強勁	34	20	19	25	24
軟甜	31	14	29	41	29
沁爽	6	17	9	12	11

香氣類型		主導結構特徵	
果香	乾果、核果氣味	澀感顯著	生青不熟
辛香料氣息	胡椒氣味	富含單寧	乾硬瘦瘠
花香	蕈菇氣味	結構均衡	濃郁稠密
紅色果實香氣	硫磺、硫化物氣味	餘韻悠長	豐腴飽滿
木質香氣	巧克力氣息	酸度充足	黏稠滯重
香草氣息	奶油氣味	風味淺短	豐厚滑潤
柑橘類果香	紫羅蘭花香	柔軟豐厚	柔軟溫順
熱帶水果香氣	野味	沁爽有勁	酒感豐沛
燒烤風味	水果糖的酸甜香氣	苦味顯著	軟甜乏勁
動物氣味	菸草氣味		
甘草香氣	橡木氣味		
草本植物風味	玫瑰花香		
皮革氣味	乳酸氣味		
白色、黃色果實香氣	陳酒、老化的風味		
咖啡香氣	貓尿味		
烘焙、燒烤氣味	酒醛、發酵氣味		
青椒風味			
風味缺陷	**陳年變化階段**	**結構強勁度**	**風格表現**
過度氧化	年輕	輕盈	和諧
酒精氣味突兀	略陳年，已有變化	渾圓	複雜
閉鎖無香	成熟	集中、濃厚	礦物風味
尖銳刺激，酸嗆	老化，陳放過頭	壯碩	雅緻
泥土味		飽和	嚴肅
霉味		滯重	細膩
酚化氣味			爽口易飲
馬廄悶臭味			
苦杏仁味			
陳舊、老酒的風味			
碘味			

話，可以讓人覺得有趣、聽得興味盎然，然而，在絕大多數的情況下，過於精細的形容，卻經常導致人們對產區特性的誤解。

我們以上述的研究為基礎，針對一批專業品評員（國際葡萄酒大賽的評審），以及獲頒波爾多大學葡萄酒學系品評技能培訓課程結業證書的業餘人士作為訪查對象，在彙整大量的書面資料與出版品之後，我們最後得到一份長達六千餘字的語彙清單。在經過同義字與近義字的合併簡化，並刪除我們認為語焉不詳、辭不達意的單詞後，這份語彙表的字數大幅縮減至 128 個單字，其中出現頻率較高的單詞只有 48 個。我們將這些單詞編入 2006 年的「世界葡萄酒大賽」（Citadelles du Vin）的品評紀錄單裡，另外補充了一些選項，共計 62 個描述語彙供大賽評審們勾選。該場賽事共有 1,100 款葡萄酒參加角逐，與會的品評員共計 60 位，來自 26 個國家，大致說來，每款酒都由至少來自於三個不同國家的五人評審團進行評比。經過會後的統計結果顯示，我們提供的 62 個單詞選項，被勾選的數量高達三萬六千項次，也就是說，平均每位評審都能從這份清單裡找到六至七個合適的語彙來描述參賽酒款。這一個實例表明了使用一套以簡御繁、運用便利、淺顯易懂的語彙來描述全世界形形色色的各式葡萄酒，並非遙不可及。

在具備上述不可或缺的基礎概念之後，我們接下來便要探討葡萄酒風味描述的實務操作。

顏色的語彙

品評葡萄酒時，開口說的第一句話就是關於酒液的顏色、外觀。決定葡萄酒顏色的因素很多，包括葡萄品種、培養手法、葡萄酒的年齡等。酒液的顏色不僅大幅影響葡萄酒予人的視覺感受，更是我們分類葡萄酒的一項依據，譬如紅葡萄酒、白葡萄酒。不過，嚴格說來，紅葡萄酒的顏色並不是「紅」色的，而是紫紅色或寶石紅；白葡萄酒也不是「白」色的，而是黃色或金色。在法語裡，除了「couleur」（顏色）一詞以外，我們還可以用「robe」（外衣）、「coloration」（色彩）、「ton」（色澤）、「tonalité」（色調）這幾個術語來指稱葡萄酒的顏色。「外衣」這個詞彙在法語裡原本就有「葡萄酒的顏色」之意，另外也有「連身裙」、「洋裝」，以及「物體外覆物」的意思。布根地與羅亞爾河谷地葡萄酒產區的人，特別偏好使用「葡萄酒的外衣」這個表達法，來取代「葡萄酒的顏色」的說法。不過，根據 1896 年出版的《酒庫總管辭典》（Dictionnaire du maître de chai），以「外衣」這個詞語指稱葡萄酒顏色的用法，其實是源自於波爾多地區。從「外衣」這個單詞意象衍生出一些特殊的表達法，諸如「身著一襲漂亮外衣」、「穿得很漂亮」、「穿得很差勁」，而當我們說葡萄酒「穿得很少」時，是形容酒液的顏色淺薄。此外，也經常有人用印染的術語來描述不同酒款之間的「色調差異」。至於將葡萄酒比擬為人，用「膚色」一詞來代替「顏色」的說法，形容兩款葡萄酒的「擁有相近的膚色」，也就不足為怪了。

定義一種顏色的要素包括色彩強度、明度與色差。唯有將酒液盛裝在玻璃杯中，在日光充足的環境下審視，才能正確地判斷一款葡萄酒的顏色。一般常見的畫光色日光燈管，是相當不錯的照明器具，此外，螢光燈管有畫光色的型號可供選擇，也是可行的替代方案。但是，所謂的「工業白光」則不適於品酒空間的照明。有些照明器具的製造商擁有「試光室」，讓顧客在下訂採購燈光器具之前，可以有機會親身體驗不同室內燈光顏色的感覺。我們建議不論是為機構單位的品酒室安裝燈具，或者只是純粹

的個人品酒空間需要，嚴謹起見，都應該善用試光室的資源，作為選購照明設備的參考。

當酒杯斟得比較滿的時候，葡萄酒較厚的部分的顏色會顯得較深，此外，光線的強度或照射的深度也會影響酒液呈現的色澤。因此，即使是顏色較淺的白葡萄酒，當酒液累積夠厚的話，顏色看起來就會變得較深，譬如此類白酒的厚度達50公分時，雖然從後方打上強光，但是由於光線不能完全穿透酒液，所以它的顏色看起來就會深似紅酒。有些實驗用的葡萄酒桶，為了便於觀察桶中的酒液情況，兩側的底板以透明玻璃製成，我們方才描述的情況，便是藉由觀察這種酒桶裡的白酒所得到的結果。

當我們打算針對不同酒款色澤進行細微的比較時，不能忽略下述幾項要點。首先，必須使用相同款式的杯具盛裝葡萄酒，斟酒的份量要統一，桌面必須淨白，而且要夠大，這樣才能讓每個酒杯的受光條件一致。光源位置不能歪斜，也就是應該避免側光，讓品酒者能夠正對光源觀察葡萄酒的顏色。其次，在觀察酒液顏色時，應當以白色桌面為背景，從上往下注視杯中的葡萄酒，或者適度將酒杯傾斜，讓杯中的酒液攤開，隨著杯壁弧面形成不同厚度，以利觀察並比較酒液厚薄之間的色澤差異。在審視酒液外觀時，我們不妨利用正對窗口的位置，因為白天的自然光有利於觀察、判斷葡萄酒的顏色。最後，光線強度也必須拿捏得當，光線太亮或太暗，都會壓過葡萄酒的細微色澤差異，導致辨識困難。在微弱的燭光下用餐，或是在有聚光燈的場合下品酒，往往會讓人覺得每一杯葡萄酒的顏色都差不多。倘若位於室內的品評場地沒有辦法讓自然晝光照射進來，那麼，照明設備應該選擇中性的晝光色。

在形容色彩強度時，可以選用以下一系列簡單明瞭的修飾語進行描述：蒼白、澆薄、清淡、微弱，或是強烈、濃烈、濃厚、深沉、暗沉、濃稠、泛黑。

我們不能忽略一點：葡萄酒顏色的濃淡深淺並不是絕對的，而是相對的，是經過比較、判斷之後所作出的描述。當一款葡萄酒的顏色被認為太淺，或者被判定成夠深的時候，其實是與該款葡萄酒所屬類型在特定時空中應有表現相較之下所作出的判斷結果。一款顏色明顯不足的紅葡萄酒，往往被描述為「蒼白」、「形容枯槁」，或是「面容無色」；而當酒液的色澤漂亮、足夠深沉，也就是「外衣」有不錯的表現水準，則可以將之形容為「穿衣戴帽的葡萄酒」或者「身著一襲美麗衣裳的葡萄酒」。如果紅葡萄酒的顏色非常飽和、入口之後的風味也很濃郁碩滿，則可以用「厚實」一詞來描述；甚至我們會將那些顏色極深的紅葡萄酒，比擬為「染料」。顏色極深的紅葡萄酒可能是採用「黑色葡萄品種」釀造而成的[6]。此外，使用特殊的浸皮手法也能釀造出酒液顏色深如染料的紅葡萄酒，譬如西班牙的雙料萃取工法，便是藉由提高葡萄皮的比例，達到加重萃取的目的。這種顏色深沉的紅葡萄酒偶爾也會被形容為「敷了五層顏色」，或者「鋪了十層顏色」，因為就算是用白葡萄酒摻兌稀釋五到十次之後，這種顏色極深的紅酒依然能夠維持一款紅葡萄酒應有的顏色強度，只不過，這個表達法已經有點過時了。色澤深沉、濃到泛黑的「黑葡萄酒」由來已久，每個時代都有它的身影：早在赫丘利斯（Hercule）的時代，這位希臘神話中的大力士從雙耳甕裡倒出來的葡萄酒，就是這種顏色濃到發黑的葡萄酒；到了十八世紀的時候，英國人也把西班牙與葡萄牙釀產的紅葡萄酒稱作「黑葡萄酒」，因為準備用來與蒸餾酒混調的基底葡萄酒，其顏色也是又濃又黑，它與當時「波爾多出產的紅葡萄酒」（Claret）[7] 相較之下，恰成一組鮮明

的對比。一位巴黎酒商記述自己在 1714 年賣出一款「品質優異的波爾多瑪歌產區老酒，色澤深黑，細緻羽滑。」這裡所提到的「深黑」，其實不是「黑色」的意思，而是形容葡萄酒的顏色非常濃厚飽滿。當酒庫總管從釀酒槽裡取出紅酒樣本，並大呼「色深如墨」時，他的臉上必定浮現滿意的神情，因為甫釀畢的新酒若是顏色飽和厚實，則意謂酒質結構也會相當紮實緊密。此外，有些葡萄酒被形容為「黑」的時候，確實是如假包換的黑，因為它們的顏色已經不是濃到泛黑，而是由於特殊的釀造處理工法所造成的暗沉深邃的色澤：譬如西班牙出產的馬拉加（Málaga）酒款，使用經過日光曝曬、乾燥的 Pedro Ximénez 葡萄品種釀製，某些酒液的外觀就非常深沉。

葡萄酒的顏色清亮鮮豔是一項優點，清亮鮮豔的色澤看起來淨透澄澈，但是，兩者之間並不存在必然的聯繫。換言之，澄淨的外觀不是色澤清亮艷麗的保證；一款酒液澄澈的葡萄酒，也可以表現出暗沉的顏色。紅葡萄酒的酸度足夠時，酒液的顏色將顯得更為光鮮亮麗。我們在此可以列舉一些描述葡萄酒色澤清亮鮮豔程度的語彙：

- 清亮鮮豔；色澤純淨；乾淨俐落；亮澤豐潤
- 暗沉平板；模糊難辨；霧濁，缺乏光澤；曖昧不明；黯淡無光；暗沉閉塞
- 清澈透亮，閃爍多變；光澤閃耀；富有光澤
- 葡萄酒陳放過頭而出現的老化色澤；酒款已不堪喝時，呈現死氣沉沉的顏色

葡萄酒色澤的清亮鮮豔程度似乎與酒液本身的光澤感以及酒緣映出的色澤有關。年輕的白葡萄酒在杯中會綻放出微青的光澤，而經過長時間陳年的超甜型白葡萄酒，通常則會在琥珀色的酒液底部周圍投射出淺橄欖綠、淺墨綠的鐵青色，此外，經過長期貯放熟成的紅葡萄酒，在酒緣則

泛有橘紅、紅棕色光澤。這些都會影響我們對該酒款清亮鮮豔程度的判斷。當我們品嘗年輕的酒款時，在晃動杯中的酒液之後，偶爾會看到杯壁上出現虹彩，這有時是微生物作用造成酒液微濁所產生的，也可能是由於酒液裡含有顆粒極微的酒石酸結晶，沾附在杯壁表面反光所導致。

葡萄酒顏色的定義、描述方式不一而足。首先，品酒者可以根據自己的經驗來形容一款酒的色澤，他通常只需要看一眼杯中的酒，就能對酒液的顏色作出總體、直覺式的描述。可想而知，這種主觀的表述方式，由於帶有濃厚的個人色彩，因此可能發生訛誤。第二種方式則是藉助色票測色，找出葡萄酒顏色對應的色彩名稱或編號，譬如謝弗勒（Michel-Eugène Chevreul, 1786 ～ 1889）的色階系統就是一種可能的選擇。第三種方式則是測量葡萄酒吸收各種不同波長可見光的情形，至此，我們便已經不是在品酒室裡觀察葡萄酒的顏色了，而是把酒拿到實驗室裡，利用儀器進行分析，如此一來，就不再屬於感官分析評判的範疇，也稱不上是品評。一位品評員只能憑藉肉眼直接觀察，然後描述葡萄酒的顏色外觀，而不會求助於儀器分析。

在 1861 年出版的《法蘭西自然科學院論文集》（Mémoires de l'Académie des sciences）裡，化學家謝弗勒提出一套色彩分類方法。他把所有的顏色分成 72 組，每組裡又有 20 種色澤細微差異的顏色。藉由這套系統，他不僅幫助科布蘭織毯廠為各種顏色的染料命名，他也成功地定義許多天然礦物、花卉、果實的顏色。一直到了二十世紀初，才首次有人利用謝弗勒的色彩分類系統來描述紅葡萄酒的顏色，他的名字是薩勒隆（Salleron）。根據他的整理結果，紅葡萄酒從年輕到經過陳年的色澤變化，可以總結為十種基本色調：

紅葡萄酒陳年過程中的十種色澤變化

- 第一式　紫紅色
- 紫紅色（波爾多紅；葡萄酒紅）
- 第二式　紫紅色（紅醋栗）
- 第三式　紫紅色（緋紅；富有光澤的深紅色）
- 第四式　紫紅色（寶石紅；石榴紅）
- 第五式　紫紅色（櫻桃色）

- 紅色（櫻桃紅，紅花色）
- 第一式　紅色（朱紅色）
- 第二式　紅色（火紅）
- 第三式　紅色（鮮紅，泛金的紅）

現今通用的色票也是採取類似的技巧來劃分各種顏色，讓它們在色譜上都能找到自己的位置。只不過我們已經不再使用上述的定義方式，分光光度計已經取代配有彩緞光盤的舊式葡萄酒色度計，話雖如此，各種專業色票在各行各業中，依然被廣泛採用。

葡萄酒的名稱與顏色的名稱，還真稱得上是「敦親睦鄰」。正如同我們利用既有的顏色名稱來描述葡萄酒的色澤，其實，葡萄酒本身的名字，卻也大可以當作是顏色的名稱來使用：譬如深沉飽實的酒紅色又叫做「波爾多色」或「波爾多紅」，微泛粉紅色光澤的淺金色也被命名為「香檳色」或「香檳金」。

白葡萄酒的顏色

形容白葡萄酒酒液的色澤外觀時，會使用到一系列與黃色、金色相關的詞彙。萊格里斯如此界定黃色與金色的區別：

倘若酒液的外觀清澈透亮、光澤閃耀，而且展現出豐富多變的色澤，那麼，這款酒的顏色就可以

明度與彩度

法國標準化協會根據明度與彩度所造成的色差，提出九個淺顯易懂的詞語，可供準確描述各種顏色的細部差異。我們可以用下列圖表展現這組語彙的相對關係：

		明度		
		高	中	低
彩度	高	清澈透亮	清亮鮮豔	色澤濃厚
	中	色澤清淡	基本點	色澤深沉
	低	色澤蒼白	色澤泛灰	色澤暗沉

這些修飾語很適合用來表達葡萄酒顏色的細微差別，現今已有人懂得運用這組語彙來形容酒液的色澤。

用「金」這個詞語來描述。而且，黃金這種金屬本身固有的細微色澤變化，也可以用來補充我們對葡萄酒色澤的描述。如果葡萄酒的色澤看起來清澈卻不透亮，缺乏色澤變化的話，我們就只能用「黃」這個詞語來形容它。

在下一頁的白葡萄酒色澤描述語彙中，我們不難看出，這些詞語幾乎都是圍繞著「黃色」發展出來的色彩名稱。稍年輕的白葡萄酒在「金色」、「黃色」的基調之外，還會帶有一些青色的光澤，至於經過陳年變化的白葡萄酒，則會發展出些許棕色色調。

白葡萄酒的色澤特徵，與酒款所屬的類型有關。某些白酒理應呈現出較淺的顏色，而有些國家的消費者本來就樂於接受像是波爾多干型（不甜）白葡萄酒、羅亞爾河的蜜思卡得（Muscadet）白酒、麗絲玲（Riesling）品種白葡萄酒，以及西班牙的 Fino 雪利酒等酒款的淺色外觀。另外，某些其他類型的白葡萄酒，則由於品種特性與

- 無色透明；沒有色澤
- 泛青光；淺橄欖綠、淺墨綠、鐵青色；水青色
- 淺黃；深黃；黃綠色；黃綠色，鵝黃；檸檬黃；稻黃，禾黃；泛金的黃；微黃
- 黃銅色
- 泛白的淺金色；金黃色；泛紅的金色；黯淡的金色；金色
- 黃玉；略帶焦棕的黃玉色
- 紅棕、橘紅色；微帶紅棕、橘紅色澤；焦棕色；焦棕色
- 黃棕、橘黃色；稻黃色；黃水仙花的淺黃色；枯葉的黃棕、橘黃色
- 琥珀色；棕色；微泛棕色色澤；茶褐色、微黃的灰色；淡褐色、栗色；焦糖色；桃花心木色
- 類似馬德拉葡萄酒的顏色；栗子湯的顏色
- 灰濁（像是沾染到紅葡萄酒有色物質的白酒顏色）；黃濁

特殊的釀造方式，而呈現出較深的色澤，譬如以格烏茲塔明那（Gewurztraminer）葡萄品種釀成的白酒、法國布根地梅索（Meursault）村莊或特級葡萄園蒙哈榭（Montrachet Grand Cru）生產的夏多內（Chardonnay）葡萄品種白酒、法國侏羅產區的白酒，德國萊茵河谷地的 Auslese 等級與 Spätlese 等級的白酒、法國波爾多聖-誇蒙（Sainte-Croix-du-Mont）或索甸（Sauternes）產區的甜白酒，以及經過橡木桶培養程序的白酒等，皆屬色深的白葡萄酒。

釀酒師都不諱言，他們對影響白葡萄酒顏色的物質所知仍然相當有限，而且，在計量分析方面，他們根本就是束手無策。根據目前研判，白酒的顏色與黃酮有關，這是一類存在於葡萄皮裡的黃色素的總稱。葡萄樹在花季時開出的小黃花，就含有這類黃色素。黃酮一類物質包括「葡萄糖苷」、山奈酚，以及槲皮素。此處提到

的酚類物質與色素，在葡萄果實的固狀部分含量較豐，包括果皮、果籽與果梗。然而，在釀製白葡萄酒時所取用的部分是葡萄果肉與果汁，並沒有萃取果皮、果梗與果籽，就算果汁與之接觸時，有部分的此類物質得以進入果汁，但是其含量也是微乎其微，不足以解釋白葡萄酒顏色的成因。至於白葡萄酒裡單寧成分的來源，也不應該往果皮、果梗或果籽的方向去找答案。研究者畢歐（Biau）在晚近於 1995 年發表的論文中，明確指出白葡萄酒的顏色並不完全取決於酚類物質，葡萄酒裡的非酚類物質，包括多糖、蛋白質與某些酚酸，也會對白酒的顏色外觀產生微幅影響。這份研究尚不足以解釋白葡萄酒顏色的來源，這個問題至今依舊是個難解的謎團。

詩人保羅 · 克勞岱（Paul Claudel）曾經情致澎湃地提筆歌詠色彩繽紛、五光十色的各種寶石，並以葡萄酒的色澤比擬，兩者輝映成趣。不過，一般更常見的類比方式恰恰與這位詩人相反，人們習慣用各式珍奇玉石珠寶名稱，來描述水晶杯裡葡萄美酒所投射出來的醉人光澤。俗話說，要像珠寶商那樣熟稔寶石的名字，才能將葡萄酒的顏色形容得活靈活現；而談論葡萄酒的香氣時，則必須用香水商的方式與口吻，才能出神入化地傳達簡中奧妙。也就是說，如果我們不用帶有「金」字的語彙來描述的話，白葡萄酒的顏色就會被形容成「黃玉」；至於那些酒緣泛有粉紅色光澤的白葡萄酒，也就順理成章地變成「略帶焦棕的黃玉色」了。而某些帶有淺橄欖黃綠色調的白葡萄酒，被比喻為淡色的「貴橄欖石」也就不足為怪了。

葡萄酒的顏色是會變化的。當白葡萄酒在閉鎖的條件下，也就是缺氧的環境中進行陳年熟成時，酒液的色澤會呈現金色；當白酒與空氣接觸時，酒液裡的單寧會被「上色」，因而出現棕色光澤，並逐漸演變出黃棕、橘黃色澤，最終

則顯現琥珀色、棕色等較深的色調。白葡萄酒在經過長時間的陳年之後，酒心的顏色看起來會是渾厚飽滿的棕色，而酒緣則會投射出金色光芒。巴基耶（Paguierre）在 1829 年留下關於他同時代某些白葡萄酒的描述文字[8]，讀來讓人頗生好奇。他說當時產自西隆（Cérons）、盧皮亞克（Loupiac）以及聖 - 誇蒙等地的波爾多甜白酒，呈現出「月桂葉的淺淺色澤」。讓人覺得好奇的是，若是他能見到這些甜白酒經過陳年之後的樣子，並為我們留下一些文字記錄，他是否會將其外觀描述為「乾燥月桂葉泛棕、橄欖綠的色調」？我們在前文曾經述及，現今於西班牙加泰隆尼亞（Catalunya）地區釀產一種「陳舊老酒風味型態酒款」，或者稱為「陳酒」的葡萄酒，這種酒也帶有棕色與淺淺的墨綠色澤。

有些白葡萄酒可能是由於使用沾染黴菌的果實釀造，因此，酒液裡含有大量具有氧化作用的酵素，最終致使酒液氧化，並出現黃濁的現象，讓白酒嚴重變質，不堪入口，外觀看起來就像是牛奶巧克力或拿鐵咖啡的顏色。不過，在此類較為特殊的案例外，較常見的情況是超甜型白葡萄酒在陳年之後，酒液轉變為琥珀色；或者是陳年的加烈葡萄酒演變出桃花心木的色澤，顯現出如同雅馬邑葡萄蒸餾烈酒（Armagnac）歷經長年桶中培養之後的深沉顏色，著名的馬德拉葡萄酒（Madeira）在陳年之後的色澤變化即屬此例。位於西班牙安達魯西亞的加地斯（Cádiz）近郊，座落在 Jerez de la Frontera 城內的 Del Molino 酒廠，至今仍保存英國海軍將領納爾遜（Horatio Nelson）當年在橡木桶上親筆簽名的桶裝雪利酒。酒廠的人用繩索把這已有百年歷史的老古董綑綁固定起來，小心地保存桶中歲數已逾兩百的濃縮酒液，它當年還是雪利白葡萄酒，如今卻變成氣味濃烈、色澤亮黑的歷史遺跡。

如果白葡萄酒在釀造過程中意外沾染到紅葡萄酒或者紅葡萄果皮的顏色，以致於每公升酒液含有數毫克的花青素，那麼，該酒款的外觀就會顯得有瑕疵，我們可以稱之「灰濁」。此項成色方面的缺陷也可能是由於技術上的疏失造成的，譬如誤將白葡萄酒盛裝在曾經用來培養紅葡萄酒的橡木桶裡。當發生此類意外狀況時，我們可以運用「去色處理」的技術進行補救，這樣的操作並不會對葡萄酒帶來負面的影響。其實，以紅葡萄品種釀製而成的白香檳每公升的酒液裡也含有數毫克的花青素，不過，這些來自黑皮諾葡萄（Pinot Noir）以及皮諾莫尼耶（Pinot Meunier）品種的微量色素，並不會被視為此種類型香檳的外觀缺陷，而是該類型酒款的色澤特徵。

在結束關於白葡萄酒顏色的討論前，我們有必要提及某些特殊的例子。譬如經過長期貯存的班努斯（Banyuls）、莫利（Maury）、波特（Porto）此類酒精強化天然甜葡萄酒，以及陳年過的馬德拉葡萄酒，不論當初是使用白葡萄品種或是紅葡萄品種進行釀造，這些酒款的外觀最終都會呈現出棕色、桃花心木色，或是陳酒老化的葡萄酒顏色，或謂「陳酒」的顏色。這些老酒在展現無可模仿的窖藏香氣之餘，卻也投射出年輕白葡萄酒般的泛青色澤，兩個在本質上似乎相斥的特徵，巧妙地集於一身，多麼令人驚歎！此外，史上顏色最深的白葡萄酒紀錄保持者也值得一提，它是用 Pedro Ximénez 白葡萄品種釀造的雪利酒，雖然它應該被劃歸在白葡萄酒的範疇，但是說它是全世界顏色最黑的葡萄酒，卻一點兒也不誇張。

粉紅酒的顏色

粉紅酒非白非紅，它的色澤介於紅葡萄酒與白葡萄酒之間，涵蓋的色譜範圍包括黃色、紅棕、橘紅與淡紅色。或謂「粉紅酒的魅力，一半來自於它的顏色」，這個說法不無道理。根據法國國家研究院（INRA）亞維儂辦事處研究員皮耶‧安德烈（Pierre André）從事的一項研究分

- 泛灰
- 香檳色、香檳金（微泛粉紅色光澤的淺金色）
- 粉紅色；帶有淺紫光澤的粉紅色；帶有淺紫與淺黃光澤的粉紅色；帶有淺紫與淺橘光澤的粉紅色；帶有淺紫與藍紫光澤的粉紅色；帶有淺紫光澤，如芍藥花一般的粉紅色；帶有淺紫與櫻桃紅光澤的粉紅色；帶有淺紫與覆盆子紅色光澤的粉紅色；帶有淺紫與洋紅、胭脂紅光澤的粉紅色；帶有淺紫與鮭魚紅光澤的粉紅色
- 紅棕色、橘紅色；橘色、橙色
- 淺紅酒的顏色；洋蔥皮的顏色；色澤清亮的極淺粉紅色（鷓鴣之眼⁹）；鮭魚紅
- 杏桃色（橘黃色）
- 泛紅棕色、泛橘紅色；微泛紅色光澤

析發現，在品嘗粉紅酒時，飲者對酒款的整體觀感，會大幅受到酒液色澤的影響。有些粉紅酒的色澤極為淡薄，幾乎僅看得出些許泛灰的色調而已，這種粉紅酒又稱「灰酒」（vin gris）。法國洛林區都勒丘（Côtes de Toul）所出產的粉紅酒即屬於「灰酒」，它們是採用淺色葡萄品種的葡萄汁、色素含量貧乏的某些紅葡萄品種的葡萄汁釀成的，有些年份條件也有利於釀出這種顏色極為淡薄的粉紅酒。至於微泛粉紅色光澤的淺金色得名「香檳色」或「香檳金」，則是因為以紅葡萄釀製的白香檳，在年輕時即帶有淺淺的粉紅色。隨著香檳釀造過程中的酒液澄清、二次發酵以及培養熟成各項操作，酒液的粉紅色澤便會愈趨淡化，或者消失。如果是以釀造白葡萄酒的方法來釀粉紅酒的話，花青素的含量每公升僅約 10 ～ 50 毫克，這種釀造方式是在葡萄果實破皮入槽之後，便立即以「自流」或「壓榨」的方式取出果汁，讓果汁與果實的其他固狀部分隔離開來，避免葡萄皮的色素被大量萃取到無色的葡萄汁裡。至於經過短時間浸皮萃取的粉紅酒，每公升酒液中的花青素將超過 50 毫克，這種類型的粉紅酒

又稱為「淺紅酒」（clairet）、「一夜酒」（vin d'une nuit）或「一日酒」（vin de vingt-quatre heures）。倘若粉紅酒裡所含的花青素突破每公升 100 毫克的話，那麼，它的顏色便會與某些顏色較淺的紅葡萄酒沒有顯著差別。我們要再補充說明，粉紅酒並不是紅葡萄酒與白葡萄酒混調的產物，根據相關法規，只有在釀製粉紅香檳時，才有權利添加少許紅葡萄酒來調校最終的色澤表現。而且，用來替粉紅香檳調色的紅葡萄酒，也必須符合相關的釀造規範。

粉紅酒的色澤表現與葡萄品種關係密切。卡利濃葡萄品種（Carignan）會賦予葡萄酒石榴紅的顏色；加美葡萄則會帶來接近於櫻桃紅的粉紅色；使用卡本內 - 弗朗葡萄品種釀製粉紅酒，會使酒緣帶有覆盆子的色調，近似梅花的顏色；格那希（Grenache）葡萄釀出的粉紅酒色澤較深，甚至接近錦葵那種帶有藍紫光澤的淺紫紅色。粉紅酒在陳放一段時間之後，會逐漸出現類似成熟杏桃的橘黃色澤，接著轉變為偏棕的橘色，到了最後，酒液的顏色看起來就像是「洋蔥皮」一樣。產自法國侏羅阿爾伯（Arbois）的普沙（Poulsard）品種紅葡萄酒，就帶有這種典型的洋蔥色。

現今波爾多出產的「淺紅酒」，以及西班牙的 Clarete、義大利的 Chiaretto，這些「淺紅酒」不論是在色澤外觀、花青素的含量、單寧物質或者酸度等各方面條件，都介於顏色較深的粉紅酒與清淡型紅酒之間。在某些案例上，我們會藉由分析來評量酒液的色彩強度，據此界定一款酒的顏色與所屬類型。譬如，一款粉紅酒應該稱作「波爾多淺紅酒」（Bordeaux Clairet），抑或名為「波爾多粉紅酒」，便可以透過評量顏色強度來判定。

紅葡萄酒的顏色

紅酒投射出的各種紅色色澤，絕對是許多人心目中認定葡萄酒最吸引人的一項外觀特徵，人

們彷彿忘了還有白酒與粉紅酒的存在。這是因為一般習慣以紅葡萄酒作為葡萄酒的代表，一提到葡萄酒，大家便很自然地想到紅酒，認為它才是「真正的」葡萄酒。有人針對這個嗜紅的心理，故作促狹地說：「好酒的必要條件，就是顏色必須是紅的。」釀造白酒的人，聽出這句反話的意思，必然也會莞爾一笑。紅葡萄酒之所以被提升到足以象徵所有葡萄酒的地位，不僅是因為它在水晶杯裡閃耀著璀璨艷麗的光芒，也是由於它能夠留下葡萄酒溢流潑灑的痕跡，不論是衣物、布料、木桶上的暗紅色酒痕，或是酒杯底部殘留的一小灘紅色酒液，都彷若見證了葡萄酒的存在，並且讓人聯想到血液──紅葡萄酒恰是葡萄樹之血的通俗象徵。

在紅葡萄酒裡可以找到的各種紅色，幾乎已經涵蓋色譜上所有種類的紅，彷彿調色盤上明暗不一、有濃有淡的各種紅色，都只不過是從神奇葡萄果實釀成的美酒佳釀當中複製出來的罷了。包括葡萄在內的許多水果裡都有花青素，某些花朵裡也含有這類紅色物質，它們甚至與葡萄裡的花青素屬於同一族系，無怪乎有人會說某些品種的桃子或玫瑰帶有酒紅色。花青素賦予年輕紅葡萄酒的色澤取決於酒中的酸度，因為花青素會與酸發生反應。當葡萄酒的酸鹼值相對較低，也就是說，整體酸度表現稍強勁時，酒液外觀會顯得清亮鮮艷；反之，當酸鹼值偏高時，則將由於酸度不足，使酒液的外觀失去光澤，並且呈現出帶有藍紫色光澤的紫紅色調。在葡萄酒陳年的過程中，單寧會與花青素結合，並因此帶有顏色。陳年葡萄酒正是由於含有這些被染色的單寧物質，而呈現出磚紅色的光澤，閃耀著棕色的歲月痕跡。在法語裡，我們會用「磚」或「瓦片」這兩個名詞衍生出來的形容詞，來描述有色單寧賦予老酒的色澤：「磚紅色」或「瓦紅色」。年歲逾百的紅葡萄酒，呈現出來的顏色便不是「磚紅」、「瓦紅」

足以形容的了。它們的外觀倒像是年代非常久遠的木頭家具打蠟之後的色澤。

我們在下欄列舉的是描述紅葡萄酒色澤的語彙。由於葡萄酒的顏色變化豐富，不勝枚舉，再加上杯中的酒液深淺厚薄不一，照明條件也不見得一致，因此，以下這份清單尚不足以涵蓋紅葡萄酒所有可能出現的顏色。

- 色澤稍淺的粉紅色、帶有清亮麥桿色的淺粉紅
- 淺紅色；正紅色；帶有藍紫光澤的紅色；帶有芍藥花色般的紫紅色；帶有櫻桃紅光澤的紅色；帶有野櫻桃紅色光澤的紅色；帶有紅醋栗光澤的紅色；血紅色；火紅色；磚紅色；橘紅色；深沉的紅色；紅棕色
- 微泛紅色光澤；洋紅、胭脂紅
- 如紅寶石般泛有紫紅、藍紫或粉紅光澤、清亮鮮豔的紅色，或是深邃的紅色；比上述紅寶石顏色稍微焦棕一些的色澤
- 洋紅；胭脂紅
- 紅榴石、色澤暗沉的紅色；石榴紅
- 顏色稍深且接近櫻桃紅的鮮紅色、唇紅色；微帶橘色光澤的鮮紅色、硃砂紅
- 帶有藍紫色光澤的紫紅色；絳紫、略帶深紅的紫色；接近紫紅色的顏色
- 藍紫色；接近藍紫色的紫色；接近藍紫色的紅色
- 帶有青色光澤的紅色；微泛青色光澤的紅色
- 瓦紅色；帶有非常清亮麥桿色澤的淺粉紅色；未去殼的栗子的紅棕色；如同赭石般的淺紅棕色；如同黑咖啡般、幾乎泛黑的棕色；去殼栗子的顏色、栗仁色；類似鐵鏽的紅棕色或橘紅色
- 黑色；顏色深到幾乎發黑；泛黑

我們在這裡以兩種寶石的名稱來譬喻葡萄酒的顏色，其一為紅寶石，其二為紅榴石。寶石紅是一種深邃的紅色，但是，有些紅寶石則帶有藍

紫色或紫紅色光澤，還有些紅寶石帶有淺紫光澤的粉紅色，這種顏色看起來就像是產於普羅旺斯丘（Côtes de Provence）的知名酒款 Château-de-Selles 粉酒。曾經有位珠寶商在品嘗 1970 年波爾多 Château La Lagune 葡萄酒時，表示該酒款的色澤讓他聯想到貝比尼昂（Perpignan）出產的紅榴石，而 1966 年的 Château Pape Clément，色澤比較暗沉，則較像是波希米亞的紅榴石顏色。我們較少使用「瑪瑙」一詞來形容葡萄酒的色澤，因為這種寶石的顏色很不固定，從橘黃色到血紅色都有。法語裡的「pourpre」以及「purpurin」兩個單詞屬於詩歌語言，意思分別是「帶有藍紫色光澤的紫紅色」以及「接近紫紅色的顏色」。這類表情豐富的語彙隨著大量優美的文學篇章流傳至今，對於形塑葡萄酒的文字風貌居功厥偉。法國人會以「奢華富麗」來形容葡萄酒的顏色，這也是詩性語言的風格。在雷蒙‧杜梅（Raymond Dumay）的筆下，各種紅葡萄酒的不同色澤，宛如許多生動形象，交織出一幅多采多姿的畫面：「聖愛美濃（Saint-Émilion）與玻美侯葡萄酒帶有藍紫色光澤的紫紅色，完全不輸給前文藝復興時期法蘭德斯藝術家身上羊毛坎肩的艷色；至於十八世紀才嶄露頭角的梅多克（Médoc）產區葡萄酒，則酷似其同時代靜物畫大師夏丹（Chardin）作品裡，那種絨面般沒有磨光的溫暖色調韻味。」

至於「vermeil」這個法語單字適合用來形容白葡萄酒，還是紅葡萄酒的色澤呢？當然都可以。Vermeil 可以指偏向暖色調的金黃色，也大可以是鮮豔亮眼的紅色。拉伯雷（Rabelais）就曾經用它來形容「色澤鮮豔亮眼的淺紅酒」。至於「葡萄酒酵母沉澱物的顏色」，則是指「帶有些許藍紫色光澤的紫色」（violacé）。不過，我們不喜歡直接用「青紫」這個字眼來描述葡萄酒的色澤。雖然在法國通俗小說作品裡，這樣的表達方式屢見不鮮，但是「青紫」其實是用來形容品質低劣的酒款，或者經過摻雜混調的葡萄酒顏色。話說回來，幸或不幸，還真的有某些葡萄酒的正常顏色就是青紫色，譬如美洲的釀酒葡萄品種 Vitis Labrusca 或者某些其他混種的品種，在果汁發酵之後，就會呈現出又青又紫的紅色。此外，二十世紀初留下的一份文件資料出現這樣的記載：「羅亞爾河沿岸曾經是所謂青色紅葡萄酒的主要產地。」

前文已經數次提到「鷓鴣之眼」的顏色，它可以用來形容普羅旺斯出產色澤極淡葡萄酒，所呈現出來的淺粉紅色。然而，這個詞語相當容易讓人產生混淆，所以我們會盡量避免用它來描述酒液的顏色外觀。根據古代典籍記載，「鷓鴣之眼」是用來描繪成色極淺，帶有非常清亮麥稈色澤的淺粉紅色葡萄酒的顏色。這種淺色酒在法語裡被稱作「vin paillet」其來有自，因為「paillet」的詞根「paille」便是麥稈的意思。《樂如思法語辭典》（Larousse）將「鷓鴣之眼」的顏色定義為僅輕微上色的紅葡萄酒色澤。這個表達法經常用來描述普羅旺斯粉紅酒的顏色。不過，我們在其他文件紀錄中看到這樣的陳述：布根地伯恩丘產區（Côte de Beaune）梅索村莊出產的白葡萄酒，帶有漂亮宜人的「鷓鴣之眼」色澤。這個說法乍看之下好像不太對勁，但是我們先別急著下判斷。在 1915 年時，維迪耶（Verdier）就曾經以「鷓鴣之眼」一詞來稱呼那些使用紅葡萄品種釀製，並經過氧化培養處理的白葡萄酒所呈現出的酒液色澤。其實，這個說法最早可以追溯到十七世紀初，根據當時農學家德塞赫（Oliver de Serre）的文字紀錄，一款帶有所謂「鷓鴣之眼」色澤的葡萄酒，就是酒液帶有「東方寶石紅」色調的「波爾多紅葡萄酒」。此處提及的東方紅寶石的顏色，是一種清亮鮮豔的紅色，然而，淺紅酒的顏色，卻偏向橘黃色，

這種色澤可以被稱為「hyacinthe」。法語中這個單詞有兩個不同的意思，它在這裡不是指風信子那種青紫色的花卉顏色，而是指紅鋯石的顏色。這種礦石的色澤接近紅榴石或黃玉，看起來就像是微泛紅色光澤的黃色。至此，我們不僅看到「鷓鴣之眼」一詞在色彩方面的語義橫跨的幅度相當大，可以涵蓋特定的紅酒、粉紅酒和白酒。我們還發現德塞赫這位四百年前的農學家，也曾經在眾多天然寶石當中追求靈感，尋覓適合用來描述葡萄酒顏色的詞語。

葡萄牙出產的酒精強化天然甜葡萄酒——波特酒——則有一套國際通行的語彙來表達酒款的色澤外觀。年輕白波特酒的顏色可以用英文稱為「pale white」（淺金色）或葡萄牙文「branco palido」；在陳年的過程中酒液的色澤會逐漸加深，變成「golden white」（金黃色）或稱「branco dorado」。至於年輕的紅波特酒，剛開始顯得「色澤飽滿」（英文為 full，葡萄牙文為 retinto）；在陳放八到十年之後，酒液顏色轉趨「寶石紅」（ruby），經過十五到二十五年的貯藏熟化之後，則變成「tawny」（黃褐色）或「alourado」的顏色；最後，非常老的波特酒，顏色更淺，我們會用「lignt tawny」（淺黃褐色）或「alourado claro」來形容它。

風味的語彙

結構

不論品評員再怎麼缺乏想像力，當他含著一口酒，讓酒液在嘴裡流動時，他會用舌頭輕撫、感受葡萄酒在口腔中的質地觸感，並且把這些感覺比擬為形體、份量與堅實度（濃稠度），彷彿葡萄酒的風味結構能夠以某種具體的形象呈現出來。這便是所謂的「風味立體效果」，它與視覺範疇的概念有異曲同工之妙：如果將之稱為「味

覺立體感」也不為過。當我們在品嚐葡萄酒時，各種風味紛來沓至，構成宛若浮雕般起伏有致的立體曲面，恰如我們接受到來自不同距離與方位的聲音時，可以獲得立體空間的感受，營造「聽覺立體感」一樣。葡萄酒雖然是以一種不可捉摸、難以掌握的浪潮般的態勢，沖激我們的味蕾表面，但是這完全不足以呈現它帶來的風味與口感印象，我們可以用三維立體結構的方式，有條不紊地把葡萄酒的風味形象描述出來。在品嚐葡萄酒時，品評員莫不專注於玩味酒款的縱深與架構。

品評員談論酒款的身段線條、立體起伏、結構組織，彷彿能夠藉由味蕾來判斷葡萄酒外在輪廓、表面質地，以及內在架構。對於品評葡萄酒的人而言，這些抽象概念是葡萄酒實體性質與真正面貌的反映，令人好奇的是，理想的葡萄酒應該具有什麼樣的形貌呢？亞里斯多德曾經說過，球體是最理想的形狀，因為不論物體的質量多寡，球體的形式都能使其達到完美的均衡狀態。這樣看來，葡萄酒風味結構的理想形狀，或許可以說就是「球體」。

不過，這個問題似乎沒有那麼單純，因為葡萄酒入口之後所展現出的風味形體並非固定不變、首尾一致的。隨著葡萄酒的風味在口腔中的遞嬗演變，我們對它的「形狀」也會產生不同的感受與判斷。酒液在入口之後第一時間所造成的風味形體感受，可能會倏地消失無蹤，有時候則會發生風味濃度減弱，或者風味架構規模縮小的現象。酒款的風味形體在品評過程中的變化情形，即可作為評判該酒款的參考。一款葡萄酒的風味經常讓人覺得「此始彼終」：它可以讓人感到各個不同階段的風味連續變化，但是各個風味階段卻也可能顯得支離破碎；不論如何，總是會展現出前後不同的風味變化。正是由於從酒液入口開始，直到酒液離開口腔之後的這段時間裡，風味感受必然會有所差異，因此，「均

質的品評過程」在實際操作中是很罕見的，也就是說，很難遇到風味前後相同的葡萄酒。縱使葡萄酒的風味在品評過程中並不固定，然而，若是它予人的第一印象能夠如「球體」一般均衡，而且這個宜人的形體感受能夠鮮明、穩健地持續不墜，那麼，我們便可以將該酒款的結構表現描述為「悠長」；反之，如果葡萄酒在入口之後的變化步調急促，各個區塊更迭頻繁，有如走馬看花般，乍起直落、倏然消逝，整體風味的演變軌跡破碎，彷彿已經稱不上是各個變化階段，而是雜亂無章的零星片段，那麼，葡萄酒的風味便會顯得「淺短」，因為它讓人覺得缺乏舒展性與延長感。路易・歐希瑟曾經述及庇里牛斯山出產的居宏頌（Jurançon）甜型白葡萄酒，品嘗過的人應該都會感到心有戚戚，他說：「居宏頌葡萄酒以渾圓飽滿為始，以尖銳刺激為終，此其鮮明的對比。」這段話的意思是，當我們品嘗這種甜白酒時，首先會覺得它香甜油滑，甜滋滋、軟綿綿的風味讓人聯想到圓球的形象；但是，當酒液在舌頭上停留數秒之後，甜味便消逝無蹤，最後取而代之的是尖銳刺激，有如針扎的酸味。

以上所述的概念雖然都是我們運用想像力創造出來的，但是，既然所有人都能體會、感受到我們透過語言傳達的這些形象或感覺，那麼，又怎能否認它們的真實性呢？品酒者致力建立一套足以傳述這些抽象概念與真實感受的語言，目的無非是為了能夠在品評過程中，按部就班地區辨葡萄酒風味的尺寸規模（維度表現）、結構形體、堅實度（濃稠度）與均衡感的印象，並將它們記錄下來。

尺寸規模（維度表現）

首先我們要知道，葡萄酒的身材也有高矮之分，有些是侏儒，有些則可以比擬為巨人。有些酒款的結構規模較小，表現得小巧輕盈，不過卻應有盡有，可謂麻雀雖小，五臟俱全；有些酒

款天生身材修長，而且還能維持不錯的結構均衡度，不至於顯得乾癟、枯瘦。另外，某些葡萄酒的形體規格大得驚人，這類大尺寸的酒款雖然非常罕見，但是一旦遇上，確實會讓人即刻感到那種浩大、磅礡的氣勢。在描述葡萄酒的尺寸規模時，我們經常用的修飾語就是「大小」、「高矮」。此外，「份量感」一詞所表達的也是類似的概念。「缺乏份量感」的酒款嘗起來「纖細瘦弱、缺乏酒體」，「具有份量感」的酒款則可描述為「結實飽滿」、「壯碩」、「強健」，或「魁梧」[10]。

結構形體

從形體概念衍伸出的葡萄酒結構描述方式，修飾語彙數量繁多，難以悉數列舉。如果一款葡萄酒在入口之後的形象模糊難辨，那麼，我們可以將之描述為「變形、走樣」或「畸形」。此外，以下列舉的一系列表達方式，都是基於幾何圖形、線條或簡單的概念，藉以傳達葡萄酒予人的結構形體印象：「均衡渾圓」、「圓潤飽滿」、「圓滾滾、胖嘟嘟」、「被拉得細細長長的」、「平板、扁平」、「纖如髮絲」、「線條筆直、不歪不斜」、「身形纖長」、「形體明確毫不曖昧、形體方正」、「有稜有角」、「形體尖銳、口感刺激」、「歪七扭八」、「有如勾爪的弧形」、「宛如凹陷的窟窿」、「宛如鼓起的小丘」。

酒體結構堅實度

當葡萄酒的風味結構強度不足，酒體缺乏堅實感的時候，我們可以用下列詞語來描述它：「細瘦薄弱」、「纖細瘦長」、「彷彿被繃緊、拉得細細長長的」、「小巧玲瓏」、「纖細瘦弱、缺乏酒體」、「窄小」、「細小尖銳」、「狹隘侷促」、「弱不禁風」、「笨拙不靈巧」、「疲軟扁平」、「癱軟乏力」、「空虛」、「空洞」、「乾瘦」、「發育不良」、「細瘦乾癟」、「虛有其表」。以上這些詞語都是用來描述酒體過輕的酒款，也就是那

種彷彿稍不留神就會被風吹走的、「輕飄飄」的葡萄酒。至於酒體壯碩的葡萄酒，則讓我們的腦海中浮現以下這些詞彙：「完整飽滿」、「壯滿豐厚」、「富有骨感」、「壓縮密實」、「紮實豐厚」、「完滿豐盈」、「黏稠沉滯」、「黏稠厚重」、「肥碩」、「圓胖」、「彷彿層層裹起而顯得肥胖」、「雄厚紮實」、「寬廣」、「集中」、「結構鮮明」。

所謂酒體壯碩，就是「酒體結構表現鮮明」的意思，也可以說是「具有良好的酒體堅實度或濃稠度」。葡萄酒的酒體表現取決於許多因素，包括多酚物質的含量、酒精成分，還有其他溶解於酒液裡的各種物質，以及所有構成成分在分析層面上的整體關係。此外，某些風味元素也會影響我們對酒體表現的評判，只不過，要具體說明其間的互動關係並不容易。「葡萄酒的風味」其實是個相當模糊、不精確的概念，因為它牽涉的不只是「味道」而已，它的內涵還包括「酒體結構」、「強度表現」、「丰姿格調」，以及風土人文條件。我們可以準備一款品質不錯的好酒，並製備一個摻有 5% ～ 10% 純水的樣本作比較品評。這個簡單的小實驗能夠幫助我們瞭解此處論及的酒體概念，並實際體會它與口感表現的關係。一款酒體壯碩的葡萄酒，通常可以被形容為「有底子」，也就是不浮泛、有內涵、可靠的意思，「有裡子」、「蘊積充實」也有類似的意思。「佔有一席之地」的表達法，則是用來形容酒體壯碩的葡萄酒在入口之後，所展現出的悠長、持久等特性。前文提到的「完滿豐盈」，指的是在品嘗的時候，能夠感到葡萄酒的風味紮紮實實地「充滿整個口腔」，我們偶爾也會聽到有人用「擁有很好的口感」來形容酒體完滿密實的酒款。

均衡感

一款均衡的、擁有良好口感與架構的葡萄酒，能夠予人正面的感官印象：我們會欣然將之描述為「純淨協調、構圖良好」[11]、「比例嚴整、架構完善」[12]，或者，用「和諧」一詞來形容它。至於不均衡、缺乏協調感的酒款，我們則會嫌它「乾瘦無肉」、「鄙陋清寒」、「堅硬乾縮」、「支離破碎」，甚至結構鬆散，像是骨頭被拆散一樣，或者毫無骨架可言。雖然我們大可以用這種概括的方式來形容葡萄酒架構的整體表現，但是，當一款酒的品質太差勁時，人們往往傾向細數它的結構缺陷，譬如「不夠豐腴油滑」、「不夠甜潤」、「不夠爽口、缺乏酸度」、「不夠細膩」；而當一款酒有一定的水準表現時，人們卻也經常情不自禁地錦上添花，似乎要把所有的讚美之詞都說盡才肯罷休。其實，這是由於葡萄酒在結構方面的優缺點都不會單獨出現，許多結構特性都彼此相關，牽一髮而動全身。也是因為這樣，才會常常有人說，倘使一款葡萄酒的結構沒有太大的問題，那麼，其他一切也就水到渠成，用不著煩惱。

觸感

酒液在口中與舌頭接觸時，除了產生味覺以外，也會產生觸覺。有些葡萄酒予人「平滑」、「滑順」、「滑溜」的觸感，有些酒款則由於對黏膜造成較大的刺激，而顯得「粗糙」、「有如咬嚼般的口感」、「有如刀割般的口感」，或者「尖銳」；我們也可以將之比喻為「有稜有角」、「帶刺」或「凹凸不平」。

質地，份量感與濃稠度

唯有當一款葡萄酒呈現出頗為緊實堅挺、富有骨感而豐厚密實的結構時，才有「濃稠度」可言，也可以稱為「堅實感」。這種結構特徵通常必須透過口腔觸感來判斷。從「堅實感」這個概念出發，可以將葡萄酒區分為兩種類型，其一為「堅硬酸澀」、「紮實」、「堅硬」、「嚴肅」，另一類則顯得「柔軟」、「易飲」、「圓融」、「甜美」、「溫順」。當我們描述一款強度表現頗佳的葡萄酒時，可能會用到下列詞彙：

甜味漸強　　　　　　　　　　　　　　　　　　　　　酸味漸強

| 黏膩、豐厚滑膩、黏稠沉滯、油滑如蜜、癱軟無力、黏稠厚重、如甘油般豐厚油滑、油滑甜潤、襯托出鹽鹼般的口感、平板、單寧或酸度不足而顯得微甜、討喜、「陰柔」 | 均衡協調 | 細瘦乾瘠、空洞、風味淺短、乾癟無肉、空虛、缺乏酒體、清瘦、堅硬乾縮、乾硬、粗野、堅硬粗糙有如咬囓般的口感、酸利刺激、刺激、尖銳刺激、生硬、堅硬、酸澀刺激、香氣貧乏、嚴肅堅硬、有稜有角、酸澀堅硬、帶有酸味、生青不熟 |

豐厚飽滿程度向下遞增

酒體輕盈
細瘦薄弱
富流動感
滑順
細膩高雅
細緻羽滑
柔滑如絲
細膩精巧
柔軟甜潤
柔軟圓融
柔軟豐厚
渾圓飽滿
完熟
完滿豐盈
豐腴飽滿
油滑

完整飽滿、悠長、豐厚強勁、壯碩、豐厚密實、富有骨感、集中、壓縮密實、「陽剛」、緊實堅硬、強勁

堅硬、單寧鮮明、紮實、口感粗野、粗獷苦澀、粗糙澀口、帶有苦味、澀感顯著

苦澀感漸強

〈紅葡萄酒風味結構語彙邏輯系統關係參考圖示〉

「豐厚」、「油滑」、「濃稠如膠」、「滑膩」、「黏膩」。至於「濃到幾乎會牽絲」、「像油一般濃稠」，或是已經到「黏膩、稠如膏脂」程度的酒款，則從酒液外觀就可以判斷它的口感應該相當具有份量，質地也應該頗為密實。

葡萄酒結構語彙數量繁多，難免予人不著邊際之感，但是，我們必須瞭解它們的意涵，並懂得如何妥善運用，有些葡萄酒語彙表是按字母順序編排的，冗長而千篇一律的編寫方式，不僅讀來索然無味，各個詞語的定義也顯得相當抽象難懂。我們曾經多次嘗試以圖表的形式來呈現紅葡萄酒風味語彙的內在邏輯關係，希望能讓這套詞彙更便於理解，並提升其參考價值。此處的紅葡萄酒風味語彙表是以本書前述的均衡概念為基礎製作而成，也就是「甜味⇌酸味＋苦味＋澀感」這個式子的邏輯與原理。我們在前文已經述及，葡萄酒中的酒精、甘油與殘存糖所帶來的甜味感，必須與酒液裡酸味表現與強度皆不盡相同的各種酸所構成的整體酸味，以

及諸多單寧物質達到均衡協調的比例才行。單寧雖然能夠使風味更為飽滿豐厚，但是，倘使酒中的單寧含量偏高，葡萄酒嘗起來便可能顯得堅硬、緊澀，而且有失衡之虞。上圖是我們以圖表呈現紅葡萄酒語彙系統關係的努力成果。

在這張圖表中間欄位裡所列出的語彙，可以用來描述葡萄酒達到均衡協調時的風味結構特徵。從表中可以看出，架構堪稱均衡的葡萄酒，可能予人數種不同的感受，這是由於風味結構因素的比例不盡相同，而酒款的「豐厚飽滿程度」，或者說是「份量感」也就會產生細微的差異。圖表右上方與右下方的箭號則分別代表酸味與苦澀主導所造成的風味失衡。箭號裡列舉的語彙，大致根據語義強度排序，用來描述程度不一的失衡情形。圖表裡有某些詞彙並未劃歸在任何箭號之內，這是由於它們牽涉的均衡型態較為複雜，不是單項風味結構因素所能決定的，左上方的箭號則是甜味主導所造成的架構失衡。我們利用這張圖表呈現「紅葡萄酒風味結

構語彙邏輯系統」，列出將近八十個詞彙，並透過它們在圖中的位置呈現彼此關係，希望能增進對這些詞語意涵的理解並幫助正確使用。

形體變化與餘韻

在品嘗葡萄酒時，口感會在短短的幾秒鐘之內產生變化。如果能夠瞭解風味感受在口中的演變過程，並熟悉如何描述、傳達出來，將不難從品評活動中得到更多樂趣與收穫。根據神經生物學家尚-第迪耶・凡松（Jean-Didier Vincent）的看法，所有讓人感到愉悅的感官刺激，都必然具有持續、延長的特質。以感官刺激的強度加以分類，大致可以得到三種刺激類型：過於微弱，以致於無感的刺激；強度適中，能夠令人感到愉悅的刺激；以及過度強烈、讓人感到不適的刺激。維德爾以這個說法為基礎，發展並制定了一套機制，能夠呈現在品評葡萄酒時，口腔味覺與內部嗅覺的演變情形。他提出「口感長度」此一重要概念，並以「香氣強度持久度」（PAI, Persistance aromatique intense）這個既有的共識，作為自己提出觀點的佐證。「香氣

強度持久度」的計數單位是「caudalie」，一個 **caudalie** 相當於一秒鐘，它是用來計算我們在嚥下或吐掉一口葡萄酒之後，能夠在口中持續感受到葡萄酒殘餘氣味的時間長度。這個概念僅適用於描述葡萄酒香氣表現的持久度，而不是用來計算氣味缺陷延續的時間。雖然維德爾提出的「口感長度」概念不夠精確，但它與「香氣強度持久性」確實都是評判葡萄酒品質的重要參考指標。當我們在品嘗一系列未知的酒款，還無法根據它們的風格型態來評判其品質高下的時候，「香氣強度持久度」就已經足以作為區分優劣的標準。不過，由於葡萄酒在口腔裡殘留的氣味並非倏然消失，而是漸漸淡去，所以在讀秒標準的拿捏上，仍有討論的空間。一般說來，品質平庸的葡萄酒，大致可以達到 2～3 個 caudalie 的香氣持久度，而品質優異的頂尖酒款，或者法國人說的「偉大酒款」，在口腔殘留的風味感受可以持續數十秒之久，甚至長達好幾分鐘；我們必須說，這非常有可能只是「餘音繞樑」的心理作用，而不是葡萄酒殘留的風味分子持續刺激感官而造成的生理感受。然而，能夠有這樣的品評經驗，也將會是令人回味無窮的一件樂事。

上述的機制結合了感官特質、外在刺激強度，以及風味感受變化性等諸項因素，在品評時利用這組基本概念來傳達風味變化的印象，可以將葡萄酒的形體描述為各種不同的樣貌：「線條筆直，不歪不斜」、「有稜有角」抑或「渾圓飽滿」，此外，也可以根據酒款的壯碩程度與持久性，補充描述它予人的風味印象是「有份量」或者「沒份量」，「悠長」或「淺短」。某些品酒者便是從這個角度審視葡萄酒，仰賴這套方法進行品評與紀錄。

酒精勁道

當我們將一款葡萄酒形容為「有葡萄酒的感

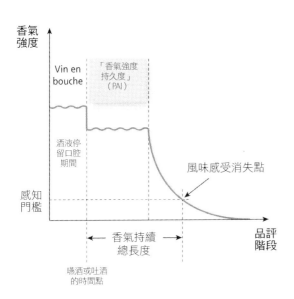

覺」時，其實並不算是一種贅述。在法語裡，「有葡萄酒的感覺」（vineux）這個詞語是由「葡萄酒」（vin）這個單詞衍生而來的，它原本就是用來描述「具有葡萄酒特性」的事物，譬如「帶有酒味的水果」，或者「散發酒香的玫瑰」，然而，「vineux」這個法語詞彙的內涵並不僅止於此。「有葡萄酒的感覺」這個形容詞的名詞形式為「vinosité」，它的語義內容涉及葡萄酒在味覺屬性方面的特徵，而且也與酒精比例有關，因此跟酒精濃度脫離不了關係。此外，一款葡萄酒的酒感表現，當然也取決於發酵程序，因為果汁若沒有經過發酵，也就無從產生酒精。我們不妨為「酒感」作如下的定義：「酒液裡的酒精成分，在增添葡萄酒的味道並與酒中其他風味特徵融為一體時，所呈現出來微帶溫熱刺激口感的宜人風味表現，即謂之『酒感』。」只有當葡萄酒中的酒精含量超過某個濃度時，才嘗得出「酒感」，當然，此處所謂的「酒精濃度」並不是某個特定的度數門檻，而是指酒精成分在葡萄酒風味結構的整個脈絡裡，表現出來的相對強度。不過，根據經驗，倘若一款葡萄酒的酒精含量低於 11°C，那麼，便很難稱得上是「富有酒感」。一般說來，只有當酒精濃度超過 12°C 時，才能夠嘗得出明顯的酒感。這是因為我們的口腔黏膜被唾液包覆，如果葡萄酒裡的酒精含量不夠豐厚，在品嘗時便很難對黏膜造成刺激，也就無法清楚地感受到酒精帶來的濕潤感、穿透感與溶融感。

當葡萄酒的溫度偏低時，酒精的味道會顯得隱而不彰；相反地，當酒溫升高時，便會彰顯酒感的特徵。除此之外，酒感表現的強度也與葡萄酒裡酒精以外的成分有關，譬如，當每公升酒液裡含有 300 毫克的高級醇與約莫數公克的琥珀酸時，葡萄酒表現出來的酒感特性將會獲得加強。如果我們在葡萄酒中添加些許酯質，也會產生類似的效果。

人們經常把「酒感」與「酒體」混為一談，要知道這是兩個不同的概念。一款酒精濃度高達 13° 的葡萄酒，雖然富有酒感，但是卻不見得有壯碩的酒體；至於在酒精發酵完成後，從酒槽中取出果皮、果籽等固狀物進行壓榨所得到的「壓榨酒」，雖然其酒精濃度僅達 10°，但是風味表現，或者也可以說是酒體，卻極為壯滿豐厚。總而言之，葡萄酒酒體結構壯滿豐厚的特質，絕非酒精濃度此一因素單獨決定的。正如我們前文提到酒精濃度能夠加強、加深某些風味元素表現，酒精也能夠使酒體壯碩的酒款愈顯厚實；然而，當葡萄酒裡的酒精含量比例太高時，卻會適得其反，不僅造成風味結構失衡，也會削弱酒體，使葡萄酒嘗起來細瘦薄弱。如果把葡萄酒視為溶有許多風味物質的溶液，那麼，我們可以說，「酒感」是葡萄酒「溶液」所賦予的感受；「酒體」則來自於溶解在酒液裡的「溶質」，此即葡萄果實的「萃取物」，主要是各種酸與單寧所構成的風味整體，它形塑了葡萄酒的「形體」與「份量感」。「單寧指數」正可以作為評估一款葡萄酒酒體壯碩程度的重要依據，反觀「酒精度數」則完全無法作為判斷酒體豐厚程度的指標。

此外，人們有時也會混淆「酒體」與「柔軟豐厚」。這兩個概念並非全然互不相干，從第 212 頁的圖表中便可看出，「柔軟豐厚」一詞位於中間欄位，這意謂一款葡萄酒必得達到均衡協調，才能呈現此項風味結構特徵，而這正表明了「柔軟豐厚」並不是單項結構因素主導所顯現的特質，酒精在其中也具有影響力。然而，酒精成分與一款葡萄酒是否「柔軟豐厚」，兩者之間並沒有直接的因果關係。當葡萄酒裡的酒精濃度偏低時，不代表它不會讓人覺得「柔軟豐厚」，而酒精含量頗高的酒款，當然也有可能由於酸度的影響，而使葡萄酒嘗起來「清瘦乾硬」、「細瘦乾瘠」。總之，一款葡萄酒展現出來的「軟甜

滑潤」或「柔滑順口」特質，不能簡單地判定為酒精單項成分造成的結果。

不過，「勁道」卻向來都是「酒感」的同義詞，因為，替葡萄酒帶來豐沛活力的結構成分，正是酒精。也因為如此，我們在使用「勁道」這個術語時，會併用「酒精」一詞，也就是「酒精勁道」。所以，當我們以「勁道」的形容詞形式「強勁」一詞來描述葡萄酒的風味特徵時，無非是指該酒款的酒精度偏高。葡萄酒的「勁道」是個相當古老的概念，它被視為葡萄酒最引人入勝的特質之一。農學家德塞赫如此寫道：「當阿利恩‧克魯辛（Arrion Clusien）召喚高盧人到托斯卡尼作戰時，吸引他們拿起武器動身向義大利挺進的那股力量，正是葡萄酒的力量。」這裡提到葡萄酒的力量，指的正是酒精。在現今葡萄酒品評的領域裡，有不少詞彙可以用來表達葡萄酒的勁道：「活力充沛、蓬勃旺盛」、「堅實有力」、「強勁」，甚至「魁梧結實、孔武有力」[13]；而缺乏勁道的酒款，則可以描述為「羸弱無力、空虛瘦弱」、「氣虛嬌弱、弱不禁風」。如果一款葡萄酒在釀造過程中，以添加蒸餾酒的方式中止發酵，那麼，便可以稱為「酒精強化葡萄酒」，顧名思義便是「酒精成分的比例增加，酒精勁道獲得提升的葡萄酒」。

另外，還有一系列詞語適合用來描述酒精濃度偏低的葡萄酒，諸如：「矮小」、「貧乏」，以及剛剛提過的「羸弱無力」。由於酒精含量較少，所以我們也會用「輕盈」一詞來描述，意指「酒精的份量很輕」；這種清淡的酒款相當易飲，而且特別解渴，如果再配合宜人的酸度，那麼，便稱得上是「清新爽口」；反之，既缺乏酒精，酸度又不足的酒款，則不免顯得「平板」。酒精濃度偏低的葡萄酒容易讓喝酒的人覺得它「冷冰冰」，因為飲者沒有辦法從中得到酒精溫熱的撫慰。當葡萄酒的酒精份量不足時，嘗起來

容易有「水水的」感覺，或者說是「水感」，彷彿葡萄酒摻了水一樣，而「被洗過」或「被潑濕」此類描述生動的形容方式，也是用來表達酒感不足的風味特徵。當今技藝最精湛、品味最細緻，同時身兼葡萄酒鑑賞家與在職釀酒師的尚-克勞德‧貝胡埃[14]，他在描述缺乏酒精或者其他結構成分不足的酒款時，會用「液態」或「液態性」這樣的字眼來形容葡萄酒酒精含量偏低，或者單寧、酸度不足時的那種流動感。不諳箇中道理的人，在乍看之下或許會覺得啼笑皆非，因為葡萄酒原本就是一種液體，怎麼會用「液體」來形容酒呢？這樣不是多此一舉嗎？不過，貝胡埃的用字遣詞其實非常傳神地道出了這類酒款不夠濃稠、缺乏堅實感的結構特徵。傳統上習慣使用「富有咬感」[15]一詞來描述「豐厚密實、風味濃郁」的葡萄酒，「富有咬感」這個詞彙恰與「液態性」構成一組鮮明的對比。

可以用來形容高酒精濃度葡萄酒的語彙為數眾多。首先，「豐沛」這個詞語可以表達葡萄酒酒精強勁、風味飽滿的特點；譬如使用「自然凝縮」手法處理葡萄果實來釀造，或是運用添加酒精中止發酵的操作程序所釀出的「甜點酒」，就是很好的例子，它們都能展現出「酒精豐沛」的性格特徵。不過，豐沛的葡萄酒不必然是甜型葡萄酒，「豐沛」原本是用來形容風味宜人，能夠撫慰心靈的葡萄酒，如果葡萄酒有良好的成熟度，毋需藉由特殊的釀造工法，也能釀出結構紮實有力、口感豐潤飽和的酒款。品嘗這種滋味豐沛的葡萄酒，的確使人感到快慰舒暢。而當我們形容一款葡萄酒為「靈氣十足」時，是指它有很多「酒魂」，亦即酒精成分。酒精之所以被視為葡萄酒的魂魄，是由於它能在蒸餾的過程中脫離酒液，一如靈魂離開肉體。簡言之，法語裡所謂「靈氣十足」的葡萄酒，就是「富有酒感」的葡萄酒。

如果在品評時發現一款酒帶有明顯易辨的酒精風味，彷彿在釀造過程中添加了額外的酒精一般，不妨直接用「富含酒精」、「酒精豐厚」來描述。而當酒精的表現凌駕葡萄酒中其他結構元素時，則可以將之評為「酒精過剩」。酒精會讓冰涼的酒液在入口之後也出現些許溫熱感，這種溫度錯覺的印象，可以用「溫熱」、「灼熱」、「暖洋洋」、「熾熱、發燙」、「燒炙」、「火氣旺盛」。要特別注意的是，「火氣旺盛」與「焙火味」、「爐火味」所指不同，不應混淆。後兩者是用來形容剛蒸餾完畢不久的蒸餾烈酒所散發出來的濃重氣味。

最後，我們要述及的詞語可供形容酒精所擁有的那種使人興奮激昂，卻也讓人感到醺醉的屬性特質。「直衝腦門」、「讓人頭昏腦脹」的葡萄酒，可以用「向上竄升」來概括，形容飲酒時一股醉人的酒氣在體內上升，那種後勁十足的感覺。攝取酒精之後出現輕飄飄、騰雲駕霧的生理感受，在先人的眼中，是由於「葡萄酒的酒氣、醺煙、醉雲浮升腦際」之故。而我們偶爾會聽到有人用「酒氣如煙裊裊，瀰漫朦朧」來描述特別醉人的酒款，其典故即出於此。至於酒精能夠讓人為之一振的特質，則可以用「強烈刺激、沁爽有勁」[16]來概括。雖然酒精會賦予葡萄酒「強烈刺激、沁爽有勁」此一風味特徵，但是，該項特質並非單獨取決於酒精成分，而是有賴不同風味結構元素之間達到某種比例關係。當一款葡萄酒擁有充足、適量的酒精與酸度時，便能明顯感受到它「強烈刺激、沁爽有勁」的風味特徵，它能刺激活絡我們的味蕾，卻又不至於露骨地展現出舖天蓋地而來的酒精或酸味。擁有如此風味結構的酒款，通常也能展現出「酒體飽滿」、「富有酒感、力道強勁」的特徵；葡萄酒裡的芬芳物質也能襯托酒體與酒感的表現，加強它們帶來的感官印象。

甜潤與甜味

法語裡的「moelleux」與「sucré」兩個字的詞義接近，都是「甜」的意思，但是我們有必要加以區別。「sucré」這個字是指甜味，這項特質取決於葡萄酒中的含糖量。「moelleux」則可以理解為「甜潤」，它傳達的是富有酒感的葡萄酒所呈現出的軟甜口感。甜潤的風味特徵不一定來自於酒中的糖分，酒精與甘油成分也會使葡萄酒嘗起來顯得甜潤，而當葡萄酒酸度偏低時，也會產生甜潤的風味。「甜潤」這個語彙傳達的不只是一種味道，而也是形容葡萄酒的風味整體表現達到和諧，並展現宜人討喜的口感。

我們先從「甜潤」談起，並列出一些同義詞供讀者參考。人們在飲酒時最期盼品嘗到的風味之一，就是「甜潤」。縱使有些人對於嗜甜的天性存疑，但是在所有的味道當中，似乎就屬甜味最討人喜愛，而其他味道只要稍微強勁濃烈一些，往往就會讓人嫌它太苦、太酸、太鹹。「moelleux」這個字也可以用來描述甜度介於「干型（不甜）」與「超甜型」之間的葡萄酒，意思是「甜型葡萄酒」，但是，我們在此談論的並不是「moelleux」這個單詞在這個層面上的意義。我們從葡萄酒風味結構的角度切入，取其「甜潤」之意，而暫不考慮它擁有描述「中等甜度」葡萄酒的語義內容。即使一款紅葡萄酒的含糖量微乎其微，每公升酒液所含的葡萄糖與果糖只有幾分之一公克而已，但是，當酒液裡其他能夠造成甜味感的組成物質足以均衡或壓抑酸、澀等風味時，該酒款也會顯現出甜潤的口感。以下列出的詞語意思相近，都能用來形容幾乎不含糖分，但卻帶有甜潤口感的葡萄酒：「柔軟甘甜」、「滑順」、「柔軟溶融」、「豐腴油滑」、「柔軟甜潤」、「細緻羽滑」、「柔軟圓滑」、「輕盈爽口、順暢易飲」、「柔軟甜美」。

當我們用法語「souple」這個單字形容一款

葡萄酒「柔軟甘甜」時，它應該展現出「柔軟富有彈性」、「溫順」、「平易」這些個性特點。此外，能夠以這個單詞描述的葡萄酒，還必須符合在口感質地方面的某些條件：稱得上是柔軟甘甜的酒款，嘗起來不會堅硬刺激、粗糙、緊澀；酒液能夠任隨舌尖的撩撥與口腔形狀的變化，自由無阻地四處溢流，又好像能夠被任意翻折，完全不會有緊澀堅硬的感覺。柔軟甘甜的葡萄酒可以是輕盈淡雅的，也可以是壯滿豐厚的，不論是哪種典型，總是帶來愉快的品評經驗。從分析層面來看，葡萄酒要展現出「柔軟甘甜」的風味，必須符合「中澀低酸」的條件。所謂「低酸」，即是低總酸量，而「中澀」則是指酒中的酚類化合物不多不少，其標準因酒而異。根據不同葡萄品種的特性與酒款所屬的類型，「中澀」相當於「單寧指數」低於 30 或 40 的程度，亦即每公升酒液裡的單寧含量不得超過 2 ～ 2.5 公克。簡言之，當葡萄酒的酸度與澀感降低時，便會自然顯得柔軟圓滑。

而當我們聽到「輕盈爽口、順暢易飲」這個描述時，腦海裡浮現的第一印象，應該會是薄酒來的葡萄酒，因為這種類型的酒款會讓人情不自禁地大口喝將起來，在不知不覺中把整杯酒喝光。米歇爾‧傅修（Michel Fouchaux）曾經有感而發地說：「這種酒沒有自己的主張，百依百順、任人宰割，不抵抗也不掙扎，就這樣讓人吞到肚子裡。」這段話講得妙極，令人拍案叫絕。

不論是紅葡萄酒還是白葡萄酒，即便酒液裡的含糖量幾近於零或完全沒有糖分，若是酸度偏低，卻能嘗得出甜潤的口感，彷彿在酒中仍有數公克未發酵的糖。也正因為如此，釀酒師自己在品嘗一款低酸的年輕葡萄酒時，很難斷定酒中的甜潤感是否真的來自於殘存糖。不過，他們會直接說：「酒裡有糖」或「嘗得到糖」聽到這句話的時候，其實我們心知肚明這個表達法真正的意思是「該酒的酸度偏低，而

酒精含量充足」，而不是說這款葡萄酒可以在實驗室裡化驗出糖分。釀酒師偶爾也會用「酒裡有甘油」或「嘗得出甘油」這個說法來形容低酸，且酒精含量充足，因而表現出甜潤感的葡萄酒，同樣的，這只是一種表達方式而已，並不意謂酒液裡的甘油含量特別高。

「肥胖豐腴、油滑脂膩」原本是用來描述脂肪的特質以及它所造成的感受，但是，當我們用來形容葡萄酒時，卻完全與脂肪無關。「肥腴」的葡萄酒會表現出豐盈的口感特徵，並且相當具有分量，集「壯滿豐厚」與「柔軟甘甜」於一身，顯得「豐腴有肉」。唯有使用成熟度達到極佳狀態的葡萄果實釀酒，才能使葡萄酒剛柔並濟，兼具壯滿與柔軟的結構特徵。所有堪稱「偉大酒款」的葡萄酒，都必然擁有此一難能可貴的特質。

使用完熟果實釀酒，可以賦予葡萄酒「豐腴有肉」的結構優點，因此，當我們形容一款葡萄酒「完熟」時，其實無異於將之描述為「豐腴油滑」。至於「柔軟甘甜」則不總是能夠跟「豐腴油滑」畫上等號：雖然肥腴的葡萄酒基本上都具有柔軟甘甜的特徵，但是，柔軟甘甜的酒款卻不必然都是豐腴油滑的。葡萄酒的酒精含量必須充足，才會展現出「豐腴油滑」的結構特性。更嚴謹地說，能夠讓葡萄酒顯得豐腴有肉的最佳酒精度因酒而異，它取決於酒款的架構類型。不過，一款酒精度僅達 10°C 的葡萄酒，不論其酸度有多低，都很難讓人覺得它豐腴油滑、肥厚壯碩。

酒精是決定葡萄酒品質特性的一項重要因素，其含量的些微起伏變化非常容易被察覺出來，至少相較於其他結構成分而言，我們對酒精濃度的增減似乎更為敏感。酒精含量與葡萄酒風味之間的關係複雜，有時候甚至讓人覺得，酒精對風味帶來的影響充滿矛盾，而且難以預測。在一款嘗起來細瘦乾癟的葡萄酒裡添加額

外的酒精，會讓酒的風味顯得更瘦骨嶙峋；相反地，若是葡萄酒已然表現出肥腴豐滿的特質，那麼，提升酒精度卻會使它嘗起來更加甜潤飽實。換句話說，來自於完熟果實的那些物質能夠賦予葡萄酒豐腴、肥厚、油滑的特性，並且具有遮蔽、包覆酒精的效果。

構成優質葡萄酒的條件之一是酒精含量必須充足，同時，酒中的其他結構因子也應與酒精達到協調，隨著酒精的多寡而增減，以獲致均衡的架構。在實際品評時，當我們針對來自於同一個產區的數種酒款作比較品評，得到較高評價的往往是酒精度最高的葡萄酒，在品評較為年輕的酒款時，這個現象尤其明顯。造成此一傾向的原因並不純粹是由於酒精能夠帶來甜潤宜人的風味，而也與果實的成熟度有關。葡萄酒裡的高酒精度是來自於完熟的葡萄果實，使用高熟度的葡萄釀酒，自然能夠萃取出更多的味道結構成分，並且與酒精抗衡或構成均衡。酒精的多寡與葡萄酒的品質高低雖然有關，但是，在葡萄酒競賽場合的品評以及在用餐時的品評，對酒精的偏好程度卻存在分歧。富有勁道的酒款，在比賽時比較容易受到青睞，而適合佐餐的葡萄酒卻往往不會那麼濃烈。有位知名的波爾多釀酒師曾經在談話中論及這個議題，他把前者稱為「人們談論的酒」，後者則是「人們飲用的酒」。誠然，這兩種葡萄酒擁有各自的舞台，不會對彼此的存在構成威脅，然而，職業品評員卻應牢記在心：「飲酒人」的族群規模絕對比「論酒人」更龐大、更可觀。從事酒業的人士在廣大的消費市場裡形同滄海一粟，而這個現象是可喜的！話說回來，使用熟度恰到好處，完熟卻不至於過熟的葡萄果實釀酒，葡萄酒中的酒精度會自己找到完美的比例，一切都自然而就，無須我們操煩。完熟的果實能夠賦予葡萄酒充足的酒精，尤其是稍低卻足量的酸度，還有滋味豐富，而不會太苦太澀的高品質單

寧，以及源源不絕的香氣。這可以使葡萄酒的味道成分在完熟果實萃取出芬芳物質的襯托之下，顯得更富活力而且充滿風味，表現出豐腴的口感。正是由於完熟的葡萄果實擁有形塑一款架構均衡、風味深厚的葡萄酒所不可或缺的許多要素，因此，當葡萄成熟度不足的時候，試圖藉由添加糖分來校正葡萄酒結構缺陷，往往只能做到提升酒精度，卻無法彌補貧瘠的風味或者消除過剩的酸度，更別說要把粗糙的單寧磨光磨亮了。總而言之，果實熟度不足所造成的風味與結構缺陷，是沒有辦法藉由添加糖分來掩飾的。

葡萄酒有可能由於甜味表現太突兀而顯得結構失衡。這種情況可以描述為：「癱軟無力、缺乏勁道」、「鬆軟」、「鬆弛」、「黏稠滯重」、「帶有甜味」。一款酒被形容為「癱軟無力、缺乏勁道」時，我們可以感到它的甜味相對較為明顯，但是整體表現卻後繼無力，酒體不夠豐厚，酒感不夠強勁，風味也很貧乏，尤其是當葡萄酒的酸度不足時，最容易顯得疲軟無力、乏善可陳。譬如當一款超甜型白葡萄酒的酸度偏低，而且酒精度又低於 12° 以致於沒有足量的酒精撐起架構時，這種甜白酒很容易顯得「癱軟無力、缺乏勁道」，產生甜味主導的弊病。布根地地區的酒農用「douciné」這個字來形容染上「苦味病」的葡萄酒，這個法語單詞的原意是「帶有甜味」，但是在此是指染病的葡萄酒嘗起來「似有若無、平淡乏味」，彷彿與甜味主導所造成的結構缺陷如出一轍。不過，所幸苦味病在今日已經獲得控制，變得相當罕見。超甜型的葡萄酒通常會被描述為「豐厚滑膩」、「油滑如蜜」；倘若它表現出來的甜味感過於放肆，則會使酒液嘗起來「過於甜膩，軟爛鬆垮」、「膩如糖漿」，就像果醬一樣。

為完整起見，我們再舉一組可供描述葡萄酒不正常甜味表現的詞語：「尖銳刺激」、「既酸又甜」以及「帶有甘露糖醇味道」。造成以上這

組風味缺陷的原因，是由於葡萄酒發生乳酸與甘露糖醇感染變質。在發生此類變質的情形下，葡萄酒中的甜味感主要來自於發酵過程瑕疵所遺留在酒液裡的糖分，而不會來自於甘露糖醇較含蓄不彰的甜味，至於酸利刺激的口感，則是葡萄酒變質產生醋酸造成的。由於今日釀酒條件已獲改善，因此，這類缺陷在葡萄酒裡已經幾乎消聲匿跡了。我們只能偶爾在釀酒師的技術手冊裡看到它，很不容易真的在酒杯裡碰上這類風味問題。

要描述含有糖分的葡萄酒的甜味表現，最妥切的方法是採用甜味葡萄酒（vin doux）範疇裡既有的語彙。換句話說，也就是利用甜味葡萄酒固有型態特徵的術語，作為描述甜味強度的依據，而不是單純以「有糖、會甜」這樣的字眼含糊帶過。法語裡的表達法，如「avoir de la douceur」、「avoir de la liqueur」，意思分別是「帶有甜味」與「甜味豐厚」，它們

也都是借用甜酒型態的用語來描述甜度。

我們曾經作過一項實驗，測試 22 名德國籍品酒員以及 70 名法國籍品酒員對「干型（不甜）」、「半干型（微甜）」、「甜型」乃至「超甜型」等甜度差異的感知。測驗進行方式是先取法、德兩國釀產的白葡萄酒，以加糖的方式調製出含糖量由每公升 1.5 公克遞升至每公升 48 公克的不同樣本，然後分別讓兩組受試人員由淡而濃依序品嘗一組共計八杯，以自己國家的白酒調成的不同甜度樣本，並在品嘗之後判斷應該使用什麼語彙來描述該甜度的酒款，或者應該劃歸上述何種甜度範疇。我們將測試結果的統計資料彙整如下表。

從表中可以看出，不論是在法籍品評員之間，抑或是在德籍品評團裡，受試者們的意見都存在一定程度的分歧。換句話說，表達葡萄酒甜

白葡萄酒含糖量多寡與描述詞語的選用

含糖量（公克／公升）	1.5	4	8	12	16	24	32	48
法國籍品評員的判斷								
干型（Sec）	74	56	7	4	3	0	0	0
半干型（Demi-sec）	26	41	74	64	49	11	11	8
甜型（Moelleux）	0	3	19	32	48	62	61	60
超甜型（Liquoreux）	0	0	0	0	0	27	28	32
德國籍品評員的判斷								
干型（Trocken）	100	92	53	10	0	0	0	
半干型（Halbtrocken）	0	8	47	85	39	1	0	
甜型（Mild）	0	0	0	5	61	70	10	
超甜型（Lieblich）	0	0	0	0	0	29	90	

統計結果顯示，法國籍品評員使用「半干（微甜）」（demi-sec）以及「甜」（moelleux）這樣的字眼所描述的甜度，與德國籍品評員使用等值語彙（halbtrocken 與 mild）所描述的甜度相較之下，前者指涉的甜度強度明顯較低。

味感的的遣詞用字因人而異。

在不同品酒者的口中，同一款葡萄酒可能被描述成「不甜」、「微甜」或「甜」。有關當局在多年前曾經延聘一群專業人士，試圖藉由糖分濃度精準地定義這些語彙所代表的甜度，但是由於專家們的意見過於分歧，難以達成共識，最後當局只得放棄將這些用語規範化的念頭。不過，我們從這項測試結果當中，卻也看到德國人與法國人雖然是萊因河谷兩側的近鄰，但是兩國的品評員對甜味的反應差距卻如此懸殊。或許我們可以推斷一個國家的人民，在口味方面確實有某種共通之處，甚至每個地區的人都有與其他地方不同的口味傾向，而且，表達方式、用字遣詞也可能會有地域的差別。此外，一個形容詞被翻譯成另一種語言之後，縱使就字面上看來是等值的、完全對應的兩個單詞，但是它們的語義內涵卻未必全然相同[17]。受試的法籍品評員對糖分非常敏感：每公升含糖量僅達八公克的酒液，在 92% 的德籍品評員口中被描述成「不甜」，但是僅有 7% 的法籍品評員認為該酒液不帶甜味。甚至高達四分之一的法籍受試者，在嘗到酒液裡已經不含任何可發酵糖分的酒液樣本時，也就是從釀造的角度來說，可以視為完全不甜的葡萄酒，他們仍然覺得這樣的葡萄酒嘗起來屬於「微甜」的型態。這些受試者會作出這樣的判斷，想必是由於該款白葡萄酒的酸度太低，而酒精含量或比例相對偏高，因此造成甜味感的緣故。

另一方面，當法國籍品酒員使用「超甜」一詞來形容甜度時，該酒的含糖量必然非常高：從表中可以看到，每公升含糖量達 48 公克的酒液，被 90% 的德籍品評員評為「lieblich」（超甜），相當於最甜的等級，但是只有 32% 的法國籍受試者，認為該樣本達到「超甜」的程度。而且，我們也注意到，法國籍品評員的意見落點比較分散，這意謂他們的口味偏好存在明顯的異質性。前文

曾經述及歐盟相關法規對葡萄酒甜度的認定標準與通行術語，但是，描述甜味強度或不同型態甜酒的語彙，實際語義內容仍取決於各個地方的不同習慣用法，以及人們的不同認知與期待。

這項經過精心設計安排的品評試驗，不僅呈現風味詞彙語義內容本身的歧異性，也顯示感受強度與物質濃度之間難以避免的落差。試圖以量化的方式，表現「很酸」、「酸」、「微酸」、「不酸」這類描述葡萄酒總酸量與酸味表現的語彙，或者嘗試把「柔軟」、「微澀」、「頗澀」、「粗澀」這類表達葡萄酒單寧澀感程度的詞語改以數字來表示，其實，最後都是徒勞無功的。

當葡萄酒尚未結束發酵，或者甫釀製完成，酒液裡仍含有酵母沉澱物或懸浮物，而且嘗起來還帶有甜味時，我們可以將之描述為「濁甜」。

某些葡萄酒帶有甜味，是由於釀造過程採用特殊的處理方式造成的，這類「增甜型葡萄酒」是酒液與帶有糖分的葡萄汁混調的產物。作調配之用的葡萄汁或葡萄酒，可以是添加酒精或烈酒中止發酵的半成酒，也可以是發酵到一半的葡萄汁或葡萄酒，甚至是經過蒸散處理的濃縮汁液。某些含糖量十分驚人的葡萄酒，譬如希臘薩摩斯島（Samos）上，以日光曝曬乾縮的葡萄果實釀產的蜜思嘉品種甜白酒，取名為 Nectar，便是取這個字的雙重涵意：一方面是把它與花蜜聯想在一起，另一方面則是取「瓊漿玉液、眾神之酒」的意思。另外還有「葡萄汁加烈酒」（Mistelle），這是以未經發酵或極淺發酵的葡萄汁摻入酒精得到的甜酒，它可以作為調配「葡萄酒利口酒」（VDL, Vin de Liqueur）[18]、各式餐前酒的基酒，或者直接飲用。法國卡斯康區的福樂克香甜酒（Floc de Gascogne）添加干邑葡萄蒸餾烈酒（Cognac），夏朗特地方的彼諾甜酒（Pineau des Charentes）則添加雅馬邑葡萄蒸餾烈酒，這兩種在葡萄汁裡添加烈酒抑制發酵的酒款，都屬於這

類「葡萄汁加烈酒」。

　　有些特別的超甜型葡萄酒是根據釀造時採用的葡萄果實狀態命名的，諸如「超熟葡萄酒」（Vin Surmuri）、「麥桿酒」（Vin de Paille）、「冰酒」、「自然凝縮葡萄酒」（Vin Passerillé）、「貴腐葡萄酒」（Vin de Pourriture Noble）等，皆是透過各式手段取得超熟葡萄果實釀成的甜酒。這類超甜型葡萄酒的存在，說明了優異的品質也可以有與眾不同的表現方式。

酸度與其附屬風味特徵

　　尚・黎貝侯-蓋雍（Jean Ribéreau-Gayon）在教學中曾經清楚地指出，不論在什麼情況下或在什麼酒款中，酒中的固有酸對葡萄酒的結構特徵都會產生舉足輕重的影響。固有酸在葡萄酒裡所扮演的角色之複雜程度與關鍵性，不僅超乎你我的想像，而且我們至今對固有酸影響葡萄酒風味的某些機制，尚處於一知半解的情況。

　　雖然葡萄酒中的固有酸具有重要的功能，但是，根據我們觀察，頂尖的紅葡萄酒嘗起來往往不酸，而一款釀製成功的白葡萄酒，其酸度表現也必定相當含蓄、均衡，不至於太過突出。其實，在評判葡萄酒品質的時候，必須對固有酸與揮發酸有正確認知，並瞭解酒精成分對品質特性的影響。我們發現，在影響葡萄酒品質的酸度與酒精兩方面條件當中，酸度因素與葡萄酒品質的關係尤為密切。

　　關於固有酸的描述是葡萄酒語彙中，詞彙量最豐富的類別之一，如果把間接涉及酸味的術語也全部算進來的話，其數量將更龐大。我們先就這點進行解釋。

　　葡萄酒酸度的描述，可以從三個角度切入，它們構成三類語彙。第一類語彙是用來定義嘗得出酸味，而且或多或少顯得過量的酸度；第二類

語彙恰恰相反，描述的是酸度不足的缺陷；第三類語彙所形容的酸度表現，則是那種嘗不出來、無法辨識，卻會造成風味失衡的酸度。這是葡萄酒酸度被遮掩起來、隱而不顯的部分，我們將之稱為「隱藏酸」。它會在暗地裡悄悄破壞葡萄酒的協調感，我們卻由於它的酸味表現極弱，而難以立即斷定造成酒款失衡的癥結在於酸度。

　　不同的酸味類型各有不同的表達方式。葡萄酒中的蘋果酸會帶來「清新爽口」、「充滿活力」的酸度，使一款干型葡萄酒或甫釀成未滿半年的紅葡萄新酒嘗起來格外宜人。相反的，「口感堅硬」的酸度則比較不討喜；葡萄酒裡的酒石酸是造成這種口感，並使喉頭冒出帶酸味餘韻的原因。這種類型的酸，也因此被形容為「咽喉的酸」。其他諸如「惹人厭煩」、「使人激動」、「讓人不適」、「糾纏不清，卡住喉嚨」等字眼，或「生青不熟的酸」、「酸到讓人直打哆嗦」的說法，都是用來形容異常刺激的酸度表現。

　　接下來，我們要列舉描述酸味本身的詞語，以及附屬於酸度所造成風味特徵的語彙：「酸澀刺激」、「酸味尖銳」、「酸得像是添加額外的酸一樣」、「帶有酸味」、「刺激」、「酸利刺激」、「有稜有角」、「酸得像是檸檬酸一樣」、「酸如檸檬」、「帶有酒石酸風味」、「尚未成熟」、「稍嫌不熟」、「酸得像是酸葡萄汁一樣」、「生青不熟」（vert）。帶有酸味的飲料特別讓人覺得沁爽解渴，這些飲品的酸度通常都來自於添加酸，或者是利用本身就帶有酸味的果汁製作而成。早在十八世紀，人們就已經知道這個道理，而且已經出現「生青葡萄酒」、「劇酸葡萄酒」。當時普遍把嘗起來略顯酸澀、微酸稍嗆的葡萄酒或水果形容為「Surs」或「Surets」，這組單詞是源於德語的「Sauer」這個字，意思就是「酸」；至於同根字「Suri」被用來形容葡萄酒時，則表示酒液的酸味趨於「銳利刺激、酸嗆刺鼻」。英文的「Sour」也是酸的意

思，祕魯與智利傳統的餐前酒「Pisco Sour」，就用到這個英文單字。這是一種以當地稱為「Pisco」的葡萄蒸餾烈酒為基底，摻入青檸檬汁與當地稱為「Jarabe」的糖漿混調而成的「水果潘趣酒」（Punch）。再談到波爾多的葡萄品種小維鐸（Petit Verdot），其名稱中的「Verdot」一詞便讓人聯想到「生青不熟」，而它的確也是一種酸味鮮明的葡萄品種。另外，在葡萄果實由青轉紅的變色階段摘採下來的生澀葡萄所擠壓出來的果液，被稱為「Verjus」（生綠果汁），這個字也源於相同的字根，我們望文生義，可以看出它有「果實尚未完全成熟」的意思。這種帶酸味的葡萄汁可以用來入菜，或者調製黃芥末一類的醬料。而在葡萄樹開花之後，比較晚結出來的果實[19]，一般稱為「小果」，但是在波爾多左岸葡萄酒產區梅多克，人們把這些晚結果實叫做「Reverdons」，這個字也是從「生青不熟」的詞根衍生出來的。使用晚結果實釀出來的葡萄酒，嘗起來會有酸澀刺激的酸味，就跟處於變色階段、尚未完全成熟的生青葡萄一樣。如果一款細膩的葡萄酒冒出這種不熟的「生青酸硬」，會被視為極嚴重的風味缺陷。

可想而知，人們也會直接用「生硬」（cru）、「帶有生食味道」（avoir de la crudité）這類字眼來形容帶有酸味的葡萄酒。這些說法由來已久，古字拼寫作「crud」，西蒙・莫邦（Simon Maupin）就經常用這個詞來描述不好的年份酒款風味。此外，沒有經過乳酸發酵程序的酒款，也可能出現類似的風味特徵。倘若試圖透過化學方法校正酒中的含酸量，則很可能反而導致葡萄酒「喪失酸度」、「缺乏酸味」，帶有「去青處理」的斧鑿痕跡。

至於「有如刀割般的口感」、「有如嘎吱作響般的尖銳刺激感」、「堅硬粗糙有如咬嚼般的口感」、「有如咬嚼般的口感」、「扎刺」、「尖銳」，則是以形象化的方式，表達酒液含有過量

可感酸度所造成的風味缺陷。相反的，談到酸度不足酒款的時候，我們會用「癱軟」、「平板」、「鬆弛」、「缺酸以至於反襯出鹽鹼口感」來形容它。所謂「平板」，其實與「癱軟」的意思很接近，只不過，「風味平板」的葡萄酒比較會有彷彿被摻水稀釋的澆薄感；這種簡單，甚至平庸的小酒，由於缺乏酸度，所以普遍都有香氣不足的毛病。當葡萄酒的酸鹼值接近 4 的時候，就已經算是數值偏高[20]，也就是酸度不夠的意思。這些酒款嘗起來往往讓人覺得酒裡彷彿有鹽分，帶有「鹹味」與「鹽鹼」的口感；這些酒款在化驗分析時，當然不會呈現鹼性反應，它們之所以讓人覺得有「洗潔劑的味道」、「好像摻了薇姿溫泉水一樣」，是由於酒液酸度不足的緣故。酸鹼值偏高的，或者使用化學方法去除太多酸度的葡萄酒，其色澤會顯得特別黯沉。當葡萄酒的酸度不足時，它的酸度結構與啤酒的酸度比例頗為接近，有些缺乏酸度而顯得疲軟無力的白葡萄酒，會被描述為帶有「啤酒味」，正是出於這個道理。此外，葡萄酒裡的琥珀酸成分，本身帶有鹹味與苦味，應該也是造成這類酒款出現「啤酒味」的原因。

最後，我們要討論的是會對葡萄酒風味結構造成深刻影響，但是卻嘗不出酸味的隱藏酸。它會使葡萄酒顯得「細瘦乾癟」、「乾硬」、「香氣貧乏、嚴肅堅硬」、「生硬」、「淺短」、「空洞」、「乾癟無肉」、「乾縮」、「堅硬」、「強烈刺激」、「粗野」、「酸澀生硬」、「清瘦」。這份描述風味缺陷的詞彙表還真令人嘆為觀止。所謂「乾瘦」是形容份量感不足、缺乏油滑甜潤感的葡萄酒，相對於酒精成分而言，甜味太弱或酸味太強，皆會讓葡萄酒顯得乾瘦。這個字眼也可以用來描述揮發酸含量偏高，縱然不至於到變質、走味程度，但卻仍然顯得乾癟枯瘦的酒款。此外，「陳放過頭、風味凋零」的葡萄酒，也會由於酸度在結構比例上相對提高，而出現乾瘦的口感。

遭到醋酸菌感染而變質的葡萄酒，在分析時會發現酒中產生過量的醋酸以及乙酸乙酯，而且嘗起來會有酸壞的味道。葡萄酒釀成之初，便含有上述兩種物質成分：醋酸含量約為每公升200～300毫克，乙酸乙酯則在60～80毫克之間。在這樣的濃度下，這兩種物質對風味的影響微不足道，由於嘗不出它們的味道，我們會說「沒有揮發酸的感覺」。但是當醋酸含量增加到700～800毫克，而乙酸乙酯提高到150～180毫克時，葡萄酒嘗起來如果不至於讓人覺得酸壞變質，至少也會顯得「頗有疑慮」。這時，我們可以說「有揮發酸的感覺」，藉此表達葡萄酒的這項缺陷已經達到足以清楚判別的程度。醋酸在此濃度下，沒有顯著的氣味，但是醋酸菌造成的銳利口感與酸味卻嘗得出來。至於乙酸乙酯，則不僅帶有刺鼻的酸壞變質氣味，而且還會造成「澀嗆」、「燒炙」的刺激口感。與其說醋酸成分破壞了葡萄酒清新爽口以及潔淨俐落的口感，不如說乙酸乙酯才是造成葡萄酒走味、變質的元兇。

揮發酸是「不好」的酸，它會使葡萄酒固有酸以及過多單寧所造成令人不悅的味道更為突兀。不過，若是酒精濃度偏高，或者酒裡含有糖分，乃至固有酸的含量稍低時，則多少會壓抑揮發酸的表現。這個機制解釋了為什麼某些酒體細瘦薄弱的葡萄酒，當揮發酸的濃度達到每公升0.5公克時，便足以辨認揮發酸的存在；但是在酒體堅實的酒款裡，揮發酸的含量要增加到0.9公克才感覺得出來。某些人聲稱葡萄酒中的揮發酸含量應該要稍高才行，因為它具有加強葡萄酒窖藏香氣的功能，甚至是窖藏香氣存在的必要條件。抱持這種看法的人，可以說是犯了非常嚴重的錯誤，他們稱不上是好的品酒者。不過，也有可能是他們對揮發酸較不敏感，或者是他們根本不知道如何辨別優劣良窳的緣故。確實有某些罕見的頂尖酒款揮發酸含量偏高，但是這些葡萄酒是「縱使含有大量揮發酸，依然頂尖」，而不是「因為含有大量揮發酸，所以頂尖」。揮發酸的濃度偏高，並不是葡萄酒的常態，而是一種缺陷。

我們將利用稍後的篇幅列出描述葡萄酒變質的詞彙，在此僅彙整一些特定詞語，它們可以用來描述多少表現出醋酸菌感染的風味缺陷：「帶有（嗆鼻的）醋酸味」、「澀嗆」、「酸味銳利、酸嗆刺鼻」、「走味」、「酸壞」、「熾熱、發燙」、「發酸刺鼻」、「溫熱」、「濃烈、強勁刺激」、「扎刺」。

醋酸所造成的一系列風味缺陷，都有「酸嗆刺激」的特徵，法語用「âcre」（澀嗆帶酸）這個字來描述。它的同根字「âcreté」（酒感不足，酸度遠多於單寧而顯得非常酸嗆刺激）不應與「âpreté」這個字混淆。「âcreté」是指刺激鼻腔或喉頭的氣味或味道，這類氣味往往非常濃重強烈；至於「âpreté」（粗澀）則類似於單寧造成的緊澀感與粗糙感。至於「酸利刺激、酸嗆刺鼻」（aigre）則可視為「嘗起來有酸味」（acide）的同義詞。法語「aigre」這個字的原意是指果實熟度不足的味道，但是在品評範疇中，這個單詞卻是專指葡萄酒由於變質、走味而產生的風味缺陷。這個字眼應該保留給「不良酸」，不要濫用。一般比較常見的形容方式是「帶有揮發酸的尖銳刺感」，這個意象鮮明的表達法，一語道破了揮發酸的風味特徵。其實，所有的酸類化合物都會表現出尖銳的口感，只不過，醋酸的銳利刺激感特別強烈，所以用「尖銳」來形容尤為傳神。一款發酸變質的葡萄酒，往往難免出現熾熱發燙的口感特徵，「灼熱」、「發燙」等字眼，都可以用來描述這種風味變得「濃烈強勁」，還讓人誤以為是酒精過剩造成的風味缺陷。此外，法語裡的「qui a du montant」此一說法，按字面的意思是「氣味『上衝』到鼻子裡」，想當然耳，如果葡萄酒裡含有過量的乙酸乙酯，在品評時猛烈搖晃酒

杯並嗅聞氣味,便會感到一股酸嗆。

令人驚訝的是,在某些飲酒文化圈裡,我們所謂發酸變質的葡萄酒並不被認為是那麼糟糕、令人避之唯恐不及,或者不堪入口的酒。這個現象固然反映了先人遺留下來的飲食習慣,但是,飲用已經發酸的葡萄酒,真的是古老的文化傳統,是人類飲食文化的歷史遺跡嗎?長久以來,把發酸的葡萄酒還有酒醋兌水,一直都是鄉下人、勞動者的日常飲料。雖然在舉杯就口時,從杯子裡冒出的一股濃嗆酸氣讓人不禁皺眉呲牙,但是,他們不顧直打哆嗦、渾身發顫,依然把酒一飲而盡。法語裡有許多描述風味濃烈刺激葡萄酒的生動俗諺,其中不乏令人莞爾的詼諧語句,想必其靈感皆源於飲用酸嗆葡萄酒的風俗。譬如「帽子壓到耳朵上,老邁衰朽的酸模樣」、「誓不離席,硬拼到底」。葡萄酒能夠酸到這種程度,實在令人詫異,我們不得不承認人類的適應能力真的不容小覷。

《法語語義辨異辭典》(*Dictionnaire des subtilités du français*)還藉由酸味與甜味之間的關係,來定義三個與「酸」有關的形容詞之間的差別:「acerbe(酸澀刺激,酸味銳利)是指甜味還沒出現,相當於葡萄果實尚未成熟;acide(帶有酸味)則針對酸味,與甜味無涉;aigre(酸利刺激,發酸嗆鼻)的情況則是甜味不再,相當於葡萄酒已經酸壞變質。」

法國作家尚・紀沃諾(Jean Giono, 1895~1970)筆下的山地人如此描述他們產自布雷波(Prébois)的葡萄酒:

我們喜歡這種口感粗糙、生青不熟的葡萄酒,最好是會刮喉嚨,而且還會酸到讓人掉眼淚的酒。

苦味與澀感

單寧的風味是最多樣化的。我們可以根據經驗法則,將單寧劃分為以下幾種類型:風味型、苦味型、酸味型、澀感型、木質型、植蔬型。這個分類方式並不是最理想的,但卻值得參考。就我們目前對單寧的認識,尚不足以精確掌握單寧的表現特徵與其化學性質、濃度之間的關係,也無從得知當有其他無味物質或芬芳物質相伴時,會對單寧表現帶來何種影響。

我們必須強調,單寧的風味表現是最複雜的一類,比起酸度及其附屬的一系列風味特徵有過之而無不及。這是因為酚類物質造成感官刺激強度,以及單寧本身不同的調性,在味覺均衡感方面都有舉足輕重的影響力,更遑論單寧與其他風味之間存在複雜的互動關係。譬如酸味就會改變單寧的風味表現,突顯口感堅硬的特性。

為了便於理解起見,我們可以把搜羅彙整而來、與單寧有關的詞語分為三類。第一類是表達單寧苦韻的單詞,它們的數量寥寥無幾,因為當苦味出現時,除了說它嘗起來會苦以外,其實沒什麼好補充的。第二類修飾語則圍繞著單寧澀感。至於第三組語彙,描述的是單寧均衡或失衡所造成的風味印象。在最後一組當中,有許多單詞語葡萄酒結構語彙重疊,或者在前文探討酸度及其附屬風味特徵的時候就已經提及,這並不足為怪。正如我們所知,酸味與苦味之間有互相累加的效果,而且它們的口感大有雷同之處。

苦味是一種基本味道。許多物質都可能帶來苦味,譬如:奎寧、金雞納及其他某些生物鹼、咖啡因,還有某些糖苷。有不少飲料的苦味嘗起來都渾厚有勁、開人脾胃,像是苦艾酒、苦味開胃酒、英式苦啤酒等各式苦味酒飲。它們的苦味是從各種不同的植物中萃取出來的,諸如鼠尾草、菊苣、金雞納樹皮、龍膽、矢車菊、苦橙皮、啤酒花、蘆薈、朝鮮薊、核桃皮等。

在過去很長一段時間裡,法語裡的「amer」

（苦）這個修飾語都只用來形容受到細菌感染，而出現苦味症狀的葡萄酒。苦味病在巴斯德（Pasteur）的那個年代，尤其盛行於布根地。不過，健康的葡萄酒也可能出現苦味，因為這是單寧本身固有的風味特徵。在鹼性的環境中，哪怕是中性或弱酸性，都會使單寧的苦味更明顯。至於在一般葡萄酒酸鹼值的環境下，單寧的苦味混有澀感，苦韻表現並不純粹，甚至有時會被澀感壓過，形成澀感主導的局面。此外，苦味還有許多其他的成因，但是，我們尚無從悉數得知。品酒人不乏有這樣的經驗，在白酒、粉紅酒或紅酒的「尾韻」，或稱「後段口感」裡，忽然嘗到強烈的苦味。然而，葡萄酒風味停留在口中的持久度多少總得仰賴苦味支撐起來，只不過，當苦味表現不夠宜人的時候，我們便不再使用「悠長、持久」來形容它，而改口稱之為「後味」，當我們在這種情況下使用「後味」這個詞彙，是帶有貶義的。有時候，這種餘韻泛苦的風味缺陷只是一時的現象。某些剛釀製完畢，酒液還由於酵母沉澱物懸浮而顯得微濁的白葡萄酒，嘗起來並不如預期好喝；我們稱之為「偏苦傾向」，這種情況往往會在數個月內改善。我們至今仍不知道，為什麼完全發酵、酒液裡不含殘存糖的蜜思嘉葡萄品種酒，嘗起來總是帶有苦味，而且不會隨著陳年的過程而減弱或消失。不過，對於紅葡萄酒與超甜型白酒的頂尖酒款而言，良好的苦味不僅是品質的保證，而且可以提供葡萄酒陳年發展的有利條件。

「澀嗆」與「緊澀」可以定義為不甚宜人的苦味表現。某些葡萄酒強烈的單寧表現有時候會帶出「金屬味」，這種味道的成因與金屬完全無關。產自某種特定風土環境條件的卡本內-蘇維濃品種酒就經常帶有金屬味，讓人聯想到酒瓶瓶口的封套，因為包覆在軟木塞上方的封套，舊時是以鍍錫的鉛製成。於是，葡萄酒單寧帶來的金屬味又可以被稱為「瓶口封套味」或者「錫箔味」。如果你曾經在不意之間把包裝巧克力的銀箔吃進嘴裡的話，那麼，你應該可以很容易體會「金屬味」是什麼感覺，它跟咬到銀箔時的味道很像。酒體肥厚笨重、單寧顯著的葡萄酒，經常被描述為帶有「墨水味」，另外，我們也會用「atramentaire」這個較為罕見的法語單詞來形容，它的意思是「苦澀如墨」。

單寧含量豐厚的葡萄酒可以用「單寧鮮明」或者「單寧強勁」等字眼來描述。它們嘗起來多少都帶有粗澀感與收斂感。我們在前文的篇幅中，將澀感形容為出現在舌面上的乾燥感與不平滑感。以下列舉的詞語也可以用來描述澀感，以及單寧鮮明的酒款風味特徵：「帶有酒槽味」或「受到酒槽壓抑而顯得生硬」，意指葡萄汁在槽裡的浸皮時間太長，導致萃取過度，單寧壓過葡萄本身的果味；「帶有渣釀葡萄蒸餾酒的風味」、「帶有葡萄渣耙的味道」也是類似的意思；除此之外還有「葡萄渣味」、「帶有果梗味」、「帶有果莖味」以及「帶有葡萄籽木質部的味道」等說法。它們在法語裡可以用名詞、形容詞或分詞的不同形式表達，相當富有變化性；最後，「帶有壓榨味」則是指過度壓榨，因而造成葡萄酒風味異常苦澀。此外，貯酒容器也可能是造成葡萄酒中出現強烈單寧澀感的原因，我們會用「木頭的單寧風味」、「橡木的單寧風味」、「桶板的單寧風味」來表達。其實，「單寧鮮明」這個修飾語也可以用來形容長時間貯存於橡木桶中，因而帶有木頭單寧風味的白葡萄酒，即使這類白酒的單寧含量每公升不超過 200 毫克。以上提及單寧風味特徵的各種描述方式當中，「帶有渣釀葡萄蒸餾烈酒的風味」算是比較特別的，不只法國布根地、香檳區、隆格多克（Languedoc）、薩瓦（Savoie）等地出產的渣釀葡萄蒸餾酒帶有這種獨特的風味，同類型的葡萄酒不勝枚舉，包括義大利的

Grappa、西班牙的 Orujo、希臘的 Tsipouro、葡萄牙的 Bagaceira 等。不過，只要這類酒款出現些許近似發霉的味道時，便會顯得格外難喝。

安德烈・朱里安（André Jullien）如此陳述「高品質果實所造就兼具強勁與細膩的葡萄酒質地」的意涵：「它是粗獷感的一種表現方式，粗獷的口感本身並沒有什麼令人不悅之處，大多數的葡萄酒，不論干型或甜型，只要是尚未經過長時間陳年的酒款，多多少少都會表現出這種來自於果粒本身的質地。」[21] 時至今日，這個術語兼有褒義與貶義，一如維德爾曾經述及的：依照尚・黎貝侯-蓋雍的用法，「嘗得出果實所造就兼具強勁與細膩的葡萄酒質地」代表該酒款具有高水準的品質表現；至於「帶有葡萄果實的味道」則是由於過度壓榨而造成的風味缺陷[22]。

畢賈舒[23] 曾經記述一段史事：著名的波爾多葡萄酒經紀人拉玻利（Labory）在梅多克產區 1820 年採收季結束後不久，品嘗了該年份的葡萄汁，發現它們「嘗起來就像『兒茶』（Cachou）一樣」。兒茶素是從亞洲一種名為 Acacia Catechu 的有刺喬木中提煉出來的萃取物，它是法國常見的甘草喉糖的重要原料。我們至今仍保留「兒茶錠」這個譬喻，來形容某些酒款既苦澀卻又爽口的風味表現。

單寧是葡萄酒酒體的構成因素之一，當酒液裡的單寧含量充足時，葡萄酒嘗起來會顯得「壯滿強勁」、「豐厚密實」、「緊實堅挺」、「活力充沛、蓬勃旺盛」、「富有骨感」、「口感悠長」、「鮮明」。豐厚的單寧是葡萄酒久貯不壞的保證，一如那句老生常談：「口感持久，壽命就長。」單寧不虞匱乏的酒款，能夠展現良好的堅實感、濃稠度與咬感，未來也才有戲可唱，會有所謂的「後續發展」。但是過猶不及，當單寧含量太高，則會使葡萄酒顯得「堅硬」、「紮實、緊實」、「粗野」、「酸澀堅硬」、「細瘦乾癟」、「香氣貧乏，

嚴肅生硬」、「肥厚笨重」。紮實豐厚的葡萄酒必然單寧鮮明、色澤濃郁。

我們可以從頂尖的紅葡萄酒中觀察到，單寧的品質攸關香氣表現。香氣的細緻度，往往取決於口感與味道的細膩程度，而單寧便是當中的重要環節。以細緻的葡萄品種釀酒，或是採用優秀園區的果實釀造，都能獲致高品質表現的單寧，我們稱之「尊貴的單寧口感」。在葡萄酒陳年過程中發展出窖藏香氣的同時，單寧的風味也會逐漸變得柔軟圓滑、和諧溶融。這個現象幾乎會讓人誤以為單寧原本就是有氣味的物質，或者在陳年的過程中，由於衍生出揮發性物質而產生氣味。我們有時候會用「聞起來有不錯的單寧」來形容某些葡萄酒，但是要知道，單寧是完全沒有氣味的非揮發性物質。相反的，一款口感粗糙，同時香氣缺乏個性的葡萄酒，相形之下則顯得「平凡無奇」，甚至「粗野不堪」，與細膩雅緻的酒款不可同日而語。這些品質平庸的酒款，通常產自極差的葡萄樹或劣等園區。

二氧化碳對於風味的影響

一提到葡萄酒中的二氧化碳，就會立刻讓人聯想到氣泡酒在笛形酒杯中散發一顆顆氣泡的畫面。但是我們在此打算先從溶解在無氣泡葡萄酒（Vin Tranquille）裡，肉眼看不見的二氧化碳談起。「無氣泡葡萄酒」法語原文的意思是「靜止不動的葡萄酒」，它是相對於「氣泡葡萄酒」而言，碳酸含量較少的葡萄酒。無氣泡葡萄酒雖然不會發泡，但是溶解於酒液裡的二氧化碳卻扮演極為重要的角色，許多專業人士與消費者對此議題不甚知之。

二氧化碳是酵母將糖分轉化為酒精的發酵過程中所產生的副產品。在甫發酵完成的年輕葡萄酒中，基本上都含有不少的二氧化碳。我們甚至可以將二氧化碳視為葡萄酒固有的基本成分，因

為即使是在經過陳年的老酒裡，也都仍然含有二氧化碳。不論是經年累月的貯放，或者是一般常見的各種處理程序，都無法完全消除葡萄酒裡的二氧化碳。二氧化碳能夠溶解於酒液裡，以碳酸的形式留在葡萄酒中，但是碳酸具有揮發性，它依舊會在某些情況下，透過蒸散作用離開酒液，譬如當葡萄酒在處理過程中，大規模地與空氣接觸時，溶解在酒液裡的二氧化碳蒸散作用尤其劇烈。此外，葡萄酒的貯存方式也會影響酒液裡殘留的碳酸量。以釀造的過程而言，使用大型密閉酒槽能夠保留較多的二氧化碳，而容積較小的木製酒桶則會使酒中的碳酸揮發散佚。至於已經裝瓶的葡萄酒，二氧化碳的蒸散量則趨近於零。所以，當我們最後打開一瓶葡萄酒飲用的時候，很難說得準酒中的二氧化碳含量到底有多少，況且，在大多數情況下，無氣泡葡萄酒中的碳酸含量並不是裝瓶前的控管項目之一。誠然，釀酒者能夠運用某些技術，調整酒中的碳酸含量，俾使二氧化碳的表現恰到好處，但是實際上卻很少有人會充分運用這項自由，縱使二氧化碳對口感的影響甚鉅是眾所皆知的事實。

二氧化碳會帶來兩種不同的口感。當水中的碳酸含量在每公升 200 毫克時，嘗起來微酸、風味簡單；而當濃度提高時，溶解於水中的二氧化碳則會在入口時被逼出來，刺激口腔黏膜，造成扎刺、酥麻的觸感。我們在前文已經述及這個感覺機制屬於口腔觸覺。正是由於這種扎刺的觸感，我們才得以辨認液體中有二氧化碳的存在。要注意的是，別把這種扎刺的觸感與揮發酸造成的尖銳刺激混為一談。這兩個法語單詞雖然字面接近，但是用在此處卻是傳達完全不同的風味表現。至於在葡萄酒中，二氧化碳的感知門檻則提高到每公升 500 毫克，也就是說當溶解於酒液裡的碳酸量低於這個數值的時候，便嘗不出碳酸的口感，即使碳酸在這個濃度已經足以影響葡萄酒的風味均衡表現。

葡萄酒的發泡程度可以根據酒中碳酸含量加以界定。我們將一般常見的用語整理如下：

就微氣泡葡萄酒而言，法國加雅克（Gaillac）出產的「微氣泡」（Perlé）型態酒款、義大利的 Frizzante、西班牙的 Aguja、德國的 Perlewein，以及英國人所謂的 Perl Wine 皆屬之。至於氣泡酒，則包括法國的 Crémant、西班牙的 Cava、義大利的 Spumante、德國的 Sekt，當然遠近馳名的法國香檳亦在此列。全球每年生產的氣泡酒逾 20 億瓶，其中 65～70% 的產量出自法國、西班牙、義大利與俄國。

沒有什麼其他方法比品嘗氣泡礦泉水，更能清楚地展現二氧化碳對風味表現所帶來的複雜影響。隨著水中碳酸含量的多寡，礦泉水嘗起來的感覺，從沁爽有味、堅硬帶酸，甚至是窒人鼻息皆不無可能。當氣泡礦泉水入口的時候，溶於水中的碳酸會在很短的時間內大量釋出，礦泉水進入胃部之後，仍會持續發散二氧化碳氣體，造成

	二氧化碳在酒液裡的含量 （單位：公克／公升）	酒液於 20℃時的二氧化碳壓力 （單位：大氣壓）
無氣泡葡萄酒（vin tranquille）	<1	
微氣泡葡萄酒（vin perlant）	1-2	<1
半氣泡葡萄酒（vin pétillant）	<4	1-2.5
氣泡葡萄酒（vin mousseux）	>4.5	3-5 或 6

發酸的感覺。當碳酸的含量不足以構成扎刺、酥麻的口感，也就是低於酥麻口感的門檻時，二氧化碳在風味結構裡所扮演的角色則退居為「酸味因子」，具有提升並襯托葡萄酒酸味表現的作用。葡萄酒的單寧風味會由於酒中含有碳酸而突顯出來，至於葡萄酒中的甜味表現也會被酒液裡的碳酸削弱，不論是干型（不甜）葡萄酒裡酒精成分所造成的甜味感，抑或是甜型葡萄酒與超甜型葡萄酒殘存糖分的甜味，皆是如此。由此看來，葡萄酒中含有二氧化碳，就如同在酒中添加額外的酸度一樣，會對風味的均衡造成直接的影響。也就是說，二氧化碳會使原本又酸又硬的酒款更顯失衡；而原本已經獲致均衡的葡萄酒，則可能因為碳酸的存在，而顯得細瘦薄弱。不過，癱軟無力、缺乏勁道、口感平板的酒款，卻會由於酒中含有二氧化碳而重拾活力與爽口感。總而言之，二氧化碳對葡萄酒來說，既可以帶來正面影響效果，也可能造成負面效果，端視其含量多寡、酒款型態以及風味均衡條件而有所不同。

根據巴斯卡·黎貝侯-蓋雍的觀察，大多數品酒者對葡萄酒中的碳酸含量變化相當敏感，對於葡萄酒本身的酸度卻較為遲鈍。他以一款紅葡萄酒調製出二氧化碳含量分別為每公升 20 毫克、360 毫克以及 620 毫克的三個樣本，以隨機的侍酒順序讓五十位品評員試喝。結果 73% 的受試者能夠正確指出，何者為碳酸含量最高的樣本，該樣本在舌尖上會出現明顯的扎刺、酥麻感。此外，53% 的受試者甚至能夠辨認出另外兩個樣本的碳酸含量孰多孰寡，即使這兩個樣本嘗起來同樣都沒有發泡的扎刺感。接著，同一批品評員接受另外一項測試，內容是品嘗並分辨總酸量經過調整的三款紅葡萄酒樣本。它們的含酸量分別為每公升 3.3 公克、3.8 公克與 4.5 公克，這對於葡萄酒來說是相當顯著的差異。然而，相較於前一項測試有 27% 的品酒者無法正確指出碳酸最多的樣

本，在這項測試中，不能挑出總酸量最高的樣本的品評員比例，則提高到 38%；能夠正確地將三個樣本依照碳酸含量或總酸含量加以排序的受試者，也從 53% 滑落到 32%。

從氣味表現的角度來看二氧化碳的影響，我們發現當晃動酒杯，促使酒液裡的二氧化碳散發出來的時候，香氣也會隨著積聚在杯中，彷彿葡萄酒的香氣被二氧化碳萃取出來一樣。在品嘗年輕酒款時，可以透過晃杯的動作加強、促進果香表現，便是這個道理。相反的，陳年老酒的窖藏香氣，卻可能由於微量二氧化碳所造成的酸味而遭到扭曲。

某些不甜或不甚甜的年輕白葡萄酒，由於酸度不足，因此，酒中若是每公升含有 500 ～ 700 毫克的二氧化碳，往往能夠校正酒體缺陷，增進風味表現。瑞士的白葡萄酒便是令人印象深刻的案例；當地的白酒經過乳酸發酵之後，酒液裡的酸度低到必須仰賴大量的二氧化碳，才能夠消除平板乏味的口感，重建白酒應有的清新爽口的風味特性。不過，當葡萄酒的含酸量達到每公升 5 公克的時候，則毋需再打入二氧化碳，因為這樣的酸度已經綽綽有餘，足以支撐酒體。釀酒人偶爾會犯下這個錯誤，讓足酸的葡萄酒含有過量的碳酸。

新酒型態的紅葡萄酒，由於單寧含量偏低，所以每公升的酒液若是溶有 400 ～ 500 毫克的二氧化碳，將可對風味與結構表現帶來正面的效果。然而，貯藏型的紅葡萄酒，也就是在裝瓶之後還可以繼續在玻璃瓶中繼續陳年熟化的紅酒，則不應該含有那麼多的二氧化碳；不過，話說回來，如果酒裡的碳酸含量過低，卻可能會讓葡萄酒嘗起來「死氣沉沉」、「毫無生氣」，這時若是能有些許二氧化碳帶來的微酸口感，情況可能會大大改觀。

另外，葡萄酒中的碳酸風味表現也大幅取決於酒液的溫度。某個份量的二氧化碳可以讓一款葡萄酒在冰涼飲用時顯得爽口宜人，但是卻不會有發泡的口感，不過，相同份量的二氧化碳也能讓溫度提升到 18℃ 的葡萄酒嘗起來幾乎就像半氣泡酒的口感一般。酒中二氧化碳所帶來的發泡口感，很容易讓人在品評時產生誤判，尤其是品嘗甫釀製完成的新酒，或者尚處於發酵階段的酒款。這時不妨利用兩個酒杯，將約莫一杯份量的葡萄酒在兩杯之間來回倒個五、六次，並稍微拉大酒杯之間的落差，俾使酒液表面沖激出泡沫，促進酒液裡二氧化碳的散逸。透過這項簡易操作的小技巧，可以有效地去除葡萄酒裡過多且礙事的碳酸。許多年輕的紅葡萄酒嘗起來細瘦乾癟、風味淺短，但是經過上述的步驟處理，去除多餘的碳酸之後，口感明顯趨於柔軟；葡萄酒開瓶之後靜置數十分鐘，讓二氧化碳散掉，同樣也能達到降低碳酸的效果。

有一些語彙是專門用來形容葡萄酒富含碳酸口感的風味表現。當一款無氣泡葡萄酒的酒液裡，反常地出現氣體，我們會用「含氣」來描述；在這種情況下，必須採取「除氣」、「去除碳酸」的措施。當溶解於葡萄酒中的二氧化碳達到飽和狀態時，封瓶的軟木塞還不會承受來自於酒液的二氧化碳氣體壓力；在開瓶的時候，軟木塞不會發生自動外推的現象。當我們斟酒入杯時，可以觀察到酒液的發泡現象非常微弱，頂多只會在液面沿著杯壁形成帶狀氣泡。這種二氧化碳達到飽和，卻尚不足構成發泡的酒款，可以用「帶有珍珠般的顆粒口感」、「珍珠般的微氣泡口感」或「泡沫般的鬆散口感」來描述。在品評這種類型的酒款時，它們只會在嘴唇與舌頭上造成輕微的咬嚼感。至於二氧化碳含量超過飽和臨界點的酒款，玻璃瓶裡都有一定程度的氣體壓力，它們在類型上已經屬於氣泡葡萄酒，我們會用「氣泡滾滾」來形容。在斟酒入杯時，整體發泡情況比較明顯，酒液表面也會形成較多的氣泡，而當酒液入口時，會出現強勁的碳酸口感，我們稱之「碳酸衝擊」。

從碳酸飲料的全球消費量看來，我們不難發現二氧化碳所帶來的活潑、刺激口感頗受大眾青睞。不過，令人好奇的是，人們是否向來就有這樣的偏好？而又是怎麼開始鍾情於碳酸的奇妙口感呢？畢竟，天然碳酸來源非常罕見，而且發酵飲品中的碳酸成分，通常在數個月乃至數週之內，便會散佚殆盡。由此觀之，人們對於二氧化碳口感的喜好，應該是相當晚近的事，而且是人為的結果。相對於無氣泡葡萄酒悠久的歷史，氣泡葡萄酒也算是近代的新發現，它的出現距今或許只有三個世紀的光景，而且在最早期的時候，氣泡酒只流行於一小群人之間。雷蒙・杜梅引述一位酒商稍晚於 1713 年寫下的一段紀錄文字，見證了當時人們對碳酸的觀感：「泡沫口感會扼殺一款好酒所能展現的最佳風味表現，不過，它倒是能為平庸的酒款增添幾許宜人的風味。」話雖如此，碳酸卻從這個時候開始扭轉局勢。人們從來沒有那麼醉心、熱衷於替葡萄酒「打氣」，讓它「氣化」、「香檳化」。二氧化碳讓酒商大發利市，氣泡葡萄酒大行其道、風靡一時。我們毋須多說什麼來批判或對抗這股「為打氣而打氣」的碳酸狂熱，但是人們偶爾會利用碳酸掩飾葡萄酒品質不逮之處，這並不可取。我們藉此機會一提，意圖以沖激搖晃等方式替香檳「除氣」（dégazer），或者以為在香檳瓶口倒插一支小湯匙就能夠保存酒中的二氧化碳，這些都是無知、乖張的行為。香檳區葡萄酒同業公會（CIVC, Conseil interprofessionnel du vin de Champagne）已經證實這些作法不能達到預期目的。

關於氣味特質的用語

乍聞之下，葡萄酒的氣味似乎很難用具體

的語言文字傳述。如何透過詞語重現氣味造成的感覺呢？或許可以藉由講求方法、訴諸理性的科學途徑解決這個問題。品酒者不妨先從判別氣味的濃度與份量感，以及其細微變化與品質特性開始，接著，再進入難度較高的練習，磨練分辨一連串不同氣味的技巧。在嗅聞香氣的時候，可以用短促、反覆吸氣的方式進行，配合持續嗅聞追蹤，甚至還必須重複數次相同的操作，專注於香氣的變化過程，並試著把葡萄酒散發出來的各種香氣，跟某些氣味與之類似的花卉蔬果，或木材、植物精油聯想在一起。這時可以馳騁想像，盡情運用聯想與類比的方式，把嗅得的氣味用文字表達出來。

當我們打算「評判」葡萄酒氣味的總體特徵，諸如香氣強度、氣味份量感或香氣討喜程度時，可以使用的修飾語幾乎可以說是俯拾即是，不待苦思良久；如果可以很清楚地知道自己要表達的觀點為何，那麼，要找到精準的用語並不是件難事。但是，當我們意在「描述」特定的氣味時，則用字遣詞比較不容易作到恰如其分。評判的內容無關對錯，它有一定程度的彈性；然而，若是要傳述某種氣味，替嗅覺印象找到對應的文字依歸，則比較沒有天馬行空的自由。氣味的描述與轉譯尤其容易突顯語言文字的不足與不適當。其實，真正的問題並不是出於描述氣味的語彙量不夠，相反地，相較於描述味道的語彙，氣味詞彙尤有過之。要將氣味訴諸文字之所以困難重重，是由於嗅覺機制比味覺更敏銳，也更為複雜，但是描述嗅覺感受的語言表達，卻較缺乏體例規範可循。用術語來說就是比較欠缺「程式化」。所以，描述氣味的詞語要下得適切、精準，遠非易事。

香氣要討喜、宜人，這是優質葡萄酒的基本條件。我們可以將香氣表現討喜而均衡的酒款描述為「細膩好聞」、「別緻宜人」。產自特定園區的葡萄酒，其整體品質特性便可以用「細膩」一詞概括。這類酒款的特出之處不外乎是「精巧的勁道、宜人的窖藏香氣、純淨的味道、口感與色澤，以及完美無缺的整體表現。」年輕酒款所展現的細膩感，則是以花香與成熟的果香為基礎，因此，可以用「果香豐沛」、「散發花香」來描述其細膩的香氣表現。

一款好酒除了要有均衡的風味，也必須要有宜人討喜的香氣表現，即便是簡單缺乏變化，或者不夠濃郁強勁，都無傷大雅。至於偉大酒款的氣味則不能僅止於宜人討喜而已，它所散發出來的香氣必須兼具濃郁強勁、豐富多變、珍稀可貴，以及性格鮮明等品質特徵。我們會用「富有個性」、「展現典型」、「高雅純正」、「豐沛有勁」來描述這類頂尖酒款的香氣表現。「細膩別緻」與「高雅純正」兩個詞彙容易被混為一談，但是它們的語義內容是不同的；如果一款細膩別緻的葡萄酒不能展現原產地的典型風味特性，那麼便稱不上是高雅純正。對於缺乏個性、表現平庸、無足輕重的葡萄酒，可以用「消沉黯淡、風采盡失」這類字眼來描述。

法語裡的「sève」（豐沛有勁）是個古老的用語。最初，當人們對葡萄酒的性質還懵懵懂懂無知的時候，「豐沛有勁」這個詞彙就與許多其他的描述用語一樣，語義含混模糊不清。當時，「sève」這個字與「火」有關，兩者有相通的語義成分。尚-安東・夏普塔爾（Jean-Antoine Chaptal）認為，「sève」是「勁道濃烈度」與「活力」的同義詞。另外一條定義是這樣說的：「豐沛有勁就是嘗起來美味宜人，豐厚濃郁的好酒才會表現出豐沛有勁的特質，譬如水準頂尖、品質極致的陳年好酒。」我們還可以看到曾經有人用過「具有穿透力的豐沛勁道」此一表達法來描述風味剛開始產生變化的年輕酒款，此外，像是「紮實飽滿的豐沛勁道」或是「更為飽實的豐沛勁道」則被用來形容香氣逼人的酒款。至此為止，還沒有人明確

指出「sève」這個法語單詞所描述的「豐沛有勁」到底是針對葡萄酒的味道、口感而言，抑或屬於氣味的範疇。到了 1832 年，才由安德烈・朱里安釐清相關問題：

　　葡萄酒所散發出的芬芳香氣以及表現酒感特性的部分合稱為「sève」（豐沛的勁道）。品嘗葡萄酒時，會逐漸發展出這項風味特徵，並充滿整個口腔，甚至在酒液離開之後，在口中還留有這樣的風味印象。此一特質也被稱為「酒感範疇的香氣」。「豐沛的勁道」這個概念所涵蓋的香氣部分，其實就是指窖藏香氣，只不過必須更費力才能嗅聞出來……唯有細膩別緻的好酒，才具備這項品質特性。

　　根據以上明確的定義，我們可以看出，「豐沛的勁道」其實就是現今所謂的「內部香氣」，以及酒液在口中散發出的這股香氣的持久度。這就是「豐沛的勁道」——「sève」這個字的最佳闡釋，其他的解釋方式都只會造成混淆。布根地葡萄酒產區的人已經不再使用「豐沛的勁道」這個說法，而且這個表達方式在他們眼中已經不甚有意義。他們認為，只有波爾多產區的人，才會使用這樣的字眼來描述葡萄酒。不消說，這當然是錯誤的認知。根據他們的說法，豐沛的勁道是「在波爾多地區使用的語義含混的用語」。不過，說來倒也頗傷和氣，如果「豐沛的勁道」真的是波爾多地區的用語，那麼與布根地產區專業人士發明的表達法「香氣強度持久度」相較之下，波爾多提出類似觀念的時間，就硬生生地比布根地早了一百五十年。

　　相對於以上用來描述葡萄酒在氣味表現方面優點的語彙，描述一款表現不佳、氣味不甚討喜或不好聞的葡萄酒時，可以用「平凡粗鄙」一詞描述。可能造成香氣表現平庸粗陋的因素涵蓋多個面向，包括葡萄品種、土壤特性、園區位置，以及果實成熟度。釀酒葡萄有所謂的「細緻品種」、「中度細緻品種」，以及「一般品種」。使用品質較為平庸的葡萄品種釀酒，通常會帶來植蔬或草本植物的氣味。在法語裡，氣味表現平凡粗鄙的葡萄酒也可能被形容為「被作了記號」或「帶有葡萄園風土人文條件的痕跡」，這兩個看似中性的詞語背後，其實寓含貶義：葡萄酒被烙上了差勁品種的風味印記，呈現出差勁園區的環境條件所造成的風味缺陷。

　　採用美洲釀酒葡萄的混種品種所釀成的酒款，會帶有「狐騷味」。由於久習不察、見怪不怪，某些飲酒族群甚至已經漸漸愛上這種氣味。

　　每當進行品評的時候，都應該將酒款的氣味強度詳細紀錄下來。我們可以將香氣描述為「強而有力」、「濃郁堅實」、「頗為開展」、「豐富飽滿」，或指出酒款的香氣類型屬於「非窖藏香氣」、「窖藏香氣」，或者僅足以作出「聞得到氣味」的評判而已。如果我們在酒杯裡嗅出一些較不自然的氣味，則可以用「類似香水的氣味」或「彷彿添加香料的氣味」來描述。當一款酒的氣味在陳年過程中發生變化，香氣加強而且得以開展，則可使用「取得氣味」此一表達法。

　　相反的，倘若葡萄酒的氣味微弱，甚至聞不到東西，那麼，便可形容為「中性無味、氣味不彰」、「澆薄平板，似有若無」、「香氣貧乏」。如果葡萄酒的香氣消失，可以用「脫臭去味」一詞來描述；而若是酒香不彰，則可以用「氣味消褪散佚」來形容。描述葡萄酒香氣不顯著的用語還有：「封閉」、「壓抑退縮」、「喑啞」、「含蓄內斂」、「疏遠渺茫」、「窒悶」、「隱蔽」，這些說法所傳達的意思是葡萄酒「缺乏自我展現」，「暫時無法順利自我表達」。這種香氣閉鎖的情形並非常態，在葡萄酒裝瓶數個月或數年之後，便有可能進入香氣轉化的過渡階段，一旦過了這段葡萄酒香氣表現相當微弱隱晦的蟄伏期，酒中的窖藏香氣便會如花朵般綻放。以當今

這個時間點來說，許多 1985 年、甚至某些 1975 年的波爾多頂尖酒款，都還處於閉鎖階段。有些人對這些酒的評語是：「有必要持續追蹤評估。」

氣味乾淨俐落意謂葡萄酒處於完美的健康情況，香氣直接，沒有異味。我們可以用下列詞語來描述這種令人食指大動的誘人酒款：「乾淨俐落」、「健全良好」、「直接率真」、「規矩實在」、「純淨無瑕」。

至於可以用來描述葡萄酒表現不夠潔淨，或者酒液變質的字眼與表達法，則多到不勝枚舉。形容缺陷的詞語總是多於描述優點的字彙，這個現象應該不難理解。不過，我們在此將僅針對氣味表現的層面，列舉出由於遭受細菌感染而造成頗為嚴重的氣味缺陷。這些氣味表現不夠潔淨或變質的問題，有時甚至會讓一款葡萄酒完全不堪飲用。我們以下繼續探討「令人厭惡的風味」、「不甚宜人的後味」等相關表達方式。

純淨無瑕、乾淨俐落的反義詞是「頗有疑慮」、「缺陷明顯」、「不夠乾淨俐落，顯得蒙塵帶垢」，至於「拐彎抹角，不老實」則是一個古意盎然的說法。健全良好的反義詞則有「害病」、「病懨懨」、「變質」、「病容憔悴」。我們在此可以引述前文已經提過的醋酸菌感染所造成的缺陷，這些詞彙形容的也是葡萄酒氣味不夠乾淨俐落的缺陷：「乳脂肪氣味」、「酵母氣味」、「發酸變質的氣味」、「葡萄酒升溫的氣味」、「葡萄酒被熱壞的氣味（彷彿被水燙過、被加熱過、被油煎過）」。「老鼠味」曾經被認為是葡萄酒裡產生乙醯胺因而造成的異味，實際上這項氣味缺陷是由於細菌進行乳酸發酵時，意外產生一種名為乙醯基四氫吡啶的氮衍生物所導致的。這種氣味很濃重，雖然不會立刻散發出來，但是一旦嘴裡出現「老鼠味」，則久久揮之不去；我們可以將有疑慮的葡萄酒倒幾滴在手背上，嗅聞酒液殘留在手上

的氣味，藉此確認這項氣味缺陷。

要精確判斷與辨別葡萄酒的變質現象，與其說是屬於品評的任務之一，不如說是顯微鏡與化驗分析的使命。當葡萄酒已經變質到嘗得出來的程度，就已經回天乏術了。不過，品評仍然在葡萄酒變質的早期預警中扮演極重要的角色。當葡萄酒發生變質之初，透過揮發酸含量的分析數值或藉由顯微鏡觀察，尚不足以研判酒液已經開始變質。然而，在品評時觀察到酒液色澤暗沉、酒中出現微量二氧化碳氣體，或者酒款顯得平淡乏味或風味不夠乾淨俐落等異狀，皆可作為判斷葡萄酒變質的重要依據，因為這些現象都是細菌感染的前兆。在這個方面，化驗分析與顯微鏡卻毫無用武之地。

描述香氣名稱的嘗試

氣味該怎麼描述呢？當我們聞到它的時候，只能藉由類比的方式來形容嗅覺印象，將之比擬為某種已知的氣味：相同也好，相似也罷，或者是利用它讓人聯想到的氣味作為描述的媒介也無不可。氣味的種類如此繁多，以至於要找到完全相同的氣味作為基準樣本，或者供作描述的參考，並不總是一件容易辦到的事。不過，退而求其次，若是能夠提出已知的相近、相似氣味作為參照，便足以讓我們藉由聯想與類比，達到指涉一種氣味的目的了。

氣味可以根據其天然來源加以命名，也可以借用一種氣味相近的化學物質名稱來給定。前者如「玫瑰氣味」、「水蜜桃氣味」，或是「黑醋栗葉片經過搓揉的味道」；後者如「氧雜萘鄰酮的氣味」、「雙乙醯的氣味」、「苯甲醛的氣味」。這兩種命名的方式各有利弊，不妨截長補短，交替運用。關於這個問題，萊格里斯曾經說過：

化學物質的名稱與術語會造成兩個方面的障礙

與不便：首先，這套術語加重了品評員的負擔，他們需要記憶的束西已經很多，沒有必要再耗費時間與精力去背誦數百個無趣而令人厭煩，況且大多數人都聽不懂的化學名詞；其次，這些硬梆梆的化學術語怎麼也無法讓人把它們跟本質上是滿足感官、令人感到歡快的香氣聯想在一起，更何況這是品味之樂的核心價值……除此之外，我們也保留了與這套化學術語大相逕庭，自古便有的氣味形容方法，也就是透過類比的方式，將葡萄酒的香氣，以某些類似、相近的氣味描述出來，譬如花香、果香、植物香精、食物或其他有氣味的束西……比較合宜的作法是避免在用字遣詞上過於極端走偏鋒，應該盡量以便於領會與聯想為優先考量，並且必須熟悉兩套語彙之間的互通性與對應關係……

透過類比的方式來形容氣味，看似具體、客觀，但是在實際運用的時候，這套方法卻是相當抽象而且風格化的。舉例來說，當我們將某種氣味描述為玫瑰花香，大家都能猜想得到這個氣味聞起來像是一般人們所認識的玫瑰花的氣味。然而，問題在於：到底是哪種玫瑰花呢？每一個玫瑰品種的香氣都不盡相同。如果借用其他氣味來作類比的話，有些品種的玫瑰聞起來近似於龍蒿、胡椒、乾草、俄羅斯皮革、金盞花、哈蜜瓜、杏桃、酒精（或說葡萄酒香）、草莓、覆盆子、丁香、麝香、鈴蘭、康乃馨、木犀草、接骨木、紫羅蘭、茶（或茶葉）、水蜜桃、風信子、李子果泥或蘋果果泥，甚至還有一種玫瑰的氣味聞起來像蜻象的臭味！此外，也有一些玫瑰品種是聞不出氣味的。

我們並不想就此打住這個還很有討論空間，而且歷久彌新的議題。讓我們看看尚-克勞德・卡利耶（Jean-Claude Carrière）於 1999 年出版的《騙子的圈子》（*Le Cercle des menteurs*）故事集裡的這個極短篇：

一位禪師拿了一顆甜瓜送給自己的徒弟，後來問道：「你覺得這顆甜瓜如何？好吃嗎？」

徒弟答道：「好吃，味道很好。」

於是師父又問他：「味道在哪裡？是在甜瓜裡，還是在舌頭上？」

這回，徒弟想了一想，口沫橫飛地解釋起來：「這個味道來自於甜瓜與我的舌頭之間互依共生的關係，因為如果舌頭沒有嘗到甜瓜的話，也就不會有……」

禪師忽然打斷徒弟的話：「真是呆瓜一個！你到底想表達什麼？這顆甜瓜很好吃，這就夠了。」

一間名聞遐邇的波爾多城堡酒莊的女莊主也有類似想法，雖然依外界的瞭解，她並沒有任何佛教背景或禪宗信仰，然而根據她兒子的敘述，酒莊有次接待一群記者，每位參訪者都滔滔不絕地形容葡萄酒散發出辛香料的氣息、果實香氣，還有花香……當記者們詢問這位女莊主的看法時，她只輕描淡寫地回答：「我的葡萄酒的風味個性，是來自於我盡己所能地照料我的葡萄園，然後以收穫的葡萄果實釀就的。」

這兩則故事看似簡單，卻充滿真知灼見，而且寓意深刻，很能帶給我們啟發。

我們在此要試著替葡萄酒的氣味作分類整理，俾使相關研究能夠有所依循。本書第二章已經述及，所有的氣味可以歸納為百餘個群組系列，而其中某些氣味類別在葡萄酒裡極為罕見，或者根本不存在。以下我們將葡萄酒的氣味範疇刪減為十大項目，應是簡便而正確的作法。自本書第一版面世以來，這套分類方式至今已歷二十餘載，似乎已經被廣泛接受。參考這套劃分方式，或以此為基礎衍生出其他類似的葡萄酒香氣分類法，例子並不罕見，在在顯示這套以十個項目作為框架的香氣類型表，已經獲得普遍認同。

為了方便記憶起見，我們可以將這十種氣味

類型，大致依據它們在葡萄酒生命不同階段的出現次序加以排列：植蔬、花卉、果實、酒醛或發酵、化學、樹脂、木質、辛香料、烘焙與燒烤、動物。

以上分類中的每一個範疇，都能讓人輕而易舉地聯想到葡萄酒氣味的某種表現型態，從葡萄果實到陳年老酒的氣味都有。我們可以把這十個項目再概分成四個群組，當然，也可以反其道而行，將之無限延伸、擴充到幾乎沒完沒了的程度。不過，這是調配香水師傅的看家本領；他們絞盡腦汁所劃分出的那些氣味範疇，有許多是葡萄酒裡非常少見或找不到的氣味。我們現在把眼光集中在葡萄酒上面，僅針對這十項氣味範疇進行評述，並將它們歸納為如下四個群組：

1. 植蔬、花卉、果實氣味
2. 酒醛（發酵）、化學氣味
3. 木質、樹脂、辛香料、烘焙或燒烤氣味
4. 動物氣味

葡萄酒裡的植蔬氣味通常是葡萄果實的熟度欠佳所造成的。這類氣味予人的印象從青草、新鮮牧草，到乾燥的草堆、花草茶的氣味皆有可能。在這個類別中，不少對於葡萄酒來說屬於異味的氣味，像是茴香、大蒜、青蔥、蕨類植物等，這些氣味可能是由於葡萄園裡長出其他植物，而在採收時意外與葡萄果實一併採收進來的緣故。1970 年代，採收葡萄的機器逐漸普及之後，葡萄酒中出現植蔬氣味的情況即漸趨頻仍，其來有自，不足為怪。

花香通常出現在年輕的葡萄酒中，尤其是白葡萄酒，不過，許多適合即飲的早飲型紅葡萄酒或粉紅酒，也帶有花卉香氣。

在所有年輕的葡萄酒裡，都必然會有果實氣味；葡萄酒的果香只會隨著陳年的過程逐漸消散，但是速度非常慢。「果實香氣」這個類別可以根據實際需求，再往下分出「紅色果實」、「白色與黃色等淺色果實」、「乾果與核果仁」、「熱帶水果」、「柑橘類」等細項；縱使某些果實氣味會因此「無家可歸」，而且可能造成令人煞費心思的棘手問題——甜瓜屬於「異國水果」還是「淺色水果」？而橄欖呢？它在一群水果之間，與大多數的水果氣味顯得格格不入。在形容葡萄酒的果實香氣時，使用「紅色果實」一詞，會比「布爾拉品種甜櫻桃」、「法國奧萬尼省產覆盆子」、「法國中央山地塞文的藍莓」更為合理，因為後者過於瑣碎，甚至讓人一頭霧水。樸實簡單的用語比較不容易節外生枝，或者把事情搞砸。如果在葡萄酒果香的劃分上，採用植物學定義莓果、核果的方式，那麼很可能會貽笑大方，犯下荒謬的錯誤。譬如，從植物學專業的角度來看，草莓其實不是一種莓果，而是有肉的花托。但是，以描述葡萄酒果香表現的需求與目的而言，這只是無關宏旨的枝微末節，此種精準性未免流於鑽牛角尖，意義不大。

酒醛類型的氣味有時與化學氣味的範疇極為接近，因為兩者皆屬於發酵作用產生的氣味。在這兩個氣味分類項目中，可以找到絕大多數的醇類物質、帶有香氣的酸化合物以及芳香酯。這些物質皆不存在於葡萄果實裡，必須經過發酵才會出現。

我們把木質、樹脂、辛香料與烘焙或燒烤數種氣味型態歸納為同一類，可以避免一些棘手的分類問題：經過烘烤的木材（橡木桶經過烘焙的氣味）應該視為木質氣味，還是劃歸在烘焙、燒烤的氣味範疇裡？松樹或松脂的氣味呢？理應屬於樹脂氣味，還是木質氣味？

葡萄酒中出現動物氣味，聽起來有點嚇人，但是陳年老酒會散發出類似馬鬃、皮革、野味的氣息，卻也是不爭的事實，甚至可說是所在多有。不同類型或不同強度的動物氣味，會予人殊異的

觀感，有時候會顯得討喜，有時則讓人覺得很不好聞。過去有許多評論對於葡萄酒在陳年熟化之後所發展出的馬鬃、皮革、馬廄一類氣味抱有好感。我們發現，葡萄酒裡的動物氣味，是由於酒中含有揮發酚的緣故，而這種氣味物質的產生，與葡萄酒中的「Brett 酵母」關係尤其密切。對於化驗分析師而言，葡萄酒裡若是含有這種酵母，有時候就會被視為缺陷或警訊，反倒是一般的消費者，乃至經驗老到的飲酒者，對於葡萄酒中的動物氣味都不以為忤，甚至欣然接受。

這裡所陳述的情況其實早已見怪不怪了。當葡萄酒「專業人士」針對酒中可能出現的某種物質作過詳盡研究，摸清它的底細之後，他們便會開始對這些物質成分異常敏感，而且經常無法忍受葡萄酒裡出現一絲一毫這種他們判定是缺陷的風味。然而，沒有受過專業養成訓練的一般葡萄酒愛好者，卻不會對這些風味缺陷特別敏感，有時甚至還會覺得這樣的氣味尤其好聞。說得更清楚些，葡萄酒裡原本就含有少量的揮發酚，這屬於常態；若它的含量偏高，則通常是由於發生疏失或意外。有些人之所以特別容易嗅出酒液裡少量揮發酚的動物氣味，是由於透過訓練可以降低對該物質或氣味的感知門檻。不過，每位品酒者對揮發酚氣味的「愉悅感受上限」，或者說「強度接受上限」、「厭惡門檻」，則存在極大的落差。而且，葡萄酒香氣總體表現的豐厚程度，也會對品酒者接受揮發酚濃度上限產生影響。

濃度超過感知門檻的「單一氣味」，相對來說，比較容易嗅聞出來，而且也比較能夠說出氣味名稱。但是，由數種氣味混合構成的「複合香氣」，其嗅覺分析與描述的困難度則明顯提高。不同的氣味會互相遮掩。只有當背景氣味減弱，或者嗅覺器官逐漸習慣而失去對此背景氣味的敏感度時，才能夠辨別出在複合香氣裡，被整體背景壓過去的弱勢氣味。簡言之，唯有當某種強勢

氣味的刺激達到飽和，嗅覺機制對它產生疲勞，因而對此特定氣味反應遲鈍，暫時聞不出來的時候，原本被強勢主導氣味或背景氣味遮蔽、壓抑的細微風味刻劃才得以浮現。這個道理在葡萄酒品評裡也是成立的。各種葡萄酒共有的「酒氣」，彷彿是包覆整個葡萄酒氣味的外殼，它會掩蓋能夠賦予酒款品質特徵與風格個性的各種次要氣味。這些豐富的次要氣味，有些很不容易聞出來，有些則相當模糊，再加上它們經常稍縱即逝，因此，必須聚精會神地專注嗅聞，彷彿執行一場嚴密的氣味偵搜，才能夠捕捉到這些細膩的香氣。

對於只是一味窮喝而不聞一聞酒香，更別奢望他會作什麼風味分析的飲酒者，或是精神渙散便宜行事的品評員，他們是很難欣賞到隱藏在葡萄酒外層酒氣之下，引人入勝的豐富香氣。當他們遇到一款香氣繁複、表現細膩的好酒時，只能啞口無言，露出尷尬、猶疑的微笑。反觀像路易・歐希瑟這樣用心的品酒者，卻能夠這樣侃侃而談：

根據不同園區的風土條件，薄酒來葡萄酒的「氣味光譜」涵蓋範圍，從凋謝的玫瑰花瓣到芍藥，從紫羅蘭到木犀草，從水蜜桃到櫻桃香氣都有。

而皮耶・寇司特（Pierre Coste）則在一瓶陳年的白馬堡（Château Cheval Blanc）裡，嗅出協調宜人的諸多香氣：「櫻桃果醬、薄荷、橙橘、香草、當歸花。」[24]此外，儒勒・休維（Jules Chauvet）留下的描述文字，讀來也令人感到興味盎然。他將一支 1961 年薄酒來特級村莊[25]風車磨坊（Moulin à Vent）酒款的香氣形容為蘭花香草、俄羅斯皮革、煙燻烏梅、櫻桃烈酒、哈瓦那菸草」，而波爾多的城堡酒莊酒款 Château La Lagune 則讓他聯想到「苔癬植物、鹿麝香、摩卡咖啡、哈瓦那菸草、西洋杉、橡木精油、兒茶、櫻桃烈酒、草莓、琥珀香草。」這段描述文字裡提到的氣味名稱數量，已經遠超出一位訓

練有素品評員的能力範圍，一個靈敏的鼻子通常只能同時分辨出三至五種氣味。如果作出以上這段氣味描述的人不像儒勒·休維那樣，每天都勤奮不懈地用為數龐大的氣味樣本，自我訓練聞香、辨香技巧的話，那麼，很難讓人不去懷疑他只是亂槍打鳥，隨便丟出一些詞彙碰碰運氣罷了！要熟稔這些堪稱無奇不有，而且不計其數的氣味，似乎會把人逼到不得不什麼都拿起來聞一聞的地步，然而，我們其實不需如此狼狽。現今市面上已經有在販售這種訓練嗅覺的樣本，價格實惠，可以在百貨公司的玩具部門找到。這不僅可以當作一份寓教於樂、啟蒙嗅覺的好禮物，也是精進辨香技能不可或缺的配備。下欄關於氣味感知的測驗結果顯示，我們在分辨複合氣味方面，普遍受到相當程度的限制。不過，每個人都有機會培養出優異的嗅聞辨香能力，成為最頂尖的 10% 當中的一員。如果掌握訣竅，有系統、有方法地學習、鍛鍊，並持之以恆的話，那麼，要具備能夠分辨混有四種氣味以上的複合香氣的能力，是指日可待的。

　　然而並非所有的專業品評，都是以全面而細緻的香氣分析為首要任務。一位專業的試飲員所關注的、在乎的，通常是葡萄酒的主導香氣是否乾淨俐落，並展現良好的品質與鮮明的個性。酒廠裡的試酒員，平日的工作內容是品嘗並控管尚未釀就、裝瓶，還沒打理、妝點完畢，多少仍帶有一些未被馴化的粗蠻風味的年輕葡萄酒；而不是每天跟消費者所認識的那些風味醇美的頂尖酒款為伍。要知道，針對香氣進行鉅細靡遺的細節描寫，比較適合用在品質表現最優異的酒款上。這類香氣層次豐富、刻劃細膩的葡萄酒，不外乎是業已經歷陳年熟化，而且香氣表現已經演化到最佳狀態的適飲美酒。

　　談論味道的語彙比形容葡萄酒氣味的語言發展得早。不過，隨著人們對風味的知識日益豐

複合氣味的感知

我們調製不同的氣味樣本，讓香水師傅與其他相關專業人士作答，並將正確答題率統計如下：

單一氣味	單一氣味	正確答題率 96-98%
複合香氣	雙重氣味	正確答題率 50%
	四種氣味	正確答題率 10%

該項測驗結果促使我們正視、思考此類問題：在描述香氣時，大量引用氣味名稱是否合理、恰當？而這種機械性的名詞重複與串聯，是否會過於浮濫或流於形式？根據吉爾·莫侯（Gil Morrot）1999 年的一項調查研究，在葡萄酒品評文字裡會出現 2 到 15 個不等的氣味名稱，平均一篇就有 5 個。但是複合氣味感知的測驗結果卻顯示，似乎只有不到一成的專業人士有能力正確辨識，由超過四種單一氣味所混成的複合氣味。

富，描述氣味的技巧也逐漸獲得發展，為「不可言說」的無形氣味開闢蹊徑，找到適當的形容、傳述方法，算是相當晚近的一項創舉。在非常早期的時候，形容葡萄酒裡有「紫羅蘭」、「覆盆子」的氣味，是被認可的描述方式，直到 1937 年，布根地的葡萄酒專家卡蜜兒·侯狄葉（Camille Rodier）擴充了表達葡萄酒氣味的語彙量 [26]，自此，氣味語彙便開始發展，直到儒勒·休維及其同仁與弟子的手中漸趨完備。不過，葡萄酒氣味語彙的演進與發展，或許也與釀造技藝水準的提升有關，因為它確保葡萄果實裡潛藏的芬芳物質，能夠更完整地在釀成的酒中體現出來。此外，貯藏設備與裝瓶技術的精進，也發揮了襯托葡萄酒氣味潛質的功用。這些外在條件都間接促進了氣味語彙的發展。

　　我們可以在大自然裡，或者利用香水、精油來學習各種不同的氣味。如果年輕時缺乏對氣味

的好奇心，或者沒有那樣的生長環境，那麼，嗅覺經驗便很有可能過於貧乏，在描述氣味時，也會出現詞窮的困擾。這時便有必要按部就班充實自己的氣味資料庫，培養嗅聞的習慣，盡量涉獵各種氣味，累積嗅覺經驗。不妨試著去聞一聞花園與田野在不同時節散發出來的氣味；同樣地，在不同氣候與地理環境下的林地，也會有很不一樣的氣味。信步徜徉在大自然中，何妨摘下一片葉子，放在掌心上搓揉幾下，聞一聞它有什麼氣味；放慢步調，駐足嗅聞枝頭的花朵或一顆壓碎的果實，也都能為自己的氣味資料庫添上幾筆記錄。在造訪香料店或草藥商的時候，又怎麼捨得錯過這個可以一次遍聞各式辛香料、調味料、香草植物、乾燥花草的大好機會！一瓶香水、一塊香皂都值得花時間專注嗅聞，並把它的氣味印象牢記在心。你應該也有過這樣的經驗：一瓶香水或沐浴乳會讓你想起某個人身上的味道。

替香水商工作的調香師，也就是俗稱的「鼻子」，他們擁有精湛的辨香能力，是這個領域的佼佼者。曾經有一位調香師跟我談起自己的工作，他說他的工作小組有辦法破解一款香水的成分，然後另行調配出氣味幾乎一模一樣的香水。只不過，調香的費用開銷並不便宜，因為調配之用的基底香氣樣本數量龐大，其中有些還非常珍稀昂貴。在調香工作會場上，必須擺出數百種香氣樣本作為參照。用來盛裝香水樣本的玻璃瓶，其瓶塞與瓶口都經過仔細打磨，完全密合。每一瓶小小的樣本都分門別類、整齊地擺放在階梯狀的陳列台上。要試聞香氣的時候，聞香師會將長條形的紙片探進香水瓶裡，讓末端浸濡少許香水，然後把紙片置於鼻尖前方緩慢地來回擺動，待空氣被香水蒸散出來的氣味薰染之後，再謹慎、輕緩地將這股香氣吸入鼻腔。複合氣味的試聞方法則是把沾有不同基底香水樣本的紙片，展開排列成扇形，將尾端夾在大拇指與食指之間，然後依上述的方法要領，使不同的香氣散發出來，在空氣中混合之後，再行嗅聞。在自我鍛鍊嗅聞、辨香能力時，便可以仿效聞香師的技巧與作法，假以時日，辨別香氣的能力必將獲得提升，並可藉此培養判別日常生活週遭氣味的能力，包括瓶瓶罐罐的各式花果香氛、精油，以及醬料、食材等。

我們可以從葡萄酒的本質出發，探討葡萄酒的氣味本源：首先，葡萄酒是由葡萄汁發酵而成的，所以不能忽略葡萄果汁本身的氣味；其次，我們也必須考慮經過浸皮萃取的葡萄汁，在酒精發酵以及乳酸發酵的程序之後，會出現哪些氣味。換句話說，氣味物質是來自於達到某種熟度標準以上的葡萄的結構組織，也是酵母在酒精發酵期間，以及細菌在乳酸發酵期間作用的產物。

葡萄酒裡的果實香氣，不僅來自於葡萄果肉、果皮，也是葡萄汁在經過發酵之後的氣味特徵。在可以提煉香精的植物裡，我們發現同一種植物所開的花、所結的果，其氣味表現不乏共通之處。只不過，花香精油聞起來較為細緻，果香精油則予人渾厚、肥碩之感。所以，在某些白葡萄酒裡聞得出葡萄花的香氣，甚至衍生出容易令人聯想到其他花卉的氣味，也就不足為奇了。此外，我們在葡萄酒裡還可以分析化驗出帶有玫瑰氣味的物質成分，以及展現出細微差異的一系列氣味物質。相反地，若是葡萄果實熟度不足，香氣表現則不能與之相提並論，它會顯得青澀不熟，聞起來像葉子的氣味；使用熟度不足的葡萄釀成的酒，在經過陳年之後，青澀的氣味會逐漸散佚，取而代之的是花草茶、乾草、草藥的氣味。

各位讀者可能會很驚訝：「葡萄果實也會為葡萄酒帶來木質氣味？」沒錯！葡萄籽有一層能夠保護果籽核仁的木質外殼，外覆一層含有單寧的角質層。要知道，紅葡萄汁在槽中進行浸皮萃取時，不僅萃取果皮裡的物質，也會萃取果籽表面的物質。在發酵槽裡，平均每一立方公分的

汁液就含有一個以上的葡萄籽。葡萄汁自果籽表面木質組織萃取出的物質，一如葡萄酒接觸橡木桶而得到的那些物質，會隨著陳年過程而漸趨圓熟，並發展出香氣。正是因為如此，沒有使用新橡木桶進行培養的葡萄酒，也有可能發展出明晰純粹的木質風味特徵。注意：別太武斷地認定有木材氣味的葡萄酒，都是使用高比例的全新橡木桶培養出來的新潮酒款。

在進行酒精發酵時，酵母會使蘊藏在葡萄果實內的香氣釋放出來。酒精發酵的程序甚至因此得名「香氣發酵」。酵母不僅會幫助展現葡萄果實的香氣底蘊，也能在發酵作用的過程中，產生醇類、醛類與醚類物質，使香氣表現更添細膩繁複。在酒廠工作的人都知道，葡萄果粒破皮流出的果汁並沒有顯著的氣味，待進入發酵程序，才會散發香氣，使釀酒間、貯酒庫溢滿酒香。至於葡萄酒進行培養時，也就是乳酸發酵的階段，酒液裡會由於乳酸菌的作用而出現各形各色的乳酸化合物，提升酒香表現。某些類型的酒款並不需要大量的乳酸產物來增進酒香複雜度，但是已經具備不錯香氣結構的酒款，則可以藉由適量的乳酸，增添不同的氣味調性，使其更顯繁複完整。不難看出，葡萄酒中所有的氣味物質皆含量極微，但是，他們在葡萄酒裡相遇共存，卻能構成一個井然有序、具體而微的小宇宙。閉上雙眼，彷彿就能看見躍然鼻尖的各種氣味自成一個引人入勝的世界。這樣說完全是有感而發，並沒有言過其實。

氣味分析的技巧與濫用

就為了要描述葡萄酒的香氣，不惜上窮碧落下黃泉，尋覓隻字片語而絞盡腦汁，很能滿足馳騁想像的快感。如同詩人作詩，一言一語是否皆有發自內心的坦率真誠，其界線相當模糊，標準也並不容易拿捏。就算暫時撇開詩人或敘事者是否情真意摯，自我暗示的現象與誇大渲染的作法也是屢見不鮮的問題。剛踏入葡萄酒界的新手，容易作出偏差的判斷與誇張的描述；至於身經百戰的品評員，則容易囿於既有的知識與經驗，放不下知識的包袱。

我曾經遇到一位剛在布根地結束實習課程的學生，這位初出茅廬的新手，當時正對著一杯梅索村莊的白葡萄酒，屈指計算酒中有哪些香氣。據他所知，梅索村莊的白酒應該要有五種香氣才對，但是不論他那天怎麼努力地一聞、再聞、又聞，卻只找到四種而已。最後，他信誓旦旦地保證，那第五種香氣只是暫時不見了，以後一定會再出現。這位學生的行為，顯示他不夠專注於杯中的葡萄酒，而只是急切地想要印證所學的知識或一己的想法。而當我目睹他品評一款普依-富塞（Pouilly-Fuissé）的白酒時，他的表現卻恰恰相反，毫不遲疑地把該產區葡萄酒的氣味特徵背誦出來，甚至完全沒有實際聞一聞面前杯中的葡萄酒。這位學生似乎不會為自己的品評樂趣而去嗅聞、追尋酒杯裡的香氣，他誤以為香氣分析的結果是可以預知的既定事實，一種類型的葡萄酒就固定是那些風味，酒裡不會飄出任何出乎他意料之外的氣味，因此可以一勞永逸。

就以作為一位評論者的標準來看，這位學生算是相當有模有樣，他在氣味方面的學識淵博，令人印象深刻，而且他描述葡萄酒氣味時的遣詞用字，也讓人眼睛為之一亮，表現得可圈可點。他甚至可以毫不費力地把這套用來評述葡萄酒的技巧，運用在繪畫或音樂作品的分析上。然而，當他在品評時，只針對香氣及其持久度、強度進行評論，對於葡萄酒的酒體、結構、形體變化卻隻字不提。在聆聽他陳述自己的見解時，葡萄酒似乎不再是一個有血有肉的實體，而是看不到、摸不著的抽象概念，或者說，葡萄酒彷彿淪為氣味的附屬品。這種品評方法很不妥當，尤其是當

陳述氣味印象時，他其實並沒有真的聞到那些氣味，只是將他自己所知道的東西背誦出來而已，而不是亦步亦趨地跟隨葡萄酒的香氣變化，將它們逐一發掘出來。他甚至可以只聞一下杯中的葡萄酒，就斷定其主導香氣為何。可想而知，當他評述一款產自梅多克的頂尖酒款時，一定會把卡本內-蘇維濃葡萄品種經過新橡木桶培養熟成所產生的風味特點，一口氣全部背出來，不消說，因為他知道這些都是梅多克紅酒該有的香氣：黑醋栗、樹脂、西洋杉、香草、肉桂、肉荳蔻。至於完熟的梅洛葡萄所釀成的酒款，他會將酒香描述為煙燻烏梅、樹脂、甘草、樹皮、松露、皮革、野味。而一款經過充分陳年熟化，帶有花果香氣與辛香料氣息的梧雷白酒（Vouvray），則大可以預料他在形容該款葡萄酒的香氣時，會丟出這些字眼：洋槐、椴花、茉莉、梅子、榲桲、丁香、肉荳蔻。如果在他面前擺上一杯使用超熟、晚摘，經過「藤上凝縮」的貴腐葡萄釀成的索甸甜白酒，他很可能會把教科書上形容貴腐甜白酒的那一系列香氣語彙，原封不動地照搬過來：花蜜、蜂蠟、無花果乾、紅醋栗、杏仁、榛果。在描述聖朱里安（Saint-Julien）紅酒的香氣時，他或許會擇要指出覆盆子與薄荷香氣——如果葡萄熟度不夠理想，就補充說明是綠薄荷，而倘若有一些木質香氣點綴的話，就再丟出一個胡椒作為補充；格拉夫（Graves）產區紅葡萄酒的香氣則帶有些許草莓、煙燻味，或者更好聞一點的焚香；對他來說，玻美侯產區的酒款無疑會散發出紫羅蘭香氣與香櫞（或稱佛手柑）的氣味；若是來一款波爾多的白蘇維濃品種干型白葡萄酒，他必會迫不及待地說出「檸檬草」一詞而後快……就這樣見招拆招，他總能運用這種慧黠的小手段，使用已經背好的現成語彙來描述每一個葡萄品種、每一個園區地塊，諸如此類擁有共通風味特徵的葡萄酒。

但是，我們無須認為這位品酒者有意欺瞞。

他會給我們負面的觀感，單純是因為他沒有試圖說服自己的聽眾罷了。當他在形容葡萄酒的香氣時，無心與他人分享自己對於葡萄酒香氣的想像，所以，他的技藝再怎麼精湛，都沒有辦法說服我們，甚至讓人對他起疑。

幸運的是，這個世界上總還有一些品酒者在面對自己的聽眾或同行時，不吝於分享自己的想法，並懂得如何鼓勵大家共同參與討論。在沒有利害關係、無關公平與否的品評活動中，一群人同時進行品評並交換意見，能夠發現葡萄酒香氣表現最多元豐富、刻劃細膩的一面。當一個人提出自己聞到的氣味之後，其他人便會加以補充，逐步發掘出細微的氣味差異。葡萄酒的各種香氣從來不會是一股腦地全部冒出來，然後便不再出現其他氣味；葡萄酒飄出的陣陣香氣，也絕少是那種單一、明確，足以讓人立刻說出名稱的氣味。所以，在品酒的時候，必須搖動杯子，迫使香氣釋出，盡可能一再嗅聞，期能捕捉到新的氣味出現，或者特定香氣趨於集中、明確的關鍵時機。

我們應該交替運用兩種方式來嗅聞葡萄酒的氣味：將香氣吸入鼻腔，或者經由唇縫吸進口腔。法語裡的「humer」（嗅聞）一詞，原本就有「用鼻子吸氣」以及「用嘴巴吸氣」兩種意思。循此要領，將能漸次嗅出葡萄酒香氣的細微變化，我們有一位朋友把聞到豐富香氣的過程，形容得非常詩情畫意：「葡萄酒的香氣如煙似霧地瀰漫在杯中，吸氣攝香，一回又一回，撩起那如絲如縷，牽動那盤桓裊繞，纏綿不絕的萬般芬芳。」正是由於氣味的性質帶來這樣的印象，所以才會有人用「飄忽不定」、「動如脫兔」、「變化萬千」、「迸裂噴發」、「活靈活現」這些詞語來形容它。

記憶具有某種惰性與被動性，它偶爾會妨礙我們說出所聞到的氣味名稱。這時，必須再重新嗅聞一次，試著辨識它聞起來像什麼，並重複相同的動作，不斷地回憶與聯想。剛開始，我們

捕捉到的氣味可能像是一團不解的謎，但是，在重複嗅聞之後，這股氣味會突然顯得熟悉可辨，與此同時，深處的記憶被喚醒，腦海中倏地浮現跟氣味感受吻合的語彙，於是我們便能夠嗅得並辨識葡萄酒的其中一項氣味特徵。在進行團體品評時，可以看出在嗅聞香氣時，較難突破的是找到對的詞語來形容聞到的氣味，而不是嗅到這個氣味。每當有人一說出自己聞到的氣味名稱，其他人幾乎都是在同一時間附和，這便說明了大家其實都在記憶裡尋找、核對這份嗅覺感受，就只等待那個對的詞語出現。

品酒應該說些什麼？

品評是感官、生理活動，但是由於它涉及感受的表達過程，因此，也算是一項智能、文化活動。表達感受並加以描述是品評活動中可見的、具體的部分，它從不可見的、抽象的感受延伸而來，而且，也必須以此為度：語言文字傳達的內容，不應悖離感受。有了語文這項工具，我們便有機會將品評時的感受，具體而明確地記錄與傳播，突破時空的限制，與眾人分享。

職業場合的品評有許多不同的類型，諸如酒農在葡萄酒生產過程中進行的品評，葡萄酒買賣交易前的品評等。這些專業品評活動的訴求重點與操作時機皆不相同，且各自有一套能夠滿足不同需求的工作語彙，其品評文字可能風格迥異，在此有必要詳加說明。最重要的基本概念是「品評文字的三個面向」：一、酒質描述，譬如「酒液呈現深沉濃郁的藍紫色」、「成熟的草莓果香」、「強勁的單寧」、「微弱的酸度」皆屬描述性質的文字；二、整體評價，例如「質佳」、「在所屬類別中擁有平均以上的水準」、「在滿分二十分裡可得十六分」；三、個人喜好，「我喜歡在野餐時享用這樣的葡萄酒」此類評述文字屬之。

將以上三種不同角度出發的品評文字，在理論上作出必要的區隔是很重要的。有許多品評評論，正是由於模糊了這三種本質殊異的文字之間的界線，而造成理解的困難或誤解。

首先，酒質描述要盡量作到客觀。這個部分甚至無須品酒者判斷香氣表現或單寧風味是否乾淨俐落，即使他完全有能力做出精準的推估。總之，酒質描述能夠獨立於品酒者而存在，它不會因為換了一位品酒者而出現相左的結果。

其次，談到整體評價，它或許是品評的三個角度中最重要，而且也最複雜的一個環節，因為整體評價的標準因酒而異，它完全取決於葡萄酒的類型。有不計其數的品評單，是以「酒液外觀」、「香氣表現」、「口感與味道」各個單項評分的分數總和作為該酒款的總體評分。然而，經歷長久以來不斷驗證，而且一再獲得肯定的古老經驗法則卻顯示，評判葡萄酒應該著眼於整體表現，它與局部表現的優劣沒有絕對的關係。整體評價通常以五級分制為最佳形式，譬如「優、極佳、佳、可、劣」。但是，必須避免將型態殊異的葡萄酒放在一起比較，像是索甸、薄酒來、香檳、班努斯這些葡萄酒之間，即明顯缺乏足以作為整體表現比較基礎的共同點。我們固然沒有辦法遍嘗全世界所有的葡萄酒，我們絕對有能力掌握各種型態酒款的評比要點，並以此作為總體評價的給分依據。

至於個人喜好，是無關對錯的個人意見，品酒者的偏好與選擇，可能會隨著情境而改變。一款葡萄酒能否投其所好，甚至是飲酒行為是否存在的重要前提。飲酒是以飲用、享樂為目的，而人們之所以飲酒的唯一合理動機，就是為了喝，為了享受，而不是以描述風味、評價品質為出發點。一位「好的品評員」要能夠，也必須作到「公私分明」──當他在品評一款不合自己胃口喜好的優質葡萄酒時，當然可以表達自己對該款酒並不特別偏愛，但是，他應該給予它應得的

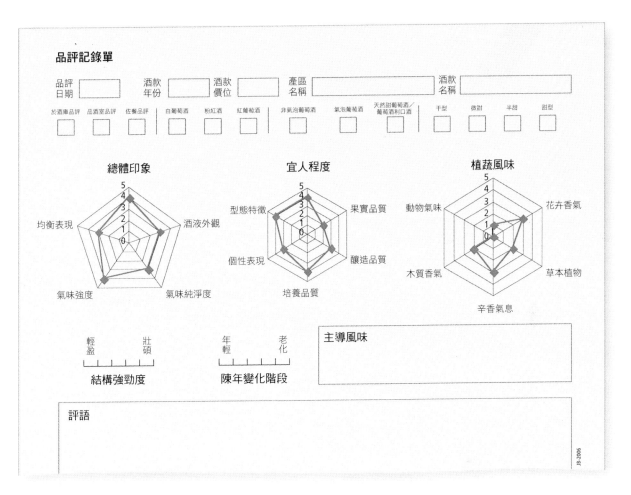

品評記錄單

| 品評日期 | | 酒款年份 | | 酒款價位 | | 產區名稱 | | 酒款名稱 | |

| 於酒庫品評 | 品酒室品評 | 佐餐品評 | 白葡萄酒 | 粉紅酒 | 紅葡萄酒 | 非氣泡葡萄酒 | 氣泡葡萄酒 | 天然甜葡萄酒／葡萄酒利口酒 | 干型 | 微甜 | 半甜 | 甜型 |

總體印象 / 宜人程度 / 植蔬風味

結構強勁度　輕盈—壯碩

陳年變化階段　年輕—老化

主導風味

評語

JB-2006

良好評價。一位品酒者竟然可以對一款葡萄酒同時懷有兩種不同的態度，提出看似矛盾的悖論：「我根本不喜歡喝這款酒，但它確實是一支好酒。」這不是很令人訝異嗎！

一如〈品評記錄單〉範例所示，三種不同的品評角度可以並存於同一份品評單裡，彼此不相混淆，也不會互相牴觸，能夠發揮互補的效用。關於香氣類型的記錄沒有數量上限，可以依需求擴增。只不過，根據生理學家的看法，要在像是葡萄酒這種含有三種或四種氣味物質的溶液裡，在短時間內辨別出不同的氣味成分，幾乎是不可能的事。示例品評單裡的「結構強勁度」是關於酒體「輕盈／壯碩」程度的客觀描述。壯碩飽滿

的酒體結構，有時會破壞細膩的風味表現，彷彿被粗重的酒體壓扁一般，煞是可惜。關於風格的描述則完全仰賴主觀認知與判斷，品酒者在這個部分可以暢所欲言、盡情揮灑。在陳年變化階段的欄位裡，則需對該酒款的「年齡」作出判斷：它是屬於「年輕有活力，尚有一片未來前途的酒」，還是「老邁氣虛，已過巔峰，正走下坡的酒」。最後，可以將觀察到的風味缺陷記錄下來。

不同形式的品評文字

每一位試酒者都有一套評述葡萄酒、撰寫品評報告的方式。然而，評論文字所呈現出來的面貌也取決於品評活動的目的，甚至也會由於面對不同的聽眾或讀者而有所改變。此外，我們不能

用同一種方式來評述不同型態的葡萄酒；有些酒款較不適合作細節描述或深入剖析，因為只消三言兩語便足以點出它們的風味特徵，多說只會顯得累贅；相反地，某些酒款則值得多記上幾筆，寫得更詳細，描述得更精準些。因應不同的需求，評論內容可以視情況而側重於「描述」或「解釋」，品評的總結部分也有同樣的彈性空間。譬如，雖然分析性的品評要求製作完整的報告書，而且篇幅通常不短，但是，當我們運用相同的作法，分析比較兩款葡萄酒在某些特定風味表現上的差異時，則無須大費周章，換言之，相較於正式的分析性的品評，我們只需要較少的分析性內容，就可以達到評比的目的。一樣的道理，品評時不總是需要完整描述酒款在各個方面所呈現的感官特徵，有時擇要詳述並加以評判，點出該酒款在同類型葡萄酒之間的特出之處，便已經能夠達到品評工作目標。就像是真正掌握速寫技巧的優秀畫家，必然懂得如何突顯人物在外貌與姿態動作上的與眾不同之處，而故意忽略每個人都大同小異的部分，寥寥數筆便能畫出充滿神韻、躍然紙上的各式人物。譬如英國前首相邱吉爾以及法國前總統戴高樂的招牌動作就是勝利手勢，肖像速寫畫家或漫畫家只要強調人物作出「V」的手勢，便能輕易讓人認出漫畫主角的身分。葡萄酒的品評文字最好也能夠做到這一點，僅以兩、三個詞語點出一款酒最引人矚目的特徵，就像是對葡萄酒的風味面貌作速寫一樣。曾有一位頂尖的酒商，拿來一款品質水準很高，但由於才剛釀好不久，所以還太年輕的葡萄酒，請艾米爾·培諾教授給些意見。他得到的答案只有：「剛脫模取下，還沒修整毛邊的生硬模樣」。對於這樣一款前景看好，但是僅具雛型、尚未適飲的葡萄酒，我們很難找到比這一段更精簡傳神的評述文字了。以下〈僅以34個詞，評述17款酒〉一欄所舉的案例，是另一個值得學習的例子。

利用單詞作口述評論是通行於專業人士之間的常見品評形式。這個作法的優點在於直接、簡明，而且可以把評論的內容控制在一個句子的篇幅內。在進行團體品評的時候，應該等到所有品評員都拿定主意之後，再行交換意見。經過討論之後，品評員之間應能達成共識，或者偶爾也會彼此讓步，作出妥協之後的結論。在進行品評的時候，應該全程禁止討論交談，以免形成某種言論，影響獨立判斷。

在為業餘人士評析介紹葡萄酒的場合裡，或者在葡萄酒的教學活動中，有需要使用較完整的評述文字。而有些產自頂尖園區或一流酒廠的葡萄酒，口感豐潤飽滿，風味繁複多變，單就這一款酒，就足以讓一位辯才無礙的講員，站在台上滔滔不絕地說上一刻鐘的時間，其中還會穿插一些該酒款啟發的、值得一談的有趣議題。此外，關於產地特性的解釋，以及葡萄酒風味個性在陳年過程中的變化，也可以作為酒款評析的補充資料。

以書面形式呈現品評結果，有助於釐清想法，而且提筆撰寫的過程，也會促使品酒者盡最大努力找到清楚、精準的詞語。基於這個道理，品評員最好能夠在口頭評述之後，再追加一份書面報告，至少在某些品評活動裡確實有必要這樣做，而內容的詳細程度，則視需求而定。出自專業人士之手的報告或者供出版刊行之用的書面資料，必然會比個人筆記的內容更豐富詳盡。在下文所舉的〈1974年份薄酒來村莊酒款品評記錄：三種對象，三種寫法〉範例中，可以看出一篇描述葡萄酒感官特徵的品評文字，其篇幅從數個字、幾行，到一整頁都有可能。長度只有一行的描述，雖然簡潔有力，但是這種接近電報式的文體，卻有可能誤導讀者；反觀長達一整頁的評述文字，卻會由於字數過多而模糊焦點，不容易讓人很快地掌握該酒款最重要的特徵。

僅以 34 個詞，評述 17 款酒

2006 年 4 月份，我們進行一場比較品評，並且在很短的時間內完成了品評筆記。當天品嘗的 17 款葡萄酒是「可以比較，值得一比」的酒款，它們有共同的比較基礎。首先，這些酒款都是使用 2005 年採收的葡萄果實釀造的；其次，原產地都是玻美侯，在這個產地範圍之內，沒有顯著的天候差異，而且都是以梅洛為主要品種；最後，當天的待評酒款都是具有一定品質水準的產品，而且保存在同一個地方。綜言之，這場比較品評中的酒款，年份相同、產區相同，而且採樣條件也相同。

品評員總共使用了 42 種表達法，從中可以歸納出 32 個單詞，其分布情形如下：

- 描述顏色的用語：總計僅有兩個，因為這十七款紅酒的色澤外觀相當接近。

- 描述風味的用語：含「香氣」與「口感」共計十七個詞語，包括「苦」、「軟甜」、「富有酒感」、「清新爽口」、「生青不熟」、「木質氣味顯著」、「單寧均衡」、「豐腴有肉」、「富流動感而不黏膩」；或者顯得稀釋澆薄」、「渾圓飽滿」、「濃郁集中」、「堅硬」、「輕盈（清淡）」、「口感厚重」、「堅硬嚴肅、缺乏香氣」。

- 描述風格的用語：總計六個單詞，「古典」、「直接純淨」、「簡單」、「年輕」、「成熟」、「充滿陽光」。

- 另外再加上連接詞、介系詞、解釋性的術語，如「尾韻／收尾」、「酒液入口第一印象」，以及「少許」、「非常」此類修飾語，共計十一個詞彙。

以上列出的語彙數量相當有限，但卻已經足以用一種精確而且便於記憶的方式，勾勒出十七支受評酒款的性格特徵。以這場比較品評的情形而言，由於酒款之間具有某種程度的同質性，因此我們在描述文字裡便無須提及這十七款酒的共同特徵，諸如：年輕紅酒的深沉濃郁色澤，年輕型態的香氣表現，豐厚的單寧，酸度頗低，以及酒精含量大致相同……接下來，我們就舉出當天品評活動所留下的一份筆記作為範例。製作這份品評記錄的同行是在很有限的工作時間內，迅速地品嘗十七款酒，並扼要勾勒出各款酒彼此之間的差異。在他的筆記中還運用「＋」、「－」符號來評斷受試酒款的總體品

質水準，或者，這些額外的標示記號，也可能只是該員在當天進行比較品評時，關於個人喜好的記錄而已。

1. 單寧強勁，純淨而直接的木材風味
2. 入口第一印象良好，富有酒感，尾韻微苦
3. 單寧顯著，尾韻堅硬
4. 佳釀，充滿陽光，良好的木質風味
5. 單寧強勁，稍顯嚴肅
6. 單寧生青不熟，風味簡單
7. 木質風味強勁，果味表現良好
8. 成熟的果味，單寧口感渾圓飽滿，稍嫌過熟
9. 古典架構，良好的木質風味，稍顯生青不熟
10. 色澤清淡，富有果味，略顯稀釋
11. 木質氣味強勁，青澀的木材風味，尾韻生青不熟
12. 紅色果實風味，年輕，均衡度良好，清新爽口
13. 單寧渾圓飽滿，豐腴有肉，成熟的果味
14. 風味簡單，純淨直接，討喜
15. 單寧澀感強勁，非常濃郁集中
16. 單寧微苦，口感厚重
17. 酒液入口顯得軟甜，尾韻帶有苦味

這種以數量極為有限的單詞連綴而成的簡短描述，不僅清楚明白，而且酒款之間的風格差異一目瞭然，便於記憶。譬如 14 與 15 號酒，13 與 17 號酒，3 號與 8 號酒，彼此之間涇渭分明。

誠然，此處援引案例所採用的評論方式，並不如想像中的那樣容易應用在各種類型的品評活動中。不過，在品評同質性頗高的葡萄酒，或者品評對象是評審團已經相當熟悉的一批酒款時，利用數個單詞明晰而精準地描述酒款風味，突顯酒款之間的差異特徵，卻幾乎總是可行而有效的作法。在這種背景條件之下，品酒者更沒有必要長篇大論地描寫每一款酒。葡萄酒業界人士在每日的例行品評工作中，就是採用這種言簡意賅、一針見血的描述方式，也唯有這樣，才能達到有效溝通；業餘葡萄酒愛好者也可以仿效這項技巧。當遇到有必要詳細鋪陳、長篇大論的場合，再祭出鉅細靡遺、旁徵博引的評述才是明智之舉。

撰寫品酒筆記時，最好能將每一款酒的篇幅控制在四到五行，這是一個非常好的原則。記錄內容可按照品評操作的步驟書寫，逐一描述葡萄酒的各項感官特徵，如此可順便提醒自己有哪些評判項目，避免有所遺漏或忽略待評內容。首先，當然是從葡萄酒的顏色外觀開始，接著描述氣味表現，然後是味道與口感強度、持久性，最後再作出總評。我們於欄中以兩款酒作為不同形式品評記錄的練習，在此處的示範案例中，可以看到不同詳盡程度的書寫方式，也可以看到在不同品評框架、情境中的各種品評文字風格。

風味語彙的形象化

品評的語言可概分為「精確的術語」及「欠精確的術語」。前者傳達的是具體的感受，譬如甜味、酸味、苦味、乙酸乙酯的氣味；後者雖然「欠精確」，但到底仍是以約定俗成的既有語彙，來形容較為細膩的風味感受，試圖描述風味的均衡架構，或者將味道、口感、氣味等細節，透過文字呈現出來，乃至提出評判。「精確的術語」在理解上較不容易出現偏差，因為文字與感受之間的聯繫較為明確。

至於「欠精確的術語」則不然，因為品酒者嘗試將自己模糊的感官印象，清楚地以文字表達出來的努力，只會迫使他搬出原本與葡萄酒本身或者風味不相干的詞彙，讓他身不由己地玩起「文字遊戲」，以一種咬文嚼字、舞文弄墨的方式來描述感受印象。正如我們在前文已經看到的，當日常生活中的一般性字眼被借用來描述葡萄酒的時候，其原始意義或多或少都會發生衍伸或轉義的情形；尤其常見的是轉化修辭法，也就是將葡萄酒作擬人化的描述或比擬為其他物體，彷彿它的風味也可以是有形體的物品，或是有生命的人物。

其實，真正讓外界感到驚訝與好奇的是，品評員所描述的葡萄酒，彷彿是靠語言文字建構出來的理想範式，又好比是只有藉著字詞的軀體才得以降生顯靈的酒魂化身。外行人對於專業人士運用幾何圖形的概念，借用布料質地的觸感，甚至直接以活生生的人物形象來比擬葡萄酒結構口感的作法，通常感到一頭霧水，不得其門而入。專業品評員透過語言文字，勾勒一款葡萄酒的結構外貌，賦予它某種能夠引發聯想的質地肌理；他也會把葡萄酒當作是一個人來描述，談它的年紀：「是有活力的年輕人，還是已經表現出圓熟豁達，有點兒歲數的樣子？」品評員也會談它的優缺點，還可能用形容人懿言美行的詞語，來錦上添花一番：誠正、高貴、貼心、慷慨等。至於描述葡萄酒風味本身是否討喜，或者品質優劣好壞的詞語，則完全沒有讓人不解之虞：「優」或「劣」，「好喝」或「難喝」，「美味宜人」、「風味繁複」或「淡而無味」，這些詞語皆有具體所指，不易招致非議。

就以關於葡萄酒「美感」的描述用語而言，已經累積、發展出一套約定俗成的修飾語，可供我們運用。一款「美」酒可以被形容為「器宇不凡」、「丰姿綽約」、「青春洋溢」、「高貴脫俗」。隨著品酒者的個性、偏好與葡萄酒所帶來的不同美感經驗，可以運用以下列舉的詞語來描述一款葡萄酒的美，到底屬於什麼樣的類型：「花枝招展」、「細膩高雅」、「賞心悅目」、「千嬌百媚」、「光彩照人」、「亭亭玉立、卓然超群」、「麗質天賜」、「國色天香」、「媚態撩人」、「奢華美艷」、「楚楚動人」、「勾人魂魄」。

與此意趣相近的，還有將葡萄酒放在社會階級概念框架中，帶有菁英色彩的表達方式。一款頂尖的葡萄酒，可以被比擬作貴族領主。此等「身世顯赫」的酒款，由於「血統純正」、「尊貴崇高」、「奢華豪氣」，而有別於「平庸」、「低下」、「卑微」、「粗鄙」、「俗氣」、「草

1974 年份薄酒來村莊酒款品評記錄：三種對象，三種寫法

20 字的評論示例：

富有色澤；成熟果味，覆盆子；頗富酒感，尾韻堅實宜人。

100 字的評論示例：

顏色深沉漂亮。氣味乾淨俐落，非常成熟的果香，帶有覆盆子果肉被壓碎時所散發出來的香氣，甘草氣息。酒液入口溫熱，若有甜味；尾韻堅實微帶苦味。香氣持久度中等。這是一款頗有品質水準的薄酒來村莊酒，經得起瓶中陳年熟化。

600 字的評論示例：

這款薄酒來村莊酒是在酒廠裝瓶的，當我們在採收季結束後的來年春天品嘗時，其風味豐富飽滿，令人驚喜，香氣與口感表現俱佳。該酒款雖然以「新酒」（vin de primeur）的方式釀造，但是卻展現出「貯藏型葡萄酒」（vin de garde）的性格特徵。

酒液外觀呈現出薄酒來一貫的顏色與亮澤，並帶有紅寶石的深沉色調，不過，整體表現比一般加美葡萄品種酒款的顏色更濃郁鮮明。酒液外觀澄透亮，從杯壁留下的酒淚痕跡顯示，該酒款的酒精含量並不低。

氣味直接、純淨、無異味。香氣宜人討喜，屬果香類型，中度濃郁；帶有典型的品種香氣。酒香令人聯想到成熟的水果，尤其是覆盆子果肉的氣味，背景綴有甘草氣息，這是單寧成分賦予的風味。整體氣味表現滯重，香氣缺乏迸發的活力與令人驚艷的火花。

酒液入口之後的第一印象是富含酒精、溫熱，而且幾乎帶有甜味；酒液已經發展出不錯的風味變化，形體渾圓的口感一直持續至尾韻。由於含有充足的酸度以及些許二氧化碳氣體，因此尾韻顯得清新爽口。單寧微帶苦韻，替酒款增添幾許緊實感。偏高的酒精度為這款酒帶來顯著，甚至突兀的酒精過剩感與燒炙感，多虧酒體結構的酸度與單寧發揮均衡的作用，整體表現的和諧感才得以維繫。內部香氣帶有與外部香氣相同的覆盆子果香，但是更為濃郁強烈，而且伴隨不同調性的風味層次變化：包括多種脂肪酸酯所帶來的皂味，以及由甘草風味主導的木質氣味背景。香氣持久度中等，略遜於風味（口感及味道）本身的持久度。

總的說來，這瓶薄酒來村莊酒的品質水準頗佳。其特出之處在於強勁而富有酒感的風味結構，此外，細膩宜人的單寧也為該款葡萄酒奠定良好的體質架構。不過，稍嫌美中不足的是它的香氣略為貧乏。總分二十分可得 17 分，級分評價落在「極佳」。

一款葡萄酒 × 六位品酒者 = 六種不同的描述

釀造技師：「純淨、均衡；有果味、有酒體；酸度稍弱，但是有紮實的單寧彌補其空缺。」

酒庫總管：「比上一個年份好！果實入槽後的良好控管，解決了採收前遭逢數場小雨所帶來的困擾。」

葡萄酒經紀人：「經典佳作，無明顯缺陷；品質表現在同類型其他酒款的平均水準之上。」

侍酒師：「深沉的紅寶石色澤，酒液透亮；熟度頗佳的梅洛葡萄品種香氣相當討人歡心；豐腴飽滿，圓潤油滑；能與羊腿料理完美搭配，但應避免普羅旺斯香草肋排此類辛香料風味較重的菜餚。」

美食作家：「在燭火的映照下，酒液閃爍出鑲著金圈的曼妙紅色光芒；杯中洋溢著浸滿陽光的馥郁果香，黑櫻桃、桑椹與烏梅、無花果醬的香氣，難分難捨地交織溶融，合而為一；絲緞般的單寧帶來細膩羽滑的口感，彷彿在口展開了一扇雀屏，輕拂每一寸敏感的味蕾；風味悠長，綿延不絕；該酒莊每每以佳釀享譽酒壇，這回又成功地通過困難的年份考驗，再次推出令人讚賞的好酒。」

葡萄酒愛好者或消費者：「非常不錯，我會買一些留著自己在家喝，然後分送一些給親朋好友。」

提出以上評論的六種人，都對葡萄酒抱持某種程度的熱忱，雖然彼此的分析角度殊異，但卻都有考慮自己的實際需求、養成背景、文化條件以及談話對象，並據此採取恰當的描述與評論方式。就這點而言，他們遵循的原則其實並無二致。

莽之人」、「市井之徒」、「貧賤之屬」、「販夫走卒」、「凡夫俗子」、「平民百姓」、「粗魯」的葡萄酒。循此邏輯，甚至還發展出「布爾喬亞級（中級）酒莊」（Cru Bourgeois）以及「農民酒莊」（Cru Paysan）的等級之分。

當一款葡萄酒的味道、口感與氣味成分濃度稍高時，風味便會顯得較為「豐厚飽滿」，這個詞彙也傳達了該款葡萄酒具有風味繁複多變的特徵。相反的，一款「簡陋」、「貧瘠」、「匱乏」的葡萄酒，風味則平淡簡單，缺乏細膩層次變化。至於所謂的「穠纖合度」的葡萄酒，則是風味比例精準，品質水準達到一定水準層次之上的極佳酒款。

更廣為採用的描寫方式，是運用人體的形態樣貌來投射葡萄酒的風味形象。我們可以將葡萄酒與人的體格聯想在一起，將它描述為「雄壯強勁」、「豐滿有肉」，或者是相反的「乾瘦如柴」、「瘦骨嶙峋」。還有「體格結實」、「筋肉精壯」，以及與之相對的修飾語「弱不禁風」；另外再加上「陽剛」與「陰柔」這組反義詞。

另外還有不少借用人體形象來描述葡萄酒的修飾語，譬如形容一款細瘦乾瘪的酒款，可以用「它渾身只剩一副架子」、「只看得到它一身骨頭」等說法，至於圓潤油滑的酒款，則可以比擬為「吃得白白胖胖的」。有些品酒者極富想像力，會把葡萄酒描述為「肩膀寬闊」、「魁梧」、「有膝關節」，或者「有背脊」，當然，如果葡萄酒癱軟無力，就不妨形容為「沒脊椎」。像這樣利用身體部位名稱來影射葡萄酒風味架構特徵的暗喻法，甚至可以繼續衍生發展出許多超乎想像、饒富新意的說法。甚至還可以用特定人物形象來引發聯想，一款年輕清爽的葡萄酒好比是身材矮小的男僕，另一款柔軟甘甜、豐腴有肉的酒款則是一位美麗的金髮女士，至於顏色深沉、壯滿豐厚、強勁刺激的酒款，何嘗不能比擬為一位膚色黝黑的

棕髮男子呢？

利用年齡的概念來描述葡萄酒是頗有道理的，因為這本來就是基於觀察葡萄酒會隨著時間而變化的現象，最後歸納出來的一套語彙。不論陳年變化的腳步是快是慢，貯藏型葡萄酒在瓶中陳年的過程中，必定會經歷幾個不同的生命階段，以青少年時期為始，以衰老為終。尚未進入適飲階段的葡萄酒，可以描述為「新釀」、「年輕」、「年少」，達到適飲時，則是「變化成形」、「一切就緒」、「恰到好處」。當葡萄酒已經失去風味、青春不再，則可被描述為「老沉穩重」。隨著時間向前推進，葡萄酒年紀愈來愈大，終至完全失去壯年時期的成熟風味，變得不再適飲，這時的葡萄酒便顯得「年老」、「老邁」、「衰老」、「褪色」、「衰退」、「萎縮」、「風采不再」、「衰竭」、「枯萎凋零」、「長逝」。

我們同意，用形容一個人品行道德的詞語來描述葡萄酒，難免會有方枘圓鑿、荒誕不經的感覺。然而，一款沒有風味缺陷的葡萄酒，有何妨形容為「坦率」、「剛正不阿」、「整潔」、「忠實」、「誠摯」、「純正」、「誠實」、「純淨」、「直接」呢？甚至說「行情看俏」也無可厚非，畢竟這些全是在葡萄酒商業活動興起時，便應運而生的描述用語。

濃烈豐厚的口感表現是葡萄酒最重要的品質特點之一。強而有力的酒款可以被描述為「豐沛」、「活力充沛、蓬勃旺盛」、「健壯」、「強勁」、「讓人安心、令人快慰」、「好鬥」、「刺激」，或者是「有個性」、「有脾氣」、「有幹勁」。相反的，一款風味微弱的葡萄酒被形容為「弱不禁風」、「枯槁乏力」也就無須為怪了。

用「惹人憐愛」來形容葡萄酒是道道地地的十八世紀用語。以下列出的詞彙全都帶有那個時代的語言風格：「高尚討喜」、「逗趣可

愛」、「逢迎巴結」、「令人垂涎」、「猛獻殷勤」、「搖尾乞憐」、「勾引勸誘」、「銷人魂魄」、「媚態撩人」、「溫順馴服」、「溫存撫觸」、「甜美誘惑」、「趣味橫生」。

此外，一些關於為人處世態度以及行為缺失的用語，也會被用來描述葡萄酒所帶來的風味印象：「傲慢」、「趾高氣揚，擺架子」、「目空一切」、「任性妄為」、「陰險狡詐」、「輕佻隨便」、「狹隘卑劣」、「鬧彆扭」、「性情暴躁」、「令人生厭」、「粗暴蠻橫」、「凶狠惡毒」。這份詞彙表幾乎可以無限擴充，因為想像力沒有界線。至於被形容為「天馬行空」、「心猿意馬，缺乏定性」的葡萄酒，則是由於尚未完成酒質穩定程序，因而對外在環境非常敏感，會隨著不同品評環境條件而改變風味的酒款。

我們再補充一些前面遺漏掉的詞彙。當葡萄酒的後勁強烈，但卻讓人喝不出酒精勁道，以致於鬆懈心防，對它掉以輕心，結果一喝就頭昏腦脹、暈頭轉向，甚至醉得不省人事，這種葡萄酒會被形容為「笑裡藏刀，口蜜腹劍」、「面善心惡，表裡不一」、「無法無天，膽大妄為」。而「未經馴化的野酒」則是用來形容帶有野生葡萄味道的酒款。以上這些說法都不無道理，而且不難臆測它們背後的意涵旨趣。然而，有些用語卻不是那麼容易猜得出來，它所形容的葡萄酒到底有什麼樣的風味，像是「愁容滿面」、「聰明伶俐」、「充滿靈性」、「自吹自擂」、「放縱無度」、「精神覺醒」。如果我們使用這些荒腔走板的字眼來描述葡萄酒，那麼，對葡萄酒的評判與理解就很難避免訛誤。

將葡萄酒的質地比擬為各式布料，或者借用織品的某些性質來形容葡萄酒，乍看之下是一件很怪異的事。不過，我們在前文借用「外衣」一詞來指涉葡萄酒的顏色外觀，不也是類似的現象嗎？循此邏輯，倘若一款葡萄酒不夠澄澈，便可

以形容為「布料不平，被搓揉出皺紋」。壯滿豐厚的葡萄酒可以用「étoffe」（布料）這個法語單詞衍生而來的「étoffé」這個字來形容，其意為「如布料一般」，也就是指葡萄酒如布料一般密實具有份量感；此外，也可以用「穿戴足夠」、「織紋密實」來表達；相反地，不夠壯滿豐厚的酒款，則會用「鬆垮」、「稀疏」來描述。「清瘦貧乏」、「乾硬」的酒款，用布料的形象來比擬，便成了「磨損到露出緯紗」、「織品的緯紗暴露」。有些葡萄酒會被比擬為「緞子」、「絲綢」、「羽絨」，目的在傳達酒款既豐富飽滿，又軟滑甜潤的口感特徵，在拉伯雷的筆下，這種葡萄酒無異於「塔夫綢」。至於質地細膩，有如夢幻一般的酒款，會被喻為「蕾絲」。相對的，「棉布般的葡萄酒」，可想而知，是口感厚重、風味普通的酒款。

畢賈舒曾在 Lamothe 城堡酒莊總管以及拉圖（Latour）城堡酒莊其中一位合夥經營者於 1821 年的通信中，找到以下這樣一段文字，內容呈現一位葡萄酒經紀人品嘗 1819 年份的瑪歌堡酒款（Château Margaux）及拉圖堡酒款時，如何利用不同的織品作為譬喻，將這兩款酒的性格特徵傳達出來：「他在確認酒質正常之後，把盛著瑪歌堡葡萄酒的試酒碟遞給我，並且說：『來！試一下，這碟酒是喀什米爾。』然後，又給了我另一個盛著拉圖堡葡萄酒的酒碟，說道：『這是漂亮的盧維耶傳統羊毛織毯。』」喀什米爾是以羊毛交錯編織而成的毛料，通常只能用來做背心或坎肩，不適合用來製作套裝。這位葡萄酒經紀人會使用喀什米爾來比擬瑪歌堡紅酒的口感，我們不難猜想其中的道理何在。

類似的形象化描述方式，還有不下數百種，至於怎麼運用，端視品酒者的文字造詣與詩人情懷。我們以下再舉一些例子：熟度極佳的葡萄果實所釀成的酒，不妨描述為「艷陽醇釀」、「烈日燒灼之酒」、「南方之酒」，乃至「蘊火藏焰」；

而清新爽口的葡萄酒又何嘗不會令人內心頓時浮現樸實的鄉村形象？當朋友相聚，把酒言歡，開懷暢飲令人愉快的葡萄酒時，難道不會產生移情，讓人覺得杯中美酒亦是「笑容可掬」、「幸福洋溢」、「慧黠健談」、「敏捷機伶」、「舒暢快活」嗎？若是品嘗到一款風味繁複、濃郁強勁的葡萄酒，將它在口中頓時迸發出的璀璨印象比喻成「在舌尖上搭起一座摩天輪」、「在口中展開一扇雀屏」，或者「如浩繁星空，千般萬般數不盡的風味」，不也是挺傳神的嗎？

在品酒的場合裡，總是會碰上機會，偶爾甚至還有必要，在評論文字裡運用想像力與創意，藉助一些出人意表的描述語彙，發揮畫龍點睛之妙。我們在這一章裡列舉的一百六十餘個語彙，以及從他處援引的一些表達方式，應該可以滿足這方面的需求。但是，請記得我們的忠告：過猶不及。不是所有的葡萄酒都經得起字句堆疊的繁瑣；並非每一位聽取、閱讀酒評的人都能接受過於標新立異的描述方式。

品評員無可避免地必須在自己既有的語彙上下工夫，他不能發明新字，但是可以運用轉化等修辭方式，使字詞與意義之間的既有關係鬆動，藉此豐富詞語的意涵。與此同時，一套基礎的核心語彙是不可或缺的。布彭（Pierre Poupon）先生注意到品評員經常有詞窮，或是拙於表達的困擾：

> 詩情畫意、文采蓬勃的品評文字，會激發人們無限想像。華美絕倫的文字，讓人不禁拍案叫絕，或是帶著我們神遊太虛。品酒者予人的第一印象，通常是手中捧著葡萄酒，從容優雅地舞文弄墨。然而，品評評論其實不該流於咬文嚼字的表面功夫，而應該出自真心，有感而發，務求逐步迫近葡萄酒那難以掌握的真實，並將之準確地表達出來。

為了不要讓我們的討論偏離葡萄酒的範疇太遠，在此不妨就引用札利菲翁（É. Zarifian）[27] 的見解，他兼有心理醫師與葡萄酒鑑賞家的雙重身分，對於香檳也有豐富的涉獵。根據他的觀點，所有事物都有三個面向，其一為「實際面」，其二為「象徵面」，其三為「想像面」。如果將這組概念套用在葡萄酒上的話，可以說葡萄酒既是一個有味道與氣味的實體；同時也是一種象徵，它與節慶場合、朋友相聚的時光密不可分；最後，它又是一種能夠激發想像的物品，帶我們緬懷古希臘的酒宴、攝政王的豪華舞會……從實存的層次、象徵的層次，乃至想像的層次，葡萄引領我們從具體而普遍的物質世界，一步一步地邁向愈來愈抽象的境地，愈來愈個人、私密的心靈世界。讓我們想想：一位釀酒世家第四、五代的傳人，與一位主修釀造化學的葡萄酒學者或釀酒師，他們在品酒時的感受與行為會有什麼樣的差異；而一位畢生只喝自己國家出產的清酒的日本人，以及嚴守清規戒律、滴酒不沾的穆斯林之間，對待葡萄酒的態度又會有怎樣的天壤之別。這些例子看來相當極端，但是我們週遭形形色色的品酒者，不也正是如此嗎？沒有兩條葡萄酒學習之路是一模一樣的，每個人都有不同的葡萄酒背景與品評經驗，而由於人們對此實際情況無知，甚至視而不見，所以，才會有那麼多溝通不良、彼此誤解的情況發生。不過，也正是存在這種歧異，才使得葡萄酒的世界如此多采多姿。

熟習並正確運用葡萄酒語彙，不僅能夠幫助認識葡萄酒，也能幫助品酒者認識自我；讓我們理解葡萄酒，進而理解自我，以及評判葡萄酒，進而評判自我。

譯註：

1 Jacques Le Magnen, *Vocabulaire technique des caractères organoleptiqueset de dégustation des produits alimentaires.* CNRS, Les Cahiers techniques du Centre national de coordination des études et recherches sur la nutrition et l'alimentation, XI, 1962.

2 該辭典兩位編者為 Yves Renouil 與 Paul de Traversay。

3 歐希瑟出身農學工程師，亦為葡萄酒作家，曾為國立法定產區管理局（INAO）督察長，於 1965 至 1977 年間擔任德尼塞（Denicé）鎮長。薄酒來新酒的行銷口號「薄酒來新酒到了！」（Le Beaujolais Nouveau est arrivé !）是歐希瑟構思出來的，他對薄酒來新酒站上世界舞台有特別的貢獻。

4 Frédéric Brochet, *La Dégustation. Étude des représentations des objets chimiques dans le champ de la conscience.* Thèse, Université de Bordeaux 2, 2000.

5 可參閱同一位作者於 2002 年出版的《香檳品評的語彙：專業話語語義分析》。*Les Mots de la dégustation du champagne. Analyse sémantique d'un discours professionnel.* CNRS éditions, 2002.

6 一般的釀酒紅葡萄的果肉是無色的，亦即「白汁紅葡萄」（cépages rouges à jus blanc）。但是，黑色葡萄品種的果粒在經過擠壓破皮處理之後所取得的汁液，在尚未進入浸皮萃取程序之前，通常就已經呈現出紫紅色，這種葡萄被稱為「紅汁黑葡萄」（cépages noirs à jus rouge）。

7 在十七世紀時，波爾多出口至英國倫敦的葡萄酒，皆屬於色淺的葡萄酒。在那個年代，葡萄其實在酒槽裡的萃取時間相當短，大約只有 24 小時，因此顏色接近今天的「一夜酒」。法語 Clairet 一詞指的是波爾多與布根地出產的「淺色型紅葡萄酒」，簡稱「淺紅酒」，其字根 clair 即有色淺之意。英國人當初或許是根據 clairet 這個法文單詞創出 claret 這個新字，以使用來稱呼從波爾多進口的葡萄酒。今日縱使波爾多的紅葡萄酒已經演變為色深的葡萄酒，但 claret 仍然用來泛稱「波爾多出產的紅葡萄酒」。波爾多現在有一個淺紅酒的區域級法定產區，名為 Bordeaux-Clairet。Michel Dovaz, *2000 mots du Vin.* Paris : Hachette, 2004. p.61.

8 《波爾多葡萄酒與吉隆特省區特有葡萄品種的分類與描述，兼論栽植方式》*Classification et description des vins de Bordeaux, et des ceépages particuliers au deépartement de la Gironde; mode de culture. Chez les principaux libraires, Chez Audot* (Bordeaux, Paris), 1829.

9 「鷓鴣之眼」（œil de perdrix）現今已經相當罕用，可以用來形容某些紅葡萄酒的淺紅寶石色澤（譬如布根地紅酒，以及使用紅、白葡萄混釀而成的紅酒）；可以用來形容某些幾乎沒有染色而接近麥桿色的白酒（譬如以紅葡萄釀製的白香檳）；甚至還可以用來形容布根地某些成色頗深的紅葡萄酒。Martine Coutier, *Dictionnaire de la langue du vin.* Paris : CNRS Éditions, 2007. P.304.

10 強健（stature）與魁梧（carrure）的特質是「葡萄酒的酒精勁道或酒體強度，能夠與單寧結構（對紅酒而言）或者酸度結構（對白酒而言）相稱。」Martine Coutier, *Dictionnaire*

de la langue du vin. Paris : CNRS Éditions, 2007. P.110~111, 390~391.

11 「描繪良好」（bien dessiné）指「葡萄酒的各項風味特徵皆顯得純淨而協調。」Martine Coutier, *Dictionnaire de la langue du vin.* Paris : CNRS Éditions, 2007. P.161.

12 「構築良好」（bien bâti）這個詞組表達的是「葡萄酒的單寧、酸度與酒精等各項結構因子之間，達到良好的比例與均衡關係。」Martine Coutier, *Dictionnaire de la langue du vin.* Paris : CNRS Éditions, 2007. P.93.

13 「魁梧結實、孔武有力」（costaud）除了形容酒精表現以外，也涉及單寧架構。意指「葡萄酒擁有良好的單寧主導架構，並表現出酒精勁道與堅實感。」Martine Coutier, *Dictionnaire de la langue du vin.* Paris : CNRS Éditions, 2007. P.139.

14 貝胡埃（Jean-Claude Berrouet）曾為波爾多右岸玻美侯的知名酒莊 Le Pétrus 的釀酒師，於 2007 年年底退休。《葡萄酒的風味》第四版於 2006 年發行時，貝胡埃仍在葡萄酒界從事釀造工作，因此原書作者特別強調其「在職」。

15 富有咬感（qui a de la mâche）是指葡萄酒由於擁有豐厚的單寧與甜潤感，而這些架構成分所帶來的堅實稠密度讓品酒者感到「彷彿能夠咀嚼」一般。Martine Coutier, *Dictionnaire de la langue du vin.* Paris : CNRS Éditions, 2007. P.269.

16 「強烈刺激、沁爽有勁」（la nervosité, qui a du nerf, nerveux）的「nerf」與「nerveux」，在《葡萄酒語言辭典》的定義為「形容一款葡萄酒在架構均衡的背景下，擁有良好的酸度而展現出的豐沛活力與爽口勁道。」由於此處提及的「爽口勁道」（vigueur）一詞定義為「葡萄酒各個結構因子（包括酸度、酒精與單寧）之間達到均衡，而獲致強勁、豐沛的感官印象及可觀的陳年潛力。」由此可看出以酸度主導的「爽口感」與酒精因素其實不無關係。此項特質不單是酒精造成，而有賴不同風味結構元素之間達到某種比例關係，便是指酒精與酸度都是構成「爽口勁道」的因素。（參考資料：Martine Coutier, *Dictionnaire de la langue du vin.* Paris : CNRS Éditions, 2007. P.295~296, 431~432.）

17 不同國籍品評員接受到的生理刺激是相同的，但是表達用語卻是不同的，造成此處文化差異的因素，至少包括品評員成長環境背景以及語言本身的問題。

18 這是一種利口酒型態的葡萄酒，製作方式是將由葡萄酒蒸餾而得的酒精，加入正在發酵的葡萄酒中，讓葡萄酒的終端酒精濃度達到 15~22%。這個範疇的酒款種類包括：侏羅馬克凡香甜酒（macvin du jura）、西班牙雪莉酒（Sherry）、葡萄牙波特酒（Porto）、義大利瑪薩拉葡萄酒（Marsala）。Michel Dovaz, *2000 mots du Vin.* Paris : Hachette, 2004. p.284~285.

19 比主要葡萄果串約晚兩個月結果，不適合用來釀造。

20 葡萄酒的酸鹼值區間為：pH 3.3~3.8

21 引述自 A. Jullien, *Topographie de tous les vignobles connus.* Paris : chez Bachelier et Huzard, 1816. P.XXI.

22 參閱《葡萄酒品評論文》一書。A. Vedel, G. Charle, P. Charnay

et J. Tourmeau, *Essai sur la dégustation des vins.* INAO, Mâcon, SEVI, 1972.

23 畢賈舒（René Pijassou）是波爾多第三大學的榮譽教授，他的專長領域為波爾多葡萄園史地研究

24 引述自 Pierre Coste, *Les Révolutions du palais ou histoire sensible des vins de 1855 à nos jours.* Paris : Lattès, 1987.

25 薄酒來特級村莊「Cru du Beaujolais」是指薄酒來產區裡的十個特定葡萄園，產自該地且符合法定產區管制規範內容的酒款，得標示園區所在的特定 AOC 名稱出售。

26 指收錄於《布根地葡萄酒（金丘篇）》一書中的說明文章〈本書描述葡萄酒品質特點、風味缺陷與發生變質所使用的術語〉。Camille Rodier, *Le Vin de Bourgogne, (la Côte d'Or).* 3e éd., Dijon : L. Damidot, 1948. [*Vocabulaie des mots techniques employés dans cet ouvrage pour désigner les qualities, les défectuosités et les altérations du vin*]. P.XI-XV.

27 原書註：É. Zarifian : *Le Goût de vivre.* Odile Jacob, 2005 ; *Bulle de Champagne.* Perrin, 2005.

CHAPITRE 9

葡萄酒的品質與特點

翻開字典查閱「qualité」這個法語單詞的定義[1]，就會發現其語義內涵有多個不同的層次——它可以有「優良品質」的意思，也可以指「或好或壞的個性特徵」——或許正是因為如此，才會有那麼多的誤會與爭執圍繞著這個神奇的單字。從已有長足進步的「品質控管技術」切入這個問題，也沒有辦法讓找到解決關於品質的論爭，因為品質管理程序偏重食品在形式層面的穩定性，而不強調整體風味的個性特徵。另一個值得注意的現象是，來自同一個產區的葡萄酒，在市面上的售價差距可以高達百倍，究其原因，也不外乎是「品質有所差異」。然而，究竟該如何明確定義「品質水準差距」？我們是否應該將「品質特性」這個單詞的詞尾加一個「s」，作複數理解呢？也就是說，品質是否不應該只有「高低優劣」之別，而也應該從風格形態的不同來定義？

品質的定義

「品質是一項實際狀況的呈現，無須藉由文字來定義。」

——法國前農業部長皮薩尼（Edgard Pisani）

「葡萄酒的品質會自己流露出來而被感知，不待透過證明而存在。」

——布根地葡萄酒飲家布彭（Pierre Poupon）

較為簡明的定義方式，則是所謂：「葡萄酒的良好品質表現，即為足以使該酒款被接受或被欣賞的諸多屬性特質的總和。」「品質」這個概念是人與物相遇的結果。當一位品酒者從他個人品味喜好與文化背景的立場出發，在某個特定時空條件下，品嘗一款擁有某些特質的葡萄酒，這時才會有品質這個概念的產生，也才能夠談論該酒款的品質特性。在此處引述的三項定義當中，飲酒者都是不可或缺的一項要素，如果沒有品嘗葡萄酒的那個人，倘使他的評判觀點、個人偏好與品評樂趣不復存在，那麼，所謂的品質也就無由而生了。由是觀之，飲酒者的「素質水準」在很大的程度上決定了他所飲用葡萄酒的「品質水準」，但是，葡萄酒品質水準其實可以有更客觀的定義。許多葡萄酒鑑賞家對此深信不疑，他們認為，必然存在某個較為客觀、普世的品質範疇，是放諸四海皆準的評判標準。

早在西元 1600 年，農學家德塞赫（Olivier de Serre）便將「天、地與葡萄園」定義為品質三要件，這些因素決定了葡萄酒發於內的先天品質；至於葡萄酒得於外的後天品質，則必須仰賴人的力量作為工具。然而，我們必須注意的是，在農產加工品當中，沒有什麼能夠稱得上是百分之百來自於

原料本身的，與生俱來的固有品質。自然條件只能賦予該農產品呈現某些品質特徵的或然性而已。我們很難想像，從先人手中繼承下來的葡萄園，在開拓之初是什麼樣的景況，但是可以肯定的是，將一片荒野之地開發成葡萄園絕非易事。從年輕葡萄園區以及新世界葡萄酒產區所遭遇的困頓，即可略窺一二。舊世界葡萄酒產區的祖宗們，必定也是在跌跌撞撞之中摸索道路，最終才得以逐漸發展起來，乃至獲得今日葡萄園的規模。人的力量在葡萄園區的發展中，有不可輕忽的重要地位：決定在某種天候條件、地理環境之下種植葡萄，而不是選擇在諸多其他環境條件也允許的地區開拓葡萄園，完全是人的取捨與計畫。而且，多虧有人們的努力，諸多葡萄品種才得以在數百年間「各就各位」，找到最適合自己生長的環境。這也是為什麼我們會說，優質園區所生產出來的葡萄，絕非從天而降的、理所當然的恩賜，而是人為努力的結果，沒有什麼能比它更「不自然」的了。

更何況，葡萄並不是葡萄酒的全部……葡萄酒只是從葡萄果實裡局部萃取出有用的酸、單寧、芬芳物質，然後經過發酵處理的產物。如果酒精發酵與乳酸發酵程序進行順利的話，可以使來自於葡萄果實內的物質成分，轉化為能夠增進風味的發酵作用副產物。接著，葡萄酒還會經歷培養階段，顧名思義，這項操作程序可以培育養成一款葡萄酒的品質特性，如同透過教育使孩子成熟一樣。唯有當葡萄酒發展出人們所期待、追求的某些特徵、性質，才能稱之為品質，它是人們耐心與熱情的結晶。由是觀之，葡萄酒就跟葡萄園一樣，都不是「自然」的產物，至少不能從「自然」這個詞的狹義角度來理解，換言之，葡萄園與葡萄酒都是經過呵護照料所培育出來的，而不是生來如此、自然而就的。長年擔任法國國立法定產區管理局局長一職的勒華男爵（Baron Le Roy, 1890 ～

1967）先生曾經說過：「品質總是能夠精益求精、更上層樓，道理無他，就只因它出自人類的雙手。」

品質的根源

土壤成分結構與葡萄酒品質特徵的關係

在大多數的文明當中，那些貧瘠、耕耘不易，無法栽種穀物、蔬果等糧食作物，甚至地勢不夠平坦的土地，向來都是保留給葡萄種植之用。羅馬皇帝圖密善（Domitien, A.D.51 ～ 96）就曾經下令剷平位於隆格多克（Languedoc）穀物生產區一帶的葡萄園。至今仍然偶爾會有這類事情發生，不過，卻也有不少國家反其道而行，大刀闊斧地把葡萄園的版圖推向肥沃豐饒、地勢平坦、容易耕作的農地上，包括法國南部的隆格多克平原、義大利北部的波河河谷平原一帶，乃至安地斯山脈的沖積平原，以及智利境內的原始林這些自古以來從未開墾過的野地，都開始出現葡萄樹的蹤影。對於葡萄樹的生長而言，土壤本身的屬性以及其中所含礦物質的成分結構、化合物含量比例等因素，固然扮演某種角色，不過，最重要的莫過於「土壤氣候環境」，也就是土壤的溫度條件與涵水量。極度缺水的土質環境無法滿足葡萄樹生長的最低需求，不僅影響枝葉發展，最終也會波及葡萄果實的成熟度。但是這種情況實屬罕見，因為葡萄樹僅需 200 ～ 400 公釐的年雨量便能正常生長，而且藉由灌溉也可以幫助葡萄園度過一時的乾旱。當缺水情況太嚴重時，會妨礙葡萄熟成，讓果實顯得生青不熟，風味酸銳刺激，帶有草本植物氣息，所釀出的葡萄酒也容易產生色澤淡薄、香氣不足的缺陷。位於西班牙中部卡斯提亞（Castille）的園區向來相當適合種植葡萄，然而該產地部分園區卻在 2005 年發生缺水的案例。相反的，降雨太豐、水分過剩的潮濕地區，

多半造成涼性土質，容易使葡萄樹的枝葉生長過於旺盛，並拉長枝葉的生長期，增加葡萄樹發生疾病的風險，致使葡萄秋收的時間向後推遲。這些先天環境條件不良的潮濕園區可以透過人為的因應對策加以改善，譬如在該區尋找排水性較佳的地塊開闢葡萄園，或者整治堪用地塊，藉由坡度、溝渠進行排水，或以人工排水系統校正園區土壤的涵水量。在葡萄園裡埋設人工排水設施的作法由來已久，其歷史幾乎已經久遠不可考，現今在許多頂尖園區裡還保留數百年前以陶土燒製而成的排水管路。

學界直到晚近幾年才清楚揭示，上述的「土壤氣候環境」在葡萄栽植上所扮演的重要角色。波爾多產區（葡萄種植暨）釀造技術研究處的榭甘（G. Sequin），在此議題上的論述尤為充分。他援引波爾多左岸梅多克產區自十七世紀以來的實際情形為例，並述及西元四世紀高盧 - 羅馬詩人歐頌（Ausone）的事蹟，在這些講述先人智慧的記敘文字中，也可以讀到如何選擇最有利於種植葡萄的園區的相關記載。

土壤結構會影響葡萄酒的風格表現，在石灰、砂礫、黏土等不同土壤上種植葡萄所釀的酒，就會有細膩的個性差異。據觀察，幾乎所有不同類型的土質結構，都能釀出品質優異的葡萄酒，兩塊毗鄰園區所出產的酒款，極可能由於土質結構的差異，以致於酒款品質水準雖在伯仲之間，但卻有迥然不同的風味表現。舉例來說，同樣位於波爾多右岸聖愛美濃（Saint-Émilion）與玻美侯（Pomerol）兩個彼此接壤產區的三座頂尖酒莊，卻展現出殊異的風格：Château Ausone 出產「石灰土質」葡萄酒，Château Cheval Blanc 則是「礫石土質」葡萄酒，附近的 Pétrus 則出產「黏土土質」葡萄酒。這三座酒莊彼此之間相距不過三、四公里而已。另外，位於波爾多左岸

Terroir 的概念：
造成不同風土人文環境條件的因素

法語裡「terroir」這個詞，經常被視為「terrain」（地塊）的同義詞，在英語、西班牙語、德語裡都很難找到對應的詞來翻譯它。在華語裡，我們不妨以「風土人文條件」稱之。它牽涉的層面比「地塊」一詞廣泛得多，而且也更全面：我們可以從這個概念發展出地質學與岩石學方面的論述，也就是考慮一塊土地在數千年前，乃至數百萬年前是如何形成的相關細節，以及探討石灰岩、頁岩、花崗岩等土壤類型所帶來的影響。此外，也可以運用化驗分析的途徑，針對土壤中的氮、鉀等物質成分進行研究。除了上述的地質學、岩石學、化學等三個面向之外，談到風土環境也必須考慮坡度、坡向、葡萄根系實際可達的土壤深度、水分循環狀況，以及整體氣候條件等。但是，最重要的一環還在於人的介入，因為耕耘葡萄園的是人，唯有在人的雙手之下，施肥與調整土壤養分比例的工作才得以進行，只有他能夠決定適合栽植的葡萄品種，選擇砧木與運用接枝技術。說來一點兒也不誇張，這個世界上有多少塊葡萄園，應該就有多少種「風土人文環境條件」，除了極少數的葡萄酒是產自規模迷你的微型園區以外，絕大多數的酒款都是混用數個環境件不同的園區的葡萄釀成，如此更提高了風土人文環境條件與葡萄酒款風格特徵，兩者之間關係的複雜性。正所謂，沒有什麼其他事物是比葡萄園更人造、更不自然的了，它絕對不會是渾然天成，也遠非自然而就的；然而，人類的雙手只是喚醒，而不是賦予葡萄園內蘊的神奇力量。

格拉夫的索甸產區內的頂尖城堡酒莊 Château d'Yquem，則是在土壤結構極為多樣，有如馬賽克般由多種土質鑲嵌而成的複雜園區當中，釀出一流的貴腐甜白酒。一株成齡葡萄樹埋在土裡的部分，計約整棵植物重量的一半，不難理解土質結構對葡萄樹的重要性。晚近的相關研究結果顯示，若排除人為因素介入的影響，葡萄園的風

土環境條件可以區分出數十種不同的類型。該項研究實地勘察葡萄酒產地，包括安茹（Anjou）、阿爾薩斯（Alsace）、黎慕桑地方（Limousin）、隆河丘（Côtes-du-Rhône），以及面積僅佔若干平方公里的聖愛美濃。葡萄園土質的多樣性，在很大的程度上造就了葡萄酒的多樣性，人們在過去數個世紀以來，不僅察覺到土壤具有此種多元性，並試圖經營葡萄酒的多樣化表現。隨著近來「精密農業」的發展，透過衛星、全球定位系統以及裝載於牽引機上的電腦設備，都可以看出土質結構的多樣性也會對穀類作物產生影響，譬如油菜的栽培即為一例。

葡萄品種與葡萄酒品質特徵的關係

皮耶‧加雷（Pierre Galet）在其著作[2]裡列出了超過九千種葡萄，其中廣為栽植的葡萄品種達數百項，這些不同的葡萄品種也是造就葡萄園多樣性的因素之一。某些產區以單一葡萄品種酒聞名於世：譬如布根地的黑皮諾紅酒以及夏多內白酒；薄酒來產區的加美品種紅酒；恭得里奧（Condrieu）的維歐尼耶（Viognier）品種白酒。相對的，在波爾多產區則採用數種不同的葡萄進行混釀，法國隆河谷地的教皇新堡（Châteauneuf-du-Pape）葡萄酒產區的混釀品種甚至多達十三種。值得一提的是，除了阿爾薩斯以外，在葡萄酒的標籤上很少出現葡萄品種的名稱，在其他相關的商業貿易文件上亦然。過去十幾二十年來，人們致力於發展「單一葡萄品種酒」或所謂的「特定葡萄品種酒」，在新世界發跡的新興產區以及在舊世界重振旗鼓的復興葡萄園，譬如法國南部的隆格多克與西班牙的卡斯提亞，此一趨勢尤為明顯。以葡萄品種來區別酒款的作法，由於簡單明瞭，所以備受青睞。消費者更容易認得卡本內 - 蘇維濃（Cabernet Sauvignon）品種的名字，而不是波爾多產區的酒莊名稱與諸多地名，同樣的，白蘇維濃以及夏多內品種也比「松塞爾」（Sancerre）、夏布

利（Chablis）這些產地名稱更耳熟能詳。經驗顯示，依據葡萄品種作為區辨酒款風味個性的指標，此一作法得失參半。一方面，對於能夠突顯品種風味特徵的酒款而言，運用此一方法當然能收立竿見影之效，其中自然少不了那些過分強調葡萄品種特徵的酒款，它們甚至到了風味結構失衡的地步，而葡萄品種風味儼然成為一項風味缺陷──卡本內 - 蘇維濃品種的「青椒味」、白蘇維濃品種的「黃楊木氣味」、夏多內葡萄品種的「榛果味」，都是明顯的例子。二方面，對於整體風味表現較為成功、結構均衡，沒有縱橫全場的單一主導風味或風味缺陷的酒款而言，檢視酒款風味是否表現出葡萄品種的個性，則沒有太大的意義。再者，過分仰賴葡萄品種的概念作為區辨、評判酒款的依據，有時反而會被誤導；因為一種葡萄品種可能有不同的名稱，而名稱雷同的品種，卻可能有截然不同的風味表現，甚至是毫無關係的葡萄品種[3]。除了品種名稱本身可能帶來的困擾之外，有時候相關法規甚至允許葡萄品種比例過半的酒款，即可在酒標上標示該葡萄品種的名稱。此外，在位於不同氣候帶的產區種植相同的葡萄，其品種風味表現也不會一樣，更遑論葡萄品種的個性與風格經常在發酵與培養的操作過程中，由於人為因素而遭到扭曲、壓抑，甚至喪失殆盡、面目全非。同一種釀酒葡萄會隨著天候條件、栽植方式，以及單位面積產量的差異，而出現判若雲泥的風味表現。譬如，同樣是塔那（Tannet）葡萄，種植在法國馬第宏（Madiran）與南美洲烏拉圭，風味表現就截然不同；卡門奈爾（Carmenère）葡萄品種在智利與波爾多左岸梅多克產區的性格特徵，也相去甚遠。

葡萄品種彷彿是將葡萄酒與「天、地、人」聯繫在一起的一座橋樑，葡萄酒的性格內蘊，是葡萄品種與這三項因素互依共存所孕育出來的成果。另外，我們在法國境內，乃至世界各地都發現，那些率先生產單一葡萄品種酒或特定葡

萄品種酒的酒農們，通常會很快地發展出「特定風土人文條件園區的葡萄酒款」，也就是從「品種酒」過渡到「產地酒」的思維模式。這些葡萄園區往往能夠在短短的數年之間，重振該產地長年累積下來的品種傳統，這些葡萄品種與產地之間的關係，已經成為經典配對，諸如西班牙利奧哈（Rioja）產區的田帕尼優（Tempranillo）與格那希（Grenache），波爾多的梅洛（Merlot）、卡本內・蘇維濃與卡本內・弗朗（Cabernet Franc），或者布根地獨鍾的黑皮諾（Pinot Noir）與夏多內（Chardonnay），乃至羅亞爾河谷地葡萄酒產區的白梢楠（Chenin Blanc）與卡本內-弗朗。就以一般食用葡萄而論，品種的差異會明顯地反映在味道上，夏思拉（Chasselas）、蜜思嘉（Muscat），還有以義大利（Italia）為名的各個葡萄品種，嘗起來都完全不同，釀酒葡萄亦復如是。在酒庫總管的呵護照料下，不同的葡萄品種會發展、表現出各自的風味特色與個性。毋庸贅言，葡萄品種是決定葡萄酒結構表現與原始香氣的重要因素。基於此項原因，我們應該繼續消費各形各色葡萄品種的酒款，並且有充分的理由鼓勵、督促每個產區維繫釀酒葡萄的多元性，而不要自囿於近年來一窩蜂種植所謂「國際葡萄品種」的風潮。現今流行的國際品種，選擇種類相當有限，很難讓人信服全球各地的葡萄園只適合栽植這些幾乎全部都是法國原生品種的葡萄，諸如梅洛、卡本內・蘇維濃、黑皮諾、希哈（Syrah）、白蘇維濃（Sauvignon）、夏多內，再加上麗絲玲（Riesling）、高倫巴（Colombard）等。就目前的情況而言，人們在世界各地葡萄園所作出的努力，尚能將葡萄品種的多元性維持在某個水準以上：有的產區再次投向固有本地品種的懷抱，譬如教皇新堡重拾並納入規範的傳統在地釀酒葡萄品種即多達十三種；有的產區則極力遏止外來品種的入侵，西班牙的利奧哈產區即為一例；另外，還有些葡萄酒產地則矢志將當地的

稀有品種發揚光大，諸如智利的卡門奈爾、烏拉圭的塔那、南非的皮諾塔吉（Pinotage）、奧地利的綠維特利納（Grüner Veltliner）、西班牙中部盧埃達（Rueda）產區的維德侯（Verdejo）等品種。

談到葡萄品種，混種的問題也值得一提。雖然幾乎所有的同種動物與蔬果植物，都可以藉由配種的方式得到新的品種，然而，這項操作手法在葡萄園裡，卻幾乎窒礙難行，或者說，幾乎談不上有所謂葡萄品種培育這回事。葡萄配種成功的案例少到屈指可數：德國於 1955 年培育出的丹菲德（Dornfelder）葡萄品種，以及南非於 1925 年得到的皮諾塔吉品種，這兩個成功的案例可謂鳳毛麟角。不過，歐洲釀酒葡萄品種與美洲葡萄品種的混種，至今仍廣為採用，而且其地位無可取代。自從 1863 年歐洲葡萄園爆發葡萄根瘤蚜蟲危機之後，使用歐美混種的葡萄樹作為接枝用的砧木，在遏止蟲害蔓延的方面，功效卓著。有些混種的葡萄品種，曾經被用來釀造葡萄酒，但是除了在美國東岸、祕魯、烏拉圭的一些葡萄園少量釀產，供當地消費之外，其影響力相當有限。而且，這些絕無僅有的罕見葡萄酒，其風味足以讓歐洲的味蕾退避三舍！或許在所有的混種葡萄品種當中，只有法國西南夏朗特地方（Charentes）開發出來的新品種維岱爾（Vidal）一枝獨秀，因為它在加拿大、瑞士種植所釀產出來的冰酒，其品質表現似乎相當引人矚目。

總歸說來，葡萄品種與葡萄酒之間的關係是若即若離的。各個葡萄品種都好比是葡萄酒的親生父母一般，然而，葡萄酒像是調皮搗蛋的孩子，活蹦亂跳、精力旺盛，不論性格、氣質、應對進退的方式，都不會跟父母一樣。孩童的行為表現與大人截然不同，但是，骨子裡卻有著從父母那裡遺傳而來，無法抹滅的相似之處。

天候條件與葡萄酒品質特徵的關係

葡萄樹的生長與種植向來分布極廣：北起瑞典首都斯德哥爾摩，南至紐西蘭南隅，都看得到葡萄樹的種植，相當於北緯59度與南緯45度之間；從海岸平原到玻利維亞境內海拔 2,500 ～ 3,000 公尺的山區河谷地帶，也都符合葡萄樹的生長環境條件；祕魯山區的葡萄園能夠在年雨量僅有 4 ～ 5 公釐的乾旱之下生存，而在年雨量高達 1,000 公釐，乃至 1,200 公釐的潮濕地區，也不妨礙葡萄樹紮根生長。不過，葡萄樹在靠近赤道一帶的低緯度熱帶地區較難有所發展，因為這裡不僅潮濕，而且季節變化不明顯，終年高溫，說來或許會讓人覺得意外：高溫而水分充足的天候條件，反而不利於葡萄果實熟成。此外，種植在某些產區的葡萄樹可能會遭受春、秋兩季的霜害威脅，但是卻能夠形同蟄伏在土裡避寒一般，安然度過加拿大凜冽嚴峻的寒冬。葡萄酒產地的天候條件對酒款的品質特性影響甚鉅，綜觀世界上所有適合栽植釀酒葡萄的地區，包括從德國沿著地中海盆地一帶，向西橫越大西洋，抵達南美洲智利安地斯山麓，甚至南非、加州，乃至紐西蘭，還有零星分布於其他農作物栽植區域之間，形同孤島一般的澳洲葡萄酒產地。以上所列舉的葡萄園，其天候條件可以歸納為以下數種類型。

地中海型氣候

其特徵為冬季溫和，夏季乾燥炎熱，地中海沿岸一帶的葡萄種植區，皆鮮明地表現出此種氣候型態，分布地區包括西班牙、義大利、法國、北非、希臘、黎巴嫩與以色列。但是，在環地中海以外的地區，也有可能展現出地中海型氣候的特點，譬如阿根廷、智利、澳洲境內的某些地方與美國加州。人類最早種植葡萄，有「葡萄酒搖籃」美譽的高加索山脈南坡一帶，即今日喬治亞、亞美尼亞、亞塞拜疆，當地的氣候型態也屬於地

中海型氣候。這些地區的夏季非常乾燥，往往必須仰賴人工灌溉才能維繫葡萄樹的生長，除非遭遇嚴重缺水的情形，或水價過於昂貴，否則，這些葡萄園區灌溉作業的施行次數相當頻繁。種植在地中海型氣候區的葡萄通常可以達到不錯的成熟度，但是，果實熟成的步調偶爾會由於太過急促、激烈，而導致品種香氣流失，並造成酒精含量偏高與口感滯重的風味結構缺陷。對於位處地中海型氣候帶的葡萄園而言，其面臨的主要風險是秋雨在採收季節尚未結束之前提早到來，這也是環太平洋地區的「聖嬰現象」之一，南美洲的葡萄栽植區即有此威脅存在。而由於全球暖化的緣故，地中海型氣候的分布範圍，有逐漸擴張的趨勢，在海拔稍高的地區愈來愈常出現這種氣候型態。在艾曼紐・勒華 - 拉莒利（Emmanuel Le Roy Ladurie）於 1983 年出版的《西元 1000 年以來的天候變遷史》（*Histoire du climat depuis l'an mil*）一書中，關於葡萄採收日期的觀察與分析，以及法國國家農業研究院第戎研究中心於 2003 年發表的報告，都是幫助我們瞭解全球氣候變遷的珍貴材料。葡萄酒農在過去幾個世紀以來，毫無間斷地紀錄每年的葡萄採收日期，建立一套具有可回溯性的生產履歷。我們可以藉由葡萄樹在某個年份的生長週期啟動時間，也就是從當年葡萄果實的早熟或晚熟，來判斷該年份的天候情況。

大陸型氣候

位居內陸、距海較遠，以及地勢約達海拔數百公尺的地區，皆有可能表現出大陸型氣候的特徵。在此種氣候類型影響之下，冬季嚴寒，甚至必須採取防寒保護措施，才能避免葡萄樹遭到寒害，至於夏季則乾燥炎熱，有利於維繫高品質的葡萄園，然而有時過於涼爽的夏季，卻很有可能導致葡萄果實熟度不足。從布根地葡萄酒產區（Bourgogne），到阿爾薩斯產區所在的萊因河谷一

帶，乃至奧地利與西班牙中部廣大的卡斯提亞皆屬於大陸型氣候，這些地方都表現出該氣候類型的典型特徵。在海拔較高的地區，季節之間的對比更為強烈，而且遭到霜害的風險也隨之攀升。

海洋型氣候

海洋型氣候帶最主要的特徵是降雨豐沛，夏季亦然，由於降雨分布極不規律，因此，各個年份之間的差異非常顯著，法國西南產區的情況即為一例。此外，伊比利半島西北部的加利西亞（Galicia）、烏拉圭的拉布拉他河（Rio de la Plata）谷地葡萄栽植區、紐西蘭諸島，甚至是正處於發展階段的智利南部葡萄酒產區，皆位處海洋型氣候帶，年份因素深刻影響這些地區的葡萄酒。

- 「地中海型氣候」葡萄酒的酒精含量通常偏高，單寧豐厚，天然酸度低，香氣表現以辛香料氣息為主，帶有「地中海沿岸森林氣味」，煮過的水果氣味。
- 「大陸型氣候」葡萄酒則相當富有個性，有時頗為堅實有力，但卻又經常表現出細膩的口感與宜人的酸度。由於葡萄在採收前經歷晝暖夜涼的交替過程，因此，所釀出的酒款能夠展現出蓬勃豐富的香氣層次。倘若有機會在九月初前往西班牙，造訪文學人物唐吉訶德（Don Quichotte）的故鄉拉曼恰（La Mancha），便能夠親身體驗大陸性氣候令人印象深刻的日夜溫差。
- 「海洋型氣候」葡萄酒的表現多樣，而且變化幅度大。整體而言，清新爽口、優雅協調且富個性、口感細膩，而不是屬於那種富有酒精勁道的酒款類型。

擺盪在以上三種基本氣候型態之間，所衍生出極為多樣化的各種天候類型，或多或少都混雜了不同的氣候特徵，這些環境因素都會在葡萄酒的風格上，留下深刻的印記。此外，我們還可以就葡萄園的地理條件，更進一步細分出不同環境型態的葡萄酒。簡言之，就是地理與天候因素交叉配對：河川地區、海岸地區、谷地地區、平原地區乃至山區、高原、台地、山麓地區的地中海型、大陸型與海洋型氣候的葡萄酒。這些地理條件與氣候型態環環相扣，交織出各種複雜的環境條件。人們常說，藉由品評判斷一款葡萄酒出身於何種氣候類型的產區並非難事，而若是已知酒款的原產地，甚至能夠推敲出葡萄的採收年份；相對於天候條件在葡萄酒中留下鮮明的印記而言，透過品評來判別一款酒的原產地或主要葡萄品種卻較不容易。過去二、三十年來的氣候變遷已經悄悄地改變了「地區 - 天候」兩者之間的對應關係，這也連帶使得傳統上某些地區或某種天候環境所塑造的某種特定葡萄酒風格型態，發生值得注意的變化。以北半球而言，目前氣候變遷的結果有利於栽植以往認定的南方葡萄品種，或者說，當今的天候條件有助於葡萄果實超熟的操作，以及加強葡萄酒酒體豐厚程度與勁道的表現。但是，這樣的天候環境變化，對葡萄酒細緻度的提升不具有正面意義。既然天候環境已經產生變化，葡萄酒農也只能接受在這樣的環境條件下進行生產。天候的演變不足以作為探討葡萄酒風格遞嬗的線索，也不應該被視為酒農們順水推舟，藉以提升葡萄酒品質的手段。試想，倘使單純藉由加強葡萄園吸收的陽光與熱能，便足以讓葡萄酒的品質大幅提升的話，那麼，先人早該發現這個現象，這個技巧甚至很有可能成為行之有年的傳統。然而，事實是當今全球氣溫上升所造成的天候環境，並非最佳的釀酒條件，隨之水漲船高的豐厚、強勁型態的超熟葡萄酒，也不是呈現品質與風格的唯一或最佳形式。

關於年份的探討

用來釀造葡萄酒或製作葡萄蒸餾烈酒的葡萄果實，會受到採收當年各項天候因素的影響，這些

相關的統計數據，包括溫度、降雨、日照等，皆反映在年份的四位數字裡，這項作法可回溯到 1582 年[4]。年份就彷彿是葡萄酒的出生時間，它證明酒款的年齡歲數，也讓我們能夠根據自己的口味喜好，或者隨著不同品評場合的需求，選擇年輕、新鮮的葡萄酒，或是業已經歷瓶中陳年熟化的老酒。年份所隱含的時間概念與「保存期限」截然不同。我們並不是藉由年份數字推估葡萄酒開始變質的時間，而是據此作為判斷葡萄酒最適飲用階段的指標。不同年份的特性與潛質皆不盡相同，至少在歐洲的葡萄種植區確實如此，也正是因為年份有其特殊意義，所以能夠作為粗估一瓶葡萄酒品質特徵的依據。每一個年份都有自己的風格特性、演變發展、聲望評價以及型態特徵，這也是為什麼所有頂尖的葡萄酒款都會選擇將年份資訊標示出來。年份是塑造葡萄酒性格的一項因素。人們有時會認為，年份條件對葡萄酒風味的影響，更甚於園區個性與釀造方式，亦即：不同酒廠在同一個年份所釀出的葡萄酒，相較於同一個酒廠各個不同年份的酒款，前者的共通性較為顯著。在此情況下，辨識葡萄酒的年份，比判斷園區土質、釀造工法各異的不同酒廠風格來得容易。雖然我們說所有的頂尖葡萄酒都會標示年份，不過，像是香檳與波特此類酒款屬於特例。因為它們是由不同年份的基酒調配而成，唯有葡萄品質特別出色的年份才會釀製年份香檳或年份波特。

年份的品質與特性，可以說是由一連串天候巧合醞釀而成的。從來沒有任何兩個年份的條件一模一樣，因此，我們也更不可能在不同的年份釀出相同的葡萄酒。天候狀況對葡萄果實有決定性的影響，這並不難理解，因為葡萄成熟所需時間約為 45 天[5]，在這段期間，葡萄果串都是暴露在外的。當葡萄果實逐漸成熟而尚未採收時，正是葡萄果粒最脆弱的時候，掛在葡萄藤上的果串，時時面臨威脅，其品質不時不刻不受到天候因素的左右。若是採收季的天候不佳，短短幾天的陰雨便足以賠上一整年的努力；相反的，如果在採收前能有艷陽高照的好天氣，對於位在涼爽氣候區的葡萄酒產地來說，則有利於葡萄果實達到超熟，不過，位處炎熱氣候帶的葡萄酒產區，在採收季卻不樂見連日高溫，因為這樣會帶來負面影響，甚至造成難以彌補的遺憾。

葡萄酒業界人士對年份特性瞭若指掌，對複雜的年份排名也都如數家珍，他們揮灑自如、學有專精、見多識廣，往往讓外行人嘆為觀止。談到年份的排名，其實有時候更像是一種分類，而不是名次。一個年份的某酒款品質水準，不應由一個絕對的、特定的分數評價來表示，而應該是與同一個酒莊其他年份酒款相較之下的相對差異描述。年份的排名很難做到公允，因為這項工作實際上是比較不同歲數的葡萄酒，而不是歲數相仿的酒款；要憑藉風味演變步調不一的各個年份酒款在某個時間點的風味表現，來斷定不同年份的平均水準並加以排序，談何容易？顯而易見的，當我們試圖將一款產自某地某莊的 1995 年份酒款，與同地同莊的 1975、1970、1961 等年份相提並論時，我們的立足點在哪兒呢？我們憑什麼說 1995 年的風味跟這些老年份酒款在剛釀好的時候有相似之處？這三個年份的老酒經歷瓶中陳年的時間不同，我們又如何證明 1995 年份的品質特性與這些老酒有共通點？可想而知，年份排名往往難有定論。不過，隨著葡萄酒經過時間的考驗，大多數品酒者之間會逐漸形成共識，對於年份品質層次的爭論稍見平息，對於年份性格特徵相仿之處的歧見也終會消弭。有些年份的品質特性凌駕於酒莊釀酒風格之上，有些年份的標記則掩蓋產區風味的特徵，還有的年份不受葡萄品種的影響，展現強烈鮮明的年份特性。然而，同一個年份的葡萄酒不

見得都會展現出相似的性格或擁有一樣的品質水準：譬如波爾多左岸梅多克產區在某個年份獲得的總體評價，與位於右岸的聖愛美濃同年份的酒款，便有可能產生些微差異；格拉夫（Graves）干型（不甜）白葡萄酒與索甸（Sauternes）出產的超甜型白葡萄酒，雖然兩個原產地的地理位置相當接近，但是年份評價卻經常頗有落差；更遑論產自不同地區的葡萄酒，雖然使用同一年份採收的葡萄釀酒，但是品質評價卻褒貶不一。只要是不同的年份，就會有不同的特性，每個人都可以提出自己的觀點與發現，但是每一個年份的品質水準大致都已有定見，很少出現翻盤的情況。現今已蓋棺論定的波爾多頂尖年份包括 1945、1947、1949 等，他們都是「一枝獨秀型」的絕佳年份，因為年份並不連貫；至於 1928 ～ 1929、1961 ～ 1962、1975 ～ 1976 這些年份則是「雙喜連環」的優質雙年；最罕見的情況當然是三個品質水準一流的年份接連降臨，像是 1988、1989、1990 便是一例。

所有的業餘葡萄酒愛好者，對各形各色的葡萄酒年份排行榜應該並不陌生。這些資訊可能是公司行號提供的，也可能是來自於研究單位、專業機構或者是在酒類刊物或指南手冊裡讀到的。年份的評比方式並非只有一種，有些系統採用二十分制，有些則是用星星，還有人利用酒瓶、杯子的圖案作變化，表示每一個年份的品質水準與陳年狀況，指出該酒款當下的情形、未來的發展可能，以及建議最佳開瓶飲用的時間……各種標記方式真是令人眼花撩亂。然而，這些評比與排行的內容並不總是一致，有時甚至發生嚴重的意見相左。此外，這些年份資訊的來源有時頗為堪慮：有些年份評分表撰稿者的身分條件，並不適合發表相關評論，而有些時候，則是沒有評論資格的人提供這些關於年份的資訊，當然，其中也不乏意圖標新立異、譁眾取寵的人，甚至可能出現那種缺乏評鑑能力，濫竽充數的評論客。

過度簡化年份品質評價的作法，可能淪於粗陋地將所有的年份劃分為兩類：好年份與壞年份。但是，釀酒技術的發展一日千里，以現今的情況而論，我們已經可以說：「已經不再有所謂的壞年份，只有遭遇較多困難的年份。」藉由採收時實施揀選，並配合運用現代化的技術與設備，我們已經可以做到僅取用每一粒葡萄中最好的部分來釀酒，將每一個年份的葡萄酒推向其品質潛能的最高極限。可惜的是，有些業餘的葡萄酒愛好者卻畫地自限，只把眼光放在「頂級酒款」上面，非頂尖年份的頂尖酒款不喝。這種人不僅缺乏浪漫情懷與好奇心，想必也完全不懂得聰明的買酒策略：「買小酒莊，選大年份；買大酒莊；選小年份。」不論如何，年份資訊的重要意義在於幫助判斷、掌握品嚐一款葡萄酒的最佳時機。並非所有的葡萄酒都適合久藏，或者愈陳愈佳；有花堪折直須折，風味簡樸直接的年輕酒款，就該趁它年華尚未逝去時，及早開瓶享用。

「世紀年份」這個說法被用得太濫，動不動就把它掛在嘴邊，實在非常可笑。話雖如此，每個世代還是需要有一個難得一見，值得追憶的絕佳年份。在我們眼裡，波爾多的世紀年份只有一個，那就是 1961 年：它是完美天候條件與現代釀酒技藝的結晶。再過十五、二十年，1975 這個頂尖年份也將被人忘懷，至於上一個世紀的其他特優年份，諸如 1928、1929、1945，由於如今剩下的酒款數量太少，而且品質並不全然令人滿意，這些年份也不是我們心目中的世紀年份。長久以來，釀酒學的任務都在於對付當時葡萄酒裡的缺陷，近年來堪稱波爾多典範年份的有 1982、1985，甚至 1990 也當之無愧。2000 年則是千禧數字的魔力超過品質意義的一個年份。下一個世代，人們還將站在未來釀酒學所達到的高度上，

評價我們眼下的這些年份，正是那些酒質表現能夠通過時間考驗，迎擊未來競爭者充滿優勢的挑戰，以及接受不斷翻新的技術與思維的檢驗的好年份，才能脫穎而出，確立其「世紀年份」的地位。

栽植到釀造的各項技術與品質特徵的關係

葡萄酒製造過程所牽涉的各項技術，包括在葡萄園裡的栽種技術以及酒廠裡的釀酒技術，對於葡萄酒性格表現都有舉足輕重的影響，然而，在有限的篇幅中難以逐一交代清楚諸多技術細節[6]在整個過程中，酒農、酒庫總管輪番操刀，藉由發酵的過程手段，讓該年採收的葡萄果實得以展現應有的風味潛質，也就是產區與年份因素共同造就的品質特徵。隨著科技的進步，製酒過程各個環節的作法也會有所改變。釀酒技術的進步往往肇始於勇敢創新、拋棄成見的一些正確判斷，或者歸功於當機立斷、打破陋習陳規的明智抉擇。那些能夠在釀酒領域嶄露頭角、大放異彩的人物，都有先見之明的智慧與果斷的人格特質，他們每天面對諸多足以影響釀酒結果的可能選項，能夠看出哪些是絕無僅有的少數幾條成功之路，並作出正確的決定。

有些技術層面的改變或新方法的介入，對葡萄酒風味的影響頗為顯著，透過品嘗便可以感受得到，或者猜得出來。譬如採收日期的決定就是一個很好的例子，它直接影響釀酒果實在入槽發酵前的熟度，因而對酒款風味的改變造成顯著的影響。如果太早進行採收，葡萄酒裡會出現強烈的草本植物風味，讓人聯想到青椒、黃楊木氣味、蘆筍；倘若採收日期拖得太晚，則會由於葡萄果實過熟，而使品種風味個性隱晦不彰，甚至消失無蹤，取而代之的是煮熟的水果或甜膩的果醬風味。運用一系列相關配套措施，刻意追求超熟，甚至過熟風味的熱潮，我們希望它只是一時的風尚流行，因為這些釀酒思維與手段，讓所有葡萄酒嘗起來愈來愈相像，步上「齊一化」的歧途，葬送葡萄酒多樣化的個性表現。此外，在釀酒時利用過量的野生酵母進行發酵，也會破壞葡萄果實應有的風味個性，使得葡萄酒的主導風味變調。在釀造時放手讓原生的酵母與菌種漫無目的地自由作用，最終只會讓葡萄酒的氣味與味道走樣，嘗起來不夠乾淨俐落，而顯得「蒙塵帶垢」。

至於橡木桶的使用，也會影響葡萄酒的風味特性。最早使用橡木桶作為貯酒容器的紀錄，應該可以回溯到法國人的老祖先——高盧人。當時高盧人為了方便跟伊特拉斯坎（羅馬）進行葡萄酒交易，便採用橡木桶作為貯存、搬運酒液的工具，這個作法一直延續到二十世紀末。根據我們分析數十份出版品的結果，在 1970 年以前，釀酒師千方百計想要消除葡萄酒中的「木頭味」，而品酒員對它通常也是避之唯恐不及。在那個年代，除了極少數的特例之外，所有人都對葡萄酒中的木頭味敬謝不敏，莫不想預防它、擺脫它、圍剿它、消滅它。時至今日，葡萄酒中的木質氣味卻成了許多釀酒者追求的風味表現，然而，全世界的橡木桶年產量，相較於全球葡萄酒的產量來看，根本不敷使用。如果要仰賴全新橡木桶來釀酒，以獲致木質氣味的話，從木桶產量供不應求的情況看來，確有窒礙難行之處。況且，我們還必須認清一項事實：新橡木桶幾乎都被一流酒廠、頂尖酒莊買走了，但是，他們釀出的葡萄酒，木質氣味反而沒有那麼明顯，這是因為該類品質卓越的酒款，本身的香氣表現較為豐厚強勁，足以承受使用全新橡木桶進行培養。即便晚近才經歷一段把酒中的木頭味視為洪水猛獸，恨不得將之趕盡殺絕的年代，但是，如今將木質氣味與高

品質畫上等號的人，卻屢見不鮮。這兩種極端的態度皆不可取。教徒們在做禮拜的時候，不是都說葡萄酒是「葡萄樹與人們辛勤工作所得的果」嗎？所以，造就葡萄酒的怎麼會是「橡木」呢？即使橡木桶在催生好酒的方面確實功不可沒，因為頂尖酒款經過全新橡木桶的培養之後，其品質特性才得以彰顯出來，但是，佳釀美酒的風采得以綻放，並不能視為木頭的恩賜。

我們在此可以引述賈斯東・瑪爾舒[7]先生於1973年說過的一段話，替這個問題作個總結：

法國的葡萄酒農沒有必要為了開創新市場，或者尋找新的消費族群，而去改變他們的釀酒理念與固有的產地風格。他們無須附和某些人的評論觀點或者迎合其他某些人的個人口味喜好，法國酒農也不需要對那些全球市場趨勢的研究報告結果耿耿於懷，因為跟隨世界潮流對他們並沒有好處。他們不是各式風尚的追隨者，而是開創好酒品味的領導者。

這段話是不是說得很言簡意賅呢？

葡萄酒品質特性的各個面向

結構成分方面

隨著葡萄酒成分分析技術的發展，我們現今已經愈來愈能夠充分掌握葡萄酒結構成分、口感架構，或者說風味骨幹的特性。從葡萄酒中每公升含量僅達數公克或數十公克的酒精、酸度、糖分與單寧，便足以解釋酒款風味整體均衡度的表現，並幫助理解葡萄酒在陳年過程中的風味變化。對於含量微乎其微，每公升酒液僅有數毫克乃至千分之數毫克的氣味物質的分析，也增進我們對葡萄酒風味缺陷、品種個性以及發酵特徵的認識。然而，時至今日，我們仍然很難藉由成分分析的途徑，將葡萄酒「酒體」與「質地」的特徵加以量

全球干型紅葡萄酒近年結構特徵趨勢分析

為了讓業餘同好能夠對近年來全球干型紅葡萄酒結構特徵的演變趨勢有更明確的認識，我們從國際葡萄園暨葡萄酒組織（OIV, Organisation internationale de la vigne et du vin） 於 2003、2004、2005 年籌辦之世界葡萄酒大賽（Citadelles du Vin）的參賽酒款進行取樣分析，並作出以下統計結果。在來自全球三十多個葡萄酒產國的一千三百多款干型紅葡萄酒當中，其中有三分之二[8]的酒款符合下述的結構成分特徵：

	計量單位	濃度	
		最低	最高
酒精濃度	單位容積百分比（% vol.）	12.8	14.2
總酸量	每公升的硫酸公克數（g [H2SO4]/L）	3.2	3.8
糖分	每公升的公克數（g/L）	1.2	2.6
酸鹼值		3.6	3.8
蘋果酸	每公升的公克數	0.0	0.2
單寧	每公升的公克數	3.2	4.5
花青素	每公升的公克數	0.26	0.55
乳酸	每公升的公克數	1.0	1.8
酒石酸	每公升的公克數	1.5	2.1
揮發酸	每公升的公克數	0.4	0.6
甘油	每公升的公克數	4.4	7.8

我們發現，縱使葡萄品種、天候條件、種植方式、釀造技術、品味喜好極為多樣，全球的葡萄酒卻表現出相當類似的結構特性——強勁豐厚、濃縮集中、酸度偏低。在與二、三十年前干型紅葡萄酒的分析數據比對之下，的確可以看出全世界紅葡萄酒在近年來結構特徵為之丕變。

化，這些風味特性也是決定葡萄酒骨架的重要因素。物理與化學分析檢驗的技術雖然已經相當成熟，是葡萄酒農追蹤葡萄植株的法寶，是酒庫總管掌控酒液發展變化的利器，然而一旦葡萄酒釀成，就是理化分析鳥盡弓藏之時。上述的「酒體」、「質地」此類攸關品評樂趣的問題，理化分析毫無用武之地。品評好酒所帶來的樂趣，不是冰冷、僵硬的分析數據所能描繪、傳達出來的。

藉助理化分析，我們可以看出歷來葡萄酒在結構上曾經發生重大變化。過去一個世紀以來，尤其是最近五十年，波爾多以及其他產區的紅葡萄酒，平均酒精濃度有攀升的趨勢，其幅度約為 20 ～ 30%。然而，總酸度卻下降 30 ～ 35%，揮發酸的含量更減少五至六成。單寧含量原本也一路下跌，直到 1960 年代開始反彈，演變至今，葡萄酒中的單寧益趨豐厚。雖然以下這段話很可能會讓某些滿腔思古幽情的懷舊人士感到訝異，但是我們仍得據實以報：幾乎所有盛極一時、載譽八方的老年份法國紅葡萄酒，如今都已經不堪入口了，1939 年以前的年份無一倖免，甚至許多 1950 ～ 1955 年之前的紅葡萄酒也沒有辦法品嘗。它們共同的問題在於酒精濃度太低、酸度太高，而且酒中所含的揮發酸也過量。讓我們再上溯至 1855 年，當年的分級名單是針對梅多克（Médoc）與索甸兩個地區 [9] 的干型紅葡萄酒與甜白酒進行評比的結果，單就入圍的紅葡萄酒而論，它們在那個年代的酒精含量很少超過 8 或 9 度，要釀出酒精含量達到 10 度以上的酒款更是罕見。這種型態的紅葡萄酒是早期那個時代環境條件下的產物，如今已不復見。

衛生保健方面

過去幾千年來，人們已經在無形當中，學會利用葡萄酒作為一種衛生食品。早在微生物學家、化學家巴斯德（Louis Pasteur）證明葡萄酒是「最

有益健康而且最衛生安全的飲料」之前，人們早對葡萄酒有這般認知，直到科學研究證實之後，我們甚至可以在阿根廷境內規模最大的酒窖外牆上看到斗大的巨型字體刻著巴斯德昭告世人的這段話。葡萄酒裡絕對不會含有病菌，相對地，許多地方的飲用水源卻不見得比葡萄酒安全。在《新約聖經‧福音書》（Evangile）中，一個好撒馬利亞人便以葡萄酒治療傷患 [10]，由此可見，當時的人已經知道葡萄酒具有抗菌的功效。稍微近代一些的例子則有阿諾‧德維爾納夫（Arnaud de Villeneuve），他是教皇與國王的御醫，根據記載，他曾經把各種不同的植物摻入葡萄酒中，作為治療憂鬱症、便秘、肝病、健忘等疾病的處方。直到 1960 年，波爾多大學藥學系主任馬葛里耶（J. Masquelier）證實葡萄酒能夠防治心血管疾病，這項研究發現在近年來再次獲得重視。貝杜（Lewis Perdue）以及包括雷諾（S. Renaud）在內的海外許多相關研究者都指出，綜觀法國人的飲食習慣，他們確實屬於心血管疾病的高危險群，但是由於固定飲用葡萄酒，因此罹患心血管疾病的比例卻低得出奇，這種被稱為法式弔詭的情況確實存在。

葡萄酒並不是一項必要的食物來源，而且，其他替代品也可以達到相同的療效，但是，人們很早就懂得善用葡萄酒，不僅將之視為一種飲料，也把它當成一種具有療效的滋補食品，這比現代「食療法」概念出現的時間還早得多。葡萄酒營養均衡，它不僅芬芳味美，讓飲者感到活力充沛，也能提升性靈修養，縱使並非每位飲者都能達到這種修為境界。在第一次世界大戰期間，前線軍人總要先喝一杯再上戰場，把葡萄酒當成提振勇氣的工具，這與我們所謂的善用葡萄酒、享受飲酒之樂是截然不同的。最後要強調的是，葡萄酒如同所有其他食物，都可能含有某些對健康造成隱憂的物質，它們是自然產生的，有些則是人為添加的，

這些成分可能普遍存在於食物中，也可能是由於發生某些意外而出現的。不論如何，此類物質的含量總是微乎其微，不至於真的對健康構成危害。

行政法規方面

葡萄酒的另一項品質特性則來自於行政法規對它的形式規範，早在西元一世紀，羅馬博物學家普里尼（Pline）就區分出五種不同性質的葡萄酒，再加上「其他類型的葡萄酒」，共有六個範疇。如今，歐盟的葡萄酒產量佔全球的 60 ～ 65%，其體系可以概括為三個層級：一為「特定產區之優質葡萄酒」（VQPRD, Vins de Qualité Produits dans les Régions Déterminées）；二為「標示產區地理位置的葡萄酒」（IG, Indications Géographiques）；其三則為「普級餐酒」（VdT, Vins de Table）。在這套由三個層級組織而成的架構之下，可以再細分出 266 個不同範疇的葡萄酒，如此多樣豐富的類型，皆是根據歐盟於 2005 年 5 月 4 日通過的 L.118/30 號法案內容加以規範而來，其中廣納以六種以上語言命名的各種葡萄酒型態名稱，包括德文的「Eiswein」（冰酒）、「Trockenbeerenauslese」（選粒貴腐葡萄酒）、葡萄牙的「陳年波特酒」（Tawny Port）、法國的「麥稈酒」（Vin de Paille）、義大利的「葡萄乾釀葡萄酒」（Amarone）以及西班牙的「Amontillado 雪利酒」等。歐盟境內每個葡萄酒生產國的葡萄酒產品，都能夠透過相關法規的規範內容，劃分出三到八種不同的類型。

歐盟以外的大多數葡萄酒生產國，不論是位於舊世界還是新世界，也都推行類似的規範系統，將境內數以千計的產區、成千上萬的酒廠、酒莊及品牌，納入管理體系。許多葡萄酒生產國皆透過此種行政法規途徑，統一控管葡萄酒品質，建立嚴格的生產履歷系統，確保葡萄酒產品具有可追溯性。

有些人一聽到葡萄酒體系，便會直呼複雜，感到頭痛不已。但是，當你要去選購一台電話或一輛汽車的時候，難道不下百種的型號款式，就不會讓人煞費心思嗎？葡萄酒的各種類型名稱都是由三、四種基礎型態衍生出來的，這個富有多樣性，邏輯清楚、井然有序的系統架構，是舊世界歷經漫長時間淬鍊而成的智慧結晶。新世界葡萄酒產區的釀酒歷史泰半不過百年，最多一百二十年而已，頂多相當於三、四個世代的葡萄酒傳統，然而，這些產區的人們本著與舊世界一脈相承的文化血緣關係，開創出類似的葡萄酒規範系統與類型架構，成功地移植、拓展了舊大陸的成功典範。每個國家的政經體制運作方式存在極大的差異，但是我們卻能夠觀察到一個普遍的現象：凡是相關行政法規制定得愈是繁複，就愈能滿足不同型態的消費者，刺激多元化的消費行為。

關於「Cru」的概念

農業部稽查督導員喬治‧希洛黑（Georges Siloret）對於「Cru」這個字的來源，提出以下的見解：「我們從法語裡擷取這個古老的詞彙，就好比在江河裡拾起一塊石頭，它來自於河流上游的岩塊，沿著河床一路沖刷下來，經過一條又一條的支流，石塊的形狀不斷改變，直到我們的跟前。這個古字也是一樣，它經過歷史洪流的洗禮，曾經使用過這個字的人們，還有語言嬗變、科技演進、行政與司法等社會體制規範，莫不改變這個單詞的外貌，而且還在這個語彙上，留下許多細膩的刻劃痕跡。」

「Cru」這個字是法語動詞「Croître」（生長、成長）的過去分詞，更準確地說，這個動詞原型應該拼寫成「Croistre」。而「Cru」這個分詞的拼法，也是從十六世紀的「Creu」演變到「Crû」，最後才變成「Cru」。對於葡萄

酒飲家來說，他們比較感興趣的應該是「Cru」這個字用在葡萄酒的領域時，其意涵到底為何。從較廣泛的意義上說來，這個單詞涵蓋了葡萄酒的整個生產過程，因此，它是個相當複雜的概念，既包括葡萄園裡的栽植，也涉及葡萄汁轉變成葡萄酒的釀造過程，最後，葡萄酒的銷售也是構成「Cru」的一個環節。必須一提的是，「Cru」這個單詞與前文提及的「Terroir」一樣，這兩個單詞都沒有辦法直接在義大利文、德文、英文裡找到完全等值的對應詞彙。就連西班牙官方頒訂的「Vinos de Pago」這個術語中的「Pago」一字，其語義所指也不全然能夠吻合法語「Cru」一詞的內涵。

在不同的時空環境下，「Cru」可以有不同的意旨。首先，它可以用來指稱一片葡萄栽植區域，譬如薄酒來產區內，以朱里耶那為名的葡萄園區就稱為「Cru Juliénas」[11]。其次，它還可以用來稱呼一個葡萄酒產業單位，例如波爾多的城堡酒莊（Château）。最後，「Cru」這個字甚至可以指涉一個商標、品牌，法國香檳區的酒款便是如此。其實，仔細追究起來，波爾多城堡酒莊的葡萄酒兼具以上三重身分，因為波爾多的酒莊是在面積有限的特定地理位置，釀製標示該產區名稱的酒款，同時，酒莊這個生產單位本身是該款以酒莊為名的葡萄酒銷售者，並致力於建立這個產品的聲譽及形象，這便意謂著酒莊及其同名酒款也是一個品牌名稱。

我們可以將「Cru」這個概念的構成要素歸納為以下九個項目：一、地理位置；二、土壤成分與結構；三、天候條件；四、葡萄品種；五、科學技術與釀造工法；六、人為因素與技藝；七、品質與特色的穩定表現；八、聲譽風評；九、市場價值。自1955年起，波爾多右岸聖愛美濃產區的酒莊分級制度，便是根據上述條件檢驗核定各酒款的列級資格，2004年針對波爾多左岸梅多克產區頒布的「布爾喬亞級（中級）酒莊」（Crus Bourgeois du Médoc），也是以上述「Cru」的構成要素作為拔擢標準。這九項要素是構成「Cru」概念的必要條件，缺一不可。

葡萄酒產業經營與種植層面所涉及的品質議題

全法國葡萄酒的年度生產總額高達一千億歐元，平均每瓶葡萄酒的價值約為三歐元。雖然我們寫作本書的目的並不在探討葡萄酒的經濟層面，但是，葡萄酒的經濟面向卻無時無刻不對「葡萄酒的風味」產生影響。追求品質表現必然導致生產成本的提高，成本提高固然會影響銷售量，但是產品品質的提升卻也與市場消費意願息息相關。自羅馬時代以降，葡萄酒產業不斷遭遇危機與挑戰，從生產過剩到供應匱乏的極端情況都曾經發生過，從羅馬皇帝圖密善下令剷平葡萄園，到另一位皇帝普羅布斯（Probus）積極鼓吹栽植葡萄，葡萄果農隨著歷史的脈動，度過了每一波潮起潮落。愛酒人對這些歷史事件的細節可以一無所知，因為這並無傷大雅，但是必須知道，這些時刻總是標誌著葡萄酒歷史上的轉捩點，它們經常帶來轉機，促成某種復興的新氣象。譬如，鐵路的興建為南方葡萄園提供了有利的發展條件，再加上北非殖民地的葡萄酒產業起飛，使北方葡萄酒遭到打擊，許多位置偏北的葡萄栽植區因此沒落。葡萄根瘤蚜蟲危機則催生了葡萄接枝技術，並使歐洲葡萄園在重建之際，得以選擇合適的葡萄品種，並妥善規劃葡萄樹的排列方式，以利定期拔除葡萄樹，便於實施園區更新。1956年冬天發生一場極具毀滅性的霜害，也是造就今日葡萄園風貌的幕後推手。此外，葡萄酒經濟的產業結構也會促成某些潮流趨勢，

葡萄酒的標籤

在賣場選購排列在貨架上琳瑯滿目的葡萄酒時，我們可以藉由閱讀酒瓶上的標籤，獲得關於該酒款的第一手資料，有時候，這也是消費者在當下唯一的資訊來源。酒標所記載的內容不外乎是該酒款在經濟、文化方面的資訊，有時也會提供種植或釀造等相關技術細節。除了葡萄酒產地名稱、裝瓶者、酒精濃度、容量、產品批號等為數約莫半打的強制性、規範化標示內容之外，酒標上也經常出現年份與生產者、品牌與各式足供區別產品系列的名稱，而酒莊或葡萄酒景物的圖案或紋章更是屢見不鮮。除了酒瓶正面的主要標籤之外，葡萄酒的背標通常會記載該酒款的釀造情形，提供適飲溫度與搭餐建議，或者描述酒款的風味特性。葡萄酒的標籤如同一瓶酒的身分證，它記載了一款酒的出身背景，讓人能夠推估、判斷這瓶酒的品質特徵與風味個性。我們注意到有些人太在乎葡萄酒瓶標籤上記載的文字內容，好像只關心酒標上寫些什麼，而不關心酒瓶裡裝的是什麼葡萄酒。這「喝酒標的人」剝奪了自己的飲酒樂趣，要知道，品評之樂來自酒瓶裡，而不是酒瓶上。

譬如，包括獨立酒農、酒庫、酒廠或合作社與城堡酒莊在內的波爾多葡萄酒生產單位，在過去四十年內，其總數從四萬減少到一萬，整個波爾多產區的葡萄栽植面積，則在九萬到十二萬公頃之間。智利葡萄園的面積也約莫是這個數字，葡萄果農的人數亦與波爾多地區相去不遠，但是卻只有三、四百個釀酒單位，而且，其中規模最大的前五十間酒廠、酒莊的產量，佔全國葡萄酒總產量相當高的比例。如果從經濟學的角度來分析這兩個不同的葡萄酒產業結構，便足以解釋釀自兩個不同產業體系之下的葡萄酒品質特性差異，以及全球葡萄酒的演變趨勢。

葡萄酒的分級

為產自不同園區或酒莊的葡萄酒進行分級，是典型的法式作風，它在葡萄酒界扮演重要的角色，波爾多地區尤然。最知名的葡萄酒分級名單莫過於 1855 年針對波爾多左岸梅多克產區干紅酒以及索甸產區甜白酒的分級。位於格拉夫的歐-布里雍城堡酒莊（Château Haut-Brion）所釀產的同名干紅酒也雀屏中選，成為該份梅多克級數酒莊名單中的異數。這份由官方頒訂的分級名單，是根據 1647 年以降的 34 份非正式分級，並參酌各酒莊產品的市價行情修訂而成。除了極小幅度的變化之外，這份名單迄今仍然大致維持當年的原貌。

波爾多左岸格拉夫葡萄酒產區，於 1959 年推出了一份囊括 16 座優質酒莊的列級名單，受到列級殊榮的酒款有紅有白，有些酒莊的紅白酒雙雙上榜。

右岸的聖愛美濃產區也於 1955 年 [12] 制定了一套分級系統，與上述分級名單不同的是，聖愛美濃的葡萄酒分級名單每隔十年會重新審核評估，根據酒款的品質表現，進行必要的調整。過去於 1986、1996，以及 2006 年總共經歷三次變動。審核內容涵蓋的範疇多達十餘項，葡萄園的土質條件與酒莊的釀造設備都包括在內。

另外，於 2003 年制定的「梅多克布爾喬亞級（中級）酒莊」以及 2005 年頒布的「梅多克工藝酒莊」（Classement des Crus Artisans du Médoc）兩項分級系統也預計每十年修訂一次 [13]。

自 1955 年起，普羅旺斯葡萄酒產區也有十座列級酒莊（Cru Classé）。

葡萄酒品質與釀酒學息息相關

栽植與釀造知識、技術的進步，是葡萄酒風味特性演變以及酒款品質提升的關鍵因素，尤其自 1960 年開始更是如此── 1959 年可以視為波爾多葡萄酒「舊時代」的最後一個年份。相信有不少人好奇地想知道，既然技術與知識

日新月異、一日千里,當今的那些頂尖酒款相較於世紀初的同級酒,其品質是否有明顯的提升。誠然,由於許多劣質葡萄酒在歷史的洪流中遭到淘汰,再加上現代技術克服了許多年份條件的限制,因而使當今葡萄酒優劣之間的差距幅度明顯縮短,品質最卓越的酒款與品質層次稍低的酒款相較之下,似乎不再顯得那麼高不可攀。縱使如此,堪稱當代偉大酒款的葡萄酒,必然比舊時代同級酒款更勝一籌,這就好比是路易十四宮廷裡的高個子,從今天的眼光來看,都顯得出奇地矮小的道理是一樣的。我們不能忽略釀造技術對葡萄酒造成的影響。釀酒是一門藝術,藝術不能脫離技術而獨立存在,就像達文西不僅是藝術家,也身兼工程師;小提琴家曼紐因(Yehudi Menuhin)不僅會演奏,還懂得自己維修樂器。

　　一款優質好酒的必要條件是不能有風味缺陷,但是沒有缺陷遠非構成好酒的充分條件。避免葡萄酒出現瑕疵,必須求助於釀酒技術。現今消費者不能接受葡萄酒裡含有發酵過程產生的二氧化碳所殘留的氣泡,或是酒液混濁不清澈的情形。這些問題都可以透過技術操作妥善解決。釀造者尤其能夠透過對葡萄酒成分結構的瞭解,藉由某些細部操作程序,讓葡萄酒的風味表現更顯繁複、深沉,充分而完整地呈現其品質潛質與特性。然而,這些細節方面的改變或進步並不總是能夠吸引消費者的注意,有時甚至會讓他們覺得某些改變得不償失,因為消費者評價的角度是著眼於葡萄酒的整體風味表現,他們很少會因為釀造技法的進步所造成的風味細部變化,而特別青睞某款葡萄酒。

　　我們可以區分出「客觀品質」與「主觀品質」兩種不同的說法。前者主要著眼在葡萄酒整個生產過程是否符合規範要求的各項細節;後者則是透過品評所得到的結果,至於主觀的

品評中能夠具有多少程度的客觀性,則端視品酒者的技術造詣而定。葡萄酒生產相關法規訂定了及格的標準,也就是品質的最低限度。這套生產規範能夠督促葡萄酒的品質與時俱進,跟上現今栽植與釀造技術的水準高度。然而,這種客觀的成分分析,並不足以確保一款葡萄酒的風味符合預期水準,因為葡萄酒的品質個性並非取決於某些特定成分的含量多寡,而是由所有組成物質之間的複雜均衡關係決定的。試圖在實驗室裡透過理化分析的手段,破解葡萄酒好喝的秘密,最終只會令人大失所望。理化分析的數據,甚至完全無法讓人看出平價葡萄酒與頂尖酒款在成分上的差異。不過,在葡萄酒結構缺陷的分析上,卻必須倚重理化分析,這項工具能夠幫助釀酒師掌握葡萄酒的健康狀況,有效控管酒中的物質成分,包括來自葡萄果實的各種萃取物以及其他添加物的含量,並在酒液出現瑕疵或者變質前兆時,能夠及早介入,採取必要的防範或補救措施。有些國際通行的品質保障與規範標準,譬如 ISO 9000 以及其他類似的標準品質管理系統,也可以作為葡萄酒品質控管的施行依據。這些規章的內容可以與品評操作所著重的感官分析截長補短;相對晚近興起的理化分析途徑針對的是葡萄酒的物質成分,而歷史悠久的傳統品評方法,則是圍繞著葡萄酒的感官刺激屬性進行評述。過去數十年來,葡萄酒確已成為最受法規條文約束的一項日常消費品。

　　有一位葡萄栽植經理人說過:「品質來自於不懈追求進步的精神、意志與企圖心。」葡萄酒品質的提升,固然有賴釀酒人專業知識與技藝,但是,業餘愛好者的品味素養,在葡萄酒品質的維繫上,也功不可沒。優質葡萄酒造就了消費者的精緻品味,隨著消費市場鑑賞能力與品味不斷提升,便將形成一股推動釀酒者精益求精的動力,並使葡萄酒的品質更上層樓。

譯註：

1 原書註：「品質」意謂：展現卓越特徵的存在方式；能夠讓人感到幸福並獲得享受的良好狀態；符合常規要求。

2 《葡萄品種百科字典》（*Dictionnaire encyclopédique des cépages*. Paris : Hachette, 2000.）。

3 同一品種的不同株種情況亦然。

4 該年曾經改革曆法。

5 所謂果實成熟期，是指八月底至十月初的四十五天，與果實生長期不同；後者為期一百天，從葡萄樹開花之後開始計算（六月中旬），到十月初採收為止。

6 原書註：參閱《葡萄酒的知識與釀造》一書。*Connaissance et Travail du vin*. É. Peynaud et J. Blouin, Éditions Dunod, 2005.

7 賈斯東・瑪爾舒（Gaston Marchou）為歷史學者、記者、作家。於 1965 至 1977 年，曾任波爾多康柏鎮（Cambes）鎮長。

8 原書註：下表濃度一欄中所示的最大值與最小值，不是根據全數參賽酒款統計得到的數據，因為這種「絕對最大值」與「絕對最小值」並沒有重要意義。此份資料是根據數值趨中的過半酒款統計而成，採樣比例佔總數的 66%，即三分之二。用統計學的術語來說，這個抽樣方式大致符合「平均標準差」。

9 歐-布里雍城堡酒莊所釀產的干型紅葡萄酒也在列級名單內。該酒莊位於格拉夫次產區，為此處敘述的一項例外。

10 《新約聖經・路加福音》（10：33）。

11 「Cru du Beaujolais」是指薄酒來產區裡的十個特定葡萄園，產自該地且符合法定產區管制規範內容的酒款，得標示園區所在的特定 AOC 名稱出售。該範疇的十個法定產區名稱不見得與園區所在的村鎮同名。

12 1954 年通過法案，1959 年推出分級。

13 目前法規已經與 2003 年頒布的內容不同。根據梅多克中級酒莊聯席會（l'Alliance des Crus Bourgeois du Médoc）於 2009 年 11 月 30 日發布的新聞資料，該項評比是採年度制，而不是每十年一次：「每年的評比都將由合格的釀酒單位推派專業人士組成評審團，針對該年度符合參選資格而進入評比程序的酒款進行矇瓶試飲。」媒體資料卡也提到「逐年汰選」的原則：「每個年份的酒款都必須在採收之後的第二年，經過矇瓶試飲評選之後，才能以『中級酒莊』的名稱銷售。譬如 2008 年採收的葡萄，最快必須等到 2010 年才能知道是否順利取得「中級酒莊」的名稱，2009 年份則要等到 2011 年，以此類推。」

CHAPITRE 10

品評的學問

關於「渴」

我們可以把「渴」定義為一種想要喝水的內在衝動。人體的含水量約達體重的 50 ～ 60%。水分對人體的重要性不言而喻，但是我們的身體每天都在失去水分。隨著每個人的體重不同，活動量多寡，以及環境溫度的差異，人體每天所消耗、喪失的水分，約為 2 ～ 3 公升，甚至有可能更多。所以，我們會攝取份量相當的水分來補充身體所需。

「渴」通常被形容為口乾舌燥，或者被解釋成是由於唾液分泌不足，而讓人想喝東西的感覺。這個時候，喉頭會出現苦味，唾液也變得黏稠，我們會不自覺地用舌頭滋潤嘴唇，紓解口渴的感覺。這些還不是口渴的所有徵狀，況且，並非只有口渴才會使人感到口乾舌燥，某些疾病或者情緒劇烈起伏，也會讓人覺得口乾。簡言之，唾液分泌不足時，不見得是由於口渴的緣故。其實，我們喝東西並不總是為了解渴，喝東西的行為動機與所欲滿足的需求可以有許多種，所以，「渴」也有不同的類型。我們不妨從「生理層面」、「飲食層面」以及「品味層面」等不同的角度來討論關於「渴」的問題。當一位旅人在沙漠裡或大海上迷失方向，由於持續缺水而感到極度口渴時，這種難以承受的煎熬，便屬於我們以下首先要談的第一種類型的「渴」。

生理層面

人每天都會由於生理需求而出現渴的感覺。這種生理機制能夠幫助均衡人體的水分，讓我們攝取足量的水，以達到「收支平衡」。大腦下視丘是調節渴的感覺的中樞，當血清濃度提高，或者說血液體積減少的時候，便會導致體內滲透壓微幅上升，對大腦下視丘造成刺激，產生渴的感覺[1]。這個生理機制的運作與兩種內分泌系統有關：其一為腎上腺，其二為腦垂體後葉。後者所分泌的激素能夠控管器官組織裡的水分循環，而這也是腎臟的功能之一。至於渴的時候需要喝多少份量的水或飲料，則是由頸部黏膜以及胃壁黏膜與所攝入液體接觸之後才決定的。我們通常不會喝到讓胃裡裝液體才罷休，而是在血液中的水分回復到正常含量之前，就會停止喝的動作。法國美食家尚‧安德姆‧布里亞‧薩瓦罕（Jean Anthelme Brillat-Savarin）把我們在日常生活中總是不時地想喝一、兩口水或飲料的需求，甚至可以說已經內化為一種生活習慣的喝的行為，形容為「隱性的渴」，或「慣性的渴」，這種渴的感受並不會讓人覺得難過。事實的確也是如此，人們通常不會等到渴的時候才喝，而是習慣性地喝東西，甚至是很有規律地在固定時間攝取水分，彷彿是為了預先滿足之後口渴時的飲水需

求而喝。人們這種不為當下的渴而喝的行為，形同實踐了拉伯雷（Rabelais）作品裡的這句忠告：

還沒口渴就要開始喝，這樣就永遠不會口渴！

飲食層面

我們在進食的時候，也常會有想喝東西的感覺，這是另一種類型的渴。確實有某些人在用餐的時候不喝飲料或配酒，但是，他們通常也不會以麵包佐餐，而是傾向於選擇比較濕軟多汁的菜色，像是湯品、沾有醬料或經過燉煮的食物。在用餐的時候搭配飲料，可以把口中的食物浸軟，讓原本質地濃稠的湯汁或醬料得以稀釋，以利吞嚥，並使食物在飲料的滋潤下，能夠順利通過食道，進入胃部。每一口食物裡都必須含有一定比例的水分，否則會產生吞嚥困難。一頓份量愈是豐盛的大餐，或是菜餚本身的湯汁愈少，我們在餐桌上消耗的飲品份量也就愈多。這種飲食方式與行為是出於人類天生的本能。

不難觀察到，許多人在嚥下第一口食物之後，或者在下一道菜餚端上桌之前，也就是準備變換味道的時候，會習慣性地喝些東西，彷彿是出於某種生理需要，進行漱口的動作。於是，便出現「為了漱口的渴」這種說法，它尤其指我們在吃了大蒜味很重、味道很鹹或非常辛辣的食物之後，想喝東西的那種渴的感覺。當我們吃到胡椒甚至辣椒的時候，一入口的灼熱感會逐漸上升，直到我們覺得辣到受不了，甚至辣到灼痛的時候，便會喝些飲品，暫時舒緩一下刺激感。法語動詞「désaltérer」是解渴的意思，但是從字根來看，它是由「dé(s)-」（消除）與「altérer」（改變）兩個部分組成，其原意便是「藉由喝東西使口腔回復原來的感覺」。

這種類型的渴，不是那種缺水的、真正的渴，而是讓人想要藉助飲料來舒緩口腔黏膜的灼熱、刺激感。會喝酒的人都深諳此理，他們知道哪些菜餚特別適合當下酒菜，因為它們可以讓人再多喝些。而當我們嘗到不甚宜人的風味時，譬如苦或澀，也會有想喝東西的衝動，彷彿急著要清理口腔，這種渴也是屬於「為了漱口的渴」。

品味層面

渴的感覺全然肇始於人對水分的生理需求，也不是單純為了清理口腔而已，它也可以是一種對感官享受的渴求。喝東西所帶來的感官樂趣與戲水、沖涼很像，液體可以讓口腔與喉頭的黏膜組織得到滋潤、沁爽的感覺。除此之外，很重要的一點是，喝飲料也是一種品味的過程，可以帶來味道與香氣的感受。從這個層次來說，我們喝東西不再只是為了「解渴」，而是為了「解饞」。當然，並不是任何飲品都能滿足我們對品味享樂的追求。有時候，我們不想喝白開水或礦泉水，而且也不想要普普通通、隨隨便便什麼飲料，而是希望可以喝些比較特別的東西。這種為了滿足某種欲望追求，為了一解「假性的渴」而喝的行為，並不是出於生理需要，或者說，這個時候喝東西不是為了實用目的，而是為了滿足我們在心理層面上對愉悅享樂的追求。這種渴不是與生俱來的本能，而是後天習得的一種品味傾向或習慣喜好。我們對葡萄酒的需求或者說渴求，便可以歸類到這個範疇下，這種不以解渴為主的喝，是一種「奢侈」的喝。飲用葡萄酒的行為可以提升到品味的層次，其中一個基本的背景條件在於其中所含的酒精成分：如果要單憑葡萄酒作為水分補充的來源，那麼，就以兩瓶葡萄酒來計算，每日連帶攝取的酒精便會高達 120 ～ 140

公克,這會對健康造成隱憂。此外,葡萄酒其實不是一種能夠解渴的飲品,因為它的酒精含量偏高。酒精會使細胞脫水,讓人體對水分的需求加劇,所以,喝葡萄酒解渴,只會愈喝愈渴。我們做過實驗,在白老鼠的飲水中添加微量的酒精,然後跟飲用純水的白老鼠作對照,結果,實驗組白老鼠的飲水量,總是比對照組的白老鼠來得多,顯然,小老鼠喜歡酒精的微甜感,不過,這個實驗結果主要還是因為酒精的攝取,使白老鼠對水分的需求量提升的緣故。以酒止渴,無異澆油滅火,只會讓乾渴的火舌愈竄愈高。

在實際生活中,葡萄酒既非解渴飲料,也不是徹頭徹尾的奢侈飲品,它比較屬於飲食層面,反而與品味的層次稍微疏離一些。葡萄酒的主要功能是佐餐,其次是品味,至於人體對水分的生理需求,則不是葡萄酒所能滿足的。總之,我們不是基於某種必要性而飲用葡萄酒,而是出於一種飲食享樂的追求。在酒農家庭的餐桌上,絕對少不了葡萄酒,酒可以與食物搭配享用,它就像是能夠更添美味的液體調味料。美食所在之處,必然也有葡萄酒的身影;如果不嫌武斷的話,我們甚至可以說,若是少了葡萄酒這一味兒,美食也就稱不上是真正的美食,而我們的確也有充分的理由抱持這樣的信念。就連那些偉大的頂尖酒款也是被釀來佐餐享用的,縱使這些美酒大可不必佳餚錦上添花。白葡萄酒沁爽宜人的酸度,紅葡萄酒裡風味多變的單寧,還有葡萄酒經常展現出的各種香氣,都能夠與餐點達到協調,提升風味感受,營造難忘的用餐經驗。佐餐品評是最能將飲饌之樂發揮到極致的飲酒方式。

退一步來說,如果暫時撇開葡萄酒佐餐的主要功能,以品嚐葡萄酒不同風味表現為樂,滿足自己對於美酒曼妙滋味的追求,也並無不可,而且也相當值得鼓勵。如今在世界各地幾乎都能購得葡萄酒,而在葡萄酒消費國的市場上,甚至比葡萄酒生產國的選擇還多。在倫敦所能看到的葡萄酒,就比巴黎或馬德里更為豐富多樣。或許正是由於葡萄酒消費市場需要多元化的產品線,所以,某些類型的葡萄酒便應運而生,包括:氣泡葡萄酒、超甜型葡萄酒、加烈型葡萄酒,以及甜點葡萄酒。此外,現今人們飲用葡萄酒的時機,已經不再侷限在餐桌上,而是隨時隨地都可以喝一杯。相較於具有傳統佐餐功能的普通餐酒,這些讓人在開飯前解饞用的葡萄酒,偶爾會有稍高的品質水準。較早期流行在咖啡廳或小酒館隨便點一杯葡萄酒飲用的那種風尚,如今已經很少見了,取而代之的是把葡萄酒當作餐前酒的新趨勢,不論是紅酒或是白酒都很適合。比起其他酒精濃度偏高、口感較為刺激的開胃酒,在用餐前飲用葡萄酒反而比較能夠喚醒味蕾,真正達到開胃的效果。

葡萄酒與酒精

自古以來,而今尤甚,那些犯酒癮的人莫不企圖將理性飲酒與酒精濫用這兩碼子事混為一談,希望藉此模糊焦點,掩飾個人的失敗,尋求開脫酗酒的污名。相關議題在此值得一談,我們有必要明確區分飲酒與酗酒,並瞭解酒精對品酒者的影響。葡萄酒裡含有酒精,一如許多其他的物質,適量攝取對人體無害,過量則有礙健康。概觀世界各國國民的健康狀況,以及許多地區的實際情形,我們發現適量飲酒與疾病、病變或死亡率之間並沒有任何關聯性。相反的,我們無意據此妄下判斷,不過,就我們手邊的分析資料看來,國民健康狀況欠佳的案例,反倒是與不飲用葡萄酒有關。

美國學者貝杜（Lewis Perdue）於 1992 年所描述的「法式弔詭」此一現象，清楚地指出適量飲用葡萄酒，能夠有效降低心血管疾病發生的機率。這項晚近發表的看法，肯定了法國籍藥劑師馬葛里耶[2]以及營養師特雷摩利耶[3]稍早在六〇、七〇年代所提出的解釋。包括雷諾（S. Renaud）教授研究成果在內的諸多流行病學相關研究，皆著眼於葡萄酒中酒精以及其他成分對生理機能的影響，藉此解釋葡萄酒何以能夠抑制心血管疾病的發生。在此沒有必要深入探討這個主題，我們只不過是要強調多酚物質在酒精的協同作用之下，能夠發揮重要的功能。如今醫學界已經證實，每天飲用兩杯到四杯葡萄酒，將有益於身體健康，換算起來大約是 200 ～ 400 毫升。在所有的酚類物質中，白藜蘆醇效果尤其顯著。

白藜蘆醇的保健功效

白藜蘆醇是一種能夠以不同形式出現的多酚物質，包括葡萄樹在內的許多植物皆能生成白藜蘆醇。當葡萄樹處在嚴苛的生長環境時，其含量尤其豐富；當植株遭到霜黴或灰黴侵襲時，白藜蘆醇也能幫助抵禦黴害。在釀造過程中，葡萄皮裡的白藜蘆醇會被萃取出來，使酒液裡含有數量可觀的此類多酚物質，而它也是讓葡萄酒具有抗癌、消炎、抑菌，以及降低罹患心血管疾病風險等保健功效的重要成分。

我們在葡萄酒裡可以找到白藜蘆醇的不同形式，包括：常見的順式白藜蘆醇、含量較豐的反式白藜蘆醇，這兩種白藜蘆醇分子還可以形成含量極微的白藜蘆醇二聚體；另外，白藜蘆醇也能夠以順式白藜蘆醇苷以及反式白藜蘆醇苷等葡萄糖苷的形式存在。由於紅葡萄酒在釀造的過程中，經歷了浸皮萃取這道處理手續，因此，其中的白藜蘆醇含量必然比白葡萄酒高出許多。據觀察，黑皮諾葡萄果皮裡的白藜蘆醇含量特別豐富。

藉由呼氣或抽血檢測體內酒精濃度，可以

幫助我們降低在短時間內攝取過量酒精的風險。酒精的攝入量以及消化系統的運作情形，都會影響檢測結果。遵循某些特別的原則品評葡萄酒，將可有效減緩酒精進入血液的速度，降低酒精對生理機能造成的衝擊，並預防飲者觸犯相關法規。飲用酒精濃度較低的酒款，並在飲酒前攝取足夠的水分，可以讓葡萄酒在胃部被稀釋，減緩人體吸收酒精的速度，血中酒精濃度便不至於飆升。在飲酒時佐以食物，也能減緩酒精的吸收速度。因為我們攝入體內的酒精，有高達 70 ～ 80% 是在小腸被吸收，而當胃裡有食物時，便能連帶地使胃裡酒液進入腸道的歷程拉長，使小腸不至於在短時間內吸收大量酒精，藉此分散血中酒液濃度數值攀至高峰的風險。由於男性與女性體質不同，因此，分解酒精的速度快慢有別，男性每公升血液裡的酒精濃度每小時可以下降 0.14 公克，女性每小時可以分解的血中酒精則為每公升 0.17 克。在飲酒前先攝取一些糖類或脂肪，最能達到抑制酒精吸收的效果。譬如麵包加奶油，或者塗些鵝肝醬都是不錯的選擇。伏特加的傳統喝法是一仰而盡，有些人在乾杯之前，會先沾些富含油脂的食物或者吸一小口石蠟油，另外，也有人在品嘗清酒前會這樣做。這個作法的另一項用意在於滋潤黏膜，以便嚥酒下肚。

總結來說，要減緩酒精的吸收速度，預防酒醉，我們可以遵循以下幾項作法：

在品評前：
• 吃一些麵包、奶油或其他醣類、脂質食物。
• 喝一些水。

在品評時：
• 每一口酒必須適量，應控制在 5 ～ 10 毫升。
• 酒液停留在口腔的時間約 5 ～ 15 秒，動作完成後必須把酒吐掉，如此可以將每一

血液裡酒精濃度的計算方法

我們可以利用網路資源，找到免付費的數位化互動計算程式，只需要鍵入基本資料，電腦便會估算出血液中酒精濃度的相關數據：

	請輸入攝取酒精克數	30	公克
	飲酒全程時間	1	小時
基本資料	飲酒者的體重	80	公斤
	飲酒者的性別	●	男性
		○	女性
	血液中酒精濃度	0.54	公克／公升
運算結果	前項數值降至 0.5 公克／公升所需時間	0.3	小時
	血液中酒精濃度回歸至零所需時間	3.6	小時

若是手邊沒有電腦或網路可用，那麼也可以透過下列公式估算血液中酒精濃度：

血液中酒精濃度（單位：酒精公克數／血液公升數）＝ $\dfrac{\text{飲酒量（公升）}\times\text{單位體積酒精濃度}\times 8}{\text{飲酒者體重（公斤）}\times\text{參數 K（飲酒者若為男性，參數 K}=0.71\text{，女性則為 }0.61\text{）}}$

※ 計算範例：

1. 佐餐品評的場合中，一名體重 70 公斤的男子，飲用單位體積酒精濃度為 12% 的葡萄酒 200 毫升（0.2 公升），那麼：

   血液中酒精濃度 ＝ $\dfrac{0.2\times 12\times 8}{70\times 0.71}=0.38$（公克酒精／公升血液）

2. 進行酒款品鑑時，一名體重 80 公斤的男性品評員品嘗 12 種酒精濃度 12% 的葡萄酒，在品嘗之後把酒吐掉的情況下，仍然無法避免攝取少量酒液。假設每種酒都吞進 2 毫升，其血液中的酒精濃度為：

   $\dfrac{(0.002\times 12)\times 12\times 8}{80\times 0.71}=0.041$（公克酒精／公升血液）

除了上述的計算工具或公式之外，我們也可以利用附有酒精濃度指示的「酒精測試棒」，或者經過認證，有良好精密度的「酒精測試儀」來檢測飲酒者血液中的血液濃度。如果在飲用葡萄酒時能夠確實遵守前述幾項基本原則，那麼，便不用擔心觸犯法國酒駕相關法規。因為從上列的計算範例中可以看到，血液中酒精濃度皆未達法規認定的酒駕門檻，亦即每公升 0.5 公克酒精 [5]。

口酒的嚥入量控制在 2 ～ 5 毫升。

• 同一款酒避免重複品嘗。

佐餐品評時：

• 同上述注意事項 [4]。

• 避免空腹品評烈酒或在短時間內大量飲用。

• 在品評葡萄酒時，應避免飲用其他酒類。

在飲酒之後，要注意休息足夠的時間，讓最後進入血液的酒精被分解到某個程度，而酒

〈葡萄酒成分的熱量換算〉

物質成分	單位熱量 （大卡／公克）	單位熱量 （千焦／公克）	含量 （公克／公升酒液）	熱量 （千卡／公升酒液）
乙醇	7	29.3	80-100	560-700
糖類	4	16.7	極微 -100	0-400
多元醇	2.4	10.0	0.5-10	1.2-24
有機酸	3	12.5	2-8	6-24
蛋白質	4	16.7	0.5-2	2-8
脂質	9	37.6	極微	極微
纖維素	0	0	極微	極微

1 大卡（Kcal）= 4.18 千焦（Kilojoules，簡寫為 Kj）

測數值也下降到安全範圍之內，才能駕駛動力交通工具。

談到飲用葡萄酒對人體的影響，值得一提的還有葡萄酒的熱量。干型（不甜）葡萄酒每公升的熱量約為 600 ～ 800 大卡，酒液裡含有殘存糖分的葡萄酒熱量更高，詳參上方表格數據。如果把飲酒的速度放緩，在稍長的一段時間內適量飲用葡萄酒，那麼，葡萄酒所含的營養成分甚至可以滿足人體基礎熱量需求，但是，倘若只是大口暢飲，完全沒有留心品嘗葡萄酒的風味的話，便會適得其反，造成酒醉。放慢飲酒速度，專心享受葡萄酒的風味，無疑是對抗酗酒行為的一帖良方。

我們無意過分膨脹葡萄酒的功用，挑起沒有太大意義的爭論，不過，必須承認的是，在過去數千年來，葡萄酒的確扮演了許多重要的角色，它在西方社會裡幾乎未曾缺席。不論是在承平時期抑或動盪的年代，葡萄酒都是人們熱愛生命的反映，它既是日常生活飲食的一部分，也足以作為富足、奢華，甚至權勢地位的表徵。在疫病肆虐的陰霾裡，葡萄酒曾被用來消除飲水中的細菌，或者替傷口消毒。此外，葡萄酒在美容產品、健康食療也佔有一席之地。對於產酒國而言，葡萄酒有時甚至還是提振經濟的強心針，可以作為國家稅收與財政強有力的支柱。在環地中海的國家，乃至廣義的西方文明諸國，葡萄酒與文化的關係極深，與阿茲特克帝國的巧克力、祕魯的古柯（Coca）、印度的檳榔、亞洲諸國的茶葉相較之下，葡萄酒牽涉的文化層面猶有過之。

在浩瀚的文章典籍中，可以看到不同文明環境、宗教思維與文學心靈中的葡萄酒風貌各有千秋。我們在此並不打算繁篇累牘地展示葡萄酒深厚的文化內涵，而僅將引用偶然翻到的寥寥數語，相信以下列出這些寓意雋永、發人深省的錦句，已經足以達到我們的目的。

別再喝了，閣下，葡萄酒別喝多了！身為一個奴隸主，最好是餓了才吃，渴了才喝。

——亞述帝國時期，西元前一千年 [6]

若非智者，即不飲酒。

—波斯詩人歐瑪爾 · 海亞姆（Omar
Khayyàm）
西元十一世紀

在我看來，酗酒是諸惡當中最粗鄙卑劣的。

—蒙田（Montaigne）
《隨筆集》（Essai, 1488）

匆忙草率地品嚐，等於沒有品嚐。

—米歇爾 · 塞赫（Michel Serres）
《五感》（Les Cinq Sens, 1985）

侍酒：關於開瓶

　　安納托爾 · 法朗士（Anatole France）未
能替我們完整記述傑若姆 · 夸尼阿爾（Jérôme
Coignard）神父一生的所有事蹟，殊為遺憾。這
位神父非常懂得品評，而且也很有談酒的雅興。
我們不難猜想，像這樣一位飲家，很可能會在
某天乾了一杯葡萄酒之後，滿腹感懷地讚詠：
「這美酒一派溫醇，酌飲之後，讓人通體舒暢，
五臟六腑無不怡然。」法朗士有一篇記敘便是
關於夸尼阿爾神父對開瓶的獨到觀點，在該文
中，還分別討論了「用旋轉瓶蓋封瓶的玻璃瓶」
以及「用軟木塞封瓶的酒瓶」的不同開瓶方式。
相當晚近才問世的鋁製長套式旋轉瓶蓋，只不
過是多了一種封瓶的選擇而已，就我們所知，
早在拉伯雷的時代，葡萄酒的封瓶方式就已經
不只一種。言歸正傳，在法朗士的這篇文章
裡，夸尼阿爾神父提了一個問題：「到底是先
有軟木塞，還是先有開瓶器？」當然，答案不
可能是開瓶器，因為如果軟木塞不存在，又怎
麼會有需要拔塞的時候呢？這樣看來，比較合
乎邏輯的答案似乎是先有軟木塞才對，然而，
仔細推敲一番，倘若沒有事先把開瓶器發明出
來的話，那麼，史上第一瓶用軟木塞封瓶的酒，

又是怎麼拔塞開瓶的呢？神父最後的結論是，
軟木塞與開瓶器這組器物，理應是某位才氣縱
橫的能人智士，在同一個時空下設計發明出來
的，而不像是一前一後問世的兩件東西。

　　講完了這段關於軟木塞與開瓶器的題外
話，現在讓我們一起探討如何恰當地執行開瓶
與侍酒。開瓶的動作看似簡單，但是要注意的
細節相對來說卻非常地多。我們在這裡不厭其
煩地複述關於開瓶的種種，其中有些見解與某
些人的看法不謀而合，而有些主張卻推翻了其
他人的觀點。不過，在某些問題或原則上，大
家能夠很快地達成共識。如果從葡萄酒的原裝
木箱裡，取出一瓶已經橫躺一段時間的酒，而
且在審視玻璃瓶的內壁與瓶頸內側之後，沒有
發現固狀沉澱物的話，那麼，不論這瓶酒的年
份為何，皆沒有事先處理的必要。換言之，我
們僅需在飲用前將葡萄酒調整到適飲溫度，然
後就可以開瓶、侍酒。至於需要事先處理的酒
款，是那些酒液裡有懸浮物或沉澱物的葡萄酒。
這些沉澱物多半是葡萄酒在陳年過程中逐漸產
生的，它們有時候還會附著在玻璃瓶內側，留
下痕跡，或者形成外觀有如甘草糖般的黑色塊
狀物，或色澤不一的酒石酸鹽，堆積在瓶底。
遇到這種情況，則應動作輕緩地將酒瓶直立起
來，切勿劇烈搖晃，待沉澱物皆集中到瓶底之
後，再行開瓶。靜置的時間約需一至兩天，如
果條件允許的話，在開瓶前讓它在陰暗涼爽的
地方站立四十八小時是最理想的。然後，再配
合輕緩的開瓶與倒酒動作，沉澱物將會沿著傾
斜的瓶身內側滑動，而不至於再次揚起，如此
便能順利地倒出瓶中清澈的酒液。在開一瓶經
過陳年的偉大酒款之前，必須要審慎確實地做
好準備工作，就如同規劃一場隆重的牲祭典
一樣，絕非一時興起的事。

每個人對開瓶的程序都略知一二。首先，要移除覆蓋在瓶口的封套，我們可以用刀子沿著靠近瓶口突出的玻璃環下方切割，取下帽蓋之後，就可以看到軟木塞。切割瓶口封套的時候，要特別小心，這個動作有時不如想像的那般單純，有些封套容易碎裂，甚至還有用蠟裹成的，而有些金屬材質的封套則又硬又厚。封套內側可能會有發霉的現象、孳生細菌或者產生異味。有時候，甚至還可能出現啃食軟木的蛀蟲，這是由於軟木塞遭到鱗翅目的害蟲入侵的結果。不過，只要軟木塞沒有被整個蛀穿，瓶中的葡萄酒仍能受到保護，除非酒液已經滲流出來，並與封套接觸。還有一種情況是，葡萄酒在以軟木塞封瓶之後，隨即被裝上封套，那麼，瓶口的酒液便會由於瓶口遇熱膨脹而滲入軟木塞與玻璃瓶之間的縫隙，經由瓶頸溢流到封套下方，造成髒污或難聞的氣味。遇到這種情況時，必須先加以清理，以乾淨的布巾或紙巾擦拭之後，才能進入拔塞的程序。此外，若是金屬封套在瓶口的玻璃上留下灰白色的痕跡，也應拭淨。

完成上述動作之後，便可以將開瓶器的螺旋形鑽針轉進軟木塞。市售的開瓶器有許多不同的款式，但是真正好用的並不多。鑽針的品質不良，是大多數開瓶器功能欠佳的主要原因：鑽針的螺旋間隔太密、邊緣太銳利，容易造成軟木塞破裂；至於鑽針太細，在使用時則會由於拉扯而產生變形，這些設計都不理想。只有極少數的開瓶器在設計時有考慮到適用於超過 5.5 公分的軟木塞，當鑽針太短時，在開瓶的時候，可能會由於軟木塞上下受力不均而斷裂，軟木塞的下半段因而卡在瓶頸裡。利用槓桿原理設計的開瓶器使用起來比較輕鬆，使用T字型的拔塞器則非常費勁，約需相當於四十公斤的拉力，才能使軟木塞移動。這種「運動

型」的開瓶器，還是束之高閣，藏在抽屜深處，最好不要拿出來用。還有一種外觀看起來是由數個菱形拼成的開瓶器，使用起來也非常省力。不過，有些新奇花俏的小玩意兒，則沒有太大的用處，像是從軟木塞上方刺進針頭，灌入氮氣，待瓶中壓力上升之後，便會在某個時刻把軟木塞倏地彈射出來，這樣會使瓶中的沉澱物再度揚起。總歸來說，還是選一把槓桿式的開瓶器比較實在，這種開瓶器的設計，從基本款的單槓桿，到可以用兩手同時施力的雙槓桿款式都有，後者稍微複雜一些，但是也更省力。美國 Screwpull 公司出品的開瓶器種類繁多，但是真正好用的產品卻屈指可數。葡萄酒開瓶器的愛好者與收藏家所知道的開瓶器種類樣式應不下數千種之譜；西班牙利奧哈（Rioja）的葡萄酒博物館剛落成不久，館中珍藏的開瓶器超過三千個品項，絕對令人嘆為觀止。

軟木塞在與葡萄酒接觸一段時間之後，便會由於葡萄酒逐漸滲入軟木細胞間的孔隙，內部變得濕軟，質地不再如新木塞那般堅韌，封瓶的功能也會退化。老化的軟木塞很容易在開瓶的時候被鑽針穿碎，有時候，我們甚至不得不分段取出碎裂在瓶頸裡的軟木塞。如果情況允許的話，我們建議每二十年替老酒更換一次軟木塞，以避免在侍酒時由於軟木塞碎裂所造成的不便。珍藏在波爾多城堡酒莊中的許多古老年份酒款，都有定期更新軟木塞。白葡萄酒對軟木塞的破壞比紅葡萄酒更嚴重，尤以超甜型白葡萄酒為劇。不過，紅葡萄酒在陳年過程中卻會在與軟木塞接觸的部分產生沉積，使軟木塞底部染出棕紅色的薄層。沉積在木塞表面的物質不外乎是單寧與色素，當葡萄酒含有豐富的物質成分時，軟木塞與酒液接觸的一端便特別容易沾染酒痕，我們把這個薄層稱為「軟木塞的絨面」。由於透過觀察軟木塞與葡萄酒

接觸的這一面，可以得到不少訊息，它仿若是一面可以反映出葡萄酒身世背景的鏡子，所以，軟木塞的這一面又被稱為「鏡端」。如果鏡端的顏色深沉、絨面厚實，那麼，這款葡萄酒便可能經過久陳，或是壯滿豐厚、富含單寧的酒款；相反的，倘若軟木塞在瓶內與酒液接觸的這一頭沒有被酒染色，或是染色較淺，那麼，便意謂葡萄酒的裝瓶時間不長，或者葡萄酒組成結構較為淡薄。

我們在上文提及的開瓶器，在法語裡稱為「Tire-Bouchon」，字面的意思是「拉出、拔除軟木塞」。但是，並不是所有的瓶裝葡萄酒都適合用這種拔塞的方式開瓶。譬如，經過瓶中長期貯存熟成的年份波特酒，就不能用拔塞器開瓶，許多法國人對這些產自葡萄牙令人心生崇敬的珍奇佳釀幾乎一無所知，甚至漠然以對。當然，也有其他國籍的人尚無機緣一親芳澤，識得箇中奧妙。不過，這絕對不是在說英國人，他們飲用波特酒的習慣由來已久。所謂的年份波特，是採用一個特定產地在一個特定年份收成最好的葡萄所釀製的波特酒，相對於一般無年份的波特酒而言，年份波特在木製酒桶裡的貯存時間極短，而且其貯藏熟成程序是在隔絕空氣的環境下完成的。這些條件使得年份波特在裝瓶之後仍保有豐沛的果味，而且具有極為罕見的久貯能力。由於波特酒是一種酒精強化葡萄酒，因此，不論是用封蠟或樹脂保護年份波特酒的軟木塞，在漫長的陳年過程裡，軟木塞會逐漸被波特酒中的酒精侵入，終至一碰即碎的程度。所以，陳年的年份波特不能使用鑽針式開瓶器處理，而必須藉助於燒熱的瓶頸鉗，直接把它夾在玻璃瓶頸含軟木塞的下緣部份，然後移開灼燙的火鉗，在方才加熱的部位敷以濕布，瓶頸便會由於遇冷收縮而應聲斷裂，形成一圈乾淨俐落的斷口。結束以上

程序之後，接著替葡萄酒進行換瓶，並算完成開瓶。

至於香檳，則應該徒手開瓶，而不是以軍刀敲斷瓶口，我們這樣強調，算不算是多此一舉呢？開香檳時，先剝除封套、鬆開鐵絲，然後把酒瓶拿在手上，瓶身微微傾斜，一手握住瓶口的軟木塞，另一手則徐徐轉動瓶身，同時注意軟木塞是否有鬆動的跡象，一旦軟木塞開始移動，便可以讓它緩緩滑離瓶口。當軟木塞明顯受到瓶中氣體推擠的時候，則應稍加施力抑制，避免軟木塞彈出。在取出軟木塞的時候，如果瓶身保持微傾，可以避免泡沫溢出[7]。只有當軟木塞在瓶口卡得很緊，難以徒手取出時，才需使用香檳瓶塞扳手拔除香檳瓶的軟木塞，這種特製的平口夾是專業人士的必備工具之一，使用起來相當省力。在開瓶之後，可以觀察一下軟木塞的情況，如果軟木塞依然彈性十足，而且外觀接近原本的形狀，則表示該瓶香檳不久前才除渣、添糖與封瓶。完成除渣、添糖程序超過一年半載的香檳，通常軟木塞就已經失去彈性，被香檳瓶口壓縮得又硬又緊。正如同我們在前文已經提過的，軟木塞能夠提供關於一瓶葡萄酒身世背景的資訊，即使香檳不見得有年份標示，但是我們卻可以藉由軟木塞的狀況來判斷一瓶香檳的歲數。

換瓶

當我們談到侍酒，就不可避免地會遇到一個問題：到底應該遵循某些人的建議，在飲用一瓶葡萄酒之前就提早好幾個小時開瓶，還是應該等到已經準備要開始喝的時候再開瓶？後者當然比較簡單不麻煩，而且合乎常理。葡萄酒商肖德（Jean-Baptiste Chaudet）的說法代表了許多人對此問題的觀點，但是他只是單純地陳述己見，並未加以論證：

關於侍酒前要提早多少時間開瓶的問題，最主要的因素在於該瓶酒的年齡[8]。一款裝瓶五、六年的葡萄酒，在飲用前半小時開瓶便已經綽綽有餘。至於已經陳放二、三十年的老酒，最少要提早兩、三個小時開瓶才行。

以上的說法是以什麼為根據，我們不得而知。但是，不論一瓶酒是提早半個小時還是三個小時開瓶，人們往往在取出軟木塞之後，又把它塞回瓶口，這樣的作法又使得提前開瓶的作法令人費解。不過，值得慶幸的是，有些人會依軟木塞原本的方向塞回瓶口，而不是倒著塞回去，如此便不致於使軟木塞往往多少有些髒污的那一端與瓶口內部接觸。

事實上，在飲用前三個小時就先開瓶或者到最後一刻才拔塞，根本無關宏旨。如果葡萄酒在開瓶之後只是純粹靜置，而不作其他處理的話，瓶中的酒液在兩三個小時內，並不會產生什麼顯著的物理或化學變化，只會產生些微的蒸散，而氧化作用的程度微不足道。瓶中葡萄酒透過面積僅有一枚銅板大小的靜止液面所獲得的氧氣，少到幾乎難以計量，每公升僅達0.1毫克之譜。這樣的氧化效果在實際操作中完全不足掛齒，只消把酒倒入酒杯的簡單動作，葡萄酒在數秒內的溶氧量就可達靜置數小時的兩倍之多，而酒液入杯之後，與空氣接觸的面積驟增，氧化速度加快，只需十五分鐘就可充分透氧。由是觀之，在上桌之前，或者已經準備要喝的時候再來開瓶，應該是最聰明的作法。況且，這樣也可以讓宴會主人更容易掌控葡萄酒的用量，或者讓餐廳的侍酒師便於在賓客面前現場開瓶，就這兩種場合來說[9]，隨喝隨開是比較合情合理的作法。

在開瓶之後，把葡萄酒倒入另一個酒器裡，在法語裡稱為「Décantation」或「Décantage」，也就是「換瓶除渣」或「換瓶移注」的意思。

這項操作由來已久，其原始目的在於倒出酒瓶裡的清澈酒液，將葡萄酒在陳年過程中產生的沉澱物留在葡萄酒的原裝玻璃瓶裡。開瓶之後先進行換瓶除渣，在早期絕對是必要的作法，因為二十世紀上半葉的澄清技術不比今日，當時的葡萄酒在裝瓶之後，會產生不少沉澱物。葡萄酒界甚至流行一種說法：「在瓶底不僅有得喝，還有得吃！」有些紅葡萄酒在陳年過程中，酒液裡的單寧成分會附著在玻璃瓶的內壁，形成一層薄薄的沉澱物；而白葡萄酒則可能產生絮狀結晶體、絨狀懸浮物、薄片沉澱物、鱗狀析出物，此外，酒液裡的細微懸浮物，甚至可能讓葡萄酒看起來煙霧瀰漫，像是蒙上一層灰褐色的塵埃。這些葡萄酒在開瓶之前必須靜置，開瓶後則應經過換瓶手續才能侍酒飲用。由於舊時釀酒人不知道怎麼阻止酒裡出現沉澱物，所以才會把葡萄酒沉澱物的問題，留給喝酒的人自行處理。久而久之，在飲酒人之間便發展出一套換瓶除渣的儀式，即便時至今日，葡萄酒裡的沉澱物已經大幅減少，除渣動作已經沒有太大的實用意義，但是人們依然樂於在開瓶之後，為葡萄酒進行換瓶。以往透過換瓶的動作來替葡萄酒除渣，是因為有此必要性；如今，某些年輕酒款在開瓶之後也有需要進行換瓶除渣，我們不能以相同的眼光來看待這些案例。某些酒農宣稱以「古法」釀酒，不過，就以他們的認知與實踐來說，我們認為他們所謂的古法，其實只是技術落後的推託之詞。這些狡詐的酒農，企圖透過葡萄酒的背標文字向消費者解釋，剛裝瓶的年輕葡萄酒會出現沉澱物不僅是正常的現象，甚至是品質的保證。這番說詞無非是為了給消費者洗腦，或者安撫他們的不滿情緒所編織出來的，只有無知的人才會信以為真。

根據歷來諸多書報與專業刊物的調查結

果，我們發現，不論是在大西洋此岸的舊大陸，抑或彼岸新大陸的葡萄酒專業人士、餐飲業者、侍酒師，乃至業餘葡萄酒同好，對於換瓶標準的拿捏，心裡總是有一團揮之不去的謎霧。現在，讓我們試著釐清這個複雜問題的頭緒，歸納出一些基本原則，以便讓彼此在換瓶操作步驟與方法上，能夠更有默契與共識。在侍酒的實務操作當中，並不是只有換瓶的時機與作法眾說紛紜，專業人士與業餘愛好者們在某些其他相關細節方面，也經常莫衷一是，這些問題都可以藉助現代葡萄酒學找到解答。

紅葡萄酒裡出現沉澱物是自然現象，這些固狀物的產生，與葡萄酒中的色素老化有關，另一方面，也是由於酒液裡所含的膠質，在緩慢的陳年過程中凝固、析出的緣故。紅葡萄酒在裝瓶五年之後，也會開始出現酚類物質的沉澱物，富含單寧的酒款尤其明顯。由於紅葡萄酒裡必然含有單寧，因此，經過瓶中陳年之後，將無可避免地出現或多或少的酚類物質沉澱物。相反的，在年輕的紅葡萄酒裡出現沉澱物，或者發生在白葡萄酒裡，則事有蹊蹺。即使在葡萄酒裡出現「雜質」是再自然不過的現象，而且它們並不是什麼有害的物質，然而，若是瓶子裡的沉澱物揚起，造成酒液渾濁，或者是在倒最後一杯酒的時候，讓沉澱物隨著酒液入杯，這些情況都會妨礙品評，影響品酒者的感知與判斷。這是不爭的事實，而且每個人都不難親身驗證。哪怕是酒中的沉澱物或懸浮物非常細小，看起來也不多，但是一旦啜酒入口之後，它們就會對口感產生大幅影響。這些固狀物體會改變我們對葡萄酒風味結構的感受，抑制葡萄酒內部香氣的感知，使紅葡萄酒嘗起來格外苦澀粗糙，喪失原本應有的平滑柔順。 所以，我們首先可以很直觀地看出，有必要替葡萄酒換瓶的第一種情況，就是當葡萄酒裡含有

沉澱物的時候。更清楚地說，不論是年輕的葡萄酒，或者是經過陳年的葡萄酒，也毋需考慮瓶中沉澱物的成因與類型，凡是遇到酒中有渣，則必去除之。如此一來，似乎可以推得另一個原則：若是酒瓶裡沒有沉澱物，則意謂該酒款沒有固狀物質影響風味感知的疑慮，那麼，也就沒有換瓶的必要，在侍酒的時候，可以直接把酒倒進酒杯。

歸納出以上的原則之後，我們卻很快地意識到，整件事並不如上述那樣單純，因為換瓶的動作雖然是為了除渣，但是，葡萄酒在換瓶時被倒進另一個容器的過程中，必然會與空氣接觸，而由於微量的氧氣溶入葡萄酒之後，會對風味表現產生影響，因此，換瓶操作的考量，不應排除這項變因。也就是說，在侍酒時是否應該換瓶，不能單憑酒中是否有沉澱物來決定。從「除渣」與「透氧」兩項因素著眼，每個人的權衡不同，於是便出現極端的兩派看法。其中有一些人認為，透氧不會對葡萄酒帶來負面的影響，甚至可說是百利而無一害，所以他們主張把葡萄酒倒出來透透氣，是侍酒的必要環節。抱持這種觀點的人認為，經過瓶中陳年的葡萄酒，由於長期處於缺氧的密閉環境中，因此在開瓶之後應該盡可能讓酒呼吸，藉此釋放老酒的窖藏香氣。這派人士還主張，所有的葡萄酒皆應在開瓶之後進行換瓶，以便讓酒液透氧，而且必須在飲用之前，提早好幾個小時就完成換瓶的動作，確保在品嘗的時候，葡萄酒已經充分呼吸。一般對這派看法的接受度稍高，如果有專業人士建議提前開瓶醒酒，許多人都不會反對，而且多半覺得理所當然。不過另外一派人士則對此作法表示難以苟同。他們認為，葡萄酒在開瓶之後，酒質表現只會隨著與空氣接觸時間的拉長而每下愈況，最後甚至會破壞窖藏香氣的濃郁度與細膩感。對他們來說，關

於換瓶的問題，上上之策永遠只有一個，那就是絕對不要換瓶。甚至當葡萄酒中有為數可觀的沉澱物時，他們會建議以非常輕緩的動作，直接把酒倒進每個人的杯子裡。在這種情況下，就算再怎麼小心，最後仍無法避免沉澱物揚起，而造成瓶底最後 100 ～ 150 毫升的酒液變得混濁、不堪飲用。即便如此，他們也坦然接受，認為這是必要的犧牲。

以上兩種立場未免太過武斷，很難經得起檢驗。他們之所以有這樣的主張，是由於根據自己對整體事實的片面觀察，以偏概全地驟下定論的結果。不論是認為必須換瓶還是絕對不能換瓶的人，多半是從個人的經驗出發，而沒有詳細考慮與這項操作有關的各個因素如何影響葡萄酒的風味。他們不懂得因勢變法，斟酌在不同的情況下替葡萄酒換瓶的必要性。我們在此以專節探討關於換瓶的問題，自然不會滿足於這種非黑即白的二分法，我們希望可以對換瓶的操作原則作出更細膩的描述，適當區別不同的情況，以便採取對應的處理方式。首先讓我們觀摩其他人的見解，下列兩段引文主張換瓶的操作應將酒款的年齡與產地納入考量：

經過數十年瓶中熟成的老酒，通常一開瓶就應品嚐，不要耽擱……至於剛裝瓶不久的年輕酒款，盛入醒酒器的效用並不大。隨著葡萄酒瓶中陳年的時間增長，在飲用前所需的透氧時間也會隨之變化。我們大致可以將它的變化描繪成一條鐘形曲線[10]。

以上見解相當新穎、獨到，可惜沒有具體的透氧時間與酒款年齡數據。另一段引文則指出換瓶的操作與葡萄酒的產地有關，並主張布根地與波爾多葡萄酒，不能以相同的方式進行換瓶：

換瓶所造成的氧化作用持續一段較長的時間，

將破壞布根地葡萄酒的風味，但是，相同的透氧卻能夠幫助波爾多葡萄酒的風味完全綻放出來。只有當布根地葡萄酒中有沉澱物的情況下，才會在已經準備要飲用之前進行換瓶除渣的處理，並且在換瓶之後立即飲用；至於波爾多葡萄酒則總是需要在飲用前兩、三個小時換瓶，進行透氧醒酒。

以上這兩段引文只不過是借來讓各位讀者聽聽不同的聲音，至於這些內容正確與否，其文責當然得由原作者自己承擔。

關於不同年齡與產地葡萄酒的換瓶問題，至今已有數十篇系統化的研究成果。在實驗過程中，受測的酒液樣本皆有氮氣保護，以免氧氣干擾；其他操作方式還有控制酒液的溶氧量，或者酒液暴露在空氣中的時間。尚·黎貝侯-蓋雍與艾米爾·培諾教授在《葡萄酒學專論》（Traité d'œnologie）裡陳述的觀點，便是按以上實驗方法所得到的結果：

不論產自何地的葡萄酒，只要是業已經歷長時間陳年的老酒，如果在飲用前數小時就先換瓶透氣，絕對是個錯誤的侍酒方式。老酒在瓶中陳年過程裡發展出來的窖藏香氣，是酒液處於空氣隔絕環境下，以非常緩慢的步調，得益於缺氧條件而發展出來的風味特徵。倘使在品嚐老酒之前，預先進行換瓶除渣，哪怕是讓酒液稍稍透氣，也會減損或使窖藏香氣完全消失。所有老酒皆然，差別只在於或快或慢而已。

波爾多的酒商艾度瓦·凱斯曼（Édouard Kressmann）先生，秉持傳統作法並根據個人經驗，主張所有的葡萄酒都應該在飲用前的最後一刻才開瓶並進行換瓶，尤其是非常老的酒款，因為「比起剛裝瓶的年輕酒款，老酒顯得較為脆弱而且敏感。」我們曾經遇過老態龍鍾，甚至可以說是日薄西山的陳年葡萄酒，這些老酒其實都還堪喝，只不過在侍酒時的處理

要格外小心，它們幾乎無法承受進行除渣時的換瓶動作。美國的一位葡萄酒同好加里戈（J.-R. Garrigo）也以自己豐富的實作經驗，得到相同的結論。根據他的說法，極致的頂尖酒款、值得珍藏貯放的酒款以及特定葡萄品種釀成的酒款，如果在飲用前提早兩個小時開瓶並換瓶，那麼，到了要品嚐的時候，便會發現窖藏香氣散佚殆盡，酒體不夠壯滿豐厚，而且個性隱晦不彰，整體表現癱軟無力、缺乏勁道，瓶中陳年所應展現的風味特徵也付之闕如。相反的，倘若葡萄酒本身有氣味缺陷，或者味道、口感出現異狀，在飲用前讓酒液與空氣接觸，則具有正面的效用。這項陳述也與許多公允的觀點不謀而合。加里戈援引一位酒庫總管的見解：「在飲用之前提早一、兩個小時開瓶，並隨即換瓶，將葡萄酒倒進醒酒器裡，其用意僅在於消除葡萄酒可能出現的風味缺陷；對於優質葡萄酒而言，事先開瓶透氣的作法是沒有道理的，因為讓酒透氣以便去除風味缺陷的動機不復存在。」我們認為這段陳述相當肯綮。

上文已經提及換瓶的第一項原則是，遇到酒中有沉澱物，則必去之。然而，在換瓶除渣的過程中，葡萄酒必然會與空氣接觸，而由於老酒長年貯存於與空氣阻絕的玻璃瓶裡，開瓶之後驟然接觸大量空氣，將對葡萄酒的風味產生負面作用，其影響之鉅，往往讓人咋舌。倘若某些窖藏香氣稍微經得起空氣的折騰，那也只限於那些「塊頭碩大」的香氣，較為細膩的窖藏香氣經常「弱不禁風」。當老酒在換瓶過程中，於短時間內接觸大量空氣時，環境條件的改變必然折損窖藏香氣的表現，而窖藏香氣中特別繁複細膩、富有層次變化的那類風味，往往首當其衝。因此，換瓶的第二項原則便是：要替經過陳年的葡萄酒進行換瓶除渣時，必須在飲用前的最後一刻為之，也就是上桌前或斟酒前，切忌提早換瓶除渣。

最後，我們要提出換瓶的第三項原則，它只適用於帶有特定風味缺陷的酒款，包括氣味表現不夠純淨、含氣量太高，或者酒體在剛開瓶時略嫌清瘦，以及其他某些可以藉由透氣加以校正的瑕疵。唯有在這些情況下，刻意提早開瓶並把葡萄酒倒進較大的容器中，增加酒液與空氣接觸的面積，才是有道理的。在換瓶時亦應注意選用適合的酒器，有些「強力透氣」或者「加大尺寸」的款式，都很可能破壞葡萄酒的香氣，尤其容易對細膩的酒款造成威脅。此外，某些形狀奇詭的杯具，也同樣會危害細膩的風味表現。姑且不論使用中規中矩或者設計誇張的盛酒容器，凡是葡萄酒裡沒有沉澱物，但是卻仍進行換瓶的話，那就不能理解為法國人所謂的「Décantage」或「Décantation」，也就是「以除渣為目的之換瓶」，而只是單純的「Carafage」而已，按字面的意思是「把葡萄酒倒入酒壺中」，相對於前者而言，我們可以稱之為「以透氣為目的之換瓶」。說穿了，後者是「為了換瓶而換瓶」，已經失去換瓶這項傳統作法的初衷，不過，這種讓葡萄酒透透氣的作法，卻是當下非常流行的侍酒方式。

最理想的情況是，每一款葡萄酒都準備兩瓶。如此一來，便可以先開一瓶試試看這款酒到底需不需要提早開瓶，然後，到了真正要喝的時候，就知道要喝酒壺裡已經透過氣的酒，還是要開一瓶新的來喝。這樣不是很棒嗎！當然，這一段純屬玩笑話，可別當真。

至於要怎麼進行換瓶除渣的動作，讓我們聽聽艾度瓦‧凱斯曼先生的解說：

　　如果是在開瓶之前的最後一刻，才知道要開一瓶老酒的話，我會把酒瓶以它貯存時的擺放方式，小心地移出，盡量不讓酒瓶裡的沉澱物揚起，

以便在換瓶時能夠取出最多清澈的酒液……在換瓶時的動作必須輕緩：用來盛酒的酒壺或瓶子要傾斜，讓原瓶裡的葡萄酒在被倒出來之後，能夠順著容器的內壁緩緩流淌，而不是被大力地倒進酒壺，直接沖激酒器的底部，因為這樣會讓葡萄酒的風味出現疲態。在倒酒時要同時觀察原瓶的瓶肩部位，因為沉澱物會聚集在這個地方。當酒渣即將通過瓶頸，隨著酒液被倒進酒器的時候，便要立刻停止倒酒的動作，將酒瓶回正，讓沉澱物留在原來的酒瓶裡，確保倒入酒壺的都是清澈的酒液。

這種操作方式稱為「就地換瓶」，因為在開瓶前沒有事先把葡萄酒從酒庫裡取出來，以直立的方式放在預計開瓶的房間裡靜置一段時間，而是直接在酒庫裡進行開瓶與換瓶的動作。我們並不反對使用水晶材質的酒壺或酒瓶來盛裝換瓶之後的澄澈酒液，何況賞心悅目的酒器可以影響飲者的心理，讓人倍覺該酒滋味芳醇美好。只不過，在這個情況下，反而會讓赫赫有名的酒款失去優勢，相對較不引人矚目，因為它失去了自己的酒標，沒有了那張讓人目光為之一亮的身分證，也就彷彿被摘去了光環，與其他葡萄酒看起來並無二致。如果想要彌補這方面的遺憾，增進品評知名酒款的樂趣，可以將該酒款的軟木塞掛在水晶酒壺的頸部，市面上可以購得專門用來懸掛軟木塞的細金屬鏈，其兩端的設計類似圖釘，可供固定軟木塞。另外，有些人在替葡萄酒換瓶之後，會將原瓶裡的酒渣倒掉，並將瓶子沖洗乾淨，然後把方才倒出的清澈的酒液注回洗淨的原瓶裡，以便將原始酒瓶擺出來，達到展示酒標的目的，同時也讓它有盛裝葡萄酒的功能，而不只是個展示用的空瓶子。此一作法雖然不見得會對葡萄酒造成很大的傷害，但是這個操作方式卻相當於替葡萄酒進行了兩次以上的透氣處理。

此外，還有人設計了專門用來替葡萄酒換瓶除渣的裝置，可以同時處理六瓶葡萄酒，甚至更多也沒問題。這不只是一項引人側目的新奇發明，而是真的能夠派上用場的實用工具。換瓶除渣的裝置以配備有虹吸系統的款式為佳，其使用方式相當簡單：將酒瓶直立於背景光線充足的地方，以便掌握瓶中沉澱物流出的時機。原瓶裡的清澈酒液會通過玻璃或橡膠材質的透明虹吸管，注入預先準備好的空瓶裡。在原瓶裡的沉澱物即將被抽取出來之前，便可以在適當時機關閉虹吸管上的玻璃材質活塞閥門，確保酒渣不會再次污染新瓶子裡的澄淨酒液。藉由虹吸原理進行換瓶的手法由來已久。今天在舊貨商陳列的許多古老釀酒器具當中，我們還可以看到銅製的虹吸設備，它當初的用途也是分離澄清的酒液與容器底部的酒渣。不過，銅質的虹吸裝置並不理想，因為會被葡萄酒侵蝕。如今某些餐廳與葡萄酒吧也會利用特殊的虹吸設備，配合高壓氮，讓葡萄酒能夠在開瓶後處於完全不透氧的環境條件下，藉此讓葡萄酒的風味維持多日不墜。這是餐飲業者以論杯計價的方式，販售高單價酒款的利器。

總結來說，換瓶除渣的操作在今日已經大大失去原本的實用目的。對於風味閉鎖的酒款而言，換瓶的動作倒是可以幫助年輕、粗獷的葡萄酒展現應有的風采，校正其風味不彰的瑕疵。然而，換瓶所造成的透氣作用，卻可能扼殺一款細膩而脆弱的陳年葡萄酒。除了一些極罕見的特例之外，在飲用前數分鐘開瓶，就已經綽綽有餘了。開瓶之後可以把葡萄酒盛入水晶瓶中，這雖然不是必要的處理，但卻頗有雅興。況且，裝在晶瑩剔透的酒器裡，沒有酒標也沒有軟木塞可供人判斷該酒款的真正身分，即使是品質平庸的葡萄酒，也能讓人覺得物超所值！

餐酒搭配

葡萄酒同好們不應忽略菜餚與葡萄酒搭配的基本原則，恰到好處的酒菜搭配，將能彰顯葡萄酒的品質與風味。懂得如何在一份菜單中安排合適的酒款，將能更添品評之樂，這也是飲饌藝術不可或缺的功夫。品味不良或學藝不精，都是造成餐酒搭配出現問題的原因，一款優質的好酒不應受到如此糟蹋。為此，人們殫精竭慮地歸納整理餐酒搭配的原則，相關主題的書寫也源源不絕，許多食譜與葡萄酒指南裡，都會出現餐酒搭配的建議，但是，這個領域裡有太多的變化與可能，終究沒有窮盡的一天。嚴格說來，對於一位葡萄酒學者、釀酒學家，或釀酒師而言，餐酒搭配其實已經超 他的專業領域，在這個問題上，他也可能犯錯，因為這類專業養成的重心並不在餐飲，而在葡萄酒學。話說回來，我們將利用這一節的篇幅，提示餐酒搭配範疇中最重要的一些基本原則。當然，我們將暫時撇開比較屬於個人的偏好與習慣，因為每個人的作法不同，如果博採所有不同的觀點，恐怕只會讓人覺得毫無頭緒、無所適從。

我們不難意識到自己總是會出於本能地追求某種風味均衡，也就是吃的東西與配著喝的東西之間，必須要有協調的味道才行。菜餚的味道與飲品的味道，在用餐的過程中，時而前後交替，時而一起存在；它們不應予人針鋒相對的感受，或者出現彼此破壞的情形，而應該呈現某種一致性，並且互相呼應連貫。最理想的狀況是兩者還能襯托對方的風味，突顯品質優點。菜餚與葡萄酒的搭配應該兼顧三個方面的協調性：風味強度、風味類型與風味品質。一款風味濃郁強勁的葡萄酒，若是搭配一道風味平淡的菜餚，會讓人覺得很不搭調；相反的，若是滋味豐厚的菜色配上一款澆薄乏味的葡萄酒，其效果也會大打折扣。這裡或許有個非常

特殊的例外情況是，當菜餚口味太重太鹹的時候，我們反而會想要喝風味簡單的冷飲解解渴，消除菜餚所帶來口乾舌燥的感覺。

遵循上述簡單的原則，已經能夠滿足大多數菜酒搭配的基本要求，菜餚與飲品的香氣與味道，通常能達到一定程度的協調性。有些人在品嘗作工細膩、食材講究的精緻料理時，仍然選擇搭配一般市售的罐裝調味飲料，實在令人氣結。這樣顯然不符合上述風味品質的協調一致。一道口味粗獷厚重的菜色，可以搭配清涼解渴的簡單飲品，或是隨便什麼其他類似的貨色足矣；然而，一款細膩的葡萄酒若是搭上粗糙的食物，將顯得相當彆扭，無法展現酒款風味的奧妙之處。相同的道理，風味精緻繁複的佳餚美饌，遇上口感粗壯肥碩，卻缺乏細膩刻化與層次表現的酒款，也是非常煞風景的事。

從風味強度、類型、品質協調性的角度來看，可以歸納出三種和諧搭配的模式：風味相仿的型態、風味交融的型態，以及風味整一的型態。不過，也有些精采的搭配卻反其道而行，呈現出風味互補或風味對比的型態。這些與傳統搭配法則背道而馳的可能性，為那些不願落入俗套的餐廳主廚、美食作家與評論家搭起了新舞台，讓一心追求變化與突破的人也能有發揮創意的彈性空間。敢於與眾不同而且技藝精湛的餐飲同行們，往往讓人大開眼界，我們在此向他們致敬。創新總是值得鼓勵，而且至少要真的試過，才會知道不一樣的搭配方式到底可不可行。但是，也別走火入魔了，要記得物極必反的道理，特立獨行到了某個太過火的程度，就會顯得荒誕不經，而最終只會導致差勁的品味。全世界的葡萄酒種類繁多，由於選擇多樣，所以我們不愁沒有合適的葡萄酒來搭配特定的某道料理。除了極少數的菜色不易搭配之外，幾乎都可以找到與菜餚風味最合拍

的一款葡萄酒，甚至可以一口氣舉出好幾種各有千秋的可能搭配方式。較難處理的菜色是那些加了醋的食物，不論是雪利酒醋（Vinaigre de Xérès），還是巴薩米克紅酒醋（Vinaigre Balsamico），都會破壞葡萄酒的風味，不管怎麼配都會有缺憾，是眾所皆知最為棘手的餐酒搭配問題之一。如果在菜單裡非要來一道生菜沙拉佐油醋醬汁的話，那就不要配葡萄酒。

如果在油醋沙拉裡添加一些跟葡萄酒比較對味，而也能搭配沙拉的格律耶爾乳酪（Gruyère）或核桃等食材，也未必能讓油醋與葡萄酒配得起來。至於某些綴有酒醋的巧克力點心也是難題。即便巧克力本身與班努斯、莫利（Maury）等地出產的酒精強化天然甜葡萄酒，頗有風味雷同之處，然而，沾了酒醋醬汁，就會落得一籌莫展。如果是巧克力慕斯佐酒醋，就更不用指望搭配葡萄酒了。

白葡萄酒在餐桌上佔據了無可動搖的地位，一方面是由於心理因素使然，二方面則是出於生理需求。依我們的看法，白葡萄酒在餐飲中顯得不可或缺，而且廣受喜愛的原因，是因為它的顏色較淺，接近葡萄果實本身的風味，生津爽口、酸味清新。此外，如果酒中含有未發酵的殘存糖分，嘗起來則有討喜的軟甜口感。最後，白葡萄酒總是冰冰涼涼地喝，這也是餐桌上少不了它的原因之一。有許多柔軟豐厚、芳香撲鼻的白葡萄酒，不需搭配食物就已經足以讓人陶醉。

大致說來，白葡萄酒適合搭配的菜餚，多半也是淺色的。不諳食物色彩心理的人，可能會覺得這種巧合難以置信，不過，事實確是如此：包括烹調之後成灰白色的各式畜產、禽肉、海鮮、內臟類食材，以及白色與金黃色醬料湯汁，都是白葡萄酒的常見搭檔。菜餚與葡萄酒在視覺上的色彩協調，可以為它們在味道口感

方面的和諧感奠定心理基礎。此外，白葡萄酒通常具有良好的果香表現，口感結構輕盈沁爽，滑順不黏膩，這些特性皆使白葡萄酒尤其適合搭配風味細膩的菜餚。如果碰到口味較重的料理，白葡萄酒的表現就不盡理想。白葡萄酒的特長在於搭配海鮮食材，海鮮的鹹味可以襯托出白葡萄酒的滋味，而白酒也能緩和食材本身的鹹味。喜愛白酒的同好還以各式海鮮名稱，替適合搭配不同海鮮佳餚的各種類型白葡萄酒，取了以下這些令人食指大動的暱稱：「彩貝之酒」、「蝦兵蟹將之酒」、「鮮魚之酒」。區分出這三個類別是有道理的，適合搭配貝類食材的白酒，通常是最不甜、酸度強勁、口感較為刺激，或是剛裝瓶不久的年輕酒款；稍微肥美一些，略陳年，口感也較柔軟的白酒，則可搭配蝦蟹之屬的甲殼類海鮮料理；至於魚類，則應搭配最豐腴飽滿、柔軟圓潤的酒款，甚至可能是經過瓶中陳年熟化的老酒。舉例來說，大家有目共睹的經典搭配就包括：法國羅亞爾河谷地蜜思卡得‧塞維曼尼（Muscadet-Sèvre-et-Maine）產區的干型白葡萄酒或者波爾多次產區兩海之間（Entre-deux-Mers）所出產的干白酒與一打克雷爾綠色生蠔（Vertes Vlaires）[11] 的完美組合；一杯 Amontillado 雪利酒配上聖盧卡-巴拉梅達（Sanlúcar de Barrameda）傳統小龍蝦料理的和諧風味；說到魚類料理與白酒的經典搭配範例，則有波爾多貝沙克-雷奧良（Pessac-Léognan）產區的拉維‧歐-布里雍城堡酒莊（Château Laville Haut-Brion）白葡萄酒或布根地特級葡萄園巴達-蒙哈榭（Bâtard-Montrachet）的干白酒佐比目魚。在碰到某些特定食材的時候，白葡萄酒緩和鹹味的效果與幫助恢復味蕾的功能尤為明顯，像是辛辣的食物、肉腸或肝腸、烹調過的綠色蔬菜、未經培養的新鮮乳酪，以及脂質比例較高的熟乳加壓乳酪，或是以羊奶製成的山羊乳酪等。由於大

多數紅葡萄酒的風味都會被上列的食物破壞，所以，白葡萄酒在這個部分的角色更吃重。不過，在品味的領域裡，沒有所謂的鐵律這回事，採用其他類型的葡萄酒來代替白葡萄酒，並非不可能的事。在許多情況下，干型白葡萄酒可以用粉紅酒取代，甚至用某些單寧含量極低的年輕紅葡萄酒，來搭配原本應該以干白酒搭配的菜色。這類紅酒以及粉紅酒在上桌時，也應與白酒一樣冰涼飲用。

除了干型白酒之外，還有另外一類白葡萄酒是美食愛好者不可不知的，那就是帶有甜味的白酒。至少就法國國內而言，人們似乎都快忘記還有這類型葡萄酒的存在了。依據不同的甜度，甜白酒大致可以分為「半干型（微甜）」、「甜型」與「超甜型」。許多人對甜白酒置若罔聞，在設計菜單時完全不考慮把這色澤金黃，有如糖蜜般的瓊漿玉液安排進來，而在餐廳裡翻閱酒單時，也往往對這類葡萄酒視若無睹。口感柔軟圓潤的甜型白酒適合搭配溫厚飽滿、滋味甘甜的菜色，像是皇后式白汁鮮蕈雞酥盒、香煎牛犢胸腺、里昂式辛香白乳酪糊、雞肉麵丸或魚肉麵腸、奶焗醬汁料理、繁複細膩的魚類菜餚或精緻的雞、鵝等白色禽肉料理，以及藍紋乳酪。至於香橙鴨或櫻桃鴨，乃至佐有糖醋醬汁的各式美饌，則必須請出一款經過瓶中陳年的超甜型白葡萄酒擔綱，譬如波爾多索甸產區巴薩克（Barsac）村莊的貴腐甜白酒、法國南部胡西雍產區（Roussillon）的酒精強化天然甜葡萄酒班努斯以及莫利等酒款[12]都能夠勝任。波爾多索甸產區的貴腐甜白酒與肥鵝肝的經典搭配幾乎無人不曉，這道前菜的魅力足以讓餐會在揭開序幕的時候，就掀起一波高潮，讓賓客們留下深刻的印象。但是，藍紋乳酪與超甜型葡萄酒的組合，或其他類似的搭配方式，雖然相較之下乏人問津，然而其強烈對比卻能

構成驚人的和諧，其奧妙之處更是難以言喻。愈是那種豐厚滑膩的甜白酒，就愈能與強勁刺激的口感抗衡，獲致甜潤、飽滿、柔順的協調口感。超甜型白葡萄酒在這方面的搭配能力，是干白葡萄酒望塵莫及的。

相對於白葡萄酒而言，紅葡萄酒的風味較為複雜而且豐厚飽滿，因此，在搭配脂腴豐盛、口味濃郁的菜餚時，多半比白酒更能有所發揮。紅酒的色澤較深，依據前述的心理法則，可以聯想到它與紅肉料理有相輔相成的效果，此外，應用棕色高湯或紅酒製作的各式醬汁，其風味也能與紅葡萄酒相得益彰。這項原則看似簡單，不過，紅酒與食物的搭配關係，深究起來並非如此單純，因為各款紅酒的單寧成分多寡與品質表現不盡相同，這足以大幅影響酒款的選擇與餐酒搭配的效果。單寧成分賦予紅葡萄酒獨特的苦韻與澀感，若以此風味特性為標準，可以將紅葡萄酒區分成清淡輕盈型的紅酒與壯滿豐厚型的紅酒；如果以釀酒的術語來說，前者的單寧指數約為 30 ～ 35，後者則介於 40 ～ 50 之間。紅酒中的單寧成分會與肉類、肉汁裡的蛋白質發生作用，而用來製作醬汁的高湯，乃至咀嚼所分泌的唾液，也都含有蛋白質，此外，法國人常吃的某些乳酪，譬如硬質或半硬質乳酪，蛋白質含量尤為豐富。單寧與蛋白質一類的胺基酸作用之後，單寧原本的苦味會顯得較含蓄內斂，甚至消失。因此，根據紅酒苦澀風味表現的強勁程度進行分類，就是藉由紅酒風味結構中最關鍵的因子，幫助歸納不同類型的紅酒與適合搭配食物之間的關係。經過發酵、培養，而且風味濃郁強勁的乳酪，不見得總是能夠搭配紅葡萄酒，尤其是稍有品質水準的佳釀，更難與乳酪的風味達到和諧，不論是軟質白黴乳酪卡門貝爾（Camembert），還是侯格堡藍紋乳酪（Roquefort），乃至風味

獨樹一幟的各式山羊乳酪，終究還是得搭配白葡萄酒較為理想，而且也較能襯托出乳製品的風味。其中一個典型的搭配範例是羅亞爾河谷地松塞爾（Sancerre）產區所出產以白蘇維濃（Sauvignon Blanc）葡萄品種釀成的各式干白酒，搭配當地的名產夏維紐山羊乳酪（Crottins de Chavignols），該款乳酪甚至能讓白蘇維濃品種白酒，嘗起來更美味可口。至於那些頂尖的紅葡萄酒，則無法在乳酪的陪襯下綻放光彩；紅酒的最佳搭檔是肉類料理，而不是乳酪。不過，同樣是搭配肉類食物，紅葡萄酒佐不同的菜色，就會有不同的效果。人們有時會說三、五個月前嘗過某一款紅葡萄酒，而最近再次品嘗同一款酒時，卻覺得它變得比較好喝或比較沒有那麼好喝，其實，這個風味印象的落差，不見得是肇因於葡萄酒本身，而很可能是在品嘗葡萄酒時搭配了不同的料理使然。單寧口感較不豐厚的清淡型紅酒，或者是單寧在陳年過程中已臻圓熟的老酒，應該保留給風味較含蓄細膩，肉質也較為鮮嫩的食材，譬如小牛肉、羔羊、家禽與野禽等。單寧表現相對較為顯著的年輕紅葡萄酒，或單寧尚未完全熟化的酒款，則可以搭配牛肉、綿羊肉，以及色澤更為深紅的大型野味，或者山鷸或野鴿等特別的野禽料理。經過瓶中陳年熟化，已經發展出窖藏香氣的酒款，酒中的深沉果香、辛香料氣息、蕈菇與松露香氣，以及各種繁複的氣味，與上述的紅肉料理非常對味，然而，一旦紅葡萄酒碰到魚類，再怎麼精采的酒款，也會讓人覺得滿口腥味。只有佐紅酒醬汁的魚類料理，才可以破例搭配紅葡萄酒，譬如波爾多式七目鰻，或者紅酒洋蔥燒鮮魚塊，以及新式廚藝的紅酒洋蔥燜燉魚類料理等菜色，而且，必須選擇口感豐腴的年輕紅酒；有些比較講究的人主張用來搭配這些魚類料理的紅酒，最好就是用來製作醬汁的酒款。除此之外，紅葡萄酒在佐餐時的另一項禁忌也與單寧的特性有關：最好避免用紅酒搭配鹹味與甜味明顯的食物，因為這些風味會增強單寧的堅硬口感與苦味表現。

沒有人會反對別出心裁的菜酒搭配，也沒有什麼搭配法則能夠限制我們發揮創意，然而，勇於嘗試並不代表可以漠視某些鐵一般的事實。有些味道生來就是彼此水火不容的冤家，譬如紅葡萄酒的單寧碰到魚肉的蛋白質，往往會爆出金屬味，讓味蕾飽受摧殘。但是，油漬沙丁魚搭配超甜型白葡萄酒的巧思，卻能讓人不由得讚嘆此味只應天上有……

在用餐的過程中，感官敏銳度會隨著時間的拉長而逐漸變得遲鈍，這是為什麼在安排上酒順序的時候，有必要考慮各款葡萄酒的風味濃淡差異，循序漸進地品嘗。用酒順序的一般通則是先從風味最清淡、裝瓶時間最晚近的年輕酒款開始喝，接著才輪到口感較為壯滿豐厚、窖藏香氣濃郁集中，或者酒精含量相對較多的酒款。由此看來，以白葡萄酒揭開餐會的序幕，最後以豐厚密實的紅酒畫上句點，是合理而且可行的。在安排菜單的時候，還必須注意別讓身價不斐的頂尖酒款太早現身，用侍酒師的行話來說，讓賓客們太早喝到極品，就是「起音太高」，這樣會讓跟在它後面的其他酒款相形見絀，也就沒戲可唱了；比較明智的作法是在品嘗夢幻酒款之前，安插一款品質中上的好酒，如此更能襯托出頂尖酒款不凡的品質。最後，我們建議在菜餚上桌之後，再開始替大家斟酒。雖然這與普遍的作法完全背道而馳，但是我們認為，預先把要搭餐的葡萄酒先倒好，並不能提升飲饌的樂趣。在我們看來，稍微變更一下既定的陳俗，讓賓客先嘗一、兩口菜餚，再開始配葡萄酒，將更能襯托出佐餐酒款的美味，如此也才能彰顯菜酒搭配的精神。藉由這個小小的手段，可以有效避免佐餐

酒款在單喝時可能不夠精采的風險，確保每一口佳餚美酒都能在賓客的心目中留下最曼妙的風味印象。

聲譽愈隆，或品質愈高的頂尖酒款，在侍酒時就愈需要全神貫注以及儀式般的排場。普普通通的酒，就普普通通地喝，但是遇到某個特優年份而且大有來頭的一流酒款，可就不能用太過輕鬆，甚至隨便的態度來對待。如果宴會當天會準備特別的酒款，餐宴的主人必須讓賓客事先知情，雖然不見得要敲鑼打鼓，但是絕對有必要讓受邀的賓客們，在赴宴前作一番心理準備，抱著朝聖般的期待心情前來赴約，以謹慎的態度迎接共享頂尖佳釀的美好時刻。這也是掌握侍酒之道，懂得享受生活的最佳體現。一場規劃完善、設想周到的餐宴，會讓人回味不已，賓客們在事後會不斷自問，為什麼那次聚會的菜餚滋味特別難忘，而葡萄酒也美得出奇……餐酒會的菜單規劃方式，不外乎是替要喝的酒款搭配能夠襯托葡萄酒風味的菜色，或者為既定的菜餚選擇能與之輝映成趣、相得益彰的酒款。常見的邏輯順序是先決定菜色，然後再根據菜單選酒。不過，先把餐宴的酒單擬定出來，再著手配菜，也並無不妥。

餐酒搭配是無邊無際的一門學問與藝術，經驗愈是豐富，便愈能領會其精妙深奧之處。在菜酒搭配的時候，往往只需選定立場，從「以菜襯酒」或「以酒襯菜」出發，就已經可以有不錯的搭配效果。如果是在餐廳用餐的話，應該先點菜再選酒，還是先挑想喝的酒，然後再選適合的菜餚？這個問題很有意思，可惜卻很少有人認真去思考。倘使能夠從這個角度出發，多多研究如何用菜餚提升葡萄酒的風味，或者討論如何善用葡萄酒為一道菜的風味加分，那麼，想要經常在餐桌上享受到完美的味覺饗宴，絕對不會是遙不可及的奢求。

品評重點摘要

如果關於品評的種種可以寫成一個專章，甚至用一整本書來探討，那麼，要以三言兩語作個摘要，似乎是不可能的任務。不過，我們在這裡要試著用非常簡短的篇幅將品評實務的重點整理出來。以下列出的問題可以作為各種品評場合的自我檢查項目，它們可以視為品評操作的綱領，既能幫助品評工作的進行，也能提升飲饌的樂趣。

我是為自己品酒，還是為他人品酒？易言之，是為了享受飲酒之樂而品嘗，還是屬於工作性質的品評？

我在這個品評場合中，是否平均僅有半分鐘的時間品嘗每一款葡萄酒？在品嘗某一款酒之後，我是否有辦法作到與現場的其他同仁或同好侃侃而談？

品評活動現場的用具設備與整體環境是否符合需求？如果不甚理想的話，能否以最快的速度將問題妥善解決？可能遭遇的狀況需求包括：更換杯具；改善照明；調整酒款順序；決定品評模式，矇瓶試飲需確定所有待評酒款皆經過匿名處理，若是一般品評則需確定各個酒款的擺放位置與酒單上的資料正確無訛；選用符合需求的品評紀錄單，以簡單明瞭為宜。

以下列舉的問題適用於各種類型葡萄酒的品評，這四個範疇可以作為品評步驟的備忘錄。不過，由於各種品評活動的目的不盡相同，因此，有時候可以不必考慮其中某些項目。其實，在絕大多數的品評活動裡，下列問題有許多是可以被忽略的。

• 葡萄酒的外觀是否潔淨澄澈？是否有特別值得注意的地方？

• 葡萄酒的氣味是否純淨正常，沒有異味？若

出現異狀，是何種類型的氣味缺陷？香氣表現是否濃郁、強勁而宜人？該酒款的氣味屬於「奔放開展」的型態，抑或「閉鎖內斂」？其主導香氣為何？整體走向以草本植物氣味、花香還是果香為主？是否有其他特別突出的氣味特徵？

• 該酒款的口感是否純淨正常？若否，有何風味方面的缺陷？其風味結構堪稱均衡，還是由酸度、單寧、酒精或其他因子主導？口感輕盈還是強勁？細膩雅致，抑或堅實有力？其口感屬於渾圓柔軟的型態，還是予人有稜有角、方方正正的印象？風味悠長不絕還是淺短易逝？

• 尾韻與和諧感的評判：該酒款的後段口感表現如何？葡萄酒離開口腔時，整體印象有何值得注意之處？這款葡萄酒是否擁有鮮明的個性？它的性格特徵是否與預期應有的風味型態相符？

在經過為時僅有數秒鐘的品嘗動作之後，我們已經能夠對所品嘗酒款的風味作出概括的總體印象描述與評價。除了最簡單的用語如「非常差」、「差」、「平凡無奇」、「無明顯缺陷」、「良好」、「非常好」、「極為優異」，其他用來表達個人喜好或描述酒款品質良窳的用語也都可以斟酌運用，以突顯各個酒款的差異性。

我們可以注意到，在所有的品評活動裡，得到中等評價或成績接近平均分數的葡萄酒總是佔絕大多數，得分極高與極低的佔少數。這個現象並不奇怪，在全世界所有班級裡，學生的成績分布情形總是如此。統計學家還用高斯曲線來描述這個現象，它看起來就是中間高、兩端低的鐘形弧線。我們毋須刻意讓自己的給分符合高斯曲線的組距分布特徵，因為評價行為會自然依循這樣的機制。在看電視或駕駛汽車的時候，我們並不會特別意識到自己是如何

看或怎麼開的，因為這些行為的目的是接收資訊或前往某個地方；葡萄酒品評的動作也是一種內化行為。熟練的品酒者在品酒的時候，也像是在欣賞酒杯裡上演的節目，或車窗外的風景，他不會意識到形而下的動作，而是自由自在地沉浸在風味感受中，自然而然地達到這個行為的目的：作出描述與評價。

健康的飲酒觀

所有對酒精飲料的歷史略有瞭解的人，都知道許多酒類的共通之處在於其釀造原料皆取自植物，可以用來釀酒的農作物約有十餘種。幾乎在每個人類文明中，一旦社會的經濟型態從採集步入農耕，而且技術水準達到一定的程度之後，人們便會開始從事將農產品加工的活動，此時，釀酒行為也應運而生。一位見地獨到的微生物學家指出，在人類懂得釀酒之初，便是利用一種名為「Saccharomyces Cerevisiae」的酵母進行發酵，較不熟悉植物學專有名詞的人，通常將之稱為「釀酒酵母」或「發酵酵母」。這種酵母是人類最老也最好的夥伴，早在一萬年前，最短也有八千年之久，世界各地的人類聚落陸陸續續出現農業革命，宣告新石器時代的到來。在人類的巧手下，各種含有酒精的發酵飲料紛紛問世：從蒙古草原的奶酒，到非洲的棕櫚啤酒；從南美洲安地斯山脈的玉米酒到阿茲特克（Aztèque）與奧爾梅克文明（Olmèque）時期的龍舌蘭，不一而足。此外，當然還有與現今葡萄酒血緣關係最親近的老祖宗：近東地區兩河流域美索不達米亞平原以及北非埃及的葡萄酒。

在舊石器時代，人們還不懂得釀酒，但是，當時的人們卻已經知道某些植物裡含有能夠讓人感到興奮、刺激，或者鎮定、麻醉，甚至造成暈眩、產生幻覺的物質，並且試圖攝取這些

物質：譬如以點燃的方式吸食，或者直接放進口中咀嚼，而某些植物則可以用浸泡的方式，飲用其萃取液。人們有意識地追求並使用這些具有興奮、鎮定或迷幻效果的物質，顯示了它們在人類社交生活中扮演了重要的角色，而且不論時空環境如何變遷，追求快感是人類內心不變的共通特質。

經過發酵的食品，通常比較穩定不易變質，能夠貯存更長的時間。然而，人們最初發酵水果或穀類的動機，卻不在於保存食物，而且，也不是為了賦予這些食物更豐富的滋味——更遑論水果或穀物發酵之後的風味不見得能夠討好人們的味蕾，又何苦千方百計從事釀造活動呢？其實，人類經營釀酒的初衷是為了得到醺醉的刺激和快感，酒精所帶來的那種飄飄欲仙、靈魂出竅、天旋地轉的奇妙感受，或許才是讓人著迷，並促使人們釀酒飲用的根本原因。酒精所造成的欣快感，往往也讓人覺得恍惚，這種回不了神、靈肉分離的感覺，在原始人的理解下，被賦予了神聖的意義。有宴必飲，無飲不醉；酒，成了人類社會裡的必需品，在商議重要事務的時候，絕對是在觥籌交錯之中作出決定的。在這些遠古先民的心目中，飲酒行為是身強體壯、驍勇無畏的象徵。

後來，隨著一神信仰的興起，狂飲醺醉的行為失去了宗教的功能與意義，葡萄酒文明也逐漸發展成形。在歷來人們的認知裡，葡萄酒能夠提升性靈，帶來歡愉；它可以讓人文思泉湧、妙語如珠。葡萄酒在社交活動中所佔據的傳奇地位與人類群居的習性關係密切：舉杯獨飲葡萄酒的行為總是讓人覺得怪異。法國著名思想家盧梭（Jean-Jacques Rousseau）以一種深情、溫存，甚至感性到略嫌太過慈悲的筆調，描述飲酒人的形象：

他們通常口若懸河、熱血沸騰、直言不諱；這些人幾乎個個都是滿懷善意、剛正不阿、明辨是非、忠貞不貳、膽識過人，腳踏實地的正人君子。

生活在比盧梭時代更早兩百年的農學家德塞赫（Olivier de Serres），對於葡萄酒的見解則較為實際，而且也更能讓人感到字裡行間閃耀著智慧的光芒：

淺酌小飲，適可而止，能夠讓意志消沉的人，從行尸走肉的生活中甦醒過來，重拾活力，再次點燃生命之火，享受人生之樂；但是，喝多無益，狂喝暴飲只會讓人終日頹喪、昏昏沉沉，難以成事，甚至為物所役，醺天醉地，無法自拔；相反地，如果知所節制，精神就不會成為杯中物的俘虜。

事實上，人類花了很長的時間才學會如何節制飲酒，即便人們如今已經頗有分寸，但是對於醺醉的盛讚與歌頌卻不曾停歇，而狂飲行為也從未真正消失。縱使在懂得品味好酒的葡萄酒同好之間，酗酒的問題極為罕見，但這並不表示葡萄酒飲者可以忽視酒精濫用的威脅。

我們可以從下述三個方面來探討人與葡萄酒之間的關係：

首先，可以從葡萄酒所帶來的味覺快感與樂趣來看。我們希望各位讀者在閱讀本書的過程中，已經知道如何享受並提升品評之樂。

其次，可以著眼在葡萄酒的營養價值與促進生理機能的保健功效。特雷摩利耶（Trémolières）曾經說過，葡萄酒裡的酒精「既是熱量來源之一，也是一種有潛在威脅的食品成分；它可以有益於人體，卻也能危害健康；它能彰顯一個人的性格特徵，也能扭曲、壓抑人格特質。」酒精猶如一把雙面刃，濫用固然有其危險性，但是，葡萄酒遠非稀釋過的酒精而已，比起酒精體積濃度相同的水溶液，葡萄

酒的價值高得多。我們不能將飲用葡萄酒對人體的影響，與濫用酒精對人體的危害畫上等號。

　　探討人與葡萄酒之間關係的第三種切入角度，則是心理、社會與文化的面向。葡萄酒是一種具有象徵意義的飲料，從拉丁語系民族飲用葡萄酒開始就是如此，後來，葡萄酒更成為帶有基督教信仰色彩的飲品，而今，葡萄酒豐富的象徵內涵依舊豐富。它在西方文明世界裡的地位牢不可破，已經成為文化的一環。

　　正是由於葡萄酒已經融入人們的日常生活，因此，懂得享受生活的必備條件之一便是要能夠掌握品味的藝術，懂得享受飲饌之樂。相對於「懂得吃」，或許我們更應強調「懂得喝」，因為人們比較容易在飲酒時不知節制，而較少發生「食物濫用」的情況。當一個人吃飽時，他自然會停止進食，但是，就算是已經喝到神智不清，這還未必足以讓一個人放下酒杯──他永遠不會覺得喝不下，除非已經醉到不省人事。人們飲酒的原因不外乎是追求感官享受，但是如果缺乏理性與節制，無法自我約束的話，只會適得其反。

　　品評的藝術脫離不了下述兩條鐵律：一是知分寸；二是有品味。換句話說，就是「喝得少，但是喝得好。」或者說「省省地喝，才能久久回味。」唯有品質良好的葡萄酒，才能讓飲者毫不勉強地達到這些要求。若是能夠凝神傾聽來自酒杯裡的聲音，一款優質葡萄酒絕對可以讓人學會節制、懂得生活，並掌握品味的精髓，以一種更開化、文明的方式飲酒。

　　我們在最近出版的一篇博士論文[13]裡，讀到當今法國年輕大學生對葡萄酒的觀感，這份研究讓我們覺得獲益良多。葡萄酒在社會大眾心目中的地位崇高，它不僅具有正面的意義，與法國的美食傳統密不可分，而且也是品味生活與文化傳承的象徵。法國人開始飲用葡萄酒的年齡頗晚，大約從 20 ～ 25 歲不等，而且幾乎只有在特殊節慶時，才會在家中與家人共飲。相對來說，葡萄酒與其他酒精飲料最大的不同之處在於，它不是那種與朋友在外面聚會時所喝的酒，也不是那種以追求醺醉快感為目的之飲品。對於法國人來說，葡萄酒在個人生活經驗裡，與其他的酒類飲料非常不一樣，它與家庭生活的關係密切，它反映了法國人注重家庭的價值觀。葡萄酒的品味是一種學習與傳承，約莫八至九成的法國人，是從自己家族成員身上學會品味葡萄酒的。享受飲饌之樂與實踐分享的價值觀，是葡萄酒重要的文化內涵，因此，家庭聚餐的場合具有文化傳承的功能。法國重要的葡萄酒產區波爾多，尤其明顯地反映了這個社會文化現象。由此觀之，將葡萄酒比擬為一種世代相傳的文化主體，一點兒也不為過。我們在此還可以引述該篇博士論文所提到的，葡萄酒還具有某種心理層面的意義與功能：

　　對於小女孩而言，提到葡萄酒就如同提到自己的父親，這是一個自己想要親近的、景仰愛慕的對象；而對於小男孩來說，葡萄酒是父親形象的投射，它反映了小男孩期盼自己有朝一日也能跟父親一樣的渴望。葡萄酒經常蘊含了陽剛的形象，這種堅強的性格是被接受、認可的，而且是人們積極鼓勵的人格特質。父親在酒窖裡挑選葡萄酒來搭配母親在廚房裡烹調出的菜餚；酒窖之於父親，一如廚房之於母親。酒窖形同父親世界的一個隱喻，葡萄酒在人們的心裡，也就成為對父親形象永恆追求的一種心理象徵。雖然每個世代所喝的葡萄酒不一定與父執輩相同，但是透過葡萄酒而得以世代相傳的內心追求卻是歷久彌新的。

　　對於葡萄酒業界人士來說，上述的研究內容與結論可能相當新奇，或者說很陌生，因為業界人士比較常談論的是葡萄酒結構成分與市

場行情。可是，研究者觀察並記錄當今年輕消費族群的想法，縱使看起來並沒有什麼驚人之處，但是其意義卻不容忽視。今日的小小消費者，或許就是明日的大客戶。葡萄酒在法國年輕人的心目中具有積極的意義與正面的形象，它與家庭核心價值緊緊相繫，也是文化的載體與精神的寄託，身為葡萄酒業界人士，這的確是一個值得慶幸的社會現象。雖然我們很少去思考葡萄酒在社會、文化、心理層面的價值，但是葡萄酒被賦予獨一無二、無可取代的認同地位，卻是不爭的事實。法國人飲用葡萄酒的歷史源遠流長，生活在非葡萄酒產區的人們也多半保有這項傳統飲食習慣，葡萄酒經常是與親人密友一同分享品嘗的飲料，這使得葡萄酒與酒精濫用的污名幾乎是絕緣的。

前述研究是針對年輕大學生所作的調查，從行銷的角度來看，這項統計結果只反映了市場的局部細節。不過，這卻刺激我們敞開心胸，認真思考葡萄酒世界的多元性。釀酒葡萄的種植遍布世界各個角落，從中亞的高加索山脈到南美洲智利與阿根廷境內的阿空加瓜山（Aconcagua），從位於南半球的紐西蘭大草原（Prairie）到北半球的日本富士山，都有釀產葡萄酒。而且，除了葡萄酒產區在地理位置與環境條件的差異之外，來自不同文化背景，品味喜好也各有不同的葡萄酒愛好者，讓葡萄酒的世界更顯得多采多姿：環地中海地區的人們，是在一塊已經浸淫數千年葡萄酒傳統文化的土地上成長，而美國或中國年輕一代的葡萄酒同好，他們的成長背景卻可能只有數十年的葡萄酒文化累積。這些歷史、地理與文化方面的種種差異，都是形塑當代品味多樣性的幕後推手，而葡萄酒的風格如此多元，有些甚至可以用怪異來形容，也是由於人文條件的多元性所致。不論葡萄酒的風格多樣性發展到什麼樣

的程度，都不應悖離葡萄酒的核心價值，那就是「享受品味之樂」。釀酒與飲酒的人，都是以此作為釀造或選購的標準，雖然都不免受制於個人主觀經驗，但是，個人的喜好必然同時受到文化傳統與當代潮流的影響。由於人人都追求享受品味的樂趣，而人類擁有相似的生理與心理機制，所以，形形色色的葡萄酒應該呈現出某種共通性，因此，那些風格表現太過極端的葡萄酒，為數往往相當有限。縱使如此，葡萄酒的多樣性依然非常驚人。每一位葡萄酒同好都可以試著多方嘗試不同類型、風格殊異的酒款，藉此學習欣賞、評價各種葡萄酒；而且，也能透過談論與意見交流，影響自己週遭的人，讓他們也能懂得欣賞不同風格的酒款。葡萄酒的品評是以追求品味之樂為依歸，這門技藝冶科學與藝術於一爐，它雖然似乎拒人於千里之外，但其實卻也可以是很輕鬆隨興的。對於科學、藝術與享樂之間的關係，尚-皮耶·雄傑（Jean-Pierre Changeux）[14]有很精闢的見解：

充滿理性的事物不必然就是科學，令人感到愉悅的事物也不總是能稱為藝術。而且，如果沒有追求享樂的意圖，科學發展就會遲滯不前；若是沒有了理性，藝術也就不復存在。

以上論述是從非常創新的觀點出發的研究成果，真正喜愛葡萄酒的人，應該會對這些看法獨到的真知灼見感到興趣盎然。不過，「享受品評之樂」並不是一項新發明，早在古希臘時代，柏拉圖就已經在《會飲篇》（Banquet）裡建議賓客：「飲酒就是要喝了之後覺得開心才行，……盡情享受飲酒之樂，別喝到渾身不快。」不難看出，「享受飲酒之樂」在今日已經發展出不同的意涵，但是，它依然是葡萄酒品評亙古不移的永恆價值。

譯註：

1 血清濃度提高，造成腦部控管水分調節機制的細胞相對含水量較多，滲透壓上升，水分進入血液，產生缺水的訊息刺激；此外，血液裡的水分減少，也意謂血液的體積壓力減弱，細胞內的水分也會因此進入血液，並產生缺水的訊息。

2 原書註：關於馬葛里耶（J. Masquelier）的部分，參閱《葡萄酒學專論》。（Traité d'œnologie, J. Ribéreau-Gayon et Émile Peynaud, Éditions Dunod, 1966.）

3 原書註：關於特雷摩利耶（J. Trémolières）的部分，參閱《善用葡萄酒》。（Du bon usage du vin, Cahiers de Nutrition et Diététique, Presse Universitaire de France, 1973.）

4 不包括將酒吐掉以及重複品嘗的限制。

5 相當於呼氣每公升 0.25 公克的酒精。

6 原書註：根據法國籍亞述學專家尚・波德洛（Jean Bottéro）的研究，這段文字可上溯至西元前一千年。

7 理由在於增加瓶內酒液與空氣接觸的表面積，泡沫便不至於堆積升起而溢出瓶口。

8 葡萄酒的年齡可以指距離裝瓶的時間，或是葡萄酒在瓶中陳年熟化的階段。

9 相對於必須事先將酒款開瓶備妥的競賽或品評場合而言。

10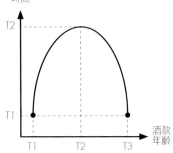

11 以鹽田改建而成的淺水池培養出來的牡蠣，腮部微帶淺綠色澤。

12 班努斯與莫利產區也生產紅葡萄酒與粉紅酒，此處專指這兩個產區的甜型白葡萄酒。

13 波爾多第二大學心理學博士論文《法國青年心目中葡萄酒所承載的意象研究：從公眾、個人與私密觀點三個角度切入》（Études des représentations véhiculées par le vin chez de jeunes adultes, Pensées publique, privée et intime à propos du vin.）。該論文由榭琳・席蒙內-杜桑（Céline Simonnet-Toussaint）審查並作序，2004 年十二月 21 日出版。

14 法蘭西自然科學院（l'Académie des sciences）院士。

參考書目

AFNOR, 1995, *Contrôle de la qualité des produits alimentaires, Analyse sensorielle*, 5ᵉ édition, Paris, Afnor.

Amerine M.A., Pangborn R.M. et Roessler E.B., 1965, *Principles of sensory evaluation of food*, New York, Academic Press.

Amerine M.A. et Roessler E.B., 1976, *Wines, their sensory evaluation*, San Fransisco, Freeman and Co.

Atkins P., 2005, *Le Parfum de la fraise*, Paris, Dunod.

Blouin J. et Cruege J., 2003, *Analyse et composition des vins*, Paris, Dunod.

Blouin J., 1994, *Guide d'initiation à la dégustation*, Bordeaux, Chambre d'agriculture de la Gironde.

Blouin J. et Maron J.-M., 2006, *Maîtrise des températures et qualités des vins*, Paris, Dunod.

Brillat-Savarin A., 1982, *Physiologie du goût*, Collection Champs, Paris, Flammarion.

Broadbent M., 2003, *Wine tasting*, Londres, Mitchell Beazley.

Brochet F., 2000, *La dégustation, Étude des représentations des objets chimiques dans le champ de la conscience*, Thèse Univ. Bordeaux II, Option Œnologie-ampélologie.

Buffin J.-C., 1987, *Le Vin, Pratique de la dégustation*, Paris, Synthèses.

Cadiau P., 2002, *Lexivin/Lexiwine*, 4ᵉ édition, Pernand-Vergelesses, C. et R. Cadiau.

Chatelain-Courtois M., 1984, *Les mots du vin et de l'ivresse*, Collection Le français retrouvé, Paris, Belin.

Chauchard R., 1994, *Les messages de nos sens*, Collection Que sais-je ? Paris, PUF.

Chauvet J., 1950, *L'arôme des vins fins*, Paris, Bulletin de l'INAO.

Chauvet J., 1955, *La physico-chimie des surfaces et l'arôme des vins fins*, Paris, Bulletin de l'INAO.

Cloquet J., 1906, *L'art de la dégustation des vins*, Bruxelles, Lebeque.

Coste P., 1987, *Les révolutions du palais, Histoire sensible des vins*, Paris, Lattès.

Cottet J., 1976, *La soif*, Collection Que sais-je ? Paris, PUF.

Courtois M., 1997, *Le vin, Le vin et la table*, Paris, Belin.

Dumas A., 1998, *Mon dictionnaire de cuisine, 1870*, Paris, 10/18.

Enjalbert H., 1975, *Histoire de la vigne et du vin, L'avènement de la qualité*, Paris, Bordas.

Faure A., 1844, *Analyse chimique et comparée des vins du département de la Gironde*, Bordeaux, Bulletin de la Société d'agriculture de la Gironde.

Faurion A., 2004, *Physiologie sensorielle à l'usage des IAA*, Tec et Doc, Paris, Lavoisier.

Fortin J., Durand N., 2004, *De la perception à la mesure sensorielle*, La Fondation des Gouverneurs (Canada).

Fribourg G., Sarfati C., 1993, *La dégustation : connaître et comprendre le vin*, Aix-en-Provence, Edisud.

Galet P., 2000, *Dictionnaire encyclopédique des cépages*, Paris, Hachette Pratique.

Got N., 1967, *Le livre de l'amateur des vins*, CGC.

Gyllenskold H., 1967, *Att tempera vin*, Stockholm, Wahlstrôm et Widstrand.

Holley A., 1999, *Éloge de l'odorat*, Paris, Éditions Odile Jacob.

Journal International des scetnces de le Vigne et du vin, 1999, *La dégustation*.

Jullien A., 1826, *Manuel du sommelier*, 4e édition, Paris, A. Jullien.

Jullien A., 1999, Manuel du sommelier ou Instruction pratique sur la manière de soigner les vins, Collection Œnologie, Paris, Bibliothèque des introuvables.

Klenk E., 1950, *Die Weinbeurteilung*, Stuttgart, Eugen Ulmer.

Kressmann E., 1971, Du vin considéré comme un des beaux-arts, Paris, Denoël.

L'amateur de bordeaux, 1992, *Le goût*, Cahier.

Leard-Viboux E., 2006, *Jules Chauvet, naturellement...*, Jean Paul Rocher Editeur.

Le Magnen J. , 1951, *Les goûts et les saveurs*, Collection Que sais-je ? Paris, PUF.

Le Magnen J., 1962, *Vocabulaire technique des caractères organoleptiques et de la dégustation des produits alimentaires*, Paris, Centre national de coordination des études et recherches sur la nutrition et l'alimentation.

Le Magnen J., 1965, *Les bases sensorielles de l'analyse des qualités organoleptiques*, vol. 19, Paris, Annales de la nutrition et de l'alimentation.

Le Magnen J., 1951, *Le goût et les saveurs*, Collection Que sais-je ? Paris, PUF.

Le Magnen J., 1949, *Odeurs et Parfums*, Collection Que sais-je ? Paris, PUF.

Léglise M., 1984, *Une initiation à la dégustation des grands vins*, Marseille, Jeanne Laffitte.

Lesgourgues J.-J., 1993, *Le vin émoi*, Biarritz, Presses SAI.

Lopes Vieira A., 1971, *Prova de vinhos*, Lisbonne, Editorial Noticias.

Lurton S., 1991, *Vocavin*, Paris, Média Vins.

Luxey J., 1984 à 1989, *Les dégustations du grand jury*, 6 volumes, La-Celle-Saint-Cloud, J. Luxey.

Mac Leod P. et Sauvageot F., 1986, *Bases neurophysiologiques de l'évaluation sensorielle des produits alimentaires*, Tec et Doc, Paris, Lavoisier.

Mazenot R., 1977, *Le Tastevin à travers les siècles*, Grenoble, Les Quatre-Seigneurs.

MilneR M. et Châtelain-Courtois M., 1989, *L'imaginaire du vin*, Collection OEnologie, Marseille, J. Laffitte.

Mimer M. ET Châtelain-Courtois M., 1983, L'imaginaire du vin, Marseille, Jeanne Laffitte.

Neauport J., 1997, *Jules Chauvet ou le talent du vin*, Jean Paul Rocher éditeur.

Ninio J., 1991, *L'empreinte des sens : perception, mémoire, langage*, Collection Points, Odile Jacob, Paris, Seuil.

Normand S., 1999, *Analyse sémantique d'un discours professionnel, Les mots de la dégustation du Champgane*, Thèse Univ. Rouen, Lingusitique.

Olhoff G. et Thomas A. F., 1971, *Gustation and olfaction*, New York, Academic Press.

Peynaud É., 1988, *Le vin et les jours*, Paris, Dunod.

Peynaud É., 1995, *Œnologue dans le siècle*, La Table Ronde.

Peynaud É. et Blouin J., 1996, *Le Goût du vin*, 3ᵉ édition, Paris, Dunod.

Peynaud É. et Blouin J., 2005, *Connaissance et travail du vin*, 4ᵉ édition, Paris, Dunod.

Pijassou R., 1974, *La Seigneurie et le vignoble de Château Latour*, Bordeaux, Fédération historique du Sud-Ouest.

Poncelet P., 1993, *Chimie du goût et de l'odorat*, 1755, Aux Amateurs de Livres.

Poupon P., 1974, *Nouvelles pensées d'un dégustateur*, Nuits-Saint-Georges, Confrérie des Chevaliers du tastevin.

Poupon P., 1988, *Plaisirs de la dégustation*, Nuits-Saint-Georges, Confrérie des Chevaliers du tastevin.

Poupon P., 1957, *Pensées d'un dégustateur*, Nuits-Saint-Georges, Confrérie des Chevaliers du tastevin.

Poupon P., 1973, *Plaisirs de la dégustation*, Paris, PUF.

Poupon P., 1975, *Nouvelles pensées d'un dégustateur*, Nuits-Saint-Georges, Confrérie des Chevaliers du tastevin.

Poupon P., 1996, *Le vin des souvenirs*, Éditions de l'Armançon.

Puisais J., 1985, *Le Goût juste des vins et des plats*, Paris, Flammarion.

Puisais J., Chabanon R. L., Guiller A. et Lacoste J., 1969, *Précis d'initiation à la dégustation*, Paris, Institut technique du vin.

Ribéreau-Gayon J. et Peynaud É., 1961, *Traité d'œnologie*, Tome 2, Paris, Ch. Béranger.

Ribéreau-Gayon J., Peynaud É., Ribéreau-Gayon P. et Sudraud R., 1975, *Sciences et techniques du vin*, Tome 2, Paris, Dunod.

Ribéreau-Gayon P., Dubourdieu D., Donèche B. et Lonvaud A., 2004, Traité d'œnologie, Tome 1, Paris, Dunod.

Ribéreau-Gayon P., Glories Y., Maujean A. et Dubourdieu D., 2004, Traité d'œnologie, Tome 2, Paris, Dunod.

Ruiz Hernandez M., 2002, *La cata y el conocimiento de los vinos*, AMC Ediciones.

Sarfati C., 1981, *La dégustation des vins, Méthode pédagogique et exercices pratiques*, Suze-la-Rousse, Université du vin.

Sauvageot F., 1982, L'évaluation sensorielle des denrées alimentaires, Tec et Doc, Paris, Lavoisier.

Schuster M., 1990, *Plaisir du vin : mieux le connaître, mieux le déguster, mieux l'apprécier*. Paris, Solar.

Serres M., 2003, Les Cinq sens, Paris, Hachette Littératures.

Simonnet-Toussaint C., 2004, *Étude des représentations véhiculées par le vin chez les jeunes adultes*, Thèse Univ. Bordeaux II, Mention Psychologie.

Spurrier S. et Dovaz M., 1991, *La dégustation*, Paris, Bordas.

Torrès P., 2004, *Vigneron, sois fier de l'être*, Collection Avenir œnologie, Œnoplurimedia.

Torrès P., 1987, *Le plaisir du vin*, Paris, J. Lanore.

Trémolières J., 1990, Diététique et art de vivre, Collection Le sens de la vie, Paris, Hatier.

Vedel A., Charle G., Charnay P. et Tourmeau J., 1972, *Essai sur la dégustation des vins*, Mâcon, Société d'édition et d'informations vitivinicoles.

Vincens J., 1906, *L'art de déguster les vins*, Toulouse, J. Vincens.

Vincent J., 1986, Biologie des passions, Points.

國家圖書館出版品預行編目（CIP）資料

葡萄酒的風味／艾米爾・培諾（Émile Peynaud），賈克・布魯昂
（Jacques Blouin）著；王鵬譯. ──二版. ──臺北市：積木文化
出版：家庭傳媒城邦分公司發行，2018.09　面；　公分. -（飲饌
風流；35）　譯自：Le goût du vin, 4th ed.

ISBN 978-986-459-149-7(平裝)

1. 葡萄酒 2. 製酒 3. 品酒

463.814　　　　　　　　　　　　　　　　　107013186

葡萄酒的風味（暢銷紀念平裝版）

原著書名／ Le goût du vin
著　　者／艾米爾・培諾（Émile PEYNAUD）& 賈克・布魯昂（Jacques BLOUIN）
譯　　者／王鵬
審　　訂／陳千浩
特約編輯／劉綺文

總 編 輯／王秀婷
責任編輯／向艷宇
行銷業務／黃明雪、林佳穎
版　　權／徐昉驊

發 行 人／凃玉雲
出　　版／積木文化
　　　　　104 台北市民生東路二段 141 號 5 樓
　　　　　官方部落格：www.cubepress.com.tw
　　　　　電話：(02) 2500-7696　　傳真：(02) 2500-1953
　　　　　讀者服務信箱：service_cube@hmg.com.tw
發　　行／英屬蓋曼群島商家庭傳媒股份有限公司城邦分公司
　　　　　台北市民生東路二段 141 號 11 樓
　　　　　讀者服務專線：(02)25007718-9　　24 小時傳真專線：(02)25001990-1
　　　　　服務時間：週一至週五上午 09:30-12:00、下午 13:30-17:00
　　　　　郵撥：19863813　　戶名：書虫股份有限公司
　　　　　網站：城邦讀書花園　網址：www.cite.com.tw
香港發行所／城邦（香港）出版集團有限公司
　　　　　香港灣仔駱克道 193 號東超商業中心 1 樓
　　　　　電話：852-25086231　傳真：852-25789337
　　　　　電子信箱：hkcite@biznetvigator.com
馬新發行所／城邦（馬新）出版集團 Cité (M) Sdn. Bhd.
　　　　　41, Jalan Radin Anum, Bandar Baru Sri Petaling, 57000 Kuala Lumpur, Malaysia.
　　　　　電話：603-90578822　傳真：603-90576622
　　　　　電子信箱：cite@.com.my

美術設計／葉若蒂
印　　刷／凱林彩印股份有限公司

城邦讀書花園
www.cite.com.tw

2021 年 10 月 29 日 二版6刷（數位印刷版）
ISBN：978-986-459-149-7
定價／ 880 元
Originally published in France as:

Le goût du vin: Le grand livre de la dégustation, by Emile PEYNAUD and Jacques BLOUIN
© DUNOD Editeur, Paris, 2006 for the 4th edition